学习资源展示

课堂案例 · 课后习题 · 综合实例

课后习题：制作节气海报
所在页码：44页
学习目标：练习图层的导入和属性的调整

课后习题：制作光效视频
所在页码：44页
学习目标：练习图层混合模式的用法

课后习题：制作动态水墨画
所在页码：62页
学习目标：练习“位置”关键帧的用法

课堂案例：制作文字显示视频　所在页码：67页　学习目标：学习蒙版的创建方法

课堂案例：制作局部模糊视频　所在页码：68页　学习目标：学习跟踪蒙版功能的使用方法

课堂案例：制作水墨转场动画　所在页码：72页　学习目标：学习轨道遮罩的用法

课后习题：制作美食遮罩过渡　所在页码：76页　学习目标：练习轨道遮罩的用法

课堂案例：制作霓虹灯合成视频　所在页码：107页　学习目标：学习“跟踪摄像机”跟踪器的使用方法

课后习题：制作元素合成视频　所在页码：114页　学习目标：练习跟踪运动工具的使用方法

课堂案例：制作卡片式过渡动画　所在页码：139页　学习目标：掌握“卡片擦除”效果的用法

课堂案例：制作春节动态插画　所在页码：141页　学习目标：掌握“线性擦除”效果的使用方法

课堂案例：制作无缝过渡视频　所在页码：152页　学习目标：掌握“动态拼贴”效果的使用方法

课堂案例：制作闪光字视频　所在页码：158页　学习目标：学习Saber效果的用法

课堂案例：制作科幻粒子流　所在页码：174页　学习目标：掌握Particular粒子的使用方法

课堂案例：制作波纹粒子效果　所在页码：182页　学习目标：学习Form粒子的使用方法

课后习题：制作旋转粒子阵列　　所在页码：186页　　学习目标：练习Form粒子的使用方法

课堂案例：制作变色宠物视频　　所在页码：189页　　学习目标：学习“Roto笔刷工具”的使用方法

课堂案例：制作海面视频　　所在页码：194页　　学习目标：学习Keylight插件的使用方法

课后习题：制作计算机屏幕画面合成动画　　所在页码：196页　　学习目标：练习Keylight插件的使用方法

课后习题：制作单色人像视频　　所在页码：196页　　学习目标：练习“Roto笔刷工具”的使用方法

课堂案例：制作冷色调的视频
所在页码：207页
学习目标：学习调色效果的用法

课堂案例：制作电影色调的视频
所在页码：208页
学习目标：学习调色效果的用法

课后习题：制作小清新色调的视频
所在页码：212页
学习目标：练习调色效果的用法

课后习题：制作暖色调的视频
所在页码：212页
学习目标：练习调色效果的用法

综合实例：合成聊天视频　所在页码：220页　学习目标：学习合成视频的制作方法

After Effects 2022 实用教程

任媛媛 编著

人 民 邮 电 出 版 社
北 京

图书在版编目（CIP）数据

After Effects 2022实用教程 / 任媛媛编著. -- 北京 : 人民邮电出版社, 2023.7
ISBN 978-7-115-61011-9

Ⅰ. ①A… Ⅱ. ①任… Ⅲ. ①图像处理软件－教材
Ⅳ. ①TP391.413

中国国家版本馆CIP数据核字(2023)第112808号

内 容 提 要

本书全面介绍中文版 After Effects 2022 的基本功能及实际运用，内容包括 After Effects 2022 基础、图层操作、关键帧与“图表编辑器”面板、蒙版与轨道遮罩、绘画工具与形状工具、摄像机与运动跟踪、文字动画、滤镜效果、粒子特效、抠图、调色和综合实例。本书是针对零基础读者编写的，可以帮助读者快速而全面地掌握 After Effects 2022。

全书通过课堂案例的实际操作，帮助读者快速熟悉软件功能和动画制作思路；通过课堂练习帮助读者复习、巩固重要的知识点；通过课后习题帮助读者提升实际操作能力；通过综合实例对实际工作中经常会遇到的案例进行讲解，以达到强化训练的目的，让读者了解实际工作中可能会遇到的问题及其处理方法。本书所有内容均是基于中文版 After Effects 2022 编写的，读者最好使用此版本进行学习。

本书适合作为院校和培训机构艺术专业相关课程的教材，也可以作为自学人员的参考书。

◆ 编　　著　任媛媛
责任编辑　杨　璐
责任印制　马振武

◆ 人民邮电出版社出版发行　　北京市丰台区成寿寺路 11 号
邮编　100164　　电子邮件　315@ptpress.com.cn
网址　https://www.ptpress.com.cn
三河市兴达印务有限公司印刷

◆ 开本：787×1092　1/16　　彩插：2
印张：14.75　　2023 年 7 月第 1 版
字数：402 千字　　2023 年 7 月河北第 1 次印刷

定价：59.90 元

读者服务热线：(010)81055410　印装质量热线：(010)81055316
反盗版热线：(010)81055315
广告经营许可证：京东市监广登字 20170147 号

前言

After Effects 2022是Adobe公司推出的一款专业且功能强大的视频处理软件，适用于设计和视频特效制作机构，包括电视台、动画制作公司、个人后期制作工作室以及多媒体工作室，属于后期处理类软件。

为了给读者提供一本好的After Effects教材，我们精心编写了本书，并对体系做了优化，按照“功能介绍→重要参数讲解→课堂案例→课堂练习→课后习题”这一思路编排内容，力求通过功能介绍和重要参数讲解使读者快速掌握软件功能，通过课堂案例使读者快速上手并具备一定的动手能力，通过课堂练习帮助读者巩固重要知识点，通过课后习题帮助读者提高实际操作能力，以达到巩固和提升所学知识的目的。此外，本书还特别录制了视频，直观展示重要功能的使用方法。本书在内容编写方面，通俗易懂、细致全面；在文字叙述方面，言简意赅、突出重点；在案例选取方面，强调案例的针对性和实用性。

本书配套学习资源包含本书所有案例的素材文件和案例文件。同时，为了方便读者学习，本书配备了所有案例的超清有声教学视频以及重要知识点的演示视频。这些视频是由专业人士录制的，详细记录了每一个操作步骤，尽量让读者一看就懂。另外，为了方便教师教学，本书还配备了PPT课件等丰富的教学资源。

课堂案例：包含案例的详细步骤，有助于读者熟练掌握After Effects 2022的基础知识和常用工具的使用方法。

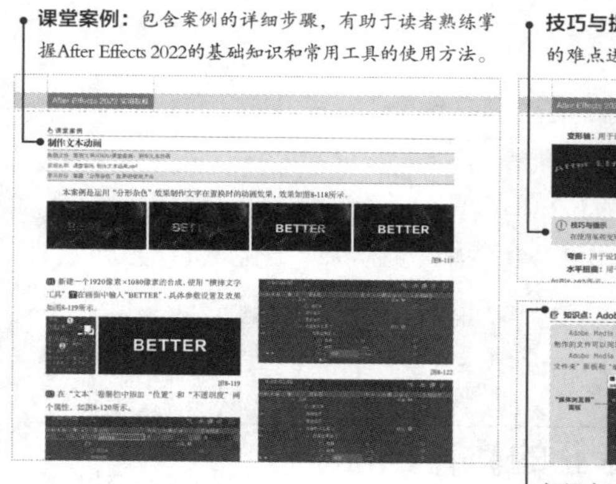

技巧与提示：对软件的实用技巧及动画制作过程中的难点进行分析和讲解。

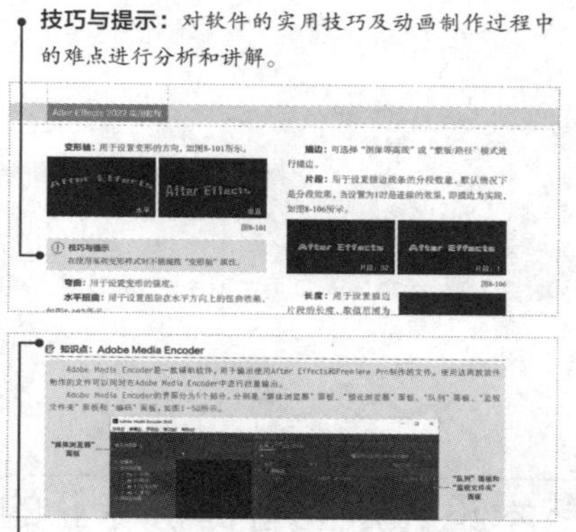

知识点：讲解大量的技术性知识，有助于读者熟练掌握软件的相关技术。

本章小结：总结本章的学习重点和核心技术。

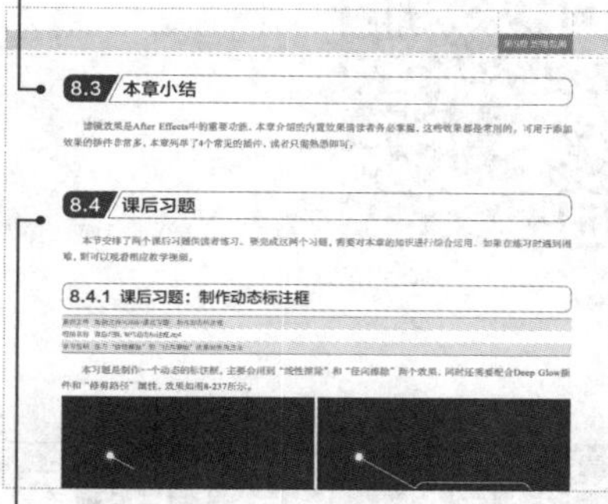

课后习题：帮助读者强化本章重要知识的掌握。

本书的参考学时为64学时，其中讲授环节为42学时，实训环节为22学时，各章的参考学时如下表所示。

章	课程内容	学时分配	
		讲授	实训
第1章	After Effects 2022 基础	2	1
第2章	图层操作	2	1
第3章	关键帧与“图表编辑器”面板	4	2
第4章	蒙版与轨道遮罩	4	2
第5章	绘画工具与形状工具	4	2
第6章	摄像机与运动跟踪	2	2
第7章	文字动画	2	2
第8章	滤镜效果	6	2
第9章	粒子特效	4	2
第10章	抠图	2	2
第11章	调色	4	2
第12章	综合实例	6	2
学时总计		42	22

由于编者水平有限，书中难免出现疏漏和不足之处，还请广大读者包涵并指正。

编者

2022年10月

资源与支持

本书由“数艺设”出品，“数艺设”社区平台（www.shuyishe.com）为您提供后续服务。

配套资源

素材文件
案例文件
PPT课件
在线教学视频

资源获取请扫码

（提示：微信扫描二维码关注公众号后，输入51页左下角的5位数字，获取资源和帮助。）

“数艺设”社区平台，为艺术设计从业者提供专业的教育产品。

与我们联系

我们的联系邮箱是 szys@ptpress.com.cn。如果您对本书有任何疑问或建议，请您发邮件给我们，并请在邮件标题中注明本书书名及ISBN，以便我们更高效地做出反馈。

如果您有兴趣出版图书、录制教学课程，或者参与技术审校等工作，可以发邮件给我们。如果学校、培训机构或企业想批量购买本书或“数艺设”出版的其他图书，也可以发邮件联系我们。

关于数艺社

人民邮电出版社有限公司旗下品牌“数艺设”，专注于专业艺术设计类图书出版，为艺术设计从业者提供专业的图书、视频电子书、课程等教育产品。出版领域涉及平面、三维、影视、摄影与后期等数字艺术门类，字体设计、品牌设计、色彩设计等设计理论与应用门类，UI设计、电商设计、新媒体设计、游戏设计、交互设计、原型设计等互联网设计门类，环艺设计手绘、插画设计手绘、工业设计手绘等设计手绘门类。更多服务请访问“数艺设”社区平台www.shuyishe.com。我们将提供及时、准确、专业的学习服务。

目录

After Effects

第 1 章

After Effects 2022基础

本章主要讲解After Effects 2022的工作区、前期设置和一些基础操作。通过对本章内容的学习，可以使用软件进行简单操作，为后续学习做好准备。

课堂学习目标

- 了解 After Effects 及其应用领域
- 熟悉 After Effects 2022 的工作区
- 掌握 After Effects 2022 的前期设置
- 掌握 After Effects 2022 的工作流程

1.1 After Effects概述与行业应用

After Effects是一款由Adobe公司出品的专业且实用的图形视频处理软件，适用于从事设计和视频特效制作机构和个人，包括电视台、动画制作公司、后期制作工作室以及多媒体工作室。编写本书时，After Effects已经升级到After Effects 2022，图1-1所示是After Effects 2022的启动界面。

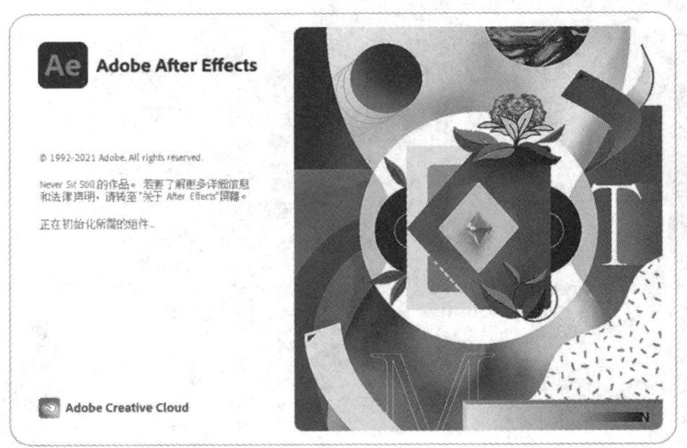

图1-1

1.1.1 After Effects的行业应用

After Effects在视频特效、动画领域中的使用频率较高，除了常见的后期合成外，还可用于制作MG动画、栏目包装和产品演示动画等。

后期合成：在电影、电视剧、影视广告和商业宣传片中，After Effects主要用于后期合成，如制作影片中的光效、粒子、烟雾等特效，将在摄影棚中拍摄的绿幕画面与背景进行抠图、合成，完成片头包装、校色调色、动态文字制作、跟踪及蒙版动画制作等，如图1-2所示。

图1-2

MG动画：在MG动画中，After Effects可用于制作二维人物的骨骼动画、图片变形动画、文字动画等动画，还可用于合成多种不同格式的素材并配上相应的背景音乐、音效等，最终输出完整的MG动画，如图1-3所示。

栏目包装：在栏目包装中，After Effects主要用于制作栏目的片头、片尾和一些动态展示元素等，如图1-4所示。

图1-3

图1-4

产品演示动画：在产品演示动画中，After Effects主要用于实现片头包装制作、三维镜头校色、文字动画处理和特效添加等，如图1-5所示。

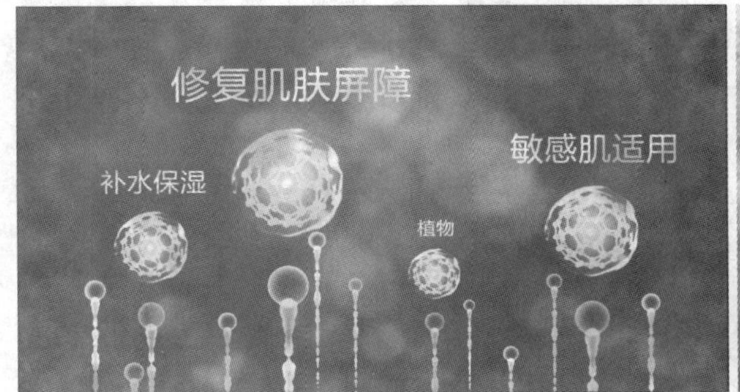

图1-5

1.1.2 所需的计算机配置

After Effects对计算机配置的要求比较高。如果想要流畅地使用此软件，就需要选择一台合适的计算机。以Windows操作系统为例，表1-1列出了After Effects 2022对计算机配置的要求。

表1-1

配置项目	基础配置	高级配置
操作系统	Windows 10	Windows 10
CPU	Intel酷睿i5-10400F	Intel酷睿i9-12900K
内存	16GB	16GB以上
显卡	NVIDIA GeForce GTX 1080	NVIDIA GeForce GTX 20系/30系
硬盘	1TB	1TB
电源	500W	600W

技巧与提示

After Effects 2022只有在Windows 10操作系统中才能安装，不能在Windows 10版本以下的操作系统安装。

1.1.3 本书的学习方法

After Effects 2022的体系庞大，功能复杂，要想快速且有效地学习After Effects 2022，需要进行大量的练习，多看、多想、多练。下面列出了一些学习本书的方法。

1.提前安装必要的学习工具

在学习本书之前，除了要自行安装After Effects 2022外，还需要安装一些常用的特效插件和工具脚本，如图1-6所示。使用这些特效插件和工具脚本不仅能简化制作步骤，还能实现比内置效果更丰富的效果。

技巧与提示

需要注意，由于本书所有的案例文件均保存为After Effects 2022版本，因此打开这些案例文件的最低软件版本为After Effects 2022。若使用低于2022版本的软件，则打不开这些案例文件。

图1-6

2.观看演示视频

本书介绍的工具都有对应的演示视频。读者通过观看演示视频，能更加清楚工具的使用方法。将书和视频结合在一起学习，能提高学习效率。图1-7所示是本书中的演示视频。

图1-7

3.做到举一反三

初学者在学习After Effects 2022时最容易走入的误区是死记硬背案例的参数数值，照着案例的数值设置，并未领会为何要设置这个参数、为什么设置这样的数值，以及这样设置能实现怎样的效果。这样就导致在学完本书的案例后，想做一个全新的动画，但不知道从何处下手。

在学习本书时一定要找到适合自己的学习方法，多练多看，领悟所学知识，能将学会的知识举一反三运用到别的场景中。在平时的学习中，多看一些优秀的作品，并进行模仿，这样不仅能提高技术水平，还能提高审美。图1-8所示是一些优秀的设计作品。

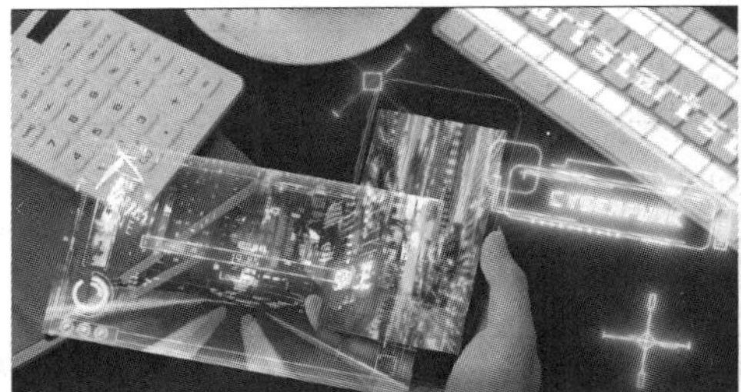

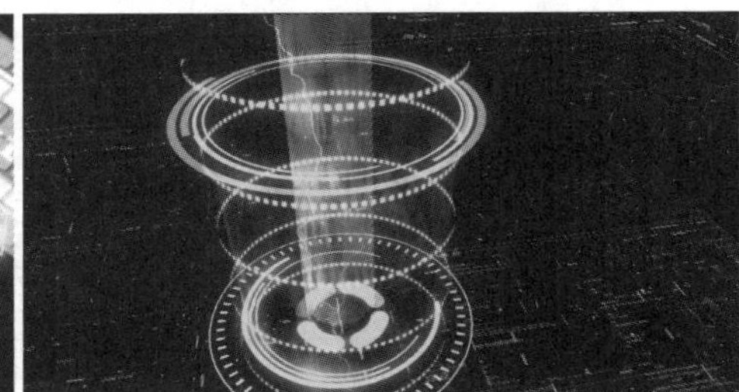

图1-8

1.2 After Effects 2022的工作区

演示视频：001-After Effects 2022 的工作区

在计算机上安装After Effects 2022，然后在桌面上双击After Effects 2022的快捷图标，就可以打开其工作区，如图1-9所示。

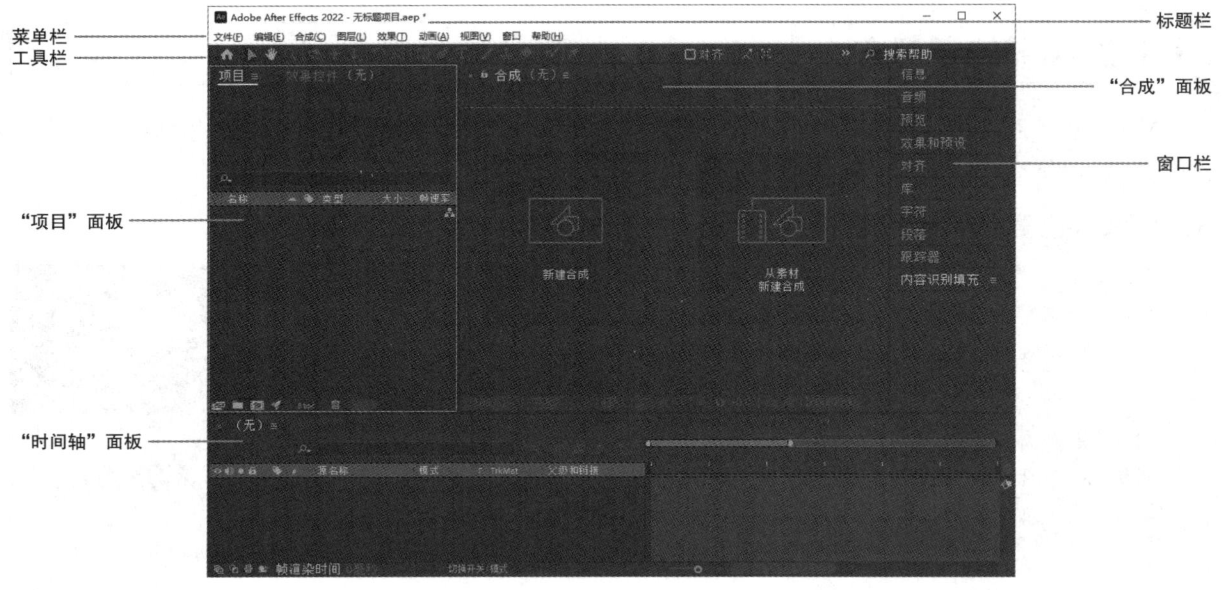

图1-9

知识点："主页"界面

启动After Effects 2022，会弹出"主页"界面，如图1-10所示。在"主页"界面中可以创建新的项目，打开已有的项目，还可以查看最近使用的项目。

单击"主页"界面右上角的"关闭"按钮，可以关闭该界面，显示软件的工作区。

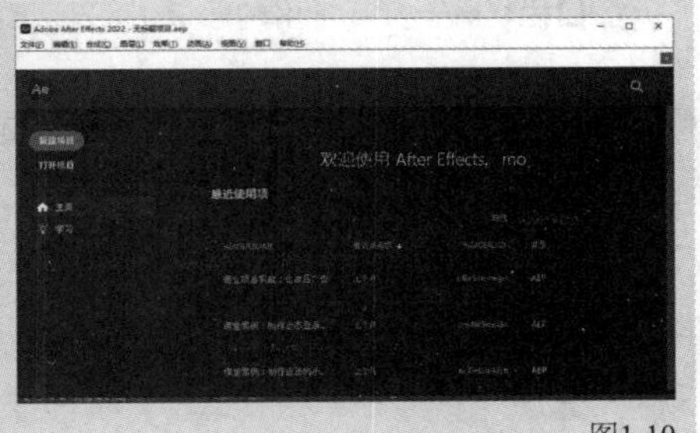

图1-10

1.2.1 软件的工作区

初次打开After Effects 2022，会显示图1-9所示的默认工作区。它分为7个部分，分别是标题栏、菜单栏、工具栏、"项目"面板、"时间轴"面板、"合成"面板和窗口栏。

标题栏： 显示软件的版本和项目文件的名称等信息，如图1-11所示。

菜单栏： 基本包含软件的所有命令，如图1-12所示。

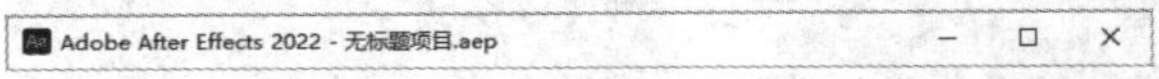

Adobe After Effects 2022 - 无标题项目.aep

图1-11

文件(F) 编辑(E) 合成(C) 图层(L) 效果(T) 动画(A) 视图(V) 窗口 帮助(H)

图1-12

工具栏： 包含软件操作常用的工具和相应的属性，如图1-13所示。

图1-13

"主页"按钮：单击该按钮后，弹出"主页"界面。

选取工具：快捷键为V键，用于选择素材、合成、效果等，是常用的工具。

手形工具：快捷键为H键，用于平移选择的素材。

缩放工具：快捷键为Z键，用于缩放选择的素材。

绕光标旋转工具：快捷键为Shift+1，当在合成中创建摄像机后，此工具用于旋转摄像机。

在光标下移动工具：快捷键为Shift+2，当在合成中创建摄像机后，此工具用于平移摄像机。

向光标方向推拉镜头工具：快捷键为Shift+3，当在合成中创建摄像机后，此工具用于推拉摄像机。

旋转工具：快捷键为W键，用于旋转素材。

向后平移（锚点）工具：快捷键为Y键，用于移动素材的锚点。

矩形工具：快捷键为Q键，用于绘制矩形。

钢笔工具：快捷键为G键，用于绘制曲线等线条。

横排文字工具：快捷键为Ctrl+T，用于创建横排文字。

画笔工具：快捷键为Ctrl+B，用于绘制图形。

仿制图章工具：快捷键为Ctrl+B，用于复制局部画面，其用法与Photoshop中的"仿制图章工具"类似。

橡皮擦工具：快捷键为Ctrl+B，用于擦除绘制的图像。

Roto笔刷工具：快捷键Alt+W，用于抠出图像。

人偶位置控点工具：快捷键Ctrl+P，用于为制作变形动画的素材添加控制点。

"项目"面板： 显示项目所用的所有素材和合成。

"时间轴"面板： 显示素材图层、相应的属性和剪辑，如图1-14所示。

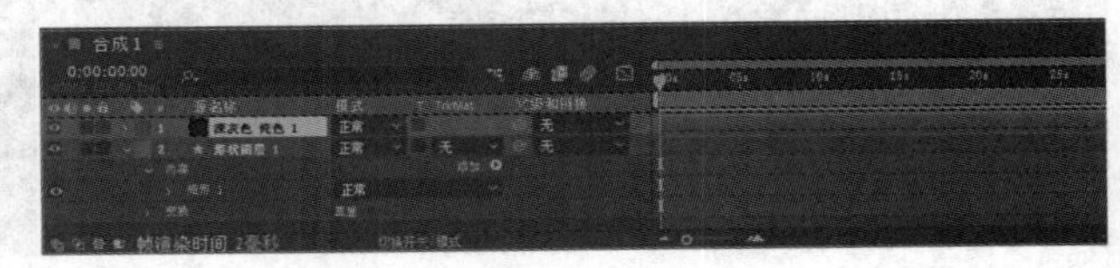

图1-14

“合成”面板：显示“时间轴”面板中所有素材和合成叠加之后的最终效果。

窗口栏：用于打开常用的面板，可以调整这些面板的顺序、位置。

1.2.2 自定义工作区

After Effects 2022提供了多种类型的工作区，以满足不同工作需求。执行“窗口>工作区”菜单命令，可以在弹出的子菜单中选择所需的工作区，如图1-15所示。

不同的工作区，其功能分布和内容不同。图1-16和图1-17所示分别是“动画”工作区和“效果”工作区。

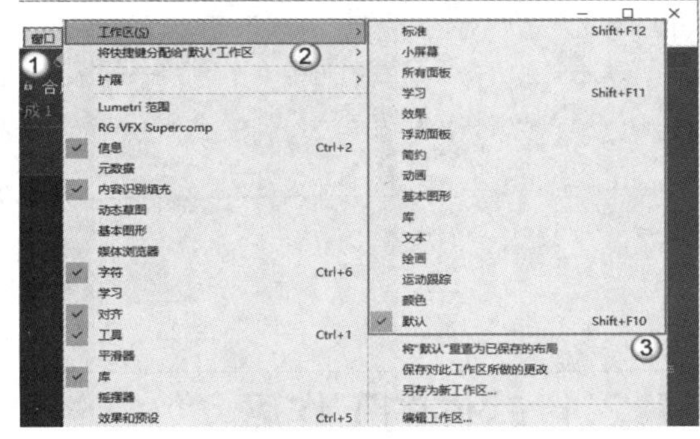

图1-15

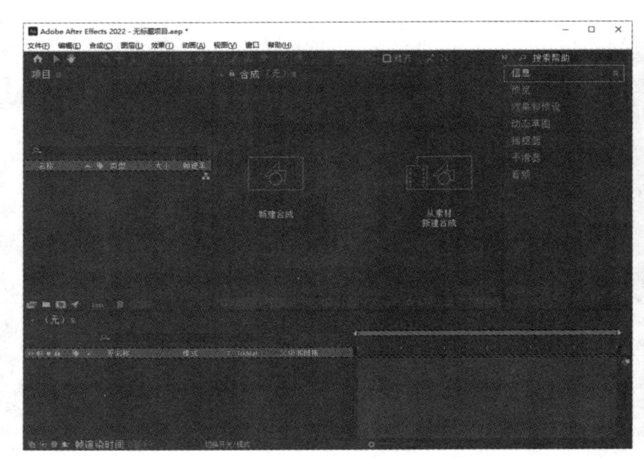

图1-16

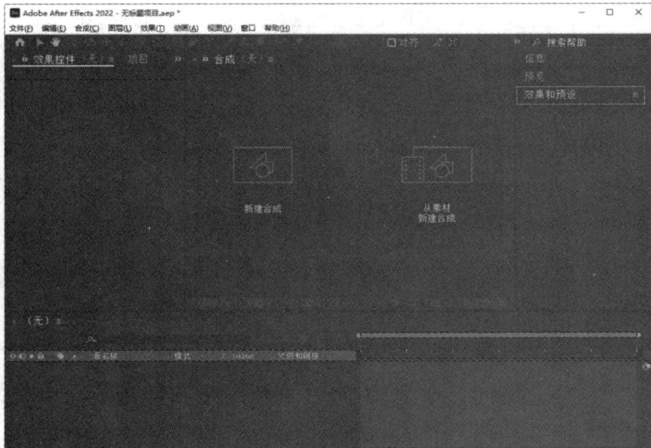

图1-17

将鼠标指针移动到相邻两个面板的交界处，此时鼠标指针变成形状，按住鼠标左键并拖曳就能改变相邻两个面板的大小，如图1-18所示。

将鼠标指针移动到3个面板的交界位置，此时鼠标指针变成形状，按住鼠标左键并拖曳就能改变4个面板的大小，如图1-19所示。

当按住鼠标左键拖曳面板时，可以将选中的面板移动到界面中任意的位置。

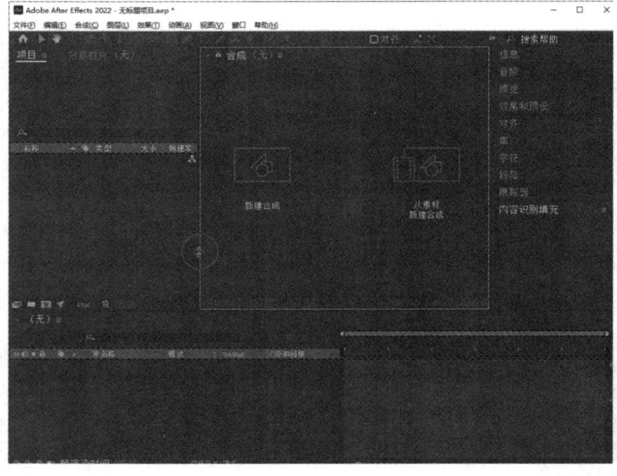

图1-18

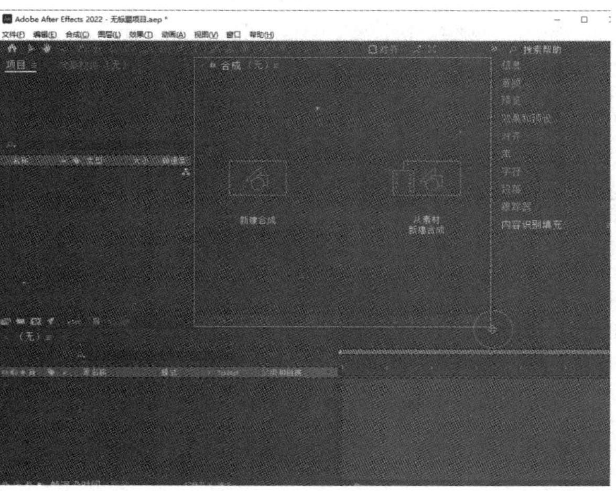

图1-19

当移动的面板与其他面板相交时，相交的面板区域会变亮，如图1-20所示。变亮的位置表示移动的面板要插入的位置。如果想让面板自由浮动，就需要在拖曳面板的同时按住Ctrl键。

在需要关闭的面板上方单击鼠标右键，在弹出的快捷菜单中执行“关闭面板”命令，可以关闭该面板，如图1-21所示。要再次打开该面板，可以在“窗口”菜单中勾选该面板的对应的菜单命令，如图1-22所示。

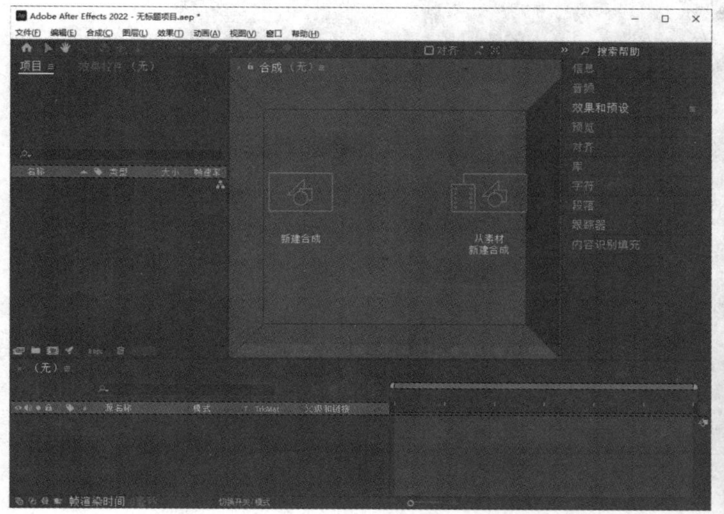

图1-20

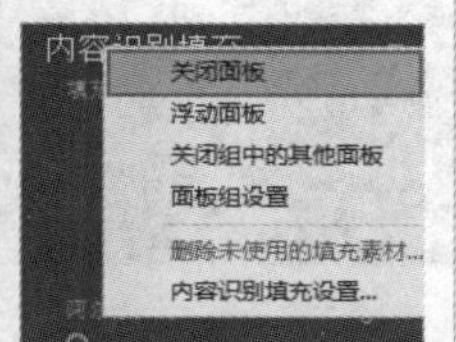

图1-21

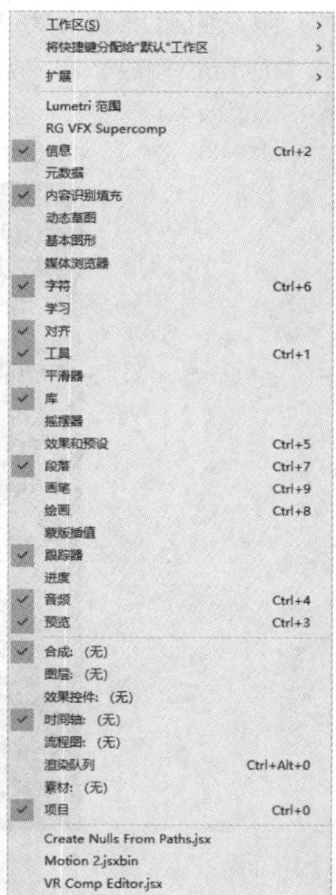

图1-22

1.3 After Effects 2022的前期设置

在制作动画前，需要先对After Effects 2022进行一些设置，以便后续操作。

1.3.1 修改锚点位置

演示视频：002-修改锚点位置

默认情况下，创建的形状图层的锚点都在画面的中心位置，如图1-23所示。但如果形状图层没有创建在画面中心位置，其锚点就不会位于形状图层的中心，如图1-24所示。

图1-23

图1-24

技巧与提示

在对形状图层进行旋转和缩放操作时，都是以锚点的位置为中心点进行旋转和缩放的。

频繁地移动锚点会增加操作步骤，降低效率。执行“编辑>首选项>常规”菜单命令，在打开的“首选项”对话框中，勾选“在新形状图层上居中放置锚点”复选框，如图1-25所示，单击“确定”按钮，就能让新创建的形状图层的锚点始终位于图形内部的中心位置。

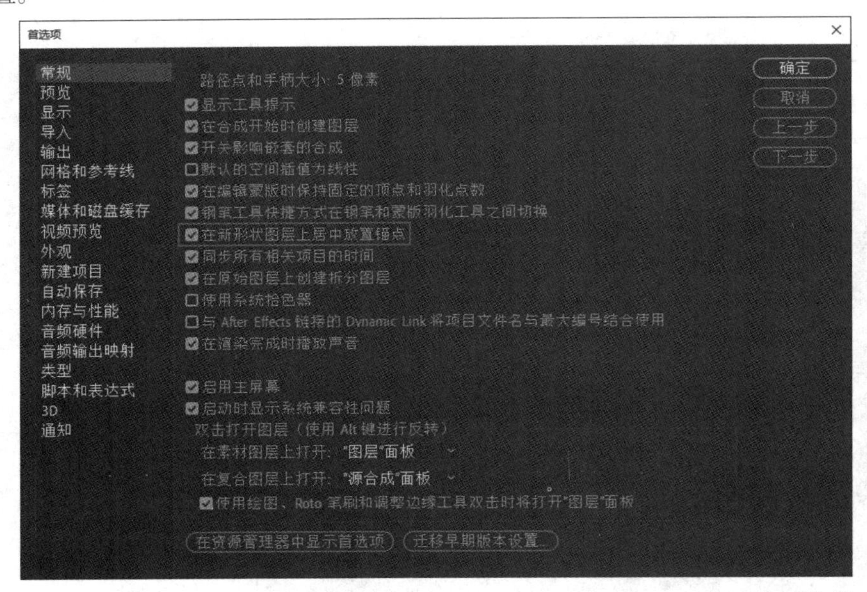

图1-25

1.3.2 脚本和表达式

演示视频：003- 脚本和表达式

在使用After Effects 2022时，使用脚本和插件是不可避免的，若要添加脚本，则需要在“首选项”对话框中切换到“脚本和表达式”选项卡，勾选“允许脚本写入文件和访问网络”复选框，如图1-26所示，单击“确定”按钮。

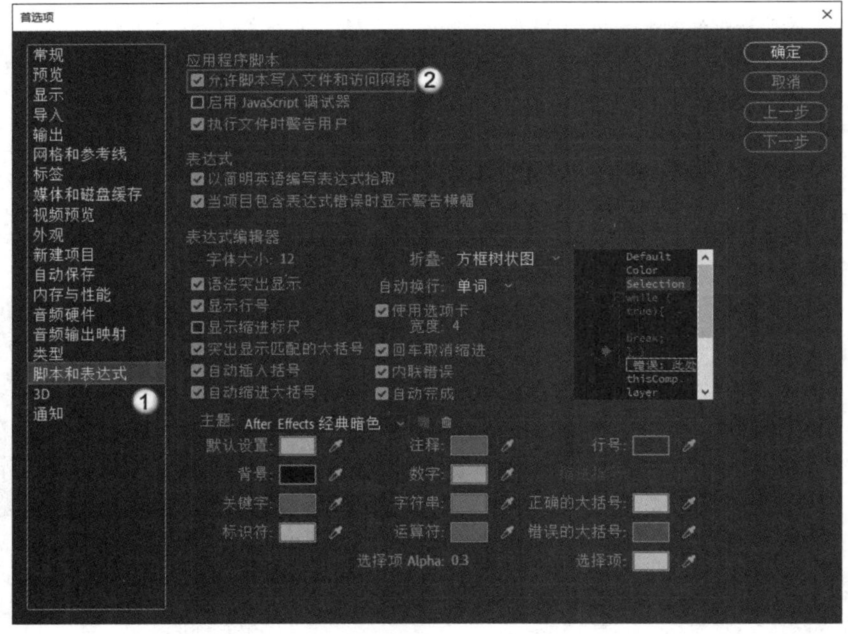

图1-26

1.3.3 更改面板中文字的大小

演示视频：004- 更改面板中文字的大小

After Effects 2022面板中的文字在默认情况下比较小，不太方便查看。在“控制台”面板中进行设置，能放大一部分面板的文字，但部分面板和属性参数的文字大小无法更改。下面介绍更改面板中文字大小的具体方法。

第1步： 选择“合成”面板，按快捷键Ctrl+F12，打开“控制台”面板，如图1-27所示。

第2步： 在“控制台”文字上单击鼠标右键，在弹出的快捷菜单中执行“Debug Database View”命令，如图1-28所示。

第3步： 修改“AdobeCleanFontSize”的数值为16，如图1-29所示。该数值默认为12，将其修改为14或16比较合适。

第4步： 重启After Effects 2022，可以看到面板标题的文字变大了，但面板内部的文字大小保持原样。这是中文版After Effects 2022的一个问题，英文版不会出现该问题。

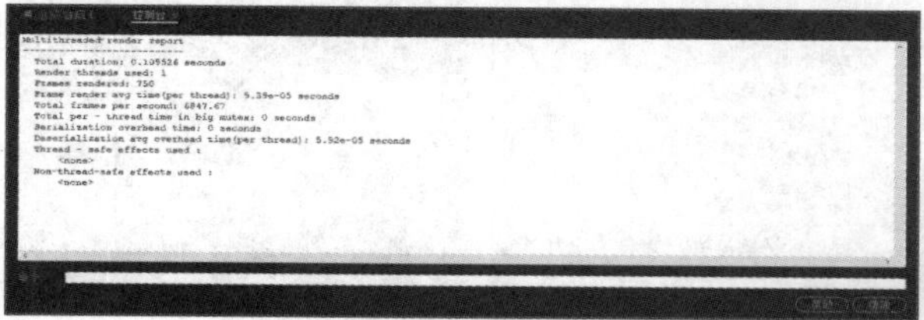

图1-27

技巧与提示

用同样的方法也可以更改Premiere Pro中面板的文字大小。

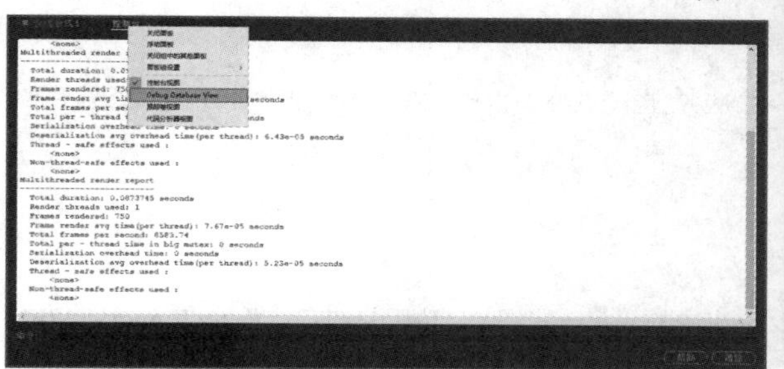

图1-28

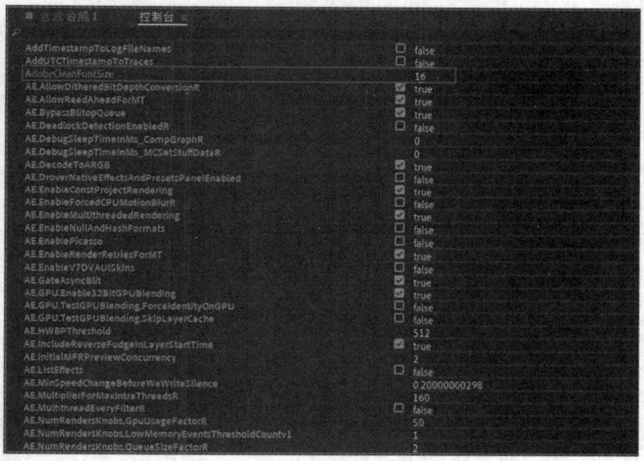

图1-29

1.4 After Effects 2022的工作流程

演示视频：005- After Effects 2022 的工作流程

本节将简单讲解After Effects 2022的工作流程，为后续内容做铺垫。

1.4.1 导入素材

导入素材是制作动画的基础。不同类型的素材文件，其导入方式有一定的区别。

1.导入单帧图片/视频素材

双击“项目”面板的空白区域，打开“导入文件”对话框，选择需要导入的单帧图片和视频素材，然后单击“导入”按钮，就能将其导入“项目”面板中，如图1-30和图1-31所示。

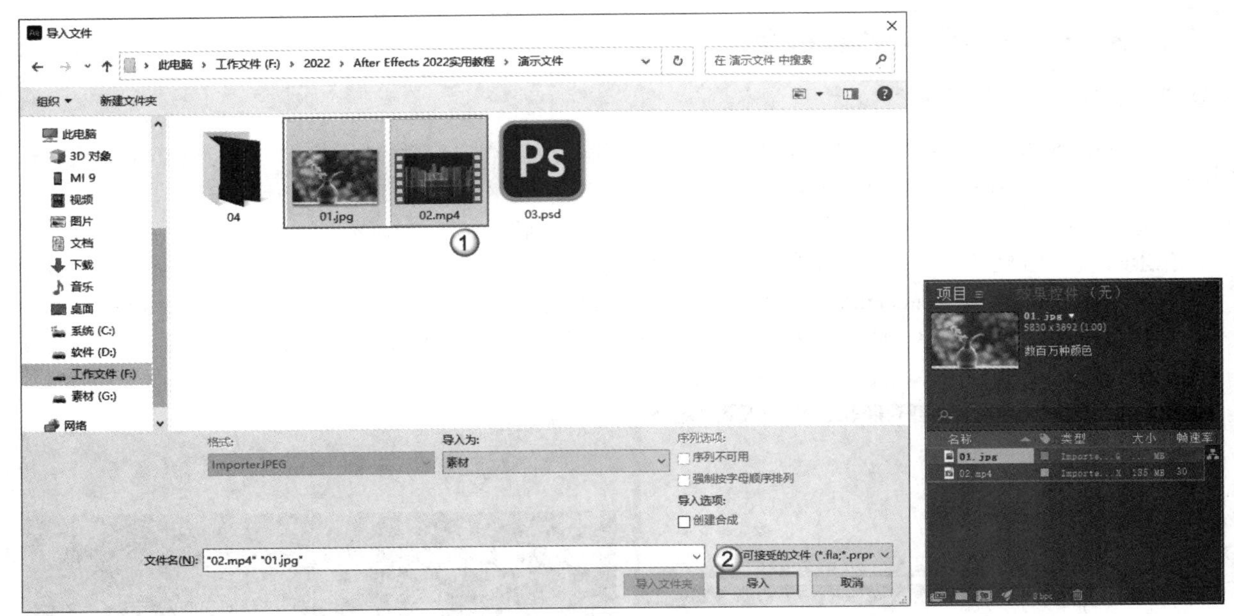

图1-30　　图1-31

技巧与提示

除了上面讲到的方法外，直接将素材文件拖曳至“项目”面板中，也可以导入素材文件。按快捷键Ctrl+I能快速打开“导入文件”对话框。

2.导入序列帧图片

按快捷键Ctrl+I，打开“导入文件”对话框，选择序列帧文件夹中的任意一张图片，然后勾选右下角的“ImporterJPEG序列”和“强制按字母顺序排列”复选框，单击“导入”按钮，如图1-32所示。“项目”面板中会出现该序列帧素材，如图1-33所示。

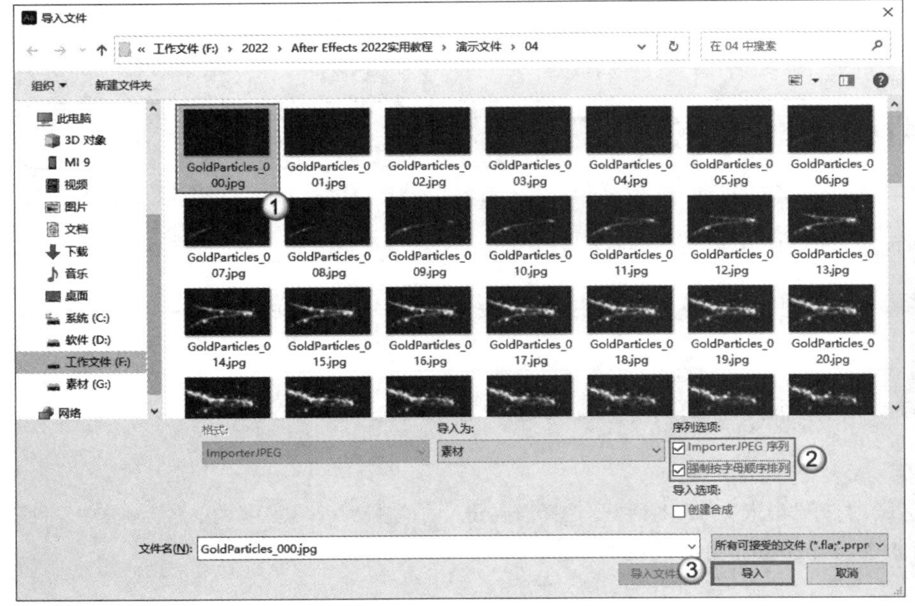

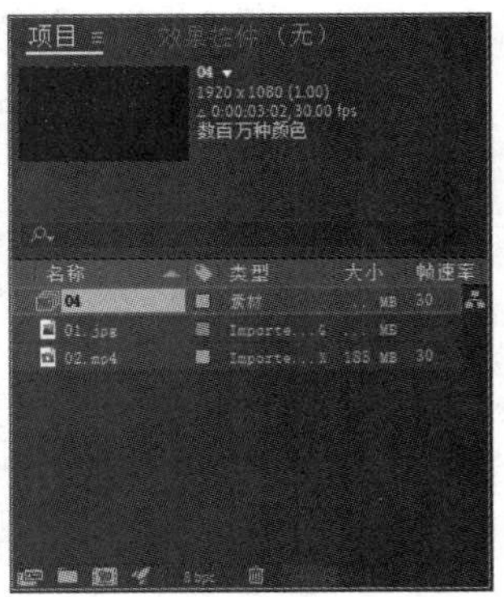

图1-32　　图1-33

3.导入PSD文件

按快捷键Ctrl+I，打开“导入文件”对话框，选择一个PSD文件，单击“导入”按钮，如图1-34所示。此时弹出一个对话框，在其中选择导入的PSD文件的显示方式，如图1-35所示，单击“确定”按钮。

图1-34

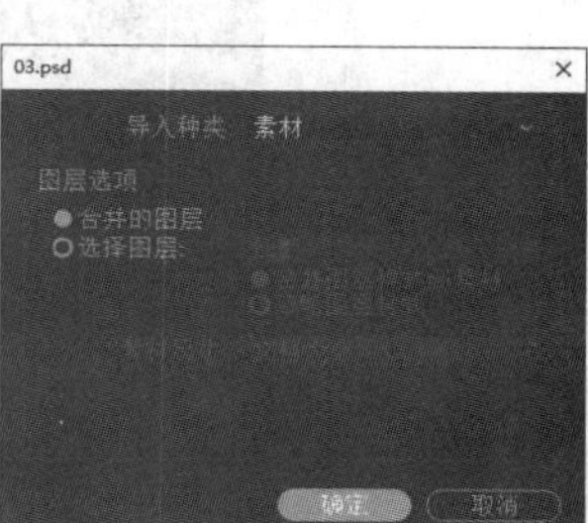

图1-35

当“导入种类”为默认的“素材”时，会合并PSD文件所有的图层或选择其中的图层导入“项目”面板。当将“导入种类”设置为“合成”时，可以将图层单独保存，并生成一个合成，如图1-36所示。当设置“导入种类”为“合成-保持图层大小”时，也可将图层单独保存，且与原图层的大小一致，如图1-37所示。

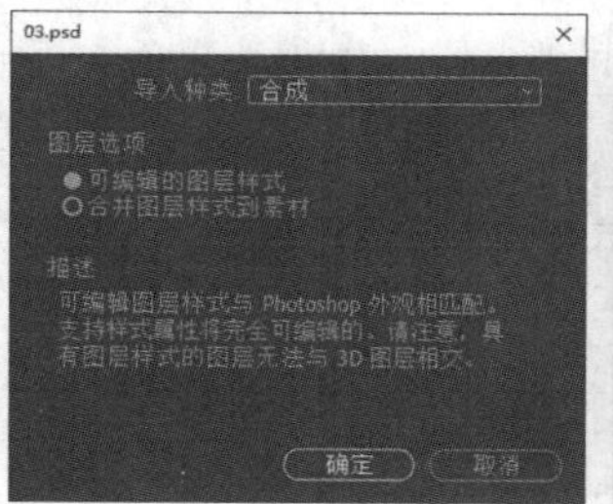

图1-36

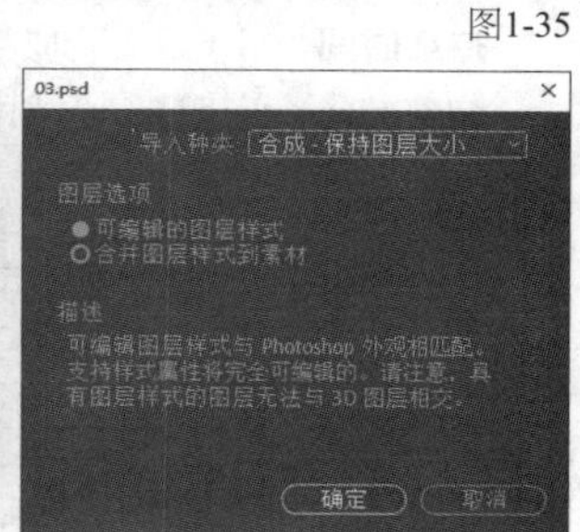

图1-37

1.4.2 创建合成

合成可以理解为一个箱子，可以在其中装入不同的素材文件，也可以装入其他合成。可以为素材和合成添加不同的效果。对于有多个镜头的视频文件，可以按照视频的分镜分别创建合成，最后用一个总合成将所有合成包含并连接形成完整的视频。创建合成的方法有以下4种。

第1种：单击“合成”面板中的“新建合成”按钮，如图1-38所示。

第2种：在“项目”面板下方单击“新建合成”按钮，如图1-39所示。

第3种：按快捷键Ctrl+N。

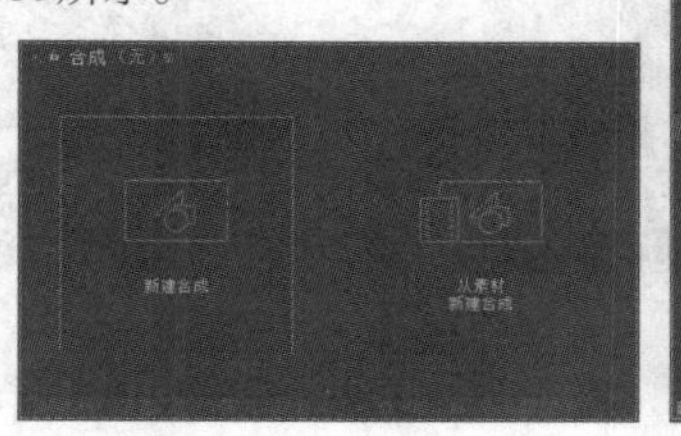

图1-38

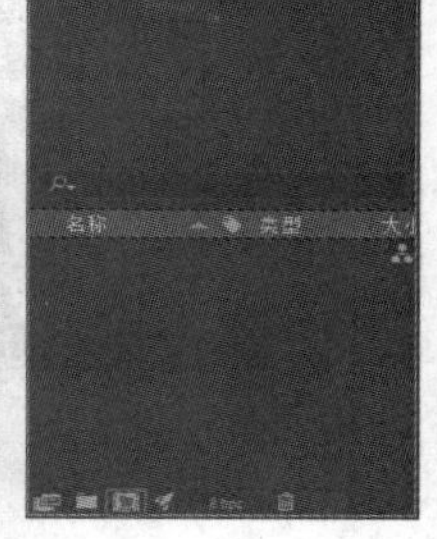

图1-39

第4种： 将素材向下拖曳到“时间轴”面板中，系统会自动生成合成。

在用前3种方法创建合成时，都会打开“合成设置”对话框，如图1-40所示。具体介绍如下。

合成名称： 用于命名合成，以便识别和管理。

预设： 在其下拉列表中可以选择不同的视频预设，如图1-41所示；默认情况下使用“HDTV 1080 25”视频预设。

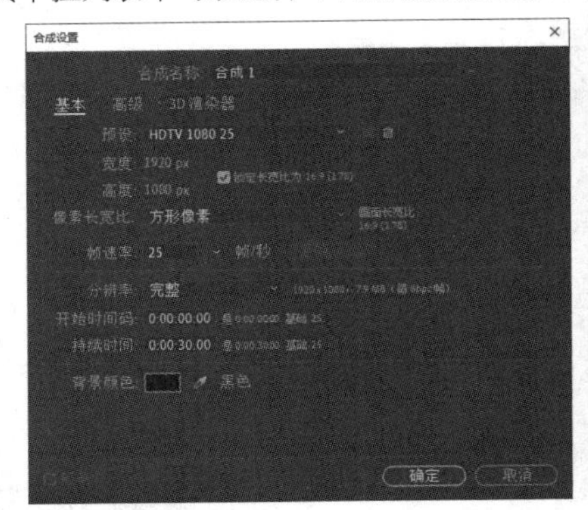

图1-40

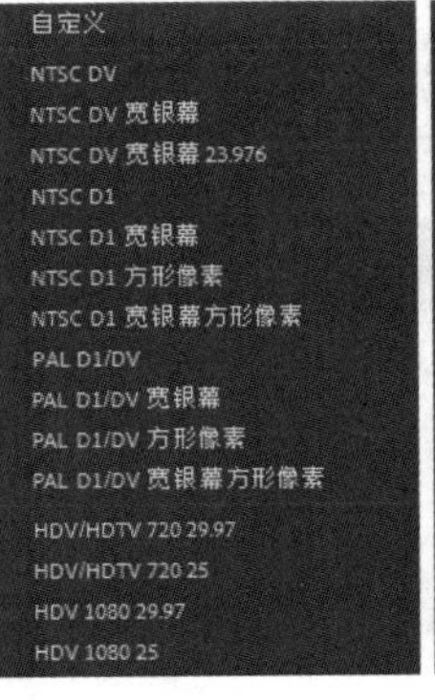

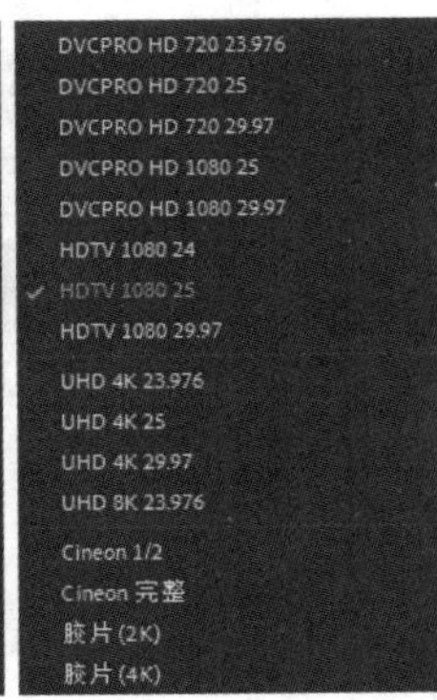

图1-41

宽度、高度： 用于设置合成的宽度和高度，单位都为px。

锁定长宽比为： 勾选该复选框后，会锁定合成的长宽比，修改合成的长度或宽度，另一个数值都会按照长宽比自动更改。

帧速率： 用于设置合成每秒包含的帧数，默认值为25，也可以设置为30。

开始时间码： 用于设置合成起始的时间。

持续时间： 用于设置合成整体的时长。

背景颜色： 用于设置合成的背景颜色，默认为黑色。

> **技巧与提示**
> 帧速率越大，合成画面播放时越流畅。

1.4.3 制作动画

可以为合成中的图层或合成本身添加动画关键帧，从而形成动画效果，如图1-42所示。第3章将详细介绍关键帧动画的制作方法。

图1-42

除了添加关键帧，添加蒙版遮罩、形状图形或文字，也能形成动画效果。第4~7章将介绍这些动画的制作方法。

1.4.4 添加滤镜

为合成中的图层添加各式各样的滤镜后，会形成独特的效果，如图1-43所示。第8章将讲解常用滤镜的使用方法。

图1-43

1.4.5 预览

项目制作完成后，可以进行预览，观察整体动画是否流畅、是否有需要改进的地方。在“预览”面板中，能控制预览的各项参数和操作，如图1-44所示。

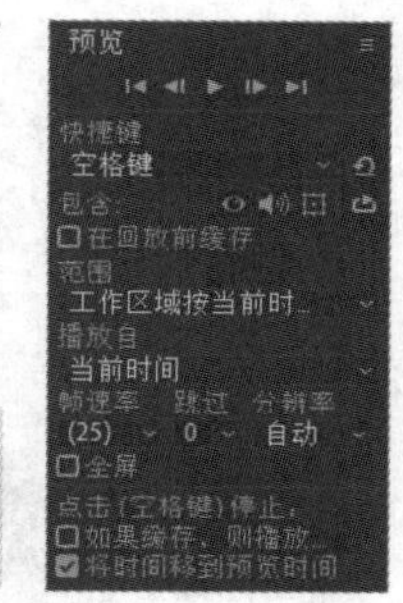

图1-44

> **技巧与提示**
> 按Space键可以预览整体动画。

1.4.6 渲染

在预览动画并将需要修改的问题修改后，可以渲染输出成片。选择“时间轴”面板并按快捷键Ctrl+M，切换到“渲染队列”面板，如图1-45所示。

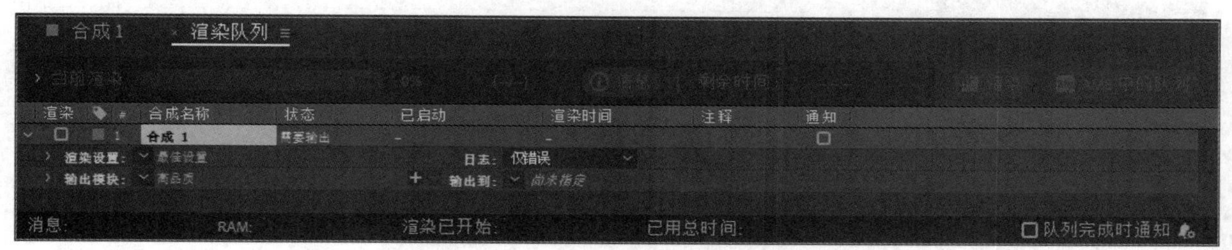

图1-45

在“渲染队列”面板中，可以设置渲染文件的路径、格式和质量等相关参数。具体介绍如下。

渲染设置：单击"最佳设置"，会弹出"渲染设置"对话框，如图1-46所示。在该对话框中可以设置输出文件的品质、分辨率、帧速率和时间范围等。

输出模块：单击"高品质"，会弹出"输出模块设置"对话框，如图1-47所示。相关参数介绍如下。

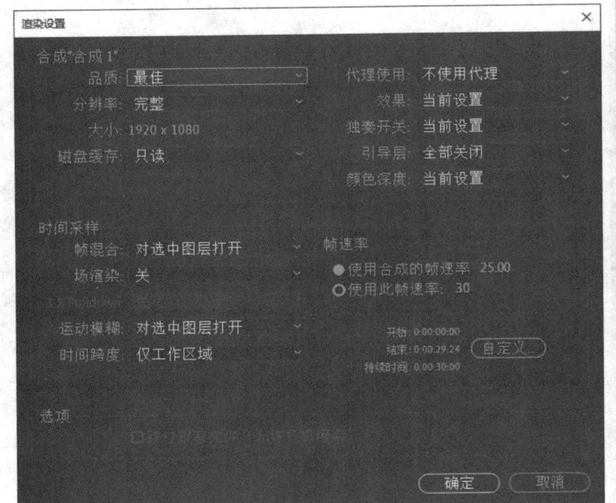

图1-46

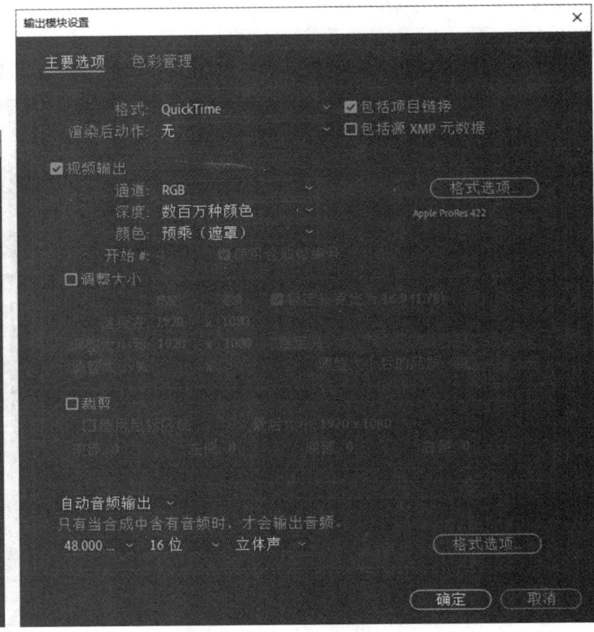

图1-47

格式：在其下拉列表中可以选择输出文件的格式，如图1-48所示；默认的输出格式中没有MP4格式，如果要输出该格式的文件，则需要通过Adobe Media Encoder 2022实现。

通道：用于设置输出文件包含的通道，默认为RGB；如果需要输出带Alpha通道的文件，就要将"通道"修改为"Alpha"或"RGB+Alpha"。

输出到：单击"尚未指定"，会弹出的"将影片输出到"对话框，可以在其中设置文件保存的路径和名称，如图1-49所示。

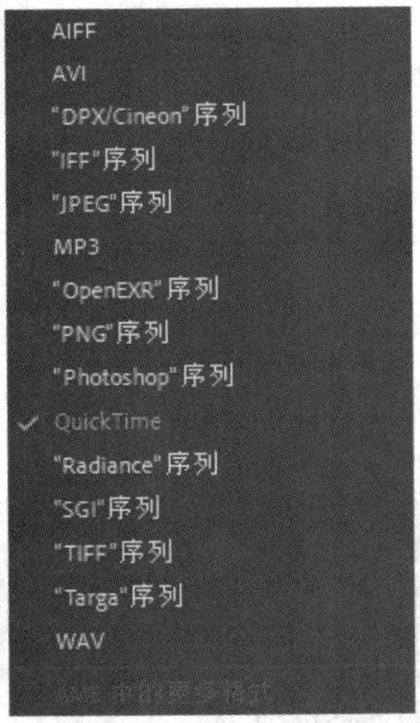

图1-48

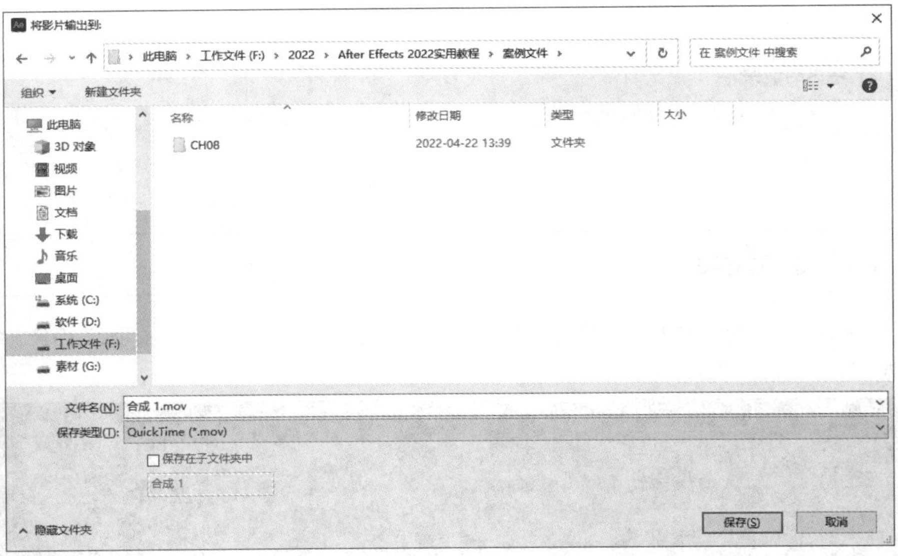

图1-49

"渲染"按钮：单击此按钮，可以在After Effects 2022中渲染文件。

"AME中的队列"按钮：单击此按钮，会将输出文件添加到Adobe Media Encoder 2022中，以进行更多格式文件的输出；需要注意的是，Adobe Media Encoder要单独安装，且其版本必须与After Effects相同，这样才能通过After Effects直接打开该软件；如果两者的版本不同，则必须手动添加文件到Adobe Media Encoder中。

知识点：Adobe Media Encoder

Adobe Media Encoder是一款辅助软件，用于输出使用After Effects和Premiere Pro制作的文件。使用这两款软件制作的文件可以同时在Adobe Media Encoder中进行批量输出。

Adobe Media Encoder的界面分为5个部分，分别是“媒体浏览器”面板、“预设浏览器”面板、“队列”面板、“监视文件夹”面板和“编码”面板，如图1-50所示。

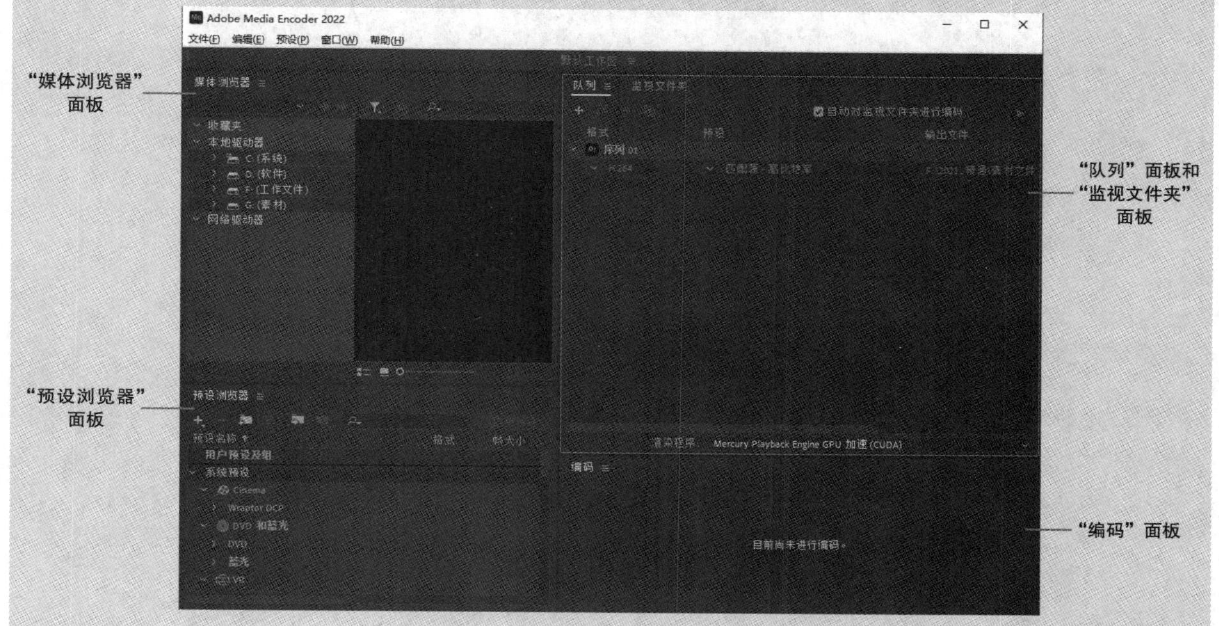

图1-50

“媒体浏览器”面板：用于在媒体文件添加到“队列”面板之前预览这些文件，以确保渲染后不出现问题，减少时间的浪费，如图1-51所示。

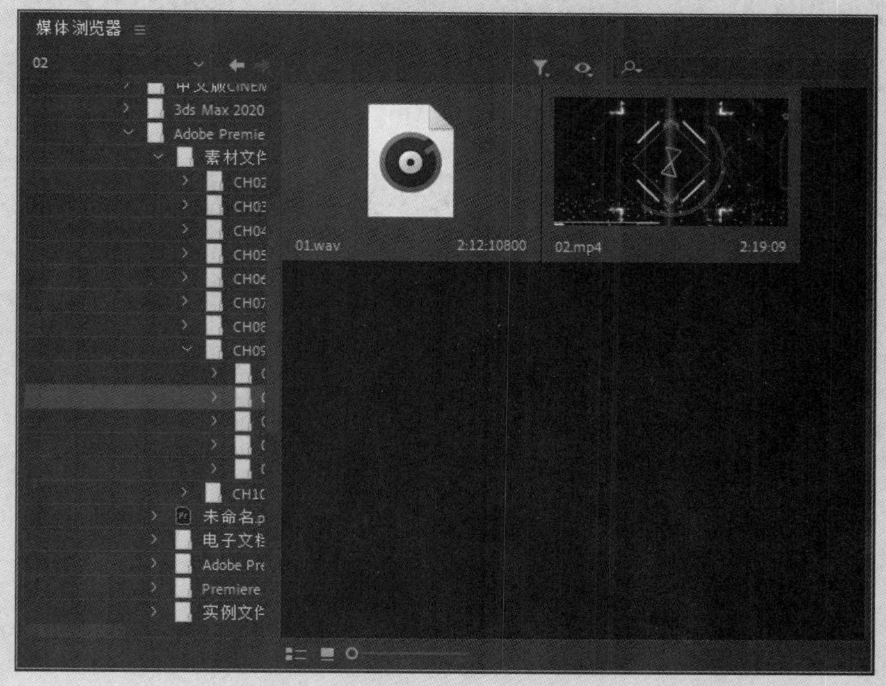

图1-51

“预设浏览器”面板： 提供可以帮助简化工作流程的选项，如图1-52所示。

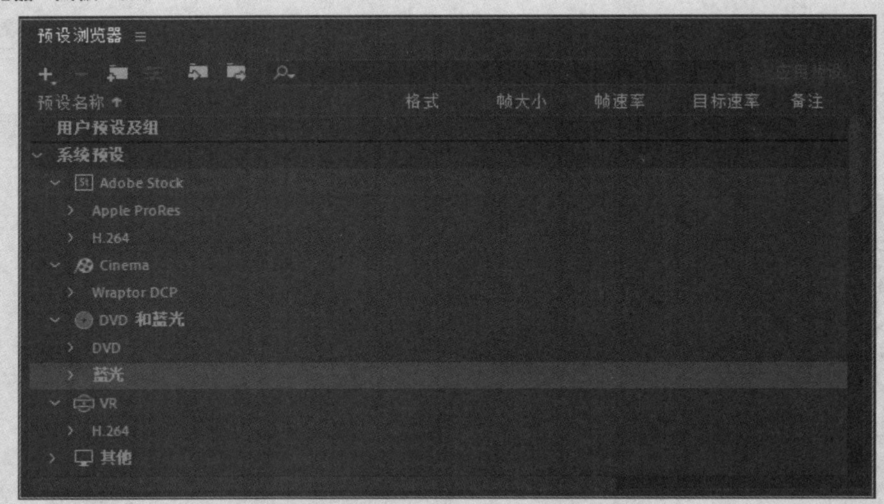

图1-52

“队列”面板： 可以将需要输出的文件（文件还可以是Premiere Pro中的序列和After Effects中的合成）添加到此面板中，如图1-53所示。

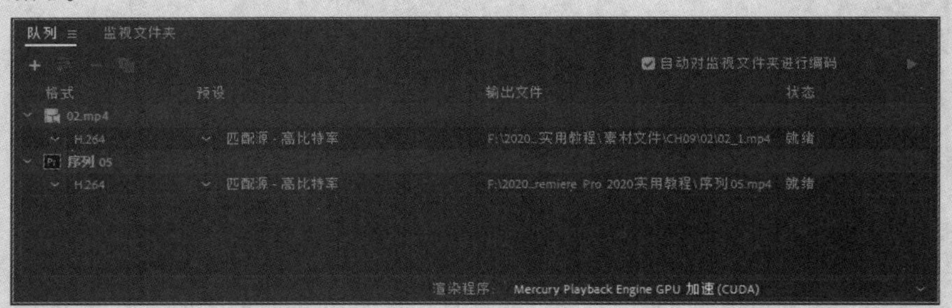

图1-53

“监视文件夹”面板： 在此面板中可以添加任意路径的文件夹作为监视文件夹，之后添加在监视文件夹中的文件都会使用预设的序列进行输出。

“编码”面板： 提供每个编码文件的状态信息，如图1-54所示。

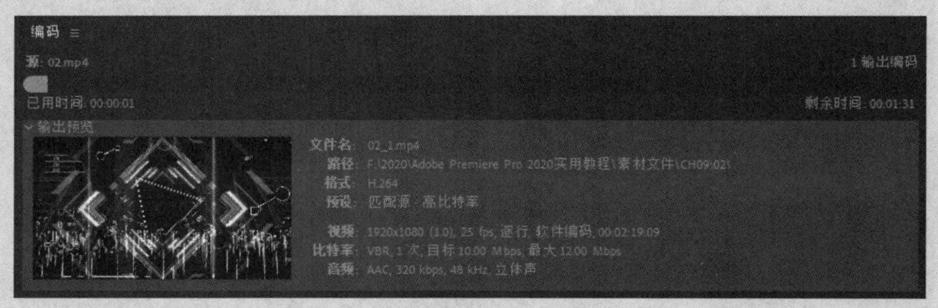

图1-54

After Effects

图层操作

本章主要讲解After Effects 2022中图层的相关知识，包括图层的类型、图层的5个基本属性以及图层的基本操作等内容。

课堂学习目标

- 熟悉图层的相关概念
- 掌握图层的基本属性
- 掌握图层的基本操作

2.1 图层概述

图层是After Effects的基础。无论是动画还是效果，都需要通过图层实现。“时间轴”面板中叠加的图层效果最终显示在“合成”面板中。

本节内容介绍

主要内容	相关说明	重要程度
“时间轴”面板	其中包含图层调节属性	高
图层的类型	有11种图层类型	中
图层的创建方法	创建内置图层	高
图层的移动和删除	在“时间轴”面板内移动和删除图层	中

2.1.1 “时间轴”面板

演示视频：006-“时间轴”面板

“时间轴”面板是用于显示和编辑图层的面板，在其中可以编辑属性、模式、遮罩蒙版、父子层级，还可以添加关键帧以生成动画，如图2-1所示。

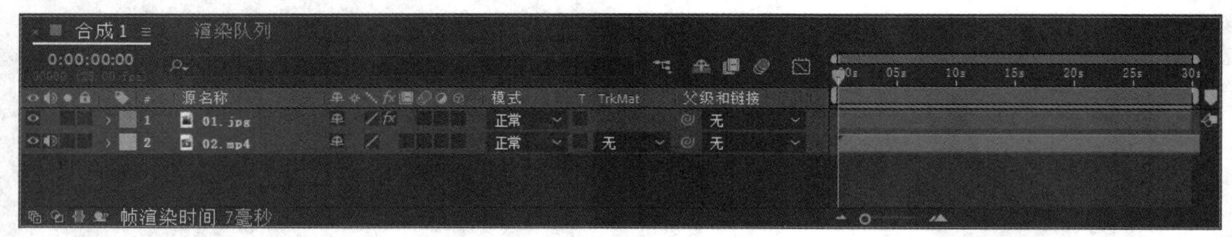

图2-1

时间：用于显示时间指示器的当前位置。

搜索框：用于快速搜索指定的图层；在平时制作文件时要养成命名图层的习惯，这样通过搜索框就能快速找到需要的图层。

“合成微型流程图”按钮：单击此按钮，可以查看项目文件中各个合成之间的关系。

“隐藏为其设置了‘消隐’开关的所有图层”按钮：单击此按钮，可以隐藏所有“消隐”图层，减少显示图层的数量，方便查找需要的图层。

“为设置了‘帧混合’开关的所有图层启用帧混合”按钮：单击此按钮，可以为设置混合帧的图层开启混合帧效果，特别适用于制作慢动作的镜头。

“为设置了‘运动模糊’开关的所有图层启用运动模糊”按钮：单击此按钮，可以为设置运动模糊的图层开启“运动模糊”效果。

“图表编辑器”按钮：单击此按钮，会切换到“图表编辑器”面板，方便调整动画曲线。

“视频”按钮：单击此按钮，可以隐藏图层，这样就不会在“合成”面板中显示相应图层。

“音频”按钮：单击此按钮，音频图层会静音。

“独奏”按钮：单击此按钮，只播放指定图层的内容。

“锁定”按钮：用于锁定选中的图层，不能更改其属性。

“标签”按钮：在标签色块中选择需要的标签，以方便查找。

“消隐”按钮：用于在“时间轴”面板中隐藏指定图层，但实际该图层仍存在。

“效果”按钮：当为图层添加效果后，单击此按钮可以关闭效果。

“运动模糊”按钮：单击此按钮后，运动的对象会生成运动模糊效果。

“调整图层”按钮：单击此按钮，指定图层会转换为调整图层，并将效果作用于其下方的图层。

“3D图层”按钮：单击此按钮，2D图层会转换为3D图层。

父级和链接：在其下方的下拉列表中选择从中继承变换的图层。

模式：在其下方的下拉列表中选择图层的混合模式。

T TrkMat：勾选其下方的选项后，图层会转换为轨道遮罩。

2.1.2 图层的类型

演示视频：007- 图层的类型

After Effects 2022（以下简称After Effects）内置了10种类型的图层，通过这些图层能创建出不同的效果，具体介绍如下。

文本图层：创建该图层后即可输入文本内容，如图2-2所示；使用“横排文字工具”也可以创建文本图层。

纯色图层：可以作为背景使用，也可以作为叠加的颜色图层，如图2-3所示。

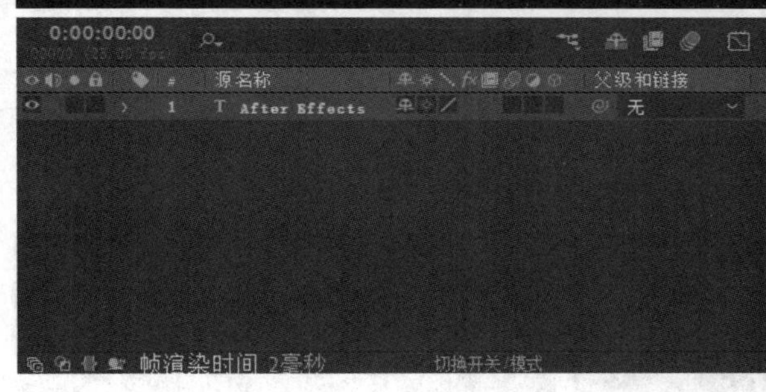

图2-2

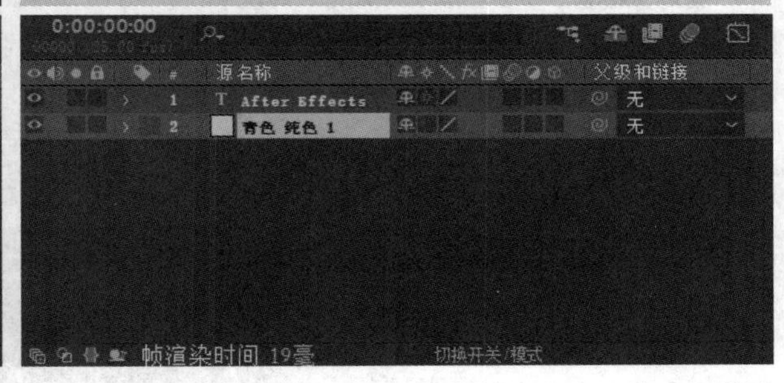

图2-3

技巧与提示

创建纯色图层时会弹出“纯色设置”对话框，在其中可以设置图层的颜色和大小等参数，如图2-4所示。

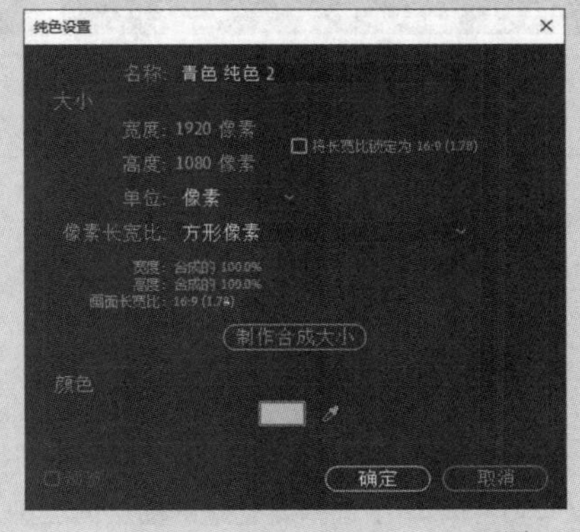

图2-4

灯光图层：创建后为一个灯光，可以照亮画面，也可以作为一些特效滤镜的载体，如图2-5所示；需要注意的是，灯光图层只作用于3D图层，对于普通的2D图层，需要打开“3D图层”开关才能显示灯光效果。

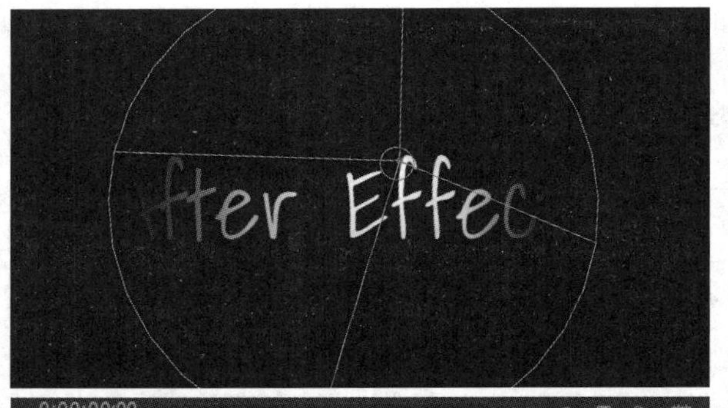

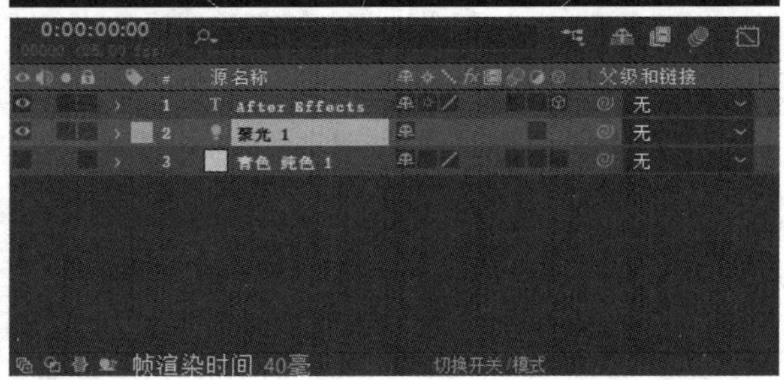

图2-5

> **技巧与提示**
>
> 创建灯光图层时会弹出“灯光设置”对话框，在其中可以设置灯光的类型、颜色等参数，如图2-6所示。
>
> 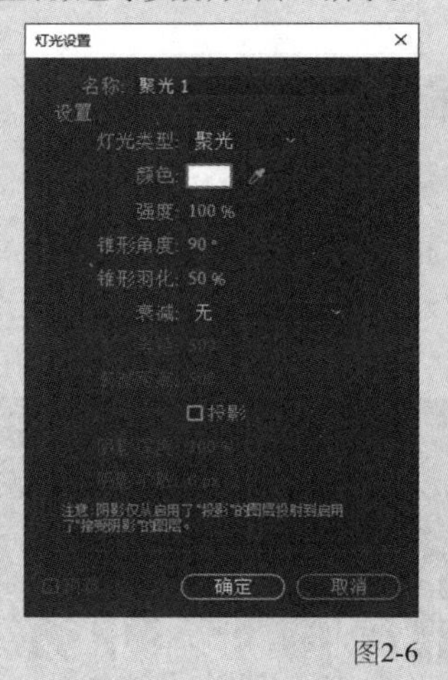
>
>
> 图2-6

摄像机图层：创建摄像机图层后，“合成”面板会切换到摄像机视图，该图层也作用于3D图层。

空对象图层：创建空对象图层后，只显示红色的控制器，不产生任何实体对象，如图2-7所示；该图层常用作父对象图层。

形状图层：创建形状图层后，鼠标指针的形状会改变，可以在“合成”面板中绘制矩形，如图2-8所示；使用形状工具在“合成”面板中绘制图形，会自动生成该图层。

调整图层：创建调整图层后，画面没有任何改变，该图层是一个透明图层，常用于调色。

内容识别填充图层：创建内容识别填充图层后，可以对选择的蒙版部分进行填充修改。

Adobe Photoshop文件图层：创建该图层时会弹出对话框加载PSD格式的文件。

Maxon Cinema 4D文件图层：创建该图层时会弹出对话框加载C4D格式的文件。

图2-7

图2-8

2.1.3 图层的创建方法

演示视频：008- 图层的创建方法

After Effects图层的创建方法较多，下面将逐一讲解。

方法1：将从外部导入的素材拖曳到“时间轴”面板中。

方法2：在“时间轴”面板的空白位置单击鼠标右键，在弹出的快捷菜单中选择要创建的图层的类型，如图2-9所示。

方法3：执行“图层>新建”菜单命令，在子菜单中选择要创建的图层的类型，如图2-10所示。

方法4：按对应图层的快捷键，常用的图层都有对应的快捷键，可参考图2-10。

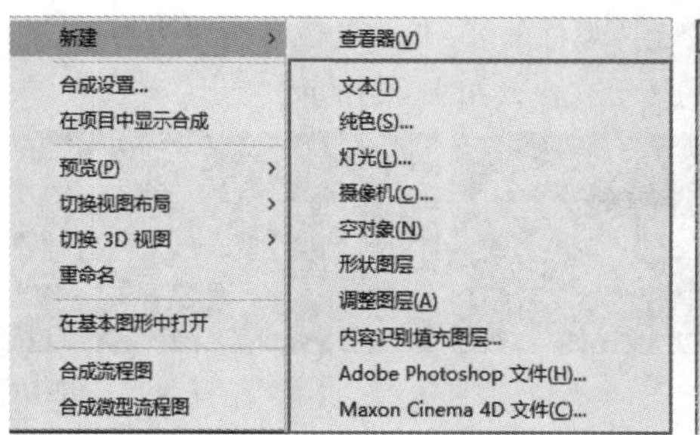

图2-9

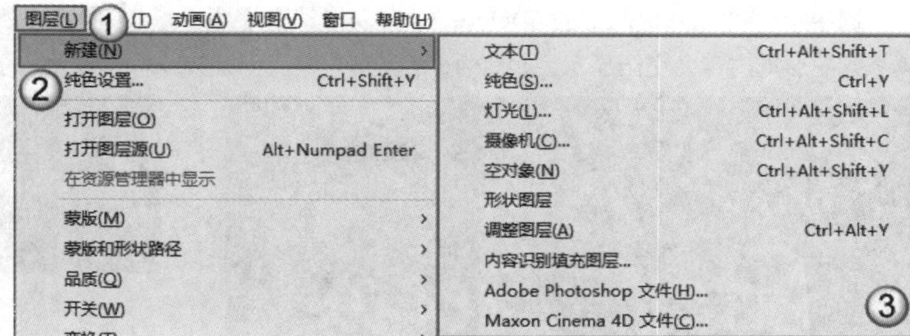

图2-10

2.1.4 图层的移动和删除

演示视频：009- 图层的移动和删除

After Effects中的图层与Photoshop中的图层一样，都是通过图层间的叠加生成最终的效果，如图2-11所示。

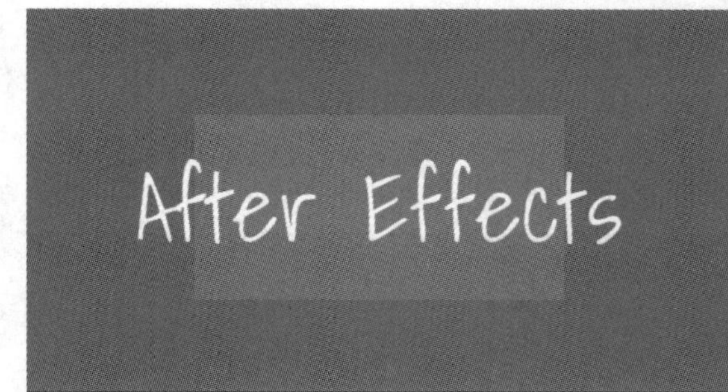

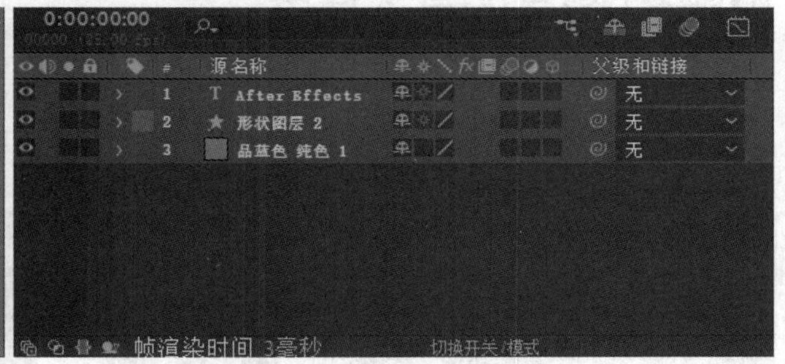

图2-11

选中“形状图层 2”，将其向上拖曳到最上层，如图2-12所示。此时画面中红色的矩形会遮盖其下方的文字，如图2-13所示。

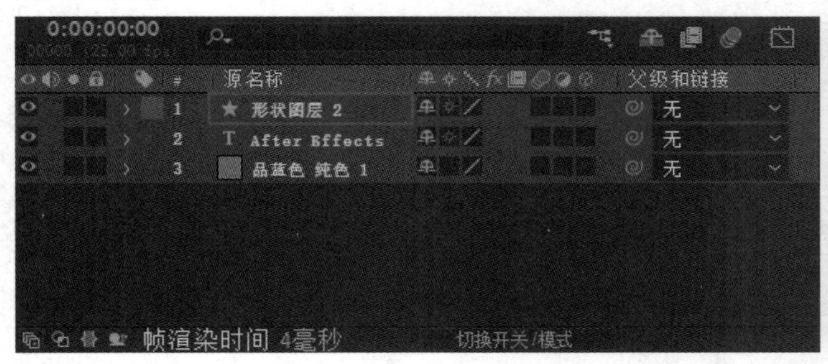

图2-12

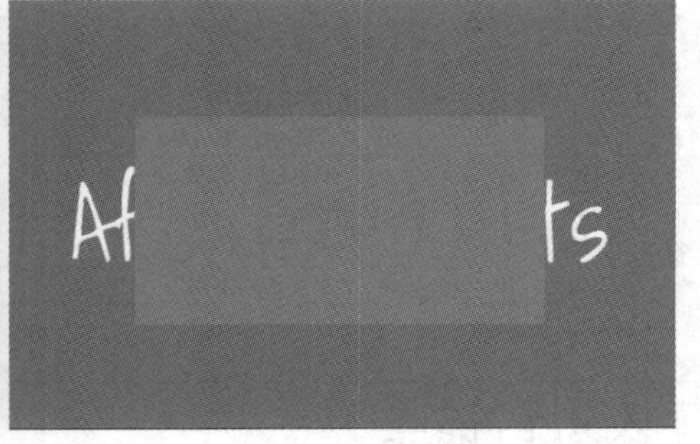

图2-13

选中“形状图层 2”时，可以看到矩形的周围出现控制点，如图2-14所示。按住鼠标左键并拖曳，可以在“合成”面板中移动图层的位置，如图2-15所示。

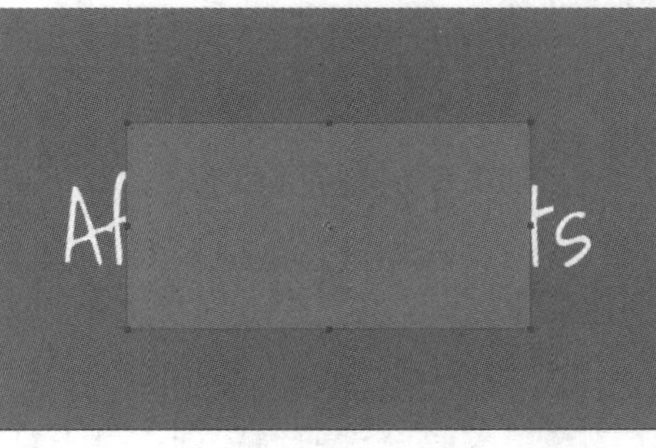

图2-14

图2-15

选中“形状图层 2”，然后按Delete键，可以将其删除，其下方图层的内容会完全显示，如图2-16所示。

图2-16

2.2 图层的基本属性

无论哪种类型的图层，都有一个“变换”卷展栏，里面包含图层的5个基本属性，如图2-17所示。

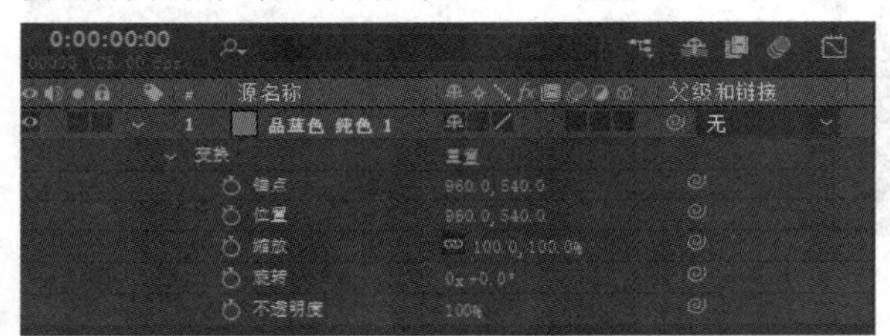

图2-17

本节内容介绍

主要内容	相关说明	重要程度
锚点	控制图层的中心点	中
位置	控制图层的位置	高
缩放	控制图层的大小	高
旋转	控制图层的角度	高
不透明度	控制图层的透明度	高

2.2.1 锚点

演示视频：010－锚点

“锚点”属性值代表图层中心点的位置，该位置是缩放和旋转图层时的参考依据。图2-18所示分别为锚点在中心位置和底部的缩放效果。

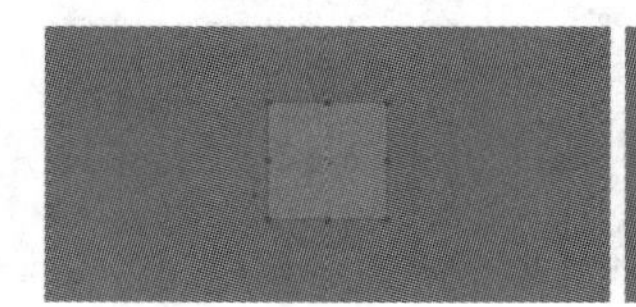

图2-18

调整“锚点”属性的值，锚点的位置会保持不变，而素材图层的位置会变化，如图2-19所示。

图2-19

技巧与提示

选中图层后按A键，能快速调出“锚点”属性。

2.2.2 位置

演示视频：011－位置

“位置”属性值代表图层在画面中所处的位置。“位置”属性的两个值分别代表图层的x轴和y轴的坐标值，如图2-20所示。如果开启“3D图层”开关，则会显示z轴的坐标值，如图2-21所示。

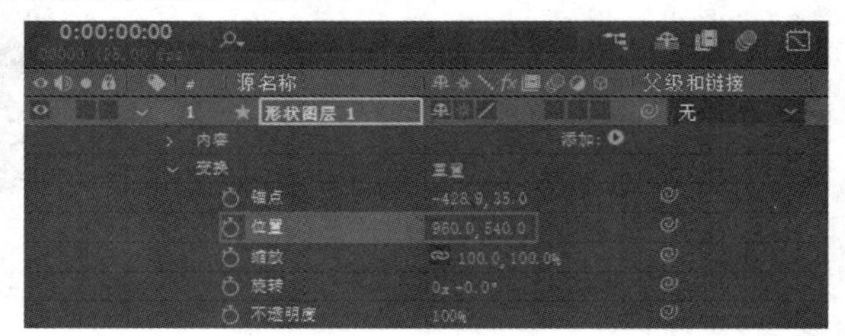

图2-20

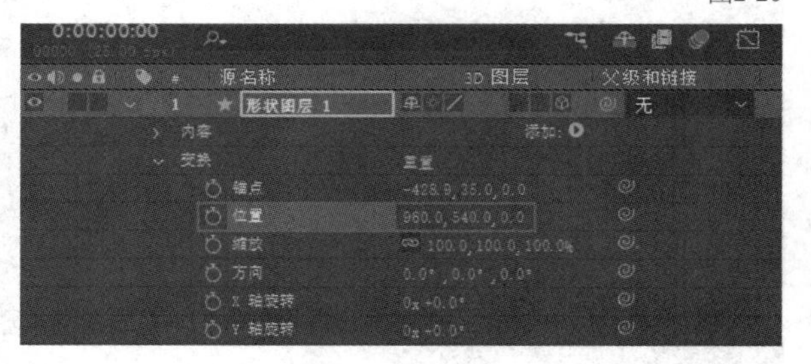

图2-21

调整“位置”属性的值，图层的位置会发生改变，如图2-22所示。

图2-22

技巧与提示

选中图层后按P键，能快速调出“位置”属性。

2.2.3 缩放

演示视频：012- 缩放

“缩放”属性用于控制图层的大小，默认情况下，图层会按照一定的长宽比放大或缩小，如图2-23所示。

图2-23

取消“缩放”属性后的“约束比例”选项，如图2-24所示，可以单独缩放图层的长或宽。效果如图2-25所示。

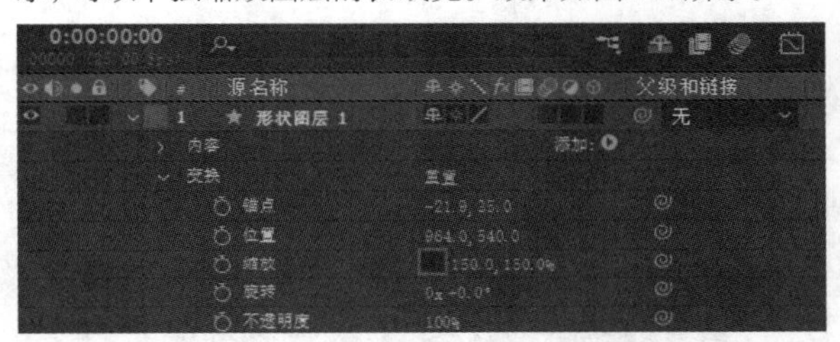

图2-24

图2-25

技巧与提示
选中图层后按S键，能快速调出“缩放”属性。

2.2.4 旋转

演示视频：013- 旋转

“旋转”属性用于改变图层的角度。当旋转的角度值为正值时，顺时针旋转图层；当旋转的角度值为负值时，逆时针旋转图层，如图2-26所示。

图2-26

当旋转的角度超过360° 时，旋转的角度值会以“圈数+角度”的形式显示，图2-27所示的“旋转”值表示旋转1080° 。

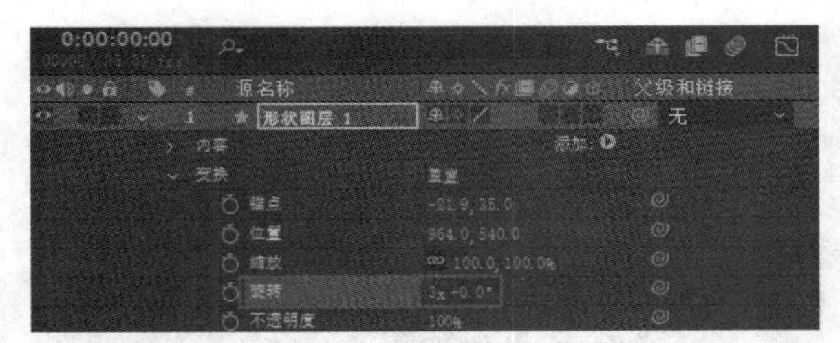

图2-27

开启“3D图层”开关后，会单独显示x轴、y轴和z轴的旋转角度，如图2-28所示。

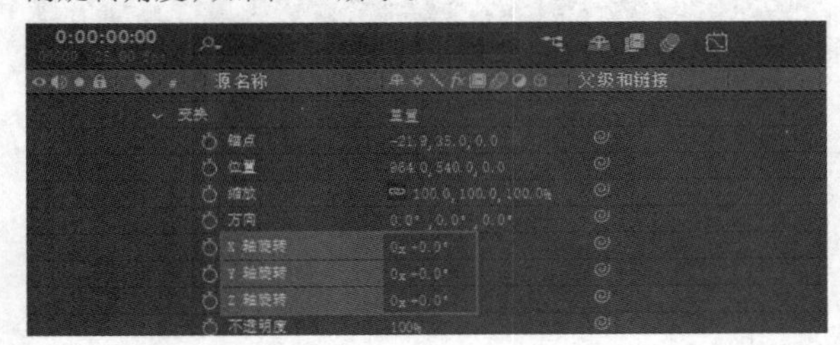

图2-28

技巧与提示
选中图层后按R键，能快速调出“旋转”属性。

2.2.5 不透明度

演示视频：014- 不透明度

“不透明度”属性用于控制图层的透明度，默认情况下，其值为100%，表示完全显示，如图2-29所示。

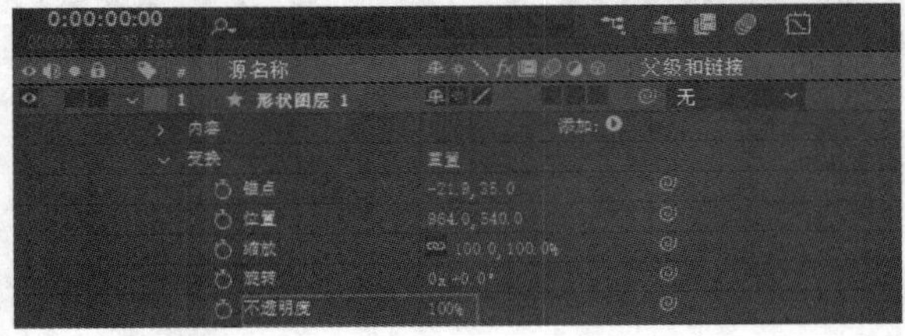

图2-29

当将某图层的“不透明度”设置为0%时，该图层会完全消失，显示下方的图层，如图2-30所示。

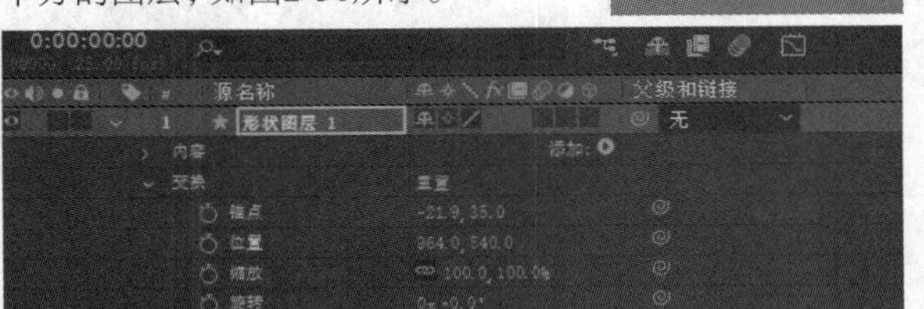

图2-30

当将某图层的“不透明度”设置为50%时，该图层会变成半透明的，与下方的图层进行融合，如图2-31所示。

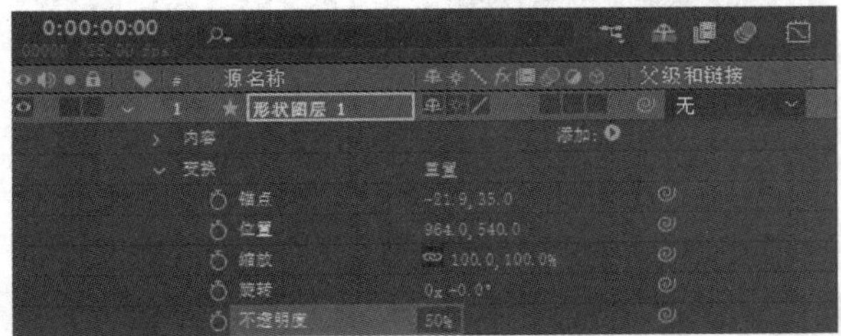

图2-31

技巧与提示

选中图层后按T键，能快速调出“不透明度”属性。

课堂案例

制作中国风插画

案例文件　案例文件>CH02>课堂案例：制作中国风插画

视频名称　课堂案例：制作中国风插画.mp4

学习目标　练习图层的导入和属性的调整

本案例需要将一个PSD文件导入项目中，通过调整图层的属性，制作一张完整的中国风插画，效果如图2-32所示。

图2-32

01 在“项目”面板中导入“案例文件>CH02>课堂案例：制作中国风插画”文件夹中的“素材.psd”文件，在弹出的对话框中选择“合成-保持图层大小”选项和“可编辑的图层样式”单选项，如图2-33所示。

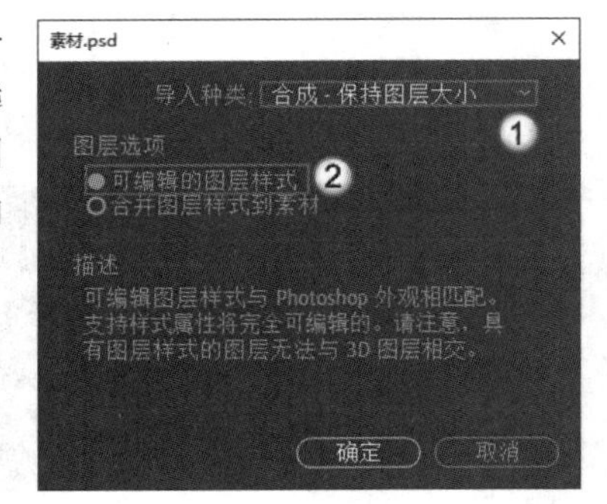

图2-33

02 单击“确定”按钮后，“项目”面板中会展示导入的各个图层，如图2-34所示。

03 按快捷键Ctrl+N新建合成，设置“合成名称”为“插画”、“宽度”为1920px、“高度”为1080px、“持续时间”为0:00:05:00，如图2-35所示。

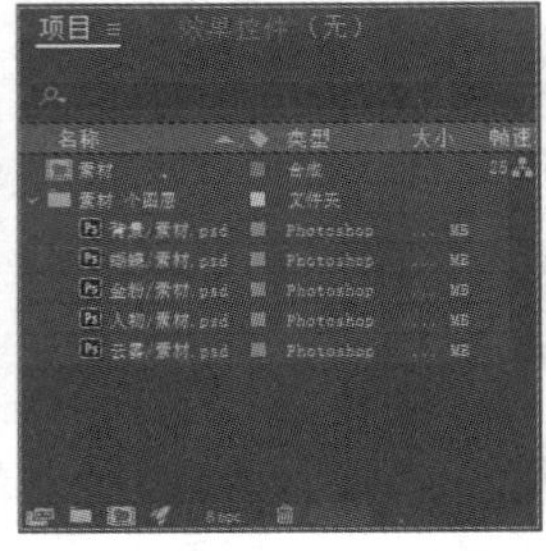

图2-34

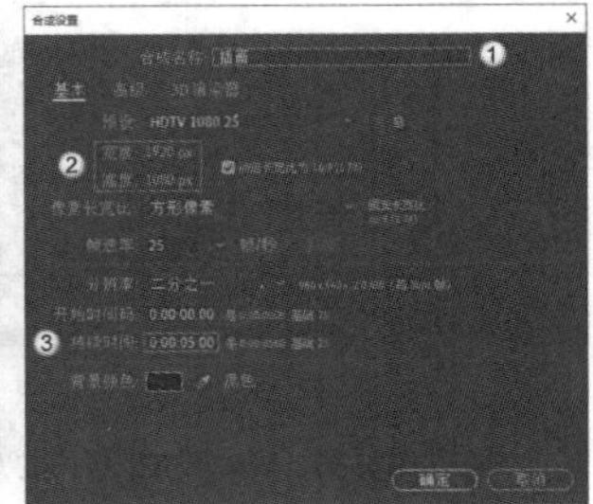

图2-35

04 选中“背景/素材.psd”文件，将其向下拖曳到“时间轴”面板中，如图2-36所示。效果如图2-37所示。

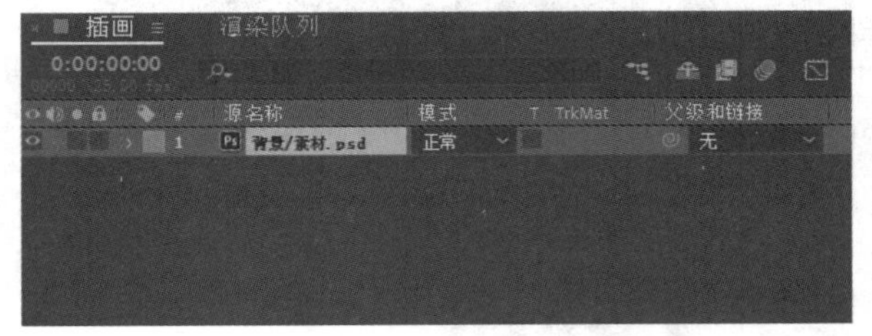

图2-36

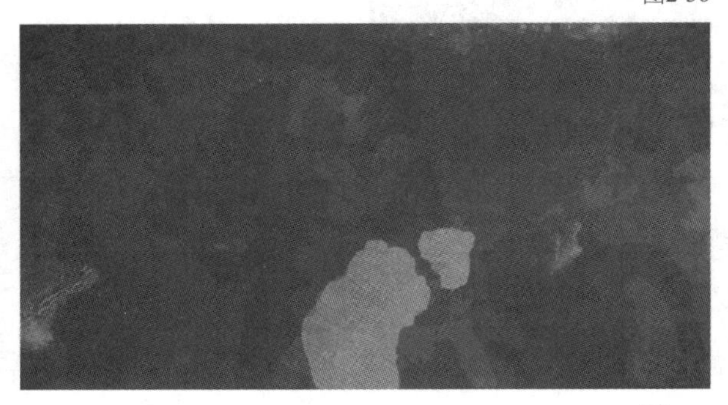

图2-37

05 由于“背景/素材.psd”图层的尺寸比合成的尺寸大，因此只能在合成中显示部分内容。选中“背景/素材.psd”图层，按S键调出“缩放”属性，设置“缩放”属性的值为（50.0,50.0%），可以使该图层在合成中完全显示，如图2-38和图2-39所示。

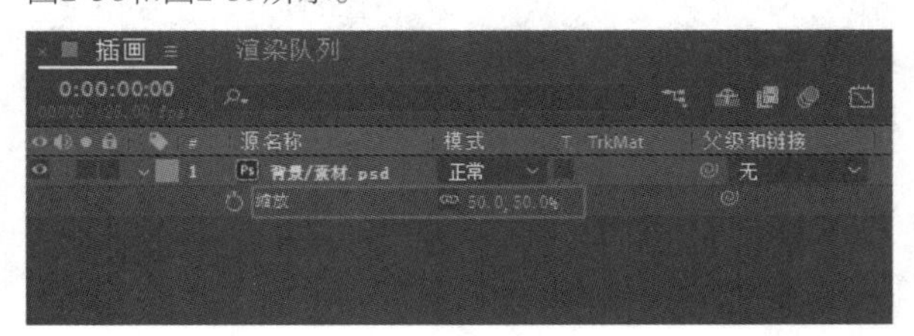

图2-38

图2-39

06 选中“人物/素材.psd”文件，将其向下拖曳到“时间轴”面板中，并放在顶层，如图2-40所示。效果如图2-41所示。

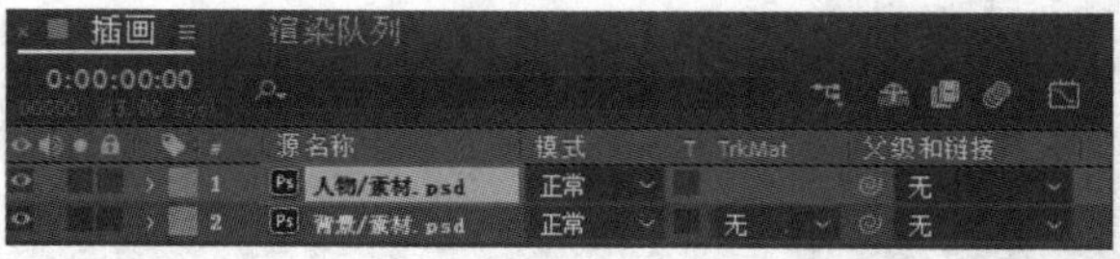

图2-40

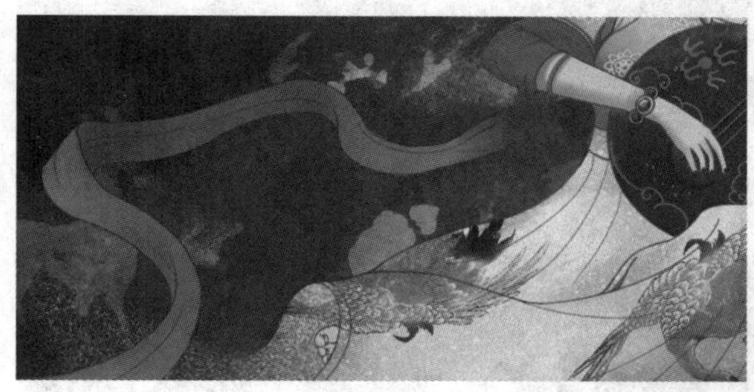

图2-41

07 选中“人物/素材.psd”图层，按S键调出“缩放”属性，设置“缩放”属性的值为（48.0,48.0%），如图2-42所示。效果如图2-43所示。

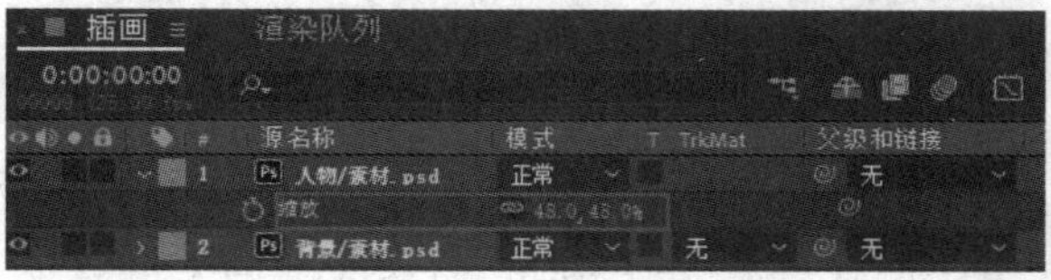

图2-42

图2-43

08 选中“蝴蝶/素材.psd”文件，将其向下拖曳到“时间轴”面板中，并放在顶层，如图2-44所示。效果如图2-45所示。

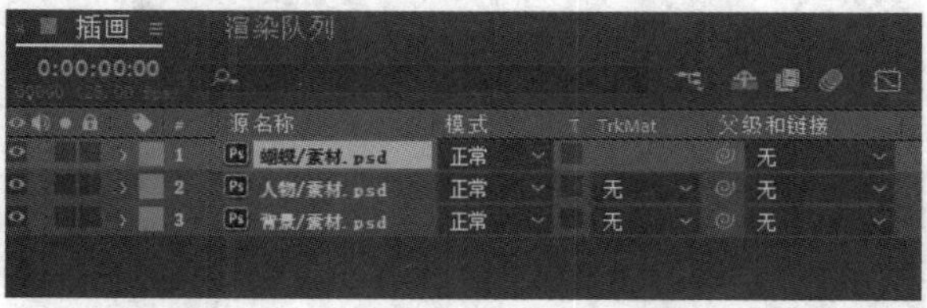

图2-44

图2-45

09 选中“蝴蝶/素材.psd”图层，按S键调出“缩放”属性，设置“缩放”属性的值为（55.0,55.0%），如图2-46所示。效果如图2-47所示。

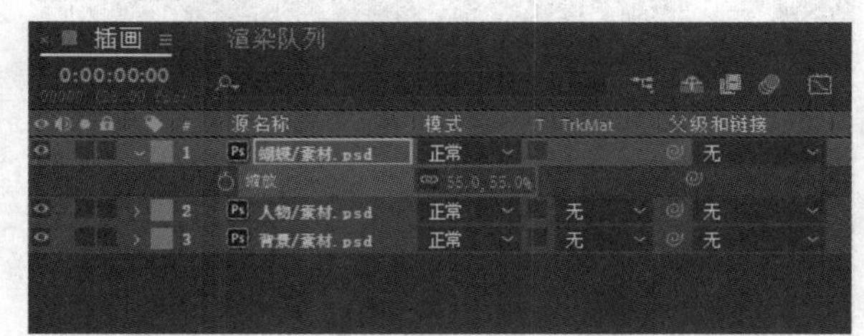

图2-46

图2-47

10 选中“蝴蝶/素材.psd”图层，按P键调出“位置”属性，设置“位置”属性的值为（960.0,425.0），如图2-48所示。效果如图2-49所示。从图中可看出，该图层中的图像向画面上方移动了一小段距离。

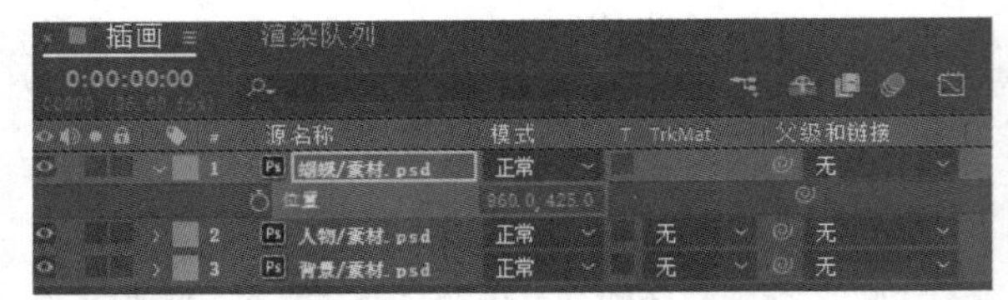

图2-48

图2-49

⑪ 选中“金粉/素材.psd”文件，将其向下拖曳到“时间轴”面板中，并放在顶层，如图2-50所示。效果如图2-51所示。

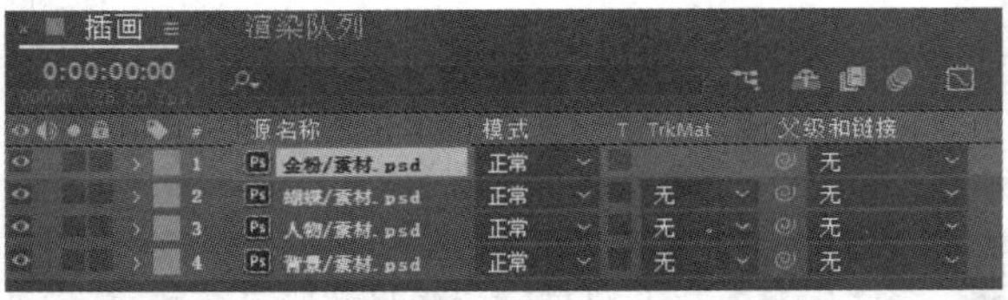

图2-50

图2-51

⑫ 选中“金粉/素材.psd”图层，按S键调出“缩放”属性，设置“缩放”属性的值为（50.0,50.0%），如图2-52所示。效果如图2-53所示。

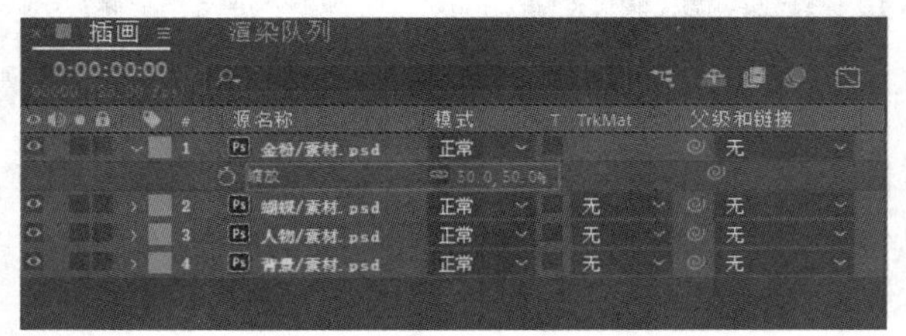

图2-52

图2-53

⑬ 选中“云雾/素材.psd”文件，将其向下拖曳到“时间轴”面板中，并放在顶层，如图2-54所示。效果如图2-55所示。

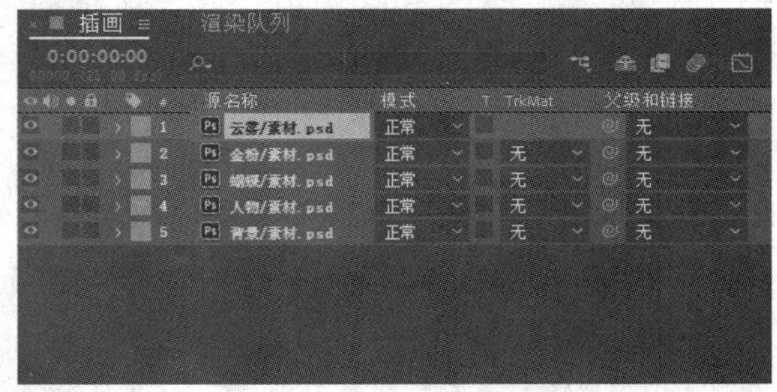

图2-54

图2-55

⑭ 选中“云雾/素材.psd”图层，按S键调出“缩放”属性，设置“缩放”属性的值为（52.0,52.0%），如图2-56所示。效果如图2-57所示。

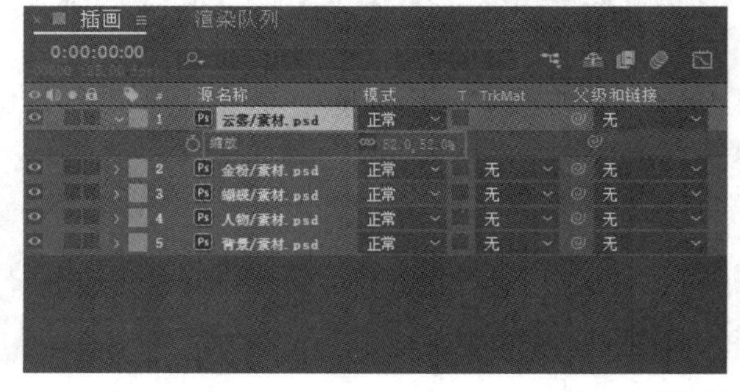

图2-56

图2-57

15 保持选中的图层不变，按T键调出“不透明度”属性，设置“不透明度”属性的值为85%，如图2-58所示。本案例的最终效果如图2-59所示。

图2-58

图2-59

课堂练习

制作卡通插画

案例文件 案例文件>CH02>课堂练习：制作卡通插画

视频名称 课堂练习：制作卡通插画.mp4

学习目标 练习图层的导入和属性的调整

本练习是拼合多个素材，制作一张卡通插画，需要使用本节所讲的图层的基本属性，最终效果如图2-60所示。

图2-60

2.3 图层的基本操作

本节将讲解图层的一些基本操作。这些操作会贯穿在后续内容中，需要完全掌握。

本节内容介绍

主要内容	相关说明	重要程度
图层的对齐和分布	对齐图层和均匀分布图层	高
图层的时长	调整图层的时长	中
拆分图层	将图层拆分	中
图层的父子层级	创建图层的父子层级	高
图层混合模式	设置图层间的混合模式	高
图层样式	设置图层的样式	中
预合成	将图层转换为合成	高

2.3.1 图层的对齐和分布

演示视频：015- 图层的对齐和分布

使用“对齐”面板中的按钮能快速对选中的图层进行对齐或分布操作，“对齐”面板如图2-61所示，具体介绍如下。

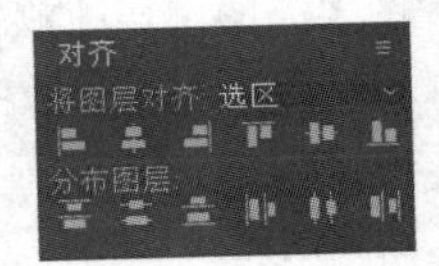

图2-61

“左对齐”按钮：用于将选中的图层向左侧对齐。

“水平对齐”按钮：用于将选中的图层沿水平方向对齐。

“右对齐”按钮：用于将选中的图层向右侧对齐。

“顶对齐”按钮：用于将选中的图层向顶部对齐。

“垂直对齐”按钮：用于将选中的图层沿垂直方向对齐。

“底对齐”按钮：用于将选中的图层向底部对齐。

“按顶分布”按钮：用于将选中的图层按照图层最高处均匀分布。

“垂直均匀分布”按钮：用于将选中的图层沿垂直方向均匀分布。

“按底分布”按钮：用于将选中的图层按照图层最低处均匀分布。

“按左分布”按钮：用于将选中的图层按照图层最左侧均匀分布。

“水平均匀分布”按钮：用于将选中的图层沿水平方向均匀分布。

“按右分布”按钮：用于将选中的图层按照图层最右侧均匀分布。

技巧与提示

当选中两个或两个以上的图层时，才能激活“分布图层”中的部分按钮。

2.3.2 图层的时长

演示视频：016- 图层的时长

在“时间轴”面板中，除了可以在左侧调整图层的属性信息外，还可以在右侧调整图层的时长和在时间轴中的位置，如图2-62所示。

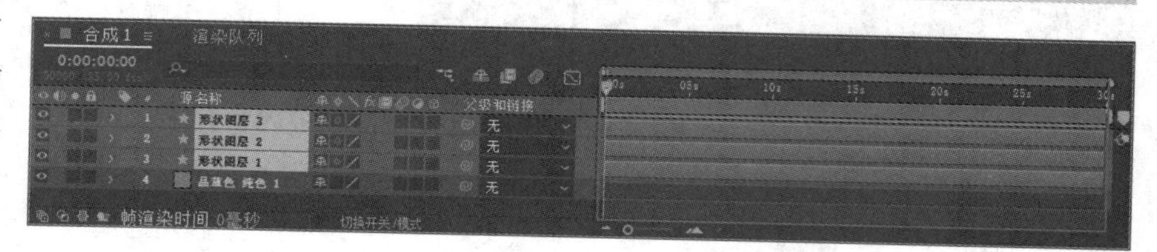

图2-62

选中图层的剪辑并左右拖曳，可以改变其在时间轴上的位置，如图2-63所示。这样就可以控制图层的显示顺序。

图2-63

默认情况下，除视频素材图层外的图层的剪辑时长与合成的时长是一致的。如果要改变剪辑时长，则可以拖曳剪辑的起始或结束位置，使其符合需求，如图2-64所示。

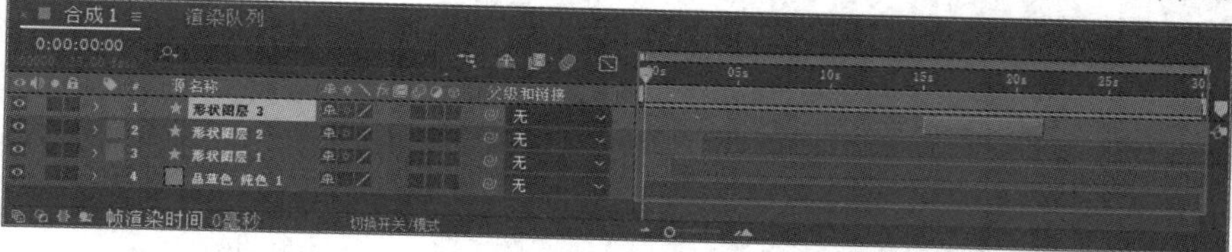

图2-64

对于由视频素材生成的图层，拖曳其剪辑的起始或结束位置，会隐藏部分素材画面。此时，选中图层并单击鼠标右键，在弹出的快捷菜单中执行“时间>时间伸缩”命令，如图2-65所示。在打开的“时间伸缩”对话框中，设置“新持续时间”的值，如图2-66所示，可以加快或减慢视频的播放速度，从而达到更改剪辑时长的目的。

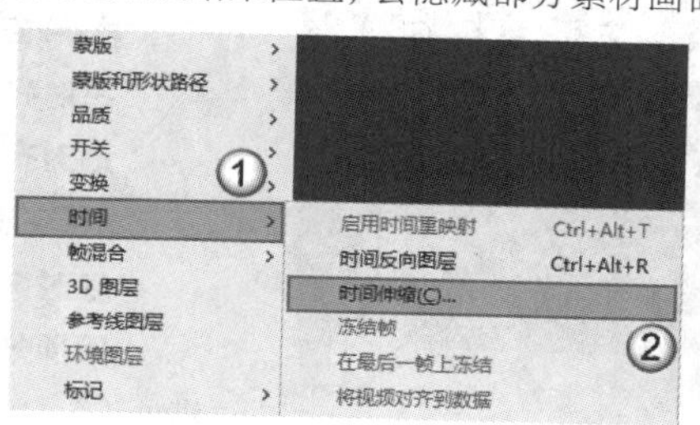

图2-65

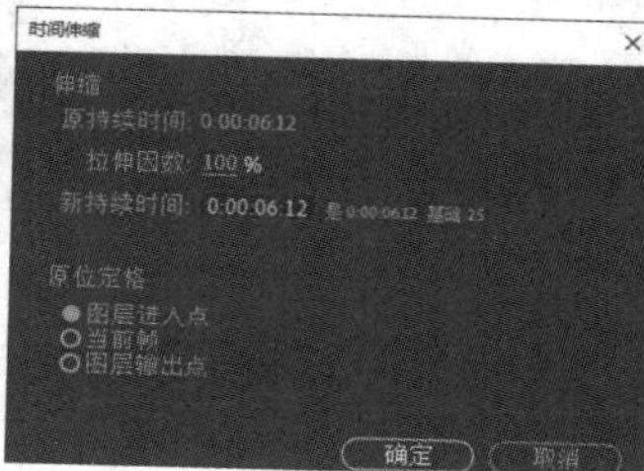

图2-66

课堂案例

制作加速视频

案例文件 案例文件>CH02>课堂案例：制作加速视频

视频名称 课堂案例：制作加速视频.mp4

学习目标 练习调整视频时长的方法

本案例需要使用“时间伸缩”命令制作一段加速视频，效果如图2-67所示。

图2-67

01 在“项目”面板中导入“案例文件>CH02>课堂案例：制作加速视频”文件夹中的“素材.mp4”文件，如图2-68所示。

02 将“素材.mp4”文件向下拖曳到“时间轴”面板中，会自动生成合成，如图2-69所示。效果如图2-70所示。

图2-68

图2-69

图2-70

技巧与提示

如果在“合成”面板中加载画面时有些卡顿，可以在“合成”面板下方设置“分辨率”为“二分之一”，甚至更小，如图2-71所示。

图2-71

03 选中“素材.mp4”图层，然后单击鼠标右键，在弹出的快捷菜单中执行“时间>时间伸缩”命令，如图2-72所示。

04 在打开的“时间伸缩”对话框中设置“新持续时间”的值为0:00:30:00，如图2-73所示。

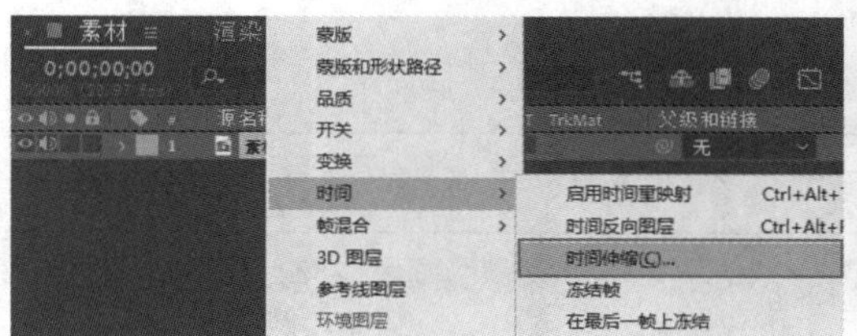

图2-72

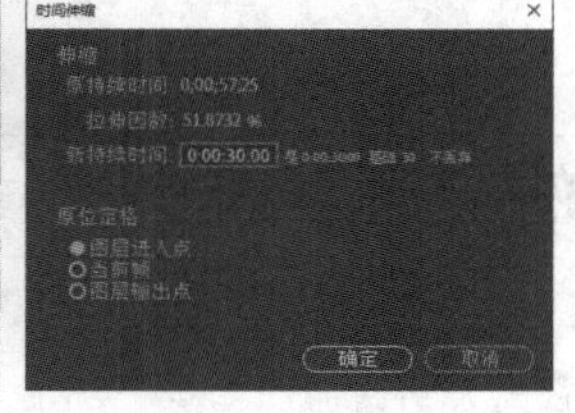

图2-73

05 单击“确定”按钮，可以观察到“时间轴”面板中的剪辑缩短了，如图2-74所示。

图2-74

06 按Space键预览画面，并截取4帧，效果如图2-75所示。

图2-75

2.3.3 拆分图层

演示视频：017– 拆分图层

若需要将图层的内容拆分为两部分，则可按快捷键Ctrl+Shift+D快速完成，具体方法如下。

第1步：选中要拆分图层的剪辑，移动时间指示器到需要拆分的位置，如图2-76所示。

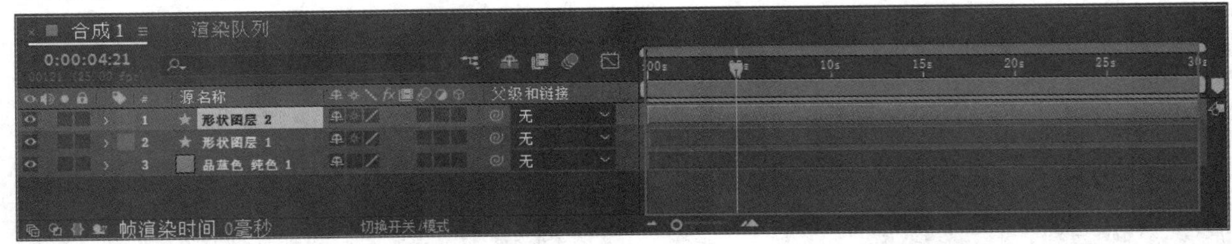

图2-76

第2步：按快捷键Ctrl+Shift+D，能在时间指示器的位置将剪辑拆分为两部分，并且后方的剪辑会生成一个新的图层，如图2-77所示。

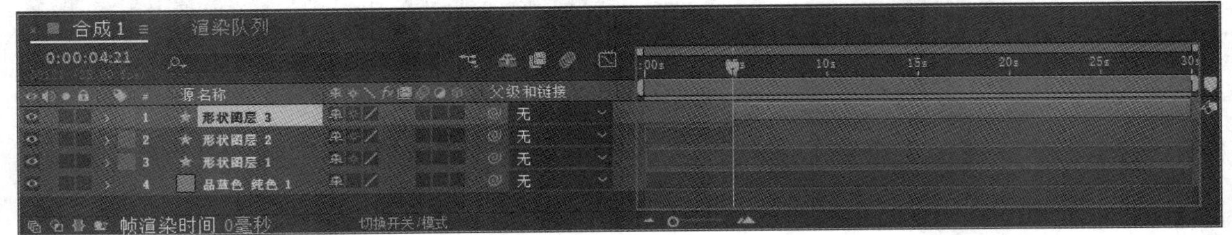

图2-77

2.3.4 图层的父子层级

演示视频：018– 图层的父子层级

图层的父子层级是一个很重要的功能，可以通过父级图层能控制子级图层的位置、大小和角度等属性，而调整子级图层并不会影响父级图层。

使用“父级关联器”按钮◎能将两个图层进行父子层级的关联。选中子级图层后方的“父级关联器”按钮◎，然后按住鼠标左键不放，将该按钮拖曳到父级图层的名称上方，松开鼠标就能将两个图层关联，如图2-78和图2-79所示。

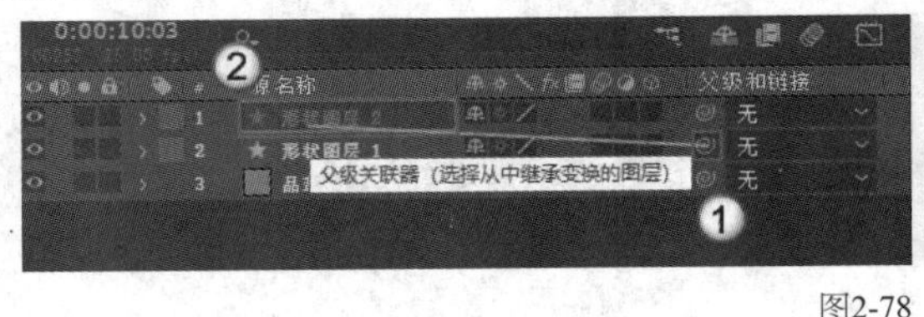

图2-78

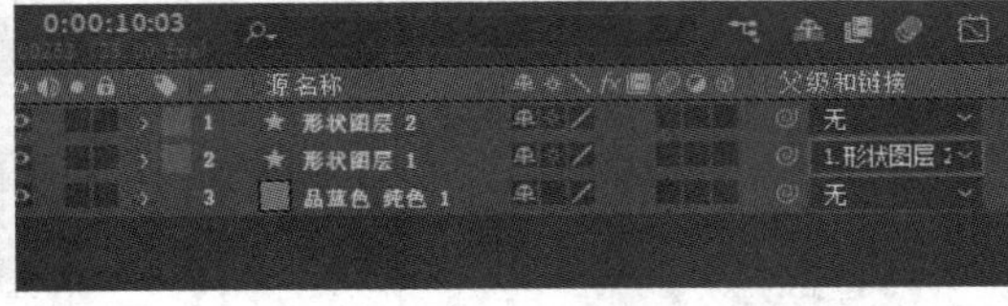

图2-79

除了图层间的关联外，还可以将两个图层的属性进行关联，其操作方法与图层的关联类似，如图2-80和图2-81所示。关联后，子级属性的值会变成红色，无法进行调节，只能调节父级属性的值。

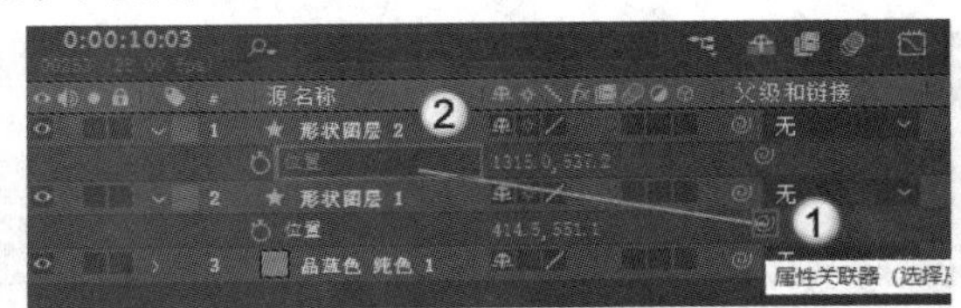

图2-80

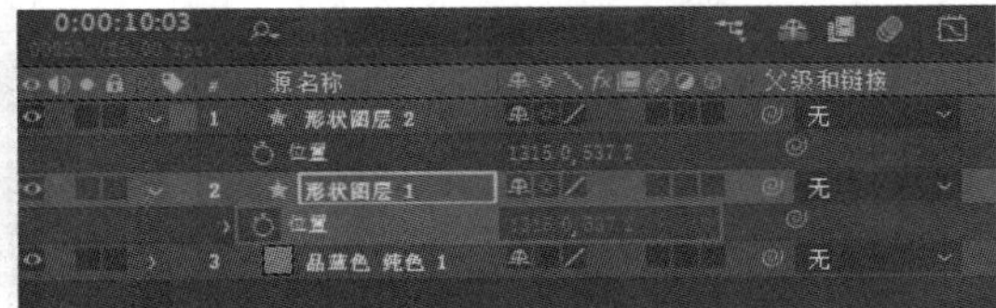

图2-81

2.3.5 图层混合模式

演示视频：019- 图层混合模式

使用图层混合模式可以让不同的图层进行融合，从而产生新的效果。图层混合模式在合成视频素材时的使用频率很高。

在“时间轴”面板中，每个图层后方都会显示其对应的模式，默认情况下为“正常”，如图2-82所示。此时，可以看到序列图层完全遮挡住其下方图层的内容，如图2-83所示。

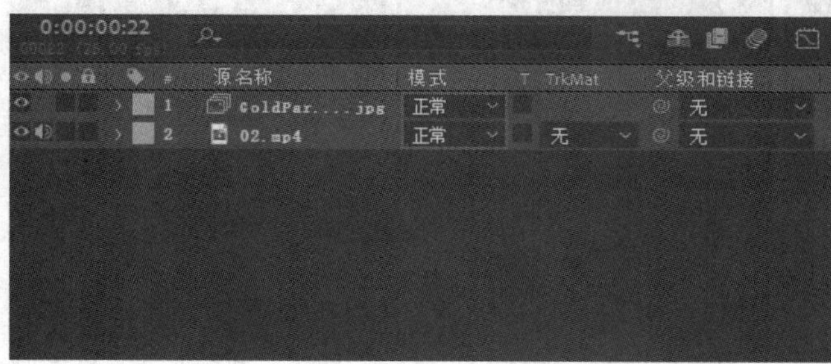

图2-82

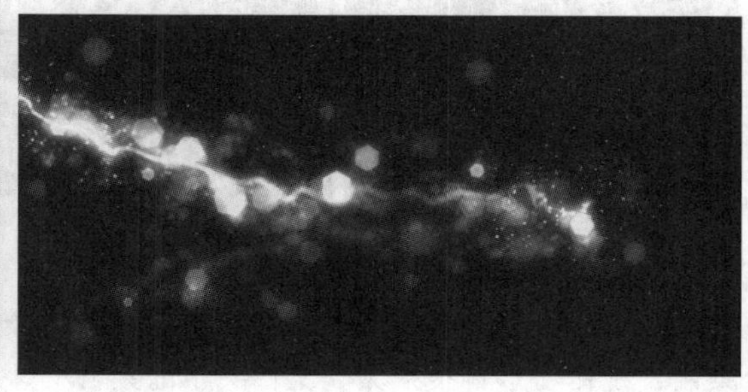

图2-83

选中序列图层，然后设置其“模式”为“屏幕”，可以隐藏黑色部分，让该图层中的金色粒子与其下方图层的内容融合，如图2-84和图2-85所示。

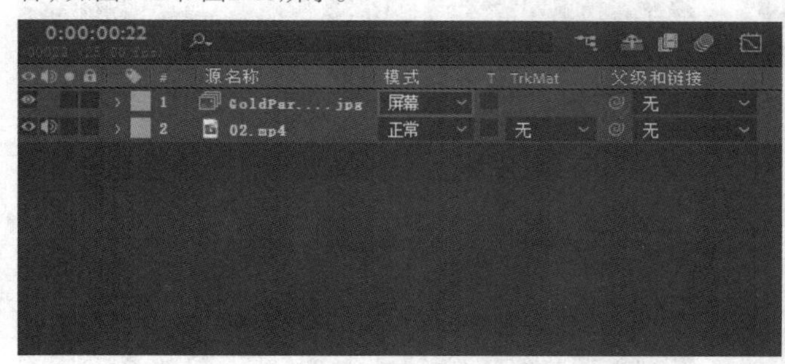

图2-84

图2-85

除了“屏幕”模式外，还可以在图2-86所示的“模式”下拉列表中选择不同的模式，每种模式生成的效果都不一样，图2-87所示为使用部分图层模式的效果。

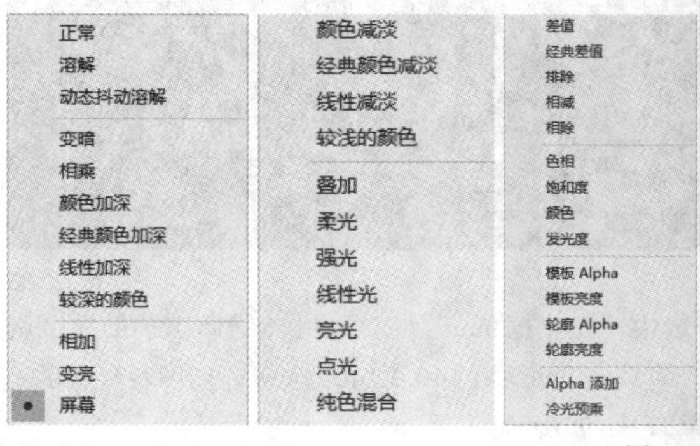

图2-86

相乘

相加

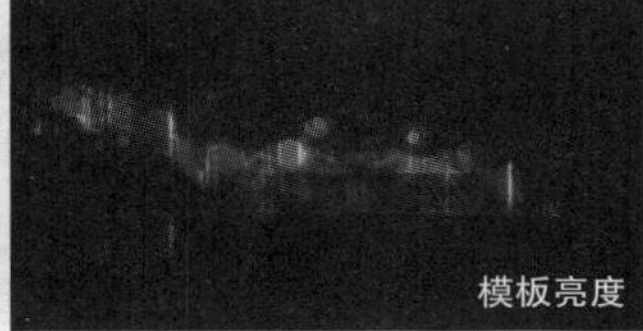

图2-87

技巧与提示

After Effects图层混合模式的用法和原理与Photoshop中的图层混合模式类似。

课堂案例

制作科技视频

案例文件　案例文件>CH02>课堂案例：制作科技视频

视频名称　课堂案例：制作科技视频.mp4

学习目标　练习图层混合模式的使用方法

本案例除了会用到图层混合模式外，还会用到关键帧，为第3章的学习做铺垫，效果如图2-88所示。

图2-88

01 在“项目”面板中导入“案例文件>CH02>课堂案例：制作动态科技视频”文件夹中的素材文件，如图2-89所示。

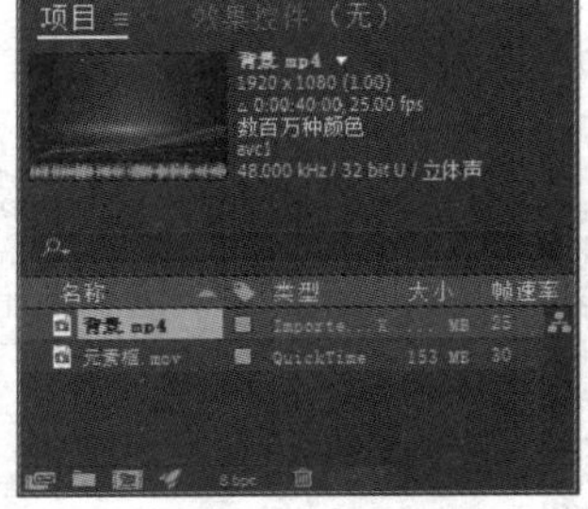

图2-89

02 新建一个时长为5秒的合成，然后在“时间轴”面板中添加“背景.mp4”素材文件，生成图层，如图2-90所示。效果如图2-91所示。

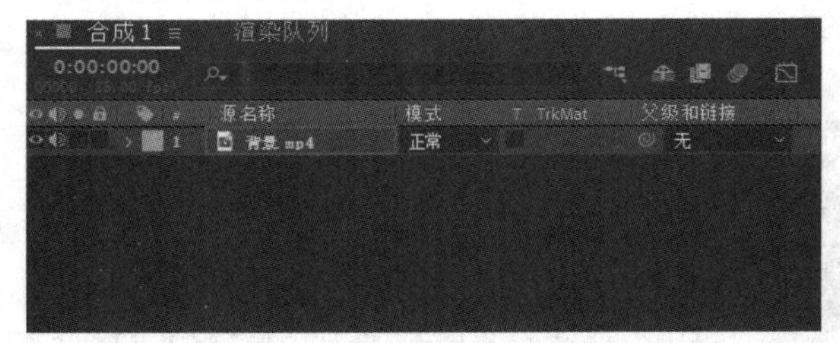

图2-90

图2-91

03 将“元素框.mov”素材文件添加到“时间轴”面板中并放在顶层，如图2-92所示。移动时间指示器，观察画面效果，如图2-93所示。

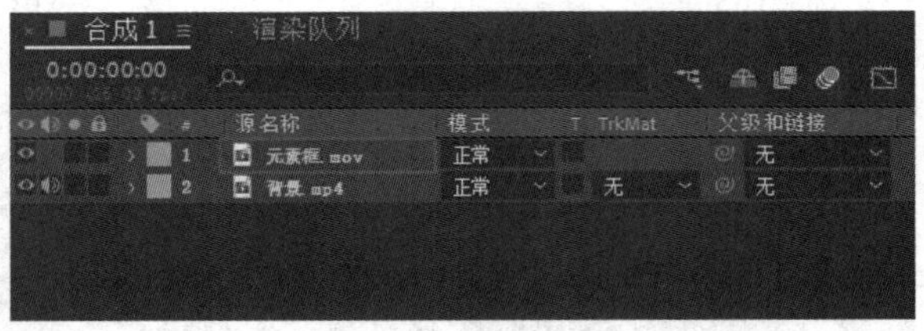

图2-92

图2-93

04 选中“元素框.mov”图层，按S键调出“缩放”属性，将其值设置为（140.0,140.0%），如图2-94所示。效果如图2-95所示。

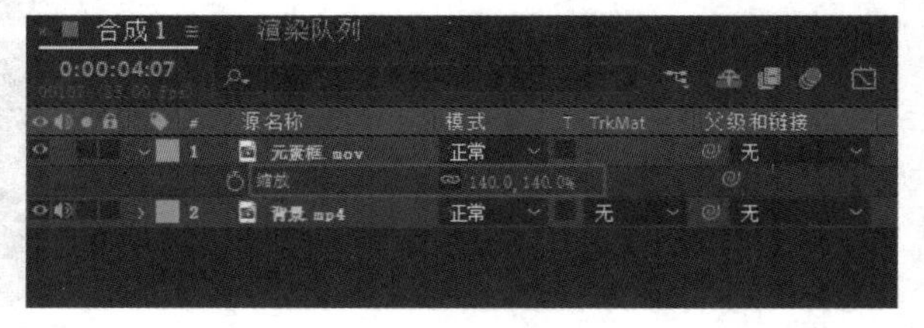

图2-94

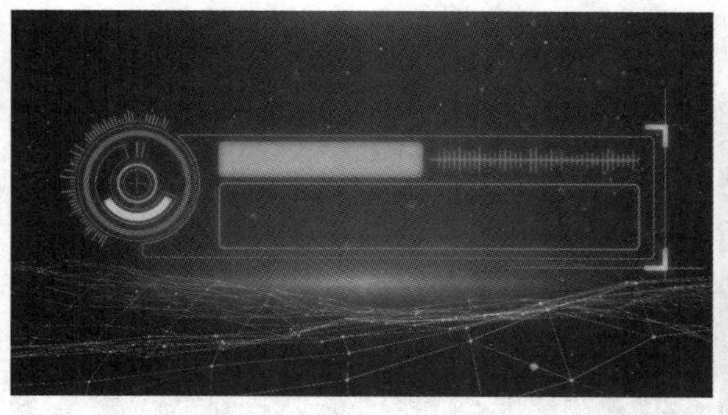

图2-95

05 画面中动态的元素框不是很明显。选中“元素框.mov”图层，设置其“模式”为“相加”，即可增加该图层的亮度，使元素框更加明显，如图2-96和图2-97所示。

图2-96

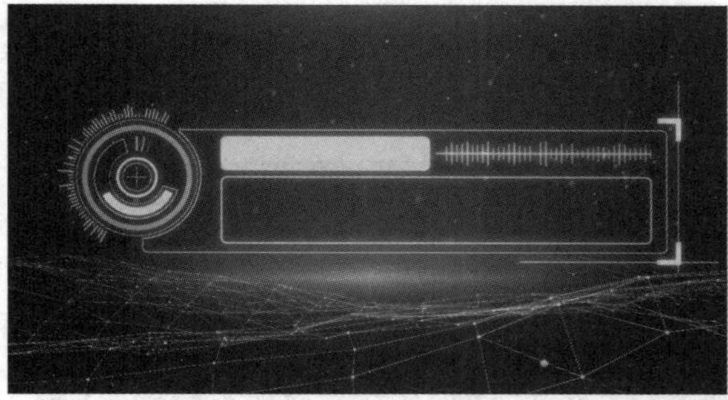

图2-97

06 新建文本图层，输入“正在加载……”，然后在“字符”面板中设置相关参数，如图2-98所示。

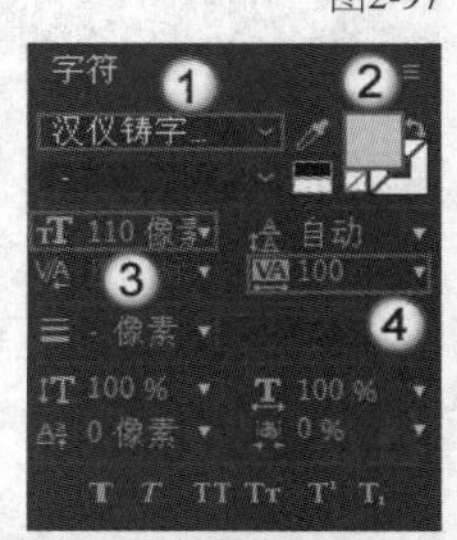

图2-98

07 移动时间指示器会发现，文字会在元素框出现前就出现在画面中，如图2-99所示。

图2-99

08 移动时间指示器到0:00:03:00的位置，此时元素框完全出现，然后将文本图层的剪辑的起始位置与时间指示器的位置对齐，如图2-100所示。

图2-100

09 在“效果和预设”面板中找到Typewrite（打字机）预设，将其拖曳到文本图层上，然后移动时间指示器，可以看到文字逐个出现，如图2-101所示。

图2-101

技巧与提示

在有些版本的After Effects中Typewrite预设为中文，有些版本中则为英文，按照实际情况搜索该预设即可。

10 在移动时间指示器至剪辑的末尾时会发现，文字部分没有完全显示，如图2-102所示。

图2-102

⑪ 选中文本图层，按U键调出其所有的关键帧，然后在剪辑的末尾设置“起始”的值为100%，如图2-103所示。这样就可以完全显示文字内容，如图2-104所示。

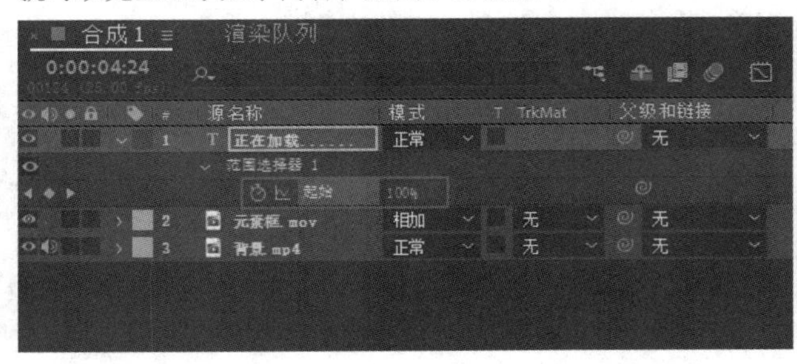

图2-103

图2-104

⑫ 任意截取4帧画面，如图2-105所示。

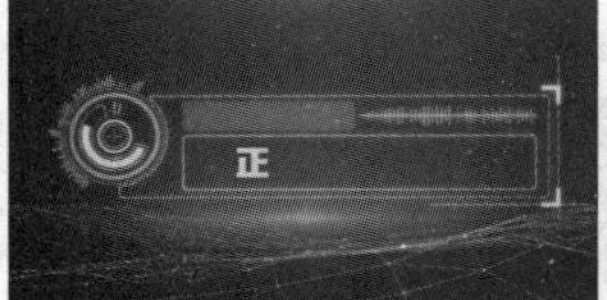

图2-105

2.3.6 图层样式

演示视频：020- 图层样式

使用图层样式可以为图层添加一些简单的效果，例如投影、外发光和光泽等。

选中需要添加样式的图层，然后单击鼠标右键，在快捷菜单中执行“图层样式”命令，其子菜单包含各种可选的样式，如图2-106所示，具体介绍如下。

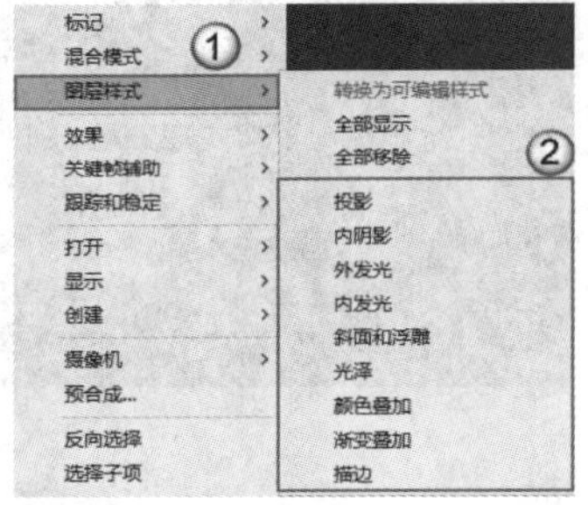

图2-106

“投影”命令：用于产生投影，使素材产生立体效果，如图2-107所示。若使用此命令，则相应图层下方会增加“投影”卷展栏，在其中可以设置投影样式的相关参数，如图2-108所示。

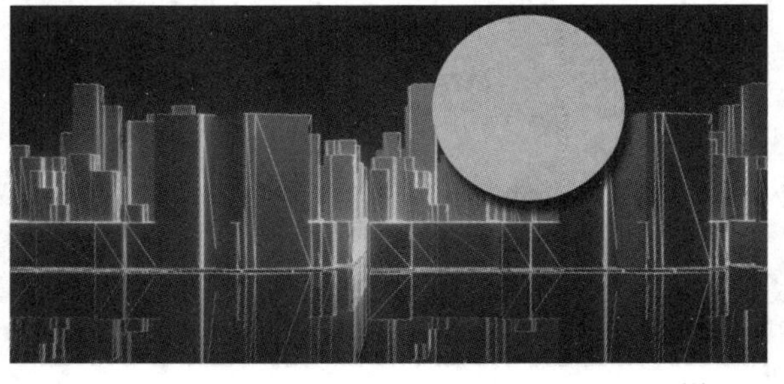

图2-107

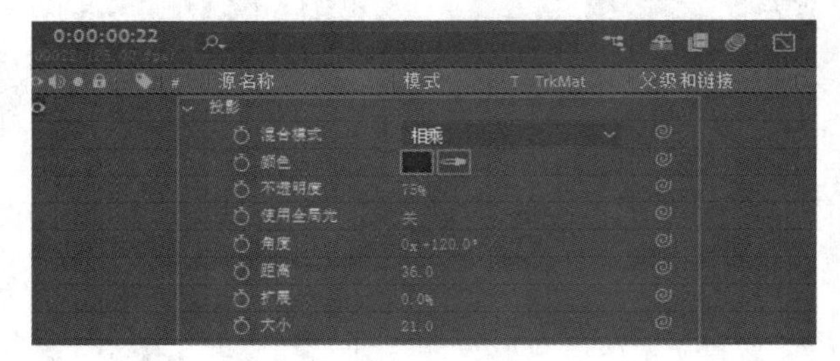

图2-108

技巧与提示

添加图层样式后，图层下方会生成一个相关的卷展栏，以便调整样式的具体参数。

“内阴影”命令：用于在素材内部产生阴影效果，如图2-109所示。

图2-109

“外发光”命令：用于在素材的周围产生发光效果，如图2-110所示。

图2-110

“内发光”命令：与“外发光”命令相反，此命令用于在素材内部产生发光效果，如图2-111所示。

图2-111

“斜面和浮雕”命令：使用此命令，素材会形成立体的效果，如图2-112所示。

图2-112

“光泽”命令：使用此命令，素材会形成光泽感的效果，如图2-113所示。

图2-113

“颜色叠加”命令：用于为素材叠加新的颜色，如图2-114所示。

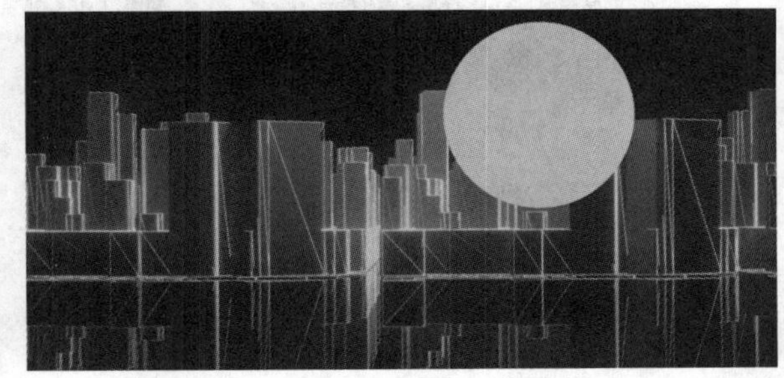

图2-114

“渐变叠加”命令：用于为素材叠加渐变颜色效果，如图2-115所示。

图2-115

“描边”命令：用于在素材的边缘产生描边效果，如图2-116所示。

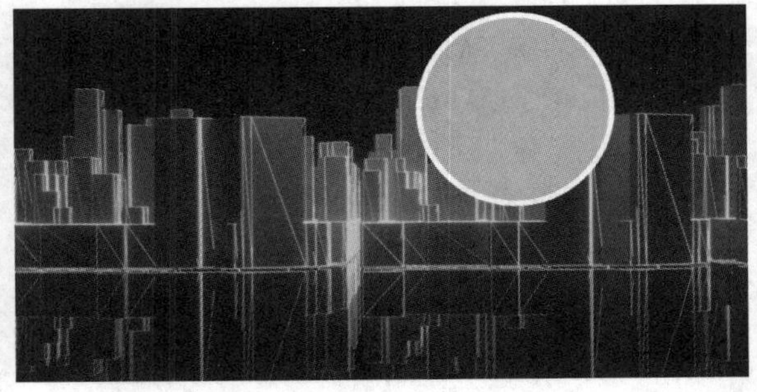

图2-116

2.3.7 预合成

演示视频：021- 预合成

预合成是一个非常灵活的功能，使用此功能可以对图层进行成组管理，也可以合并需要添加相同效果的图层新建的预合成可以作为素材被多次使用。

选中需要转换为预合成的图层后，按快捷键Ctrl+Shift+C，就可以打开“预合成”对话框，如图2-117所示，具体介绍如下。

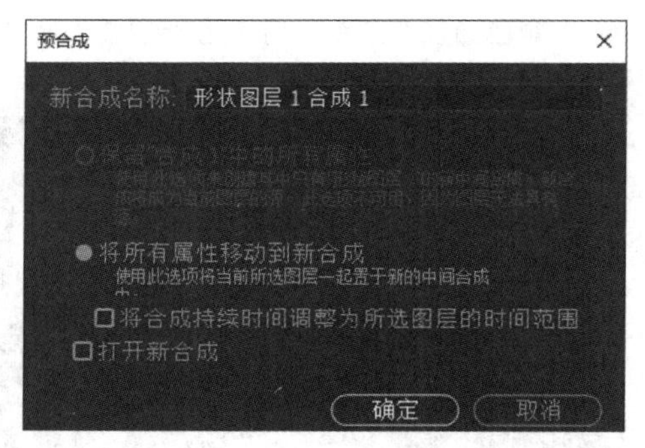

图2-117

新合成名称：用于设置预合成的名称，方便识别和管理。

保留“合成1”中的所有属性：用于将素材本身的大小作为预合成的大小，而素材的所有效果都不会包含在预合成中，此单选项只能作用于单个素材。

将所有属性移动到新合成：用于将当前合成的大小作为预合成的大小，单个或多个素材的各种效果都会包含在预合成中；大部分情况下都选择这个单选项。

将合成持续时间调整为所选图层的时间范围：勾选该复选框后，预合成的时长将与所选图层的时长相同。

2.4 本章小结

本章主要讲解了After Effects中的图层操作。通过对本章的学习，可以对After Effects中的图层操作有一个简单的认识，并了解其运作机制。本章的内容十分重要，是后续内容的基础，希望读者能完全掌握。

2.5 课后习题

本节安排了两个课后习题供读者练习。要完成这两个习题，需要对本章的知识进行综合运用。如果在练习时遇到困难，则可以观看相应教学视频。

2.5.1 课后习题：制作节气海报

案例文件　案例文件>CH02>课后习题：制作节气海报

视频名称　课后习题：制作节气海报.mp4

学习目标　练习图层的导入和属性的调整

本习题需要将多个单独的素材在After Effects中拼合，制作成一张节气海报，效果如图2-118所示。

图2-118

2.5.2 课后习题：制作光效视频

案例文件　案例文件>CH02>课后习题：制作光效视频

视频名称　课后习题：制作光效视频.mp4

学习目标　练习图层混合模式的用法

本习题需要将两个动态视频合成，需要用到图层的混合模式，效果如图2-119所示。

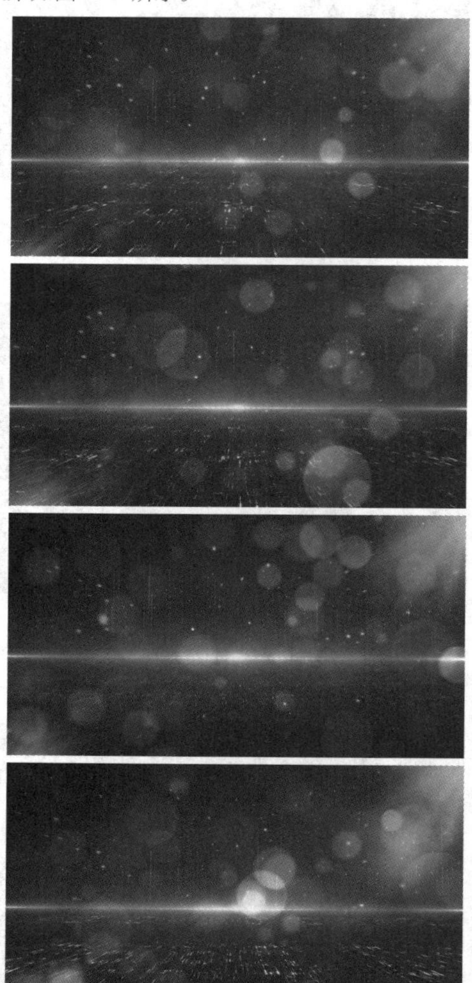

图2-119

Ae After Effects

第 3 章

关键帧与“图表编辑器”面板

为图层的不同属性添加关键帧，能让原本处于静态的素材产生动态效果。在“图表编辑器”面板中可以改变动画的播放速度，使动画产生节奏感。

课堂学习目标

- 掌握关键帧的使用方法
- 掌握“图表编辑器”面板的使用方法

3.1 关键帧

关键帧是制作动画的基础，添加关键帧可以让素材产生位移、旋转、缩放、显示或消失等动画效果。除了图层的基本属性，还可以为效果添加关键帧，生成更复杂的动画效果。

本节内容介绍

主要内容	相关说明	重要程度
关键帧的概念	了解什么是关键帧	中
关键帧的添加和删除	掌握添加和删除关键帧的方法	高
关键帧的选择和编辑	掌握选择和编辑关键帧的方法	高
关键帧插值	掌握多种关键帧插值方法	高

3.1.1 关键帧的概念

“帧”是动画中最小单位的单幅影像画面，一帧相当于电影胶片上的一格镜头。在动画软件的时间轴上，一帧表现为一格或者一个标记。“关键帧”是动画制作领域的术语，指角色或者物体运动中关键动作所处的那一帧，相当于二维动画中的原画。关键帧与关键帧之间的帧可以由软件创建，叫作过渡帧或者中间帧。

在After Effects中制作动画效果时，只需要为对应的属性或效果添加关键帧，软件会自动解析生成过渡帧。图3-1所示是在0秒和1秒位置分别添加关键帧时画面中矩形的位置，按Space键预览动画，可以看到两个关键帧之间生成了位移动画。

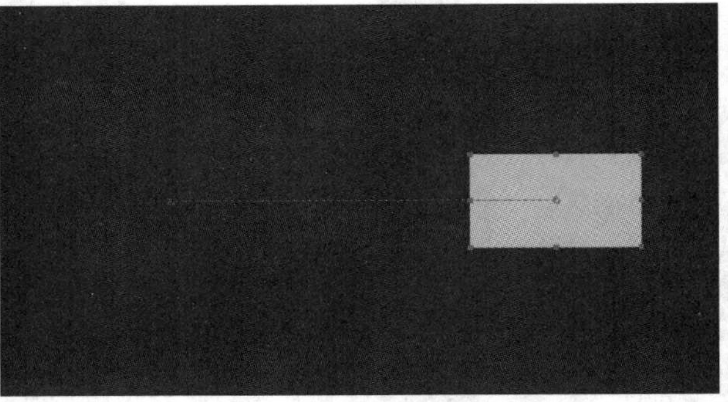

图3-1

3.1.2 关键帧的添加和删除

演示视频：022- 关键帧的添加和删除

在After Effects中，只要属性或参数前有“时间变化秒表”按钮，如图3-2所示，就代表可以为该属性或参数添加关键帧。

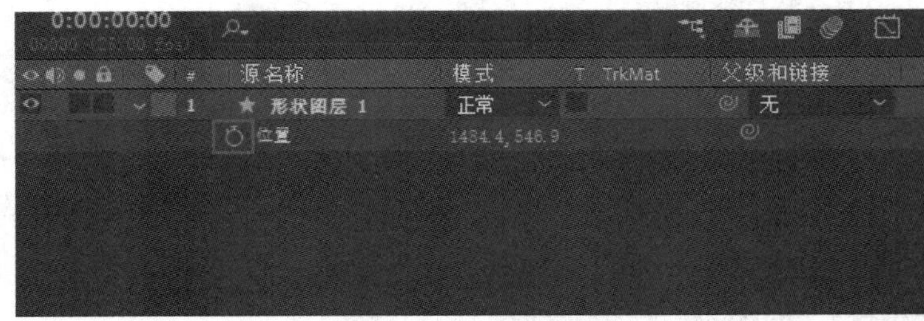

图3-2

技巧与提示

在有些教程中，按钮叫作“码表”。

单击“时间变化秒表”按钮将其激活，可以看到时间指示器的位置出现了一个菱形的标记，代表该位置添加了关键帧，如图3-3所示。

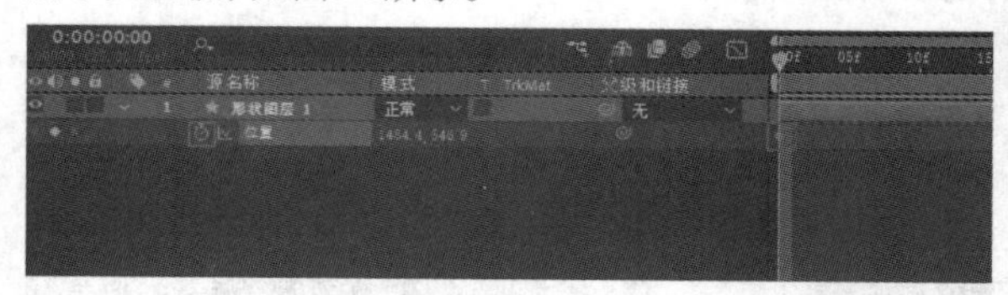

图3-3

移动时间指示器后，只要修改属性的值，就会在该处添加一个关键帧，如图3-4所示。

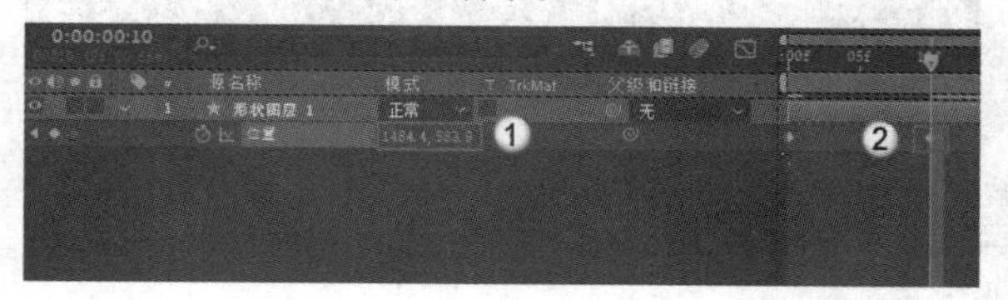

图3-4

如果要添加相同参数的关键帧，只需要单击参数前方的“在当前时间添加或移除关键帧”按钮，就能在时间指示器的当前位置添加一个相同参数的关键帧，如图3-5所示。

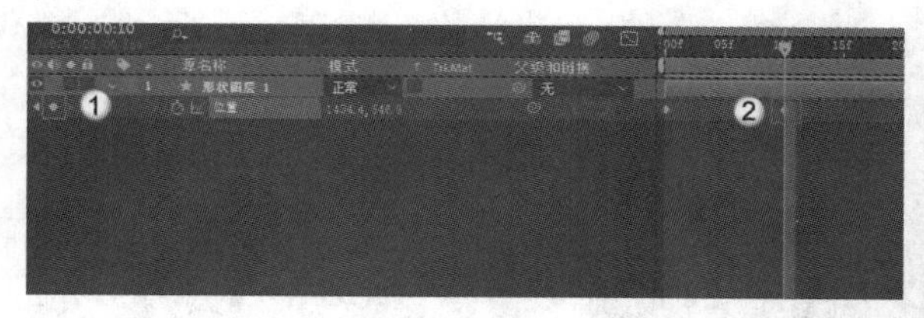

图3-5

删除关键帧的方法很简单，选中要删除的关键帧，按Delete键即可。如果要删除某参数的所有关键帧，只需要取消激活“时间变化秒表”按钮。

3.1.3 关键帧的选择和编辑

演示视频：023- 关键帧的选择和编辑

添加完关键帧后，需要对其进行选择和编辑操作。本小节将讲解关键帧的一些基础操作。

快速选择所有关键帧：当图层中的关键帧比较多时，逐一选择会比较麻烦，按U键即可快速选择指定图层的所有关键帧。

选择关键帧：选择关键帧的方法有以下3种。

第1种：单击“在当前时间添加或移除关键帧”按钮两侧的“转到上一个关键帧”按钮或“转到下一个关键帧”按钮，就能快速选择上一个或下一关键帧，如图3-6所示。

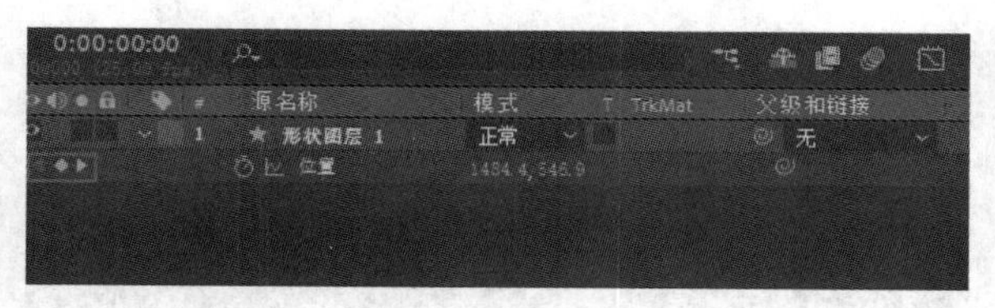

图3-6

第2种：按J键可以快速选择上一个关键帧，按K键可以快速选择下一个关键帧。

第3种：框选时间轴上的关键帧。

复制关键帧：选中需要复制的关键帧，按快捷键Ctrl+C，然后移动时间指示器到需要粘贴关键帧的位置，按快捷键Ctrl+V粘贴关键帧。

移动关键帧：选中需要移动的关键帧，然后按住鼠标左键在时间轴上拖曳，在合适的位置松开鼠标即可。

3.1.4 关键帧插值

演示视频：024- 关键帧插值

选中关键帧后，单击鼠标右键，在弹出的快捷菜单中执行“关键帧插值”命令，可以打开“关键帧插值”对话框，如图3-7所示，具体介绍如下。

临时插值：在其下拉列表中选择需要的选项，如图3-8所示，可使动画的播放速度发生相应的变化。

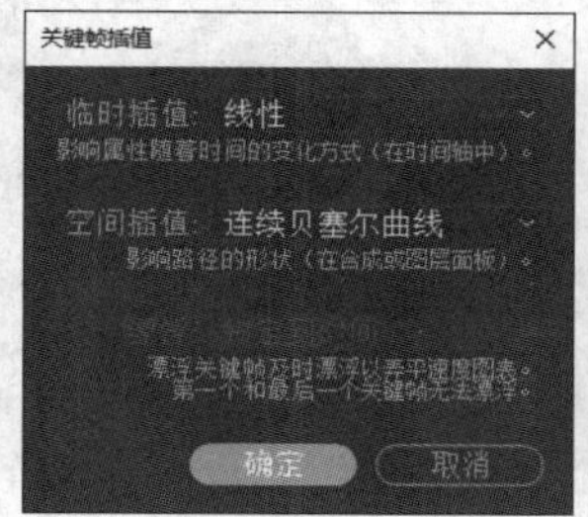

图3-7

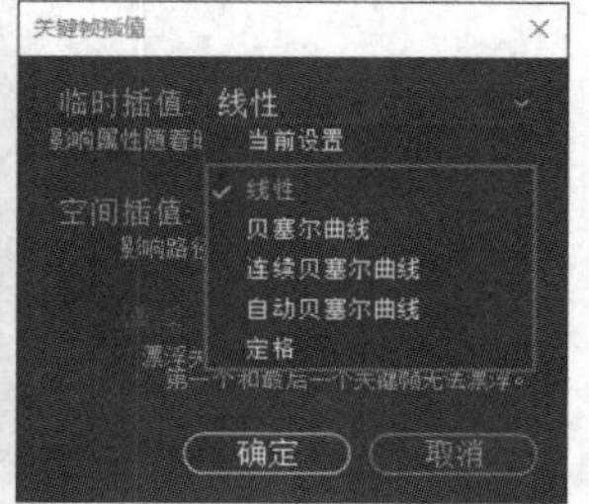

图3-8

“临时插值”下拉列表中的选项的介绍如下。

线性：使动画匀速播放。

贝塞尔曲线/连续贝塞尔曲线/自动贝塞尔曲线：使动画缓起缓停播放。

定格：使动画以关键帧所在的位置单帧播放。

空间插值：在其下拉列表中选择需要的选项，如图3-9所示，使动画播放的运动路径发生相应的变化；在“合成”面板中可以直观地看到运动路径。

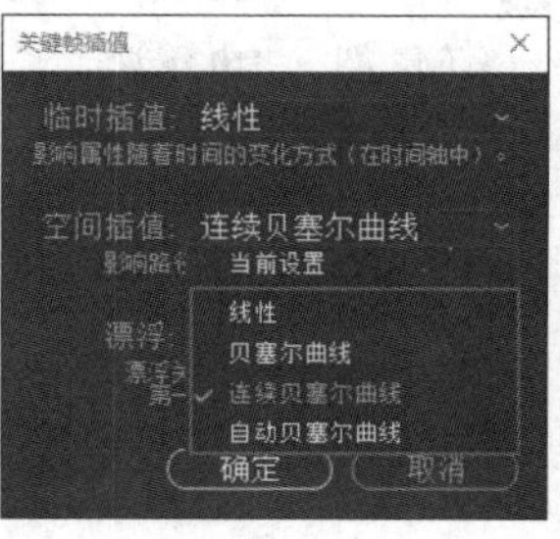

图3-9

“空间插值”下拉列表中的选项的介绍如下。

线性：用于设置运动路径为直线，如图3-10所示。

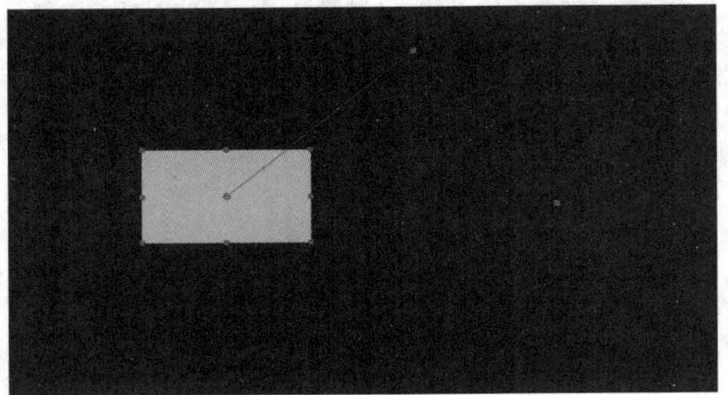

图3-10

贝塞尔曲线/连续贝塞尔曲线/自动贝塞尔曲线：用于设置运动路径为贝塞尔曲线，调整控制手柄可以更改运动路径，如图3-11所示。

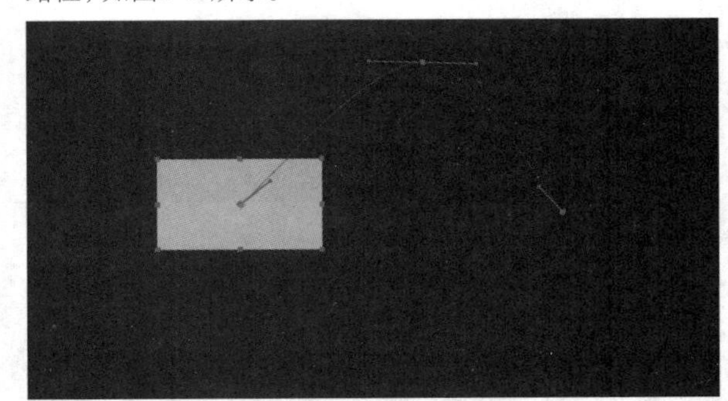

图3-11

课堂案例

制作母亲节动态海报

案例文件　案例文件>CH03>课堂案例：制作母亲节动态海报

视频名称　课堂案例：制作母亲节动态海报.mp4

学习目标　学习关键帧的添加方法

本案例是制作一张母亲节动态海报，需要为海报上的元素添加不同属性的关键帧，形成动画效果，如图3-12所示。

图3-12

01 新建一个1080像素×1920像素的合成，然后在“项目”面板中导入“案例文件>CH03>课堂案例：制作母亲节动态海报”文件夹中的素材文件，如图3-13所示。

02 在“时间轴”面板中新建一个粉色的纯色图层作为背景，如图3-14所示。

图3-13

图3-14

图3-15

03 将“项目”面板中的素材文件添加到“时间轴”面板中，然后调整其大小，如图3-15所示。各图层的顺序如图3-16所示。

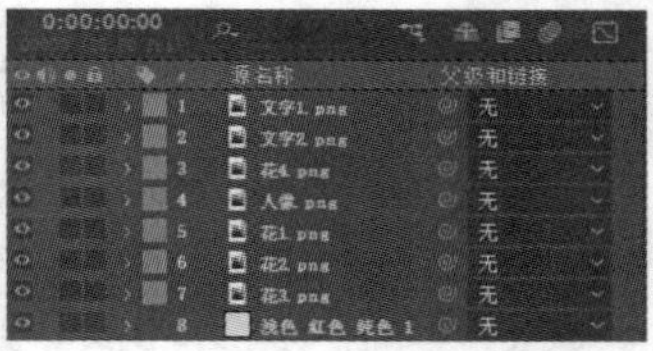

图3-16

04 选中“花1.png”图层，按P键调出“位置”属性，移动时间指示器到剪辑的起始位置，将该图层向下拖曳出画面并添加关键帧，如图3-17所示。效果如图3-18所示。

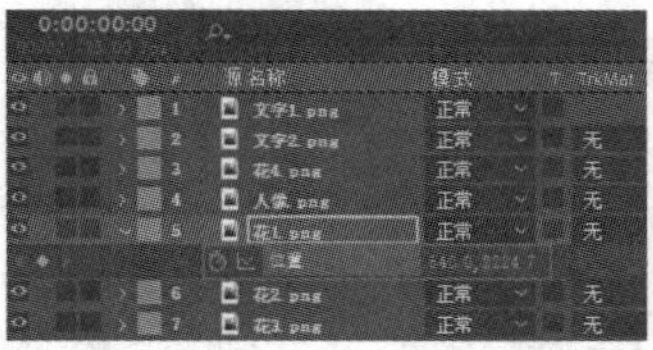

图3-17

图3-18

05 移动时间指示器到0:00:00:15的位置，然后将“花1.png”图层移回原来的位置，其“位置”属性的值如图3-19所示。

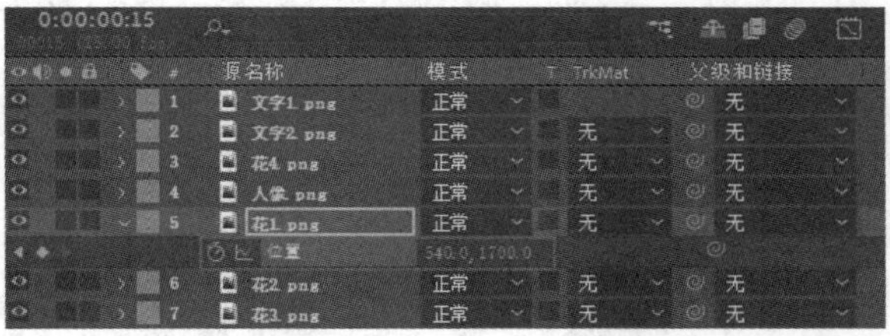

图3-19

> **技巧与提示**
>
> 也可以先在15帧的位置添加关键帧，然后在0帧的位置向下移动“花1.png”图层。

06 选中“花2.png”图层，在0:00:00:20的位置添加“位置”属性的关键帧，如图3-20所示。

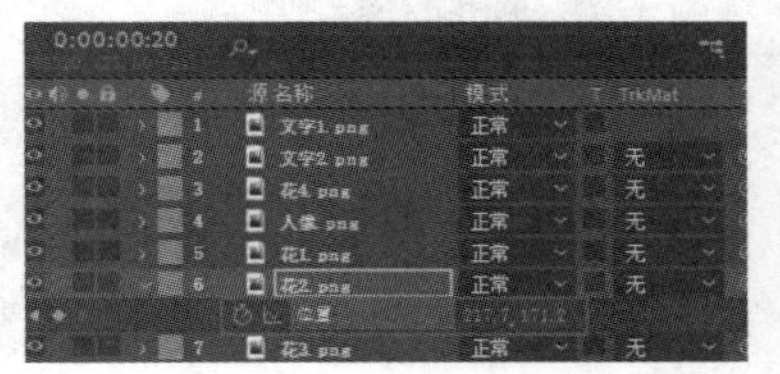

图3-20

07 移动时间指示器到0:00:00:05的位置，然后向左上角移动“花2.png”图层，使其离开画面，如图3-21所示。效果如图3-22所示。

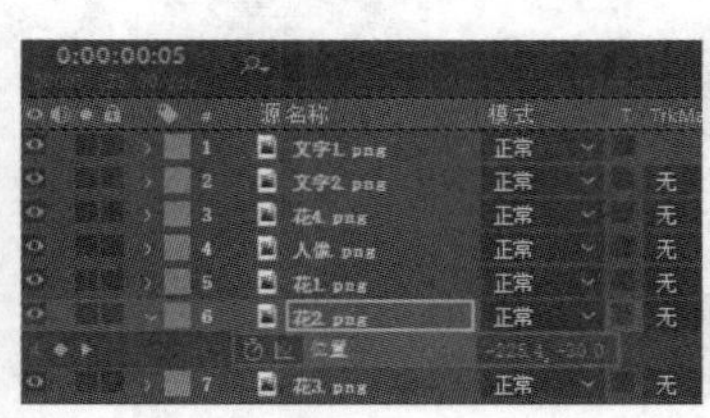

图3-21

图3-22

08 选中“花3.png”图层，在0:00:01:00的位置添加“位置”属性的关键帧，如图3-23所示。

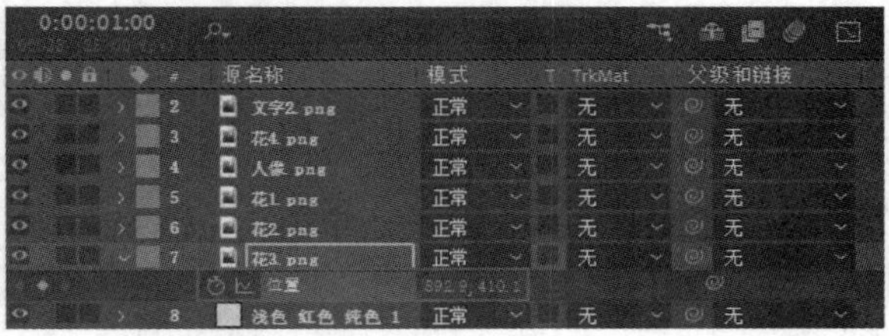

图3-23

09 移动时间指示器到0:00:00:10的位置，然后向右侧移动“花3.png”图层，使其离开画面，如图3-24所示。效果如图3-25所示。

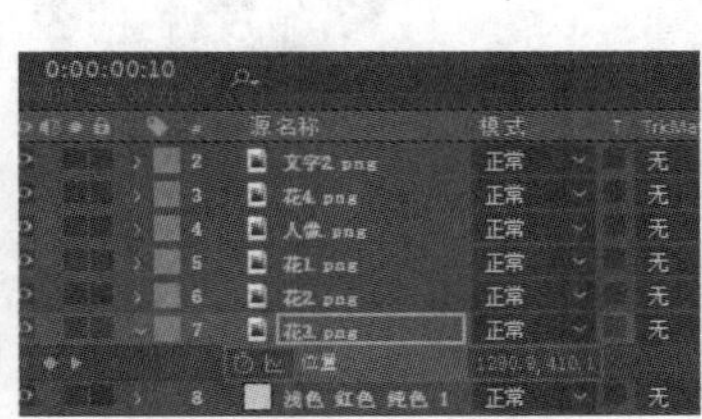

图3-24

图3-25

10 选中“人像.png”图层，在0:00:01:00的位置设置“不透明度”属性的值为0%，使人像消失，添加关键帧，如图3-26所示。效果如图3-27所示。

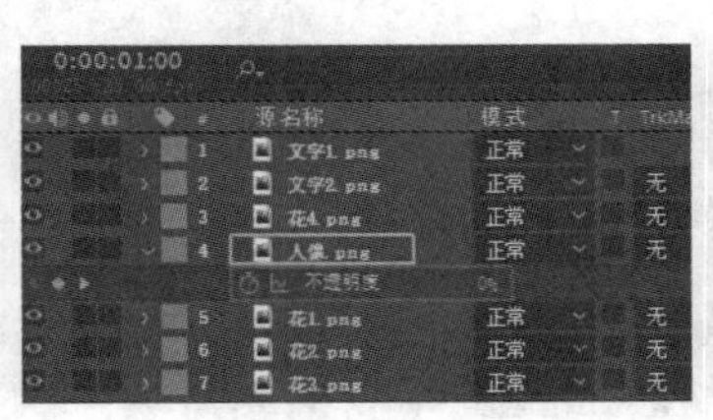

图3-26

图3-27

11 移动时间指示器到0:00:01:10的位置，设置“不透明度”属性的值为100%，使人像显示，如图3-28所示。效果如图3-29所示。

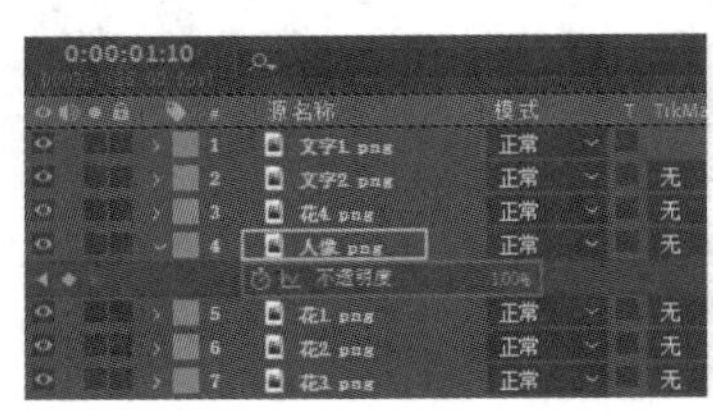

图3-28

图3-29

12 选中“花4.png”图层，在0:00:02:00的位置添加“缩放”属性的关键帧，如图3-30所示。

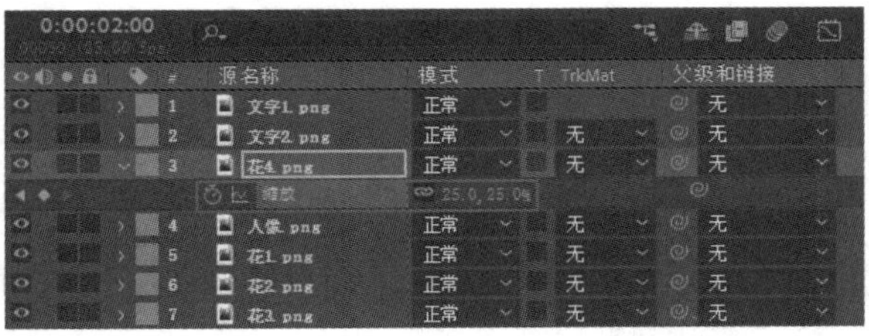

图3-30

13 移动时间指示器到0:00:01:10的位置，设置“缩放”属性的值为（0.0,0.0%），如图3-31所示。效果如图3-32所示。

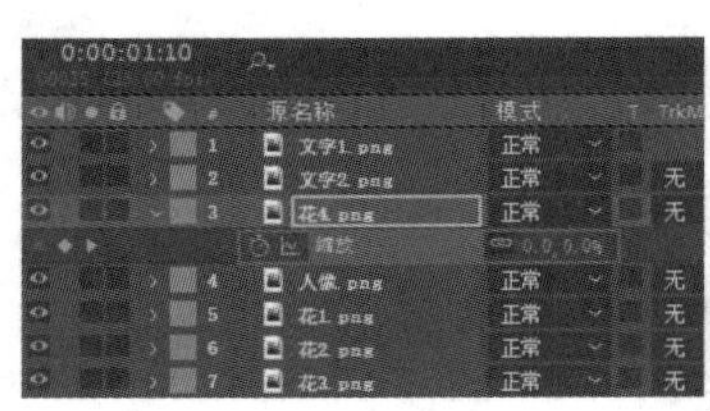

图3-31

图3-32

14 移动时间指示器到0:00:01:20的位置，增大“缩放”属性的值，使其比原来的值大一些，如图3-33所示。效果如图3-34所示。

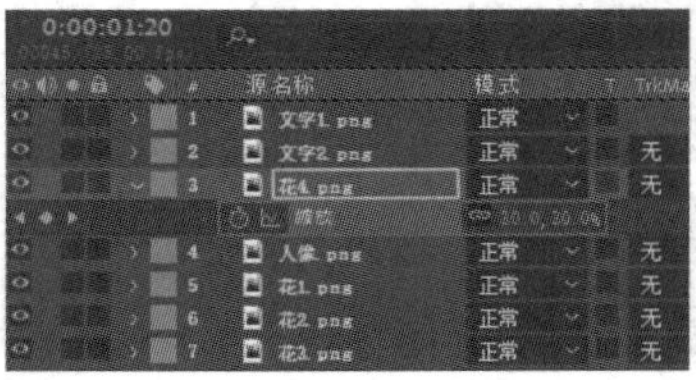

图3-33

图3-34

15 选中“文字1.png”图层，在0:00:02:00的位置设置“不透明度”属性的值为0%，添加关键帧，如图3-35所示。效果如图3-36所示。

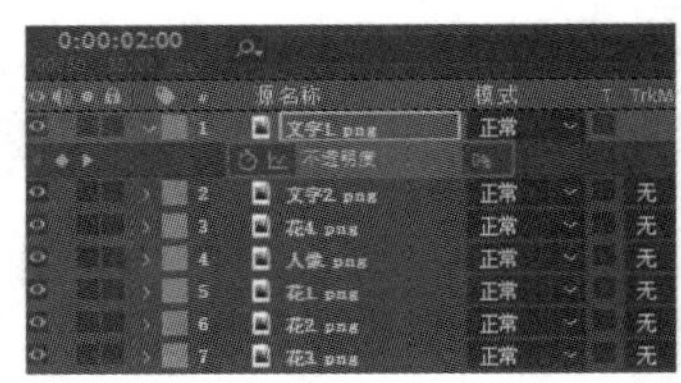

图3-35

图3-36

16 移动时间指示器到0:00:02:10的位置，设置“不透明度”属性的值为100%，如图3-37所示。效果如图3-38所示。

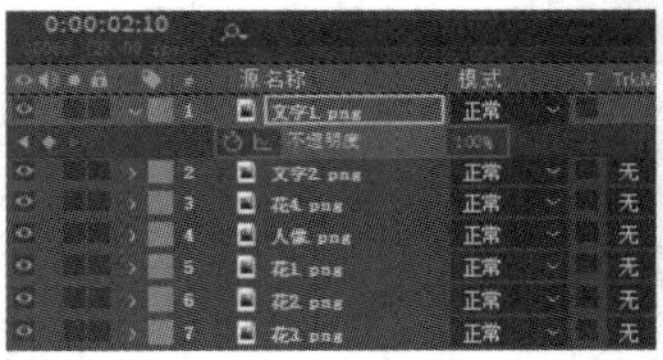

图3-37

图3-38

17 按照步骤15和步骤16的方法，在0:00:02:05和0:00:02:15的位置添加“文字2.png”图层的“不透明度”关键帧，效果如图3-39所示。

图3-39

18 任意截取4帧画面，效果如图3-40所示。

图3-40

课堂案例

制作运动的小汽车

案例文件　案例文件>CH03>课堂案例：制作运动的小汽车

视频名称　课堂案例：制作运动的小汽车.mp4

学习目标　学习关键帧和父子层级的用法

运动的小汽车不仅会产生位移，其车轮还会旋转。要想让车轮与车身一起形成位移动画，需要用到关键帧和父子层级，效果如图3-41所示。

图3-41

01 新建一个1920像素×1080像素的合成，然后在“项目”面板中导入“案例文件>CH03>课堂案例：制作运动的小汽车”文件夹中的素材文件，如图3-42所示。

02 将“背景.jpg”素材拖曳到合成中，然后将其放大到合适的大小，如图3-43所示。

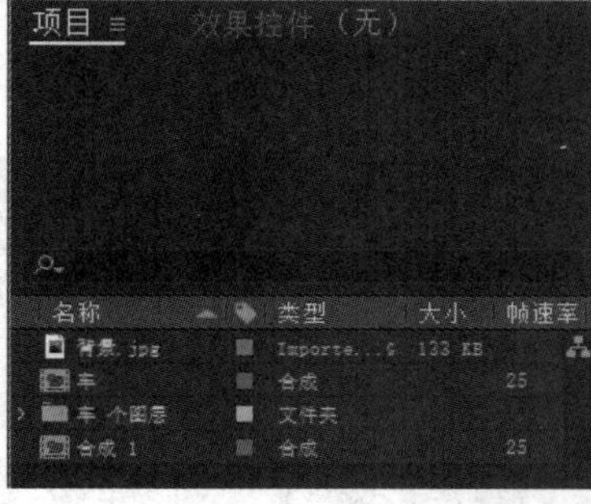

图3-42

图3-43

技巧与提示

在导入PSD文件时，需要保留文件的图层。

03 将3个PSD图层添加到合成中，并将其缩放为合适的大小，如图3-44所示。

图3-44

04 将“后轮/车.psd”和“前轮/车.psd”两个图层与“车身/车.psd”图层关联，作为“车身/车.psd”图层的子级图层，如图3-45所示。

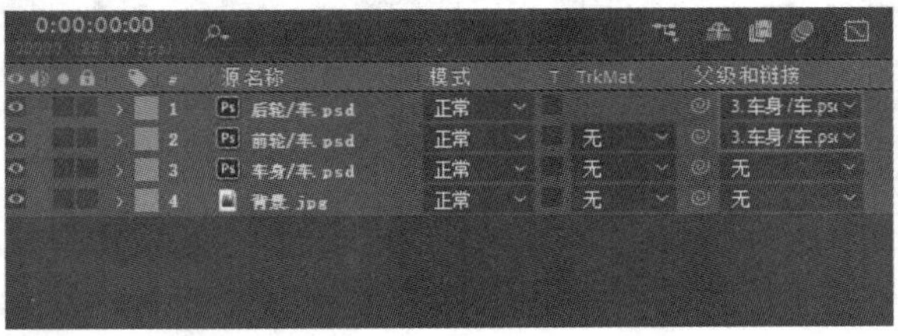

图3-45

05 选中“车身/车.psd”图层，按P键调出“位置”属性，移动时间指示器到剪辑的起始位置，将小车模型移动到画面右侧，添加关键帧，如图3-46所示。效果如图3-47所示。

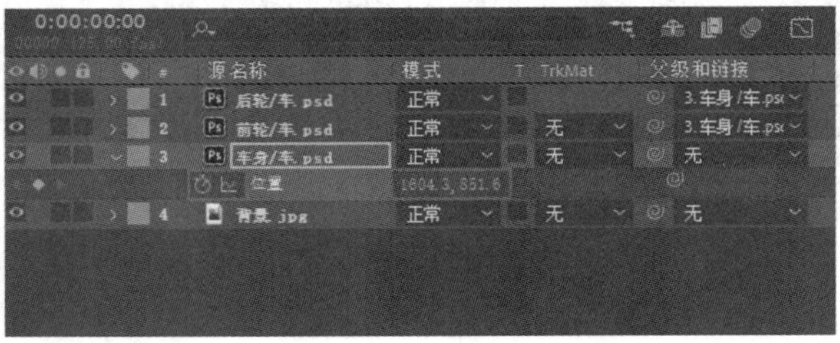

图3-46

图3-47

06 移动时间指示器到剪辑的末尾位置，然后调整“车身/车.psd”图层的位置，使其位于画面左侧，“位置”属性的值如图3-48所示。效果如图3-49所示。

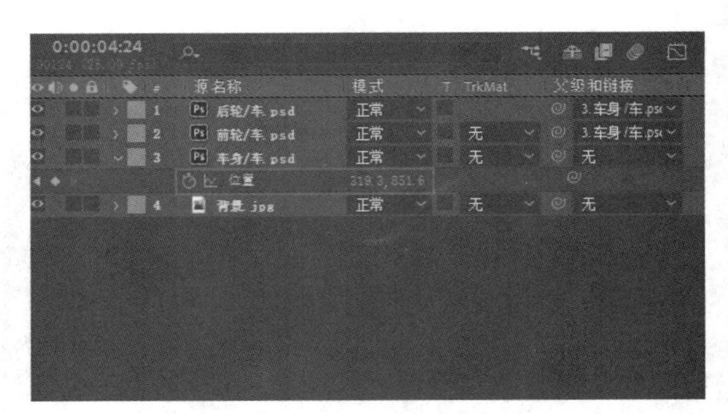

图3-48

图3-49

07 预览动画，可看到车轮会随着车身一起移动，但车轮自身没有旋转。选中两个车轮图层，移动时间指示器到剪辑的起始位置并添加“旋转”属性的关键帧，如图3-50所示。

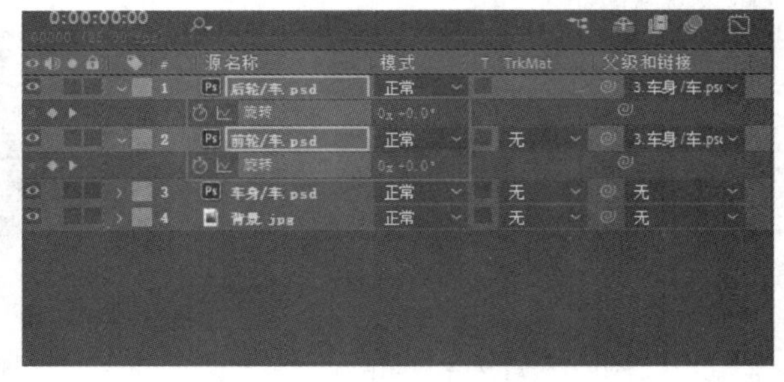

图3-50

08 移动时间指示器到剪辑的末尾位置，然后设置两个车轮图层的“旋转”属性值都为（-5x+0.0°），如图3-51所示。

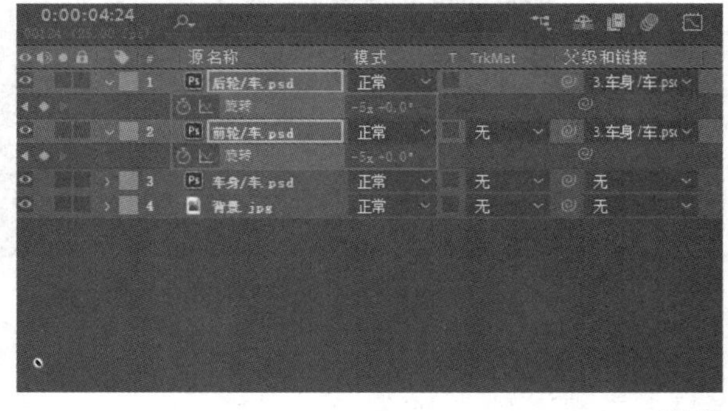

图3-51

09 按Space键预览动画，可以观察到车轮在旋转的同时会跟随车身一起移动。任意截取4帧画面，效果如图3-52所示。

图3-52

课堂案例

制作夏日主题电子相册

案例文件 案例文件>CH03>课堂案例：制作夏日主题电子相册

视频名称 课堂案例：制作夏日主题电子相册.mp4

学习目标 学习关键帧和运动模糊的用法

本案例是制作夏日主题电子相册，需要为常用属性添加关键帧，并增加运动模糊效果，最终效果如图3-53所示。

图3-53

01 新建一个1920像素×1080像素的合成，在“项目”面板中导入“案例文件>CH03>课堂案例：制作夏日主题电子相册”文件夹中的素材文件，如图3-54所示。

02 将素材文件添加到合成中，调整每个图层的剪辑时长都为1秒，如图3-55所示。

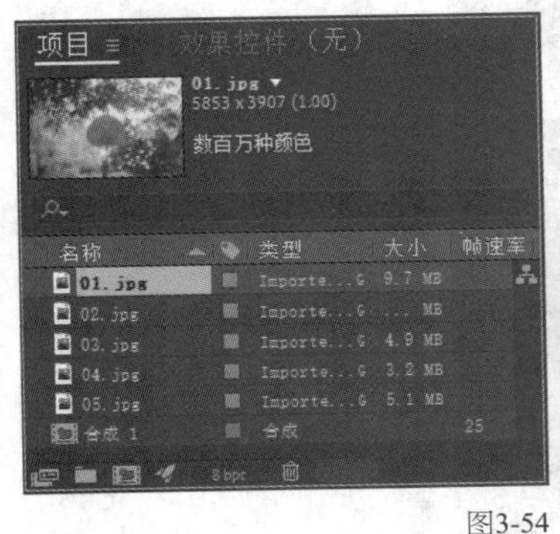

图3-54

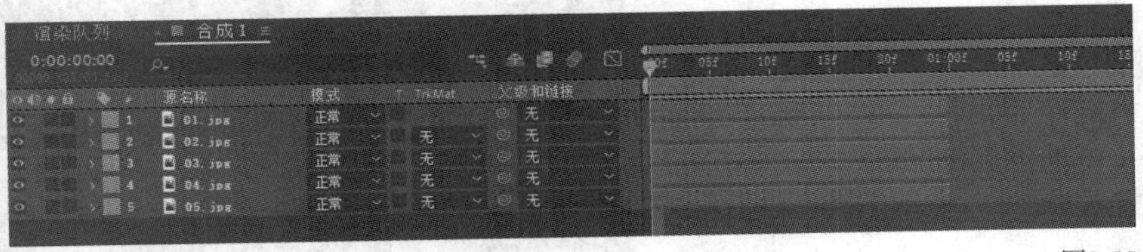

图3-55

03 选中所有图层，单击鼠标右键，在弹出的快捷菜单中执行“关键帧辅助>序列图层”命令，如图3-56所示。

04 在弹出的对话框中勾选“重叠”复选框，单击“确定”按钮，可以看到时间轴面板中的剪辑按照顺序依次显示，如图3-57和图3-58所示。

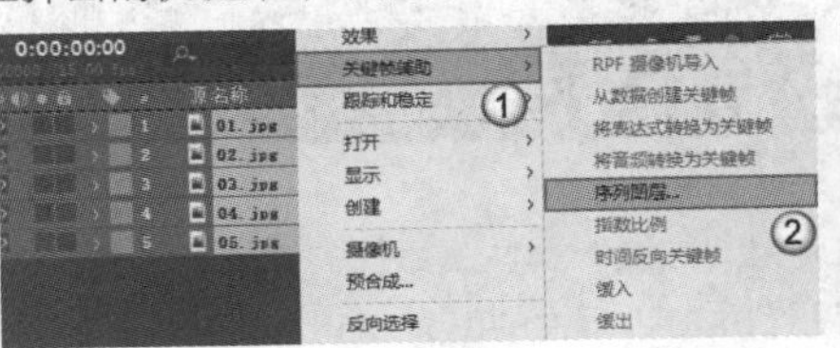

图3-56

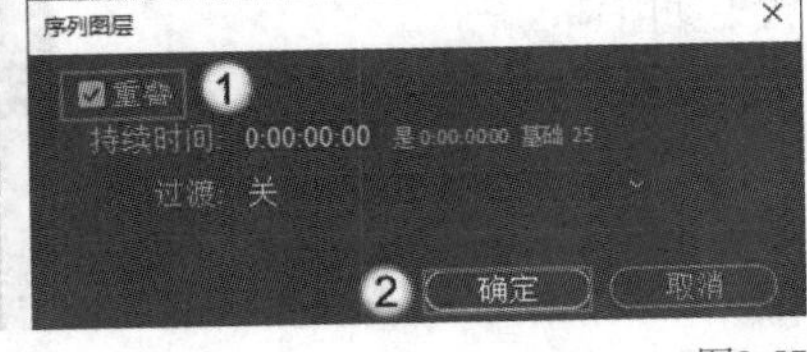

图3-57

图3-58

05 选中“01.jpg”图层，移动时间指示器到剪辑的起始位置，按S键调出“缩放”属性，添加关键帧，然后移动时间指示器到剪辑的末尾位置，调整“缩放”属性的值为（33.0,33.0%），如图3-59所示。效果如图3-60所示。

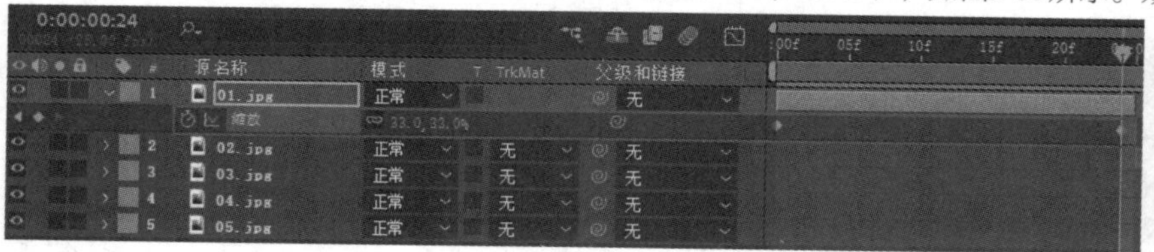

图3-59

图3-60

06 保持时间指示器的位置不变，按R键调出“旋转”属性，添加关键帧，然后移动时间指示器到剪辑的起始位置，设置“旋转”属性的值为（0x＋90.0°），如图3-61所示。效果如图3-62所示。

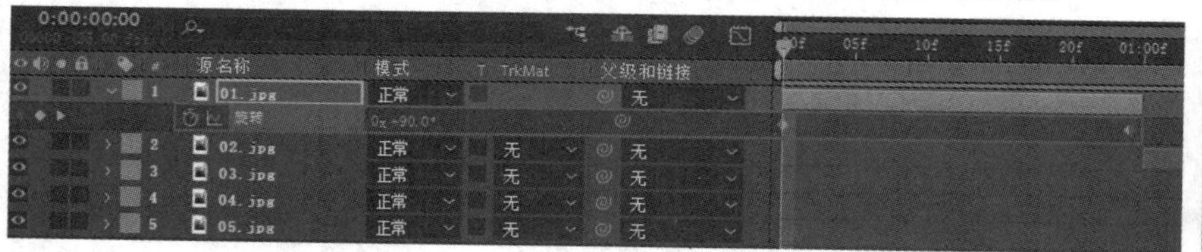

图3-61

图3-62

07 开启“01.jpg”图层的“运动模糊”开关，可以看到画面中运动中的素材产生了模糊效果，如图3-63和图3-64所示。

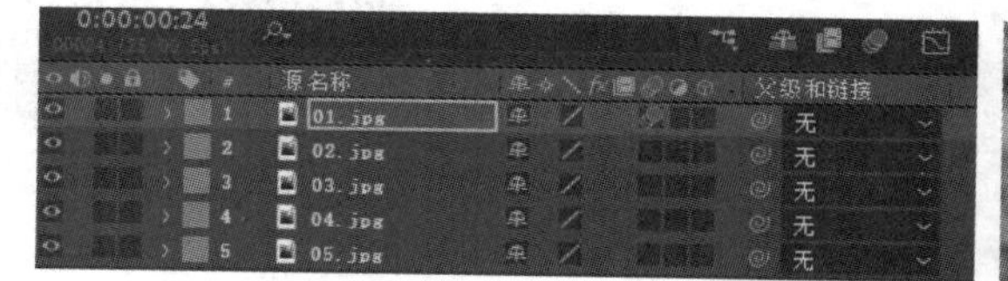

图3-63

图3-64

08 选中“02.jpg”图层，移动时间指示器到剪辑的起始位置，设置“缩放”属性的值为(36.0,36.0%)，添加关键帧，然后开启“运动模糊”开关，如图3-65所示。效果如图3-66所示。

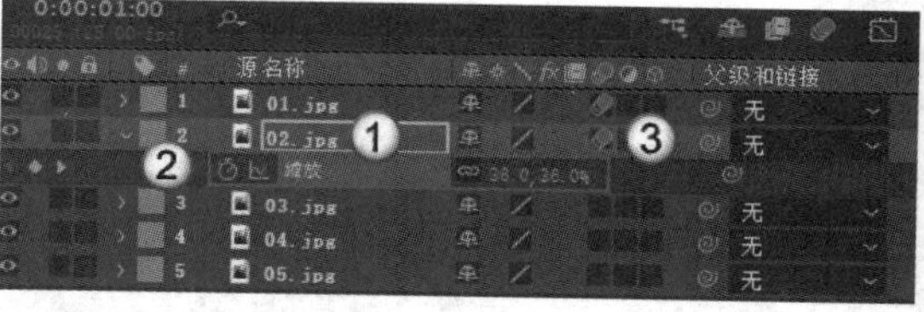

图3-65

图3-66

09 移动时间指示器到0:00:01:20的位置，设置“缩放”属性的值为（50.0,50.0%），如图3-67所示。效果如图3-68所示。

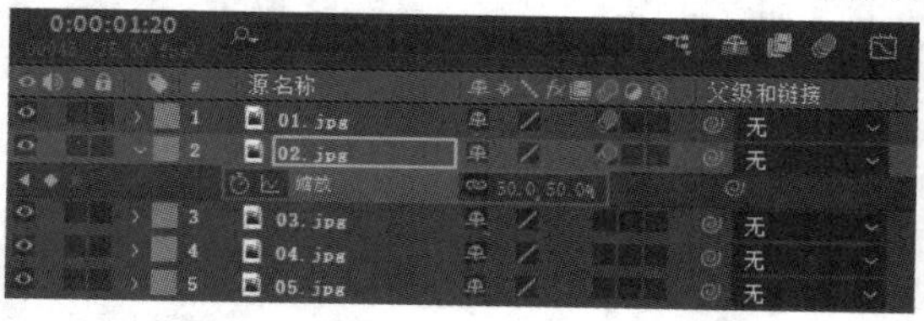

图3-67

图3-68

10 保持时间指示器的位置不变，按P键调出“位置”属性，添加关键帧，如图3-69所示。

11 移动时间指示器到剪辑的末尾位置，设置“位置”属性的值为(558.0,540.0)，如图3-70所示。此时图层会向左移动，效果如图3-71所示。

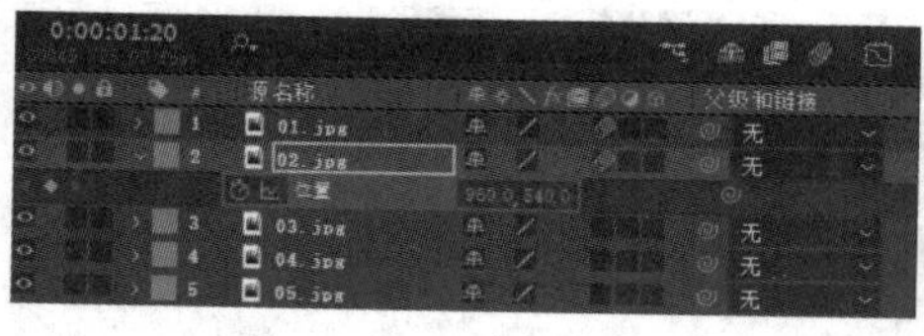

图3-69

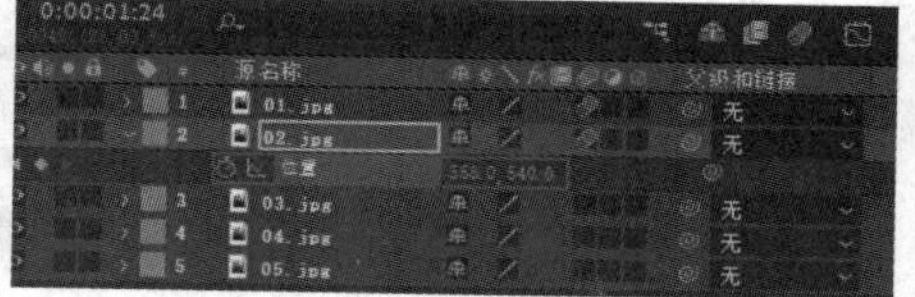

图3-70

图3-71

技巧与提示

开启“运动模糊”开关后，运动的素材就会产生模糊效果。运动的速度越快，画面越模糊。

⓬ 选中"03.jpg"图层，移动时间指示器到剪辑的起始位置，设置"缩放"属性的值为（50.0,50.0%），添加关键帧，如图3-72所示。效果如图3-73所示。

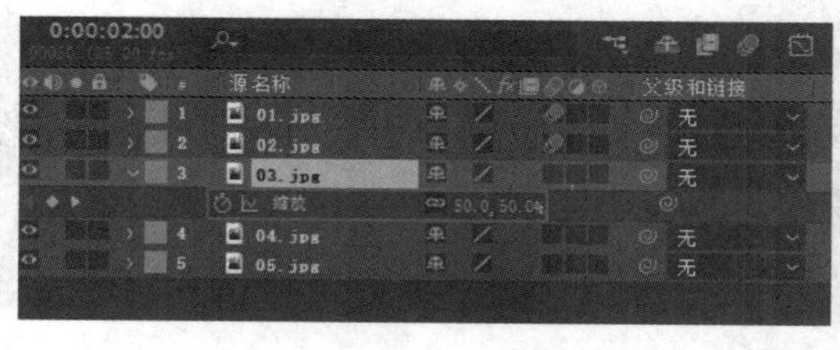

图3-72

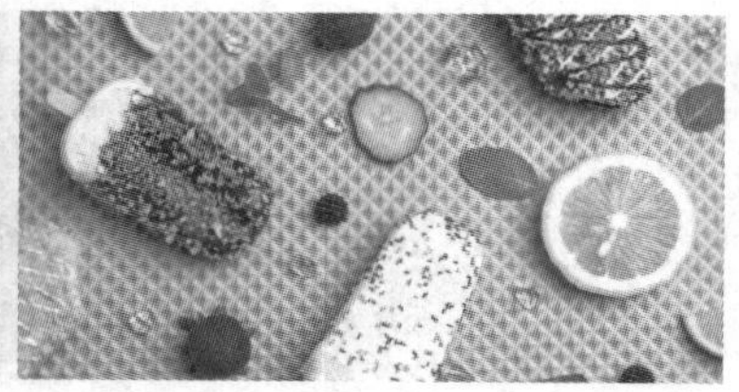

图3-73

⓭ 移动时间指示器到0:00:02:05的位置，单击"缩放"属性前的"在当前时间添加或移除关键帧"按钮，添加一个具有相同参数的关键帧，如图3-74所示。

⓮ 移动时间指示器到剪辑的末尾位置，设置"缩放"属性的值为（36.0,36.0%），如图3-75所示。效果如图3-76所示。

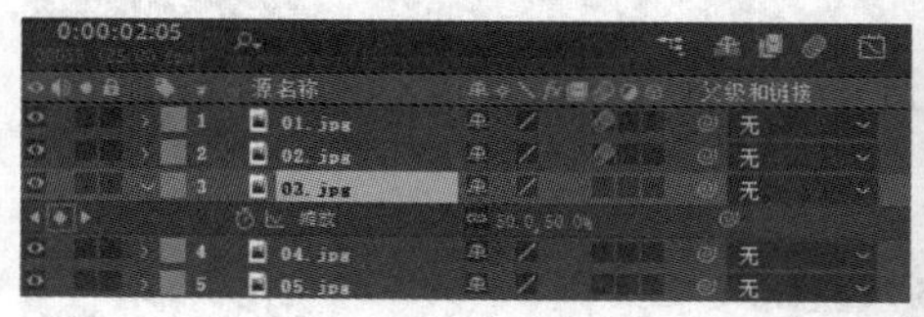

图3-74

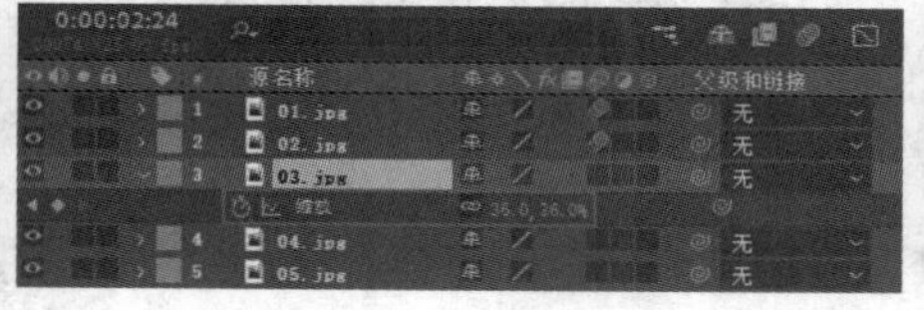

图3-75

图3-76

⓯ 移动时间指示器到0:00:02:05的位置，按P键调出"位置"属性，添加关键帧，如图3-77所示。

⓰ 移动时间指示器到剪辑的起始位置，然后设置"位置"属性的值为（1404.0,540.0），开启"运动模糊"开关，如图3-78所示。效果如图3-79所示。

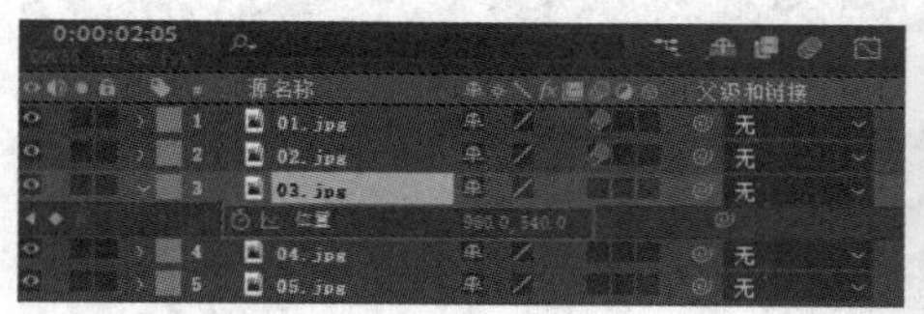

图3-77

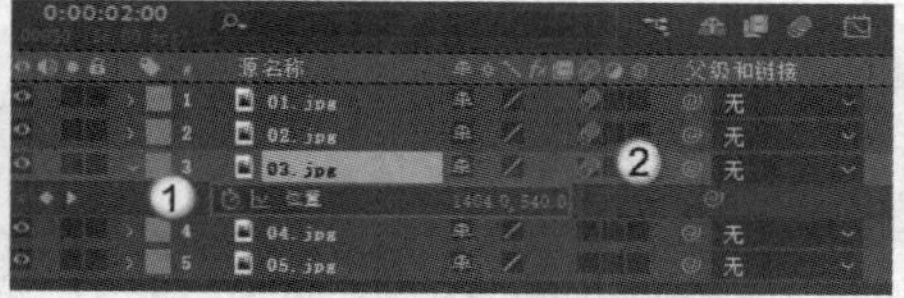

图3-78

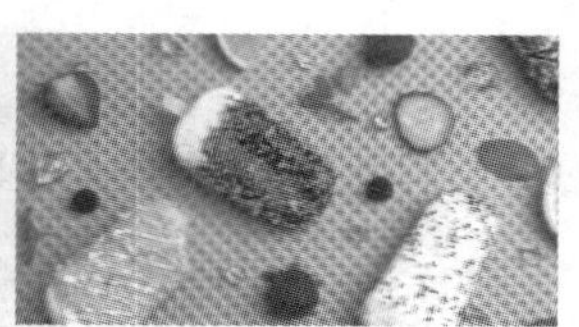

图3-79

⓱ 选中"04.jpg"图层，移动时间指示器到剪辑的起始位置，设置"缩放"属性的值为（36.0,36.0%），添加关键帧，如图3-80所示。效果如图3-81所示。

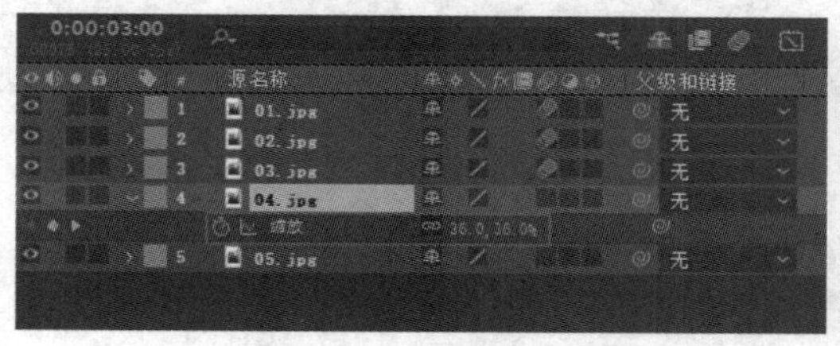

图3-80

图3-81

⓲ 移动时间指示器到0:00:03:20的位置，设置"缩放"属性的值为（70.0,70.0%），如图3-82所示。效果如图3-83所示。

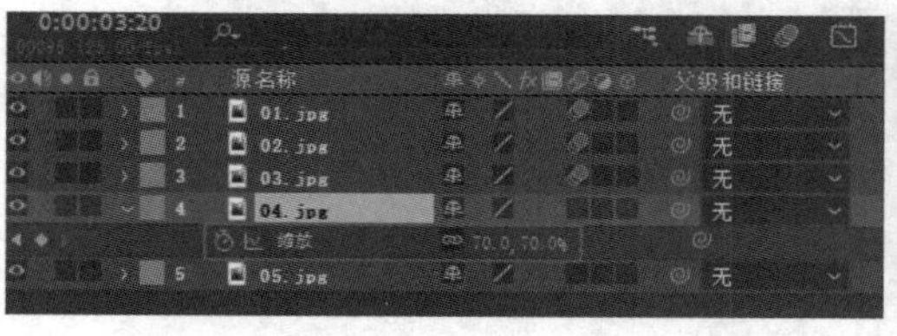

图3-82

图3-83

⓳ 保持时间指示器的位置不变，添加"旋转"关键帧，如图3-84所示。

⓴ 移动时间指示器到剪辑的末尾位置，设置"旋转"属性的值为（0x+90.0°），打开"运动模糊"开关，如图3-85所示。效果如图3-86所示。

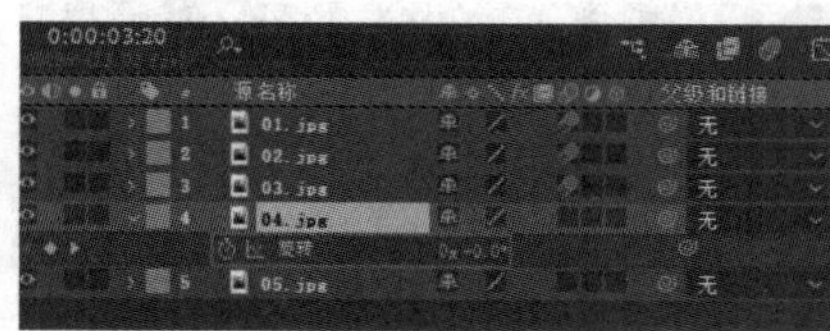

图3-84

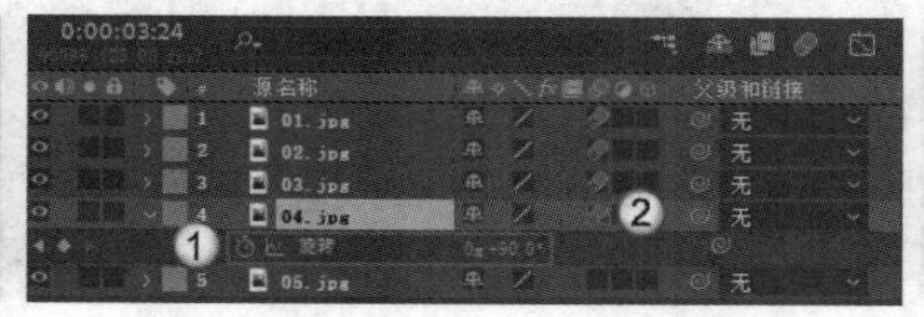

图3-85

图3-86

㉑ 选中“05.jpg”图层，移动时间指示器到剪辑的起始位置，设置“旋转”属性的值为（0x−90.0°），添加关键帧，如图3-87所示。效果如图3-88所示。

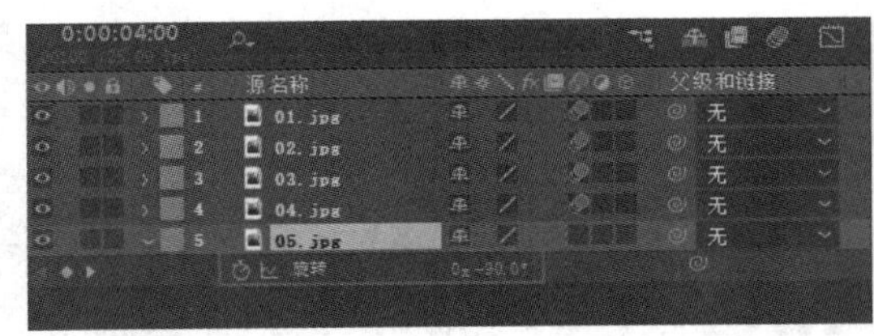

图3-87

图3-88

㉒ 移动时间指示器到0:00:04:05的位置，设置“旋转”属性的值为（0x+0.0°），如图3-89所示。效果如图3-90所示。

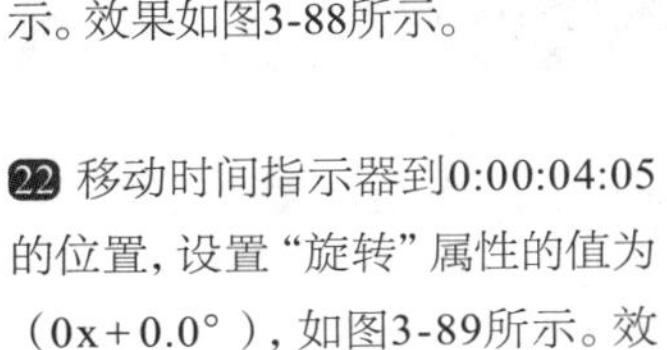

图3-89

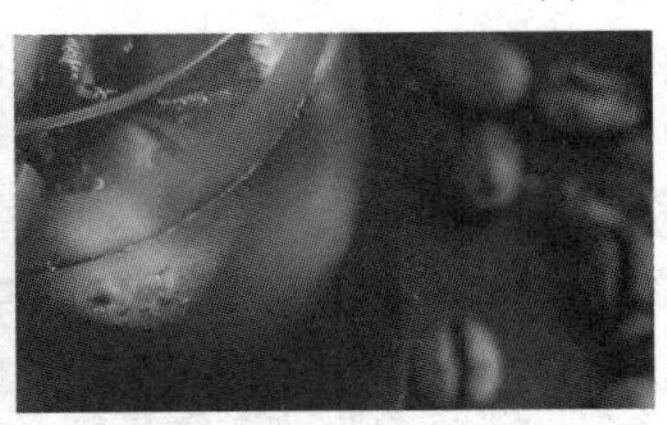

图3-90

㉓ 保持时间指示器的位置不变，添加“缩放”关键帧，如图3-91所示。

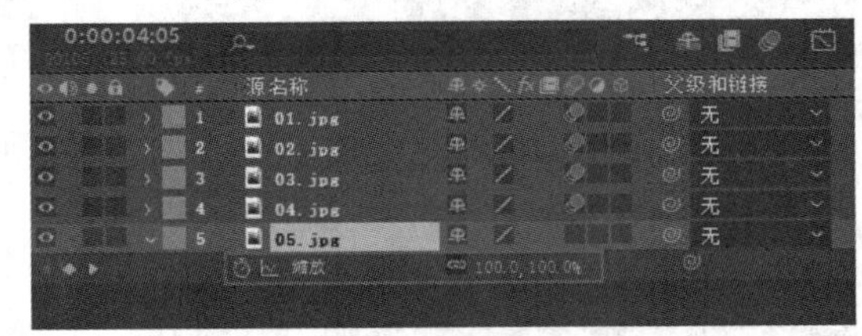

图3-91

㉔ 移动时间指示器到剪辑的末尾位置，设置“缩放”属性的值为（36.0,36.0%），打开“运动模糊”开关，如图3-92所示。效果如图3-93所示。

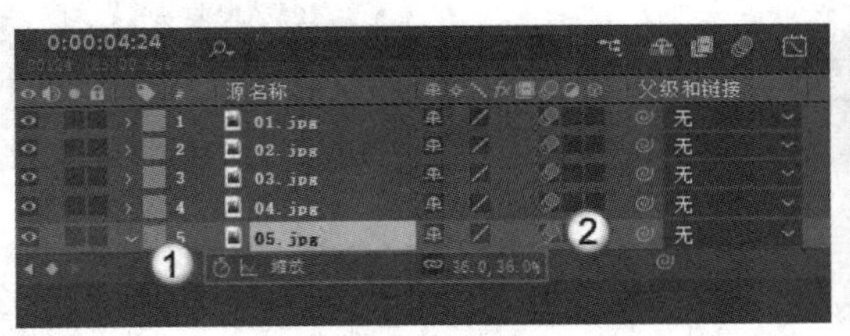

图3-92

图3-93

㉕ 截取4帧画面，效果如图3-94所示。

图3-94

课堂练习

制作动态插画

案例文件　案例文件>CH03>课堂练习：制作动态插画

视频名称　课堂练习：制作动态插画.mp4

学习目标　练习制作关键帧动画

本练习是为两个星星图层添加“不透明度”和“位置”属性的关键帧，制作动态插画，效果如图3-95所示。

图3-95

3.2 “图表编辑器”面板和关键帧辅助

“图表编辑器”面板用于改变动画播放的速度，增加动画的细节，是制作动画时不可或缺的一个工具。

本节内容介绍

主要内容	相关说明	重要程度
“图表编辑器”面板	用于调整关键帧之间的运动速度	高
关键帧辅助	用于切换不同的关键帧形成	高

3.2.1 “图表编辑器”面板

演示视频：025-“图表编辑器”面板

在“时间轴”面板中单击“图表编辑器”按钮，可以切换到“图表编辑器”面板，如图3-96所示。具体介绍如下。

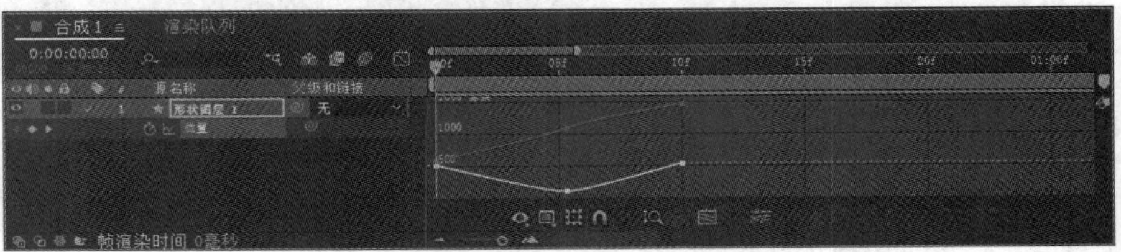

图3-96

“选择具体显示在图表编辑器中的属性”按钮：长按此按钮，在弹出的列表中可以选择要显示的属性，如图3-97所示。

“选择图表类型和选项”按钮：长按此按钮，在弹出的列表中可以选择不同的图表类型，如图3-98所示。

技巧与提示

在图3-98所示的列表中，常用的图表是“编辑值图表”和“编辑速度图表”两种。

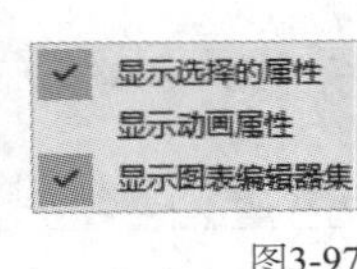

图3-97

自动选择图表类型
编辑值图表
编辑速度图表
显示参考图表
显示音频波形
显示图层的入点/出点
显示图层标记
显示图表工具技巧
显示表达式编辑器
允许帧之间的关键帧

图3-98

“使选择适于查看”按钮：单击此按钮，会使选择的属性的曲线在“图表编辑器”面板中最大化显示。

“使所有适于查看”按钮：单击此按钮，会使所有添加了关键帧的属性的曲线在“图表编辑器”面板中最大化显示。

“单独尺寸”按钮：单击该按钮，可以单独编辑属性的曲线；图3-99所示为单独编辑“位置”属性的“X位置”和“Y位置”曲线的效果。

“编辑选定的关键帧”按钮：长按此按钮，在弹出的列表中可以编辑关键帧的相关属性，如图3-100所示。

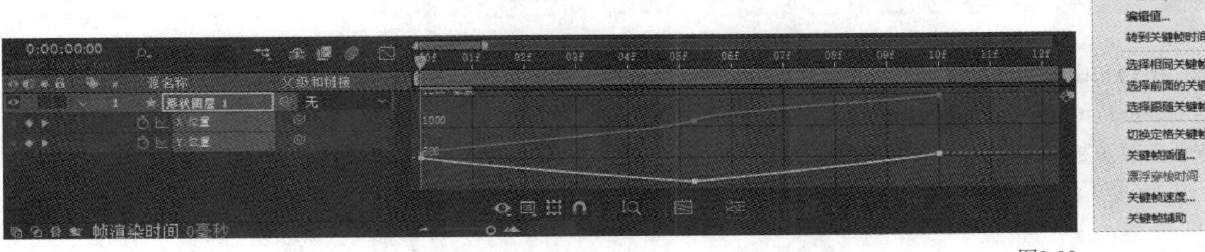

1484.4, 546.9
编辑值...
转到关键帧时间
选择相同关键帧
选择前面的关键帧
选择跟随关键帧
切换定格关键帧
关键帧插值...
漂浮穿梭时间
关键帧速度...
关键帧辅助

图3-99 图3-100

“将选定的关键帧转换为定格”按钮：单击此按钮，选中的关键帧会变成单帧效果。

“将选定的关键帧转换为‘线性’”按钮：单击此按钮，选中的关键帧的曲线会变成斜率一致的直线，动画将匀速播放。

“将选定的关键帧转换为自动贝塞尔曲线”按钮：单击此按钮，选中的关键帧的曲线会变成带贝塞尔控制手柄的曲线，动画将加速或减速播放。

“缓动”按钮：单击此按钮，关键帧两侧的曲线会变成贝塞尔曲线。

“缓入”按钮：单击此按钮，关键帧左侧的曲线会变成贝塞尔曲线。

“缓出”按钮：单击此按钮，关键帧右侧的曲线会变成贝塞尔曲线。

3.2.2 关键帧辅助

演示视频：026- 关键帧辅助

选中关键帧后单击鼠标右键，在弹出的快捷菜单中执行“关键帧辅助”命令，可以在其子菜单中选择关键帧的相关属性，如图3-101所示，具体介绍如下。

时间反向关键帧：用于将选中的关键帧反向，并按照原有的播放顺序倒放。

缓入：使运动的物体缓慢低速进入指定关键帧，速度越来越慢；一般运用在结束关键帧的位置，例如图3-102所示的速度曲线。

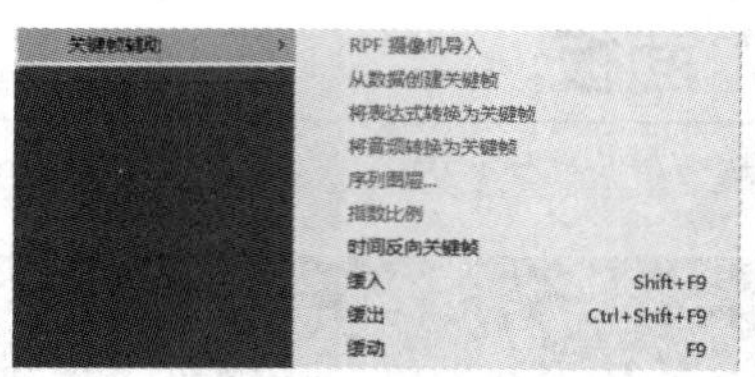

图3-101

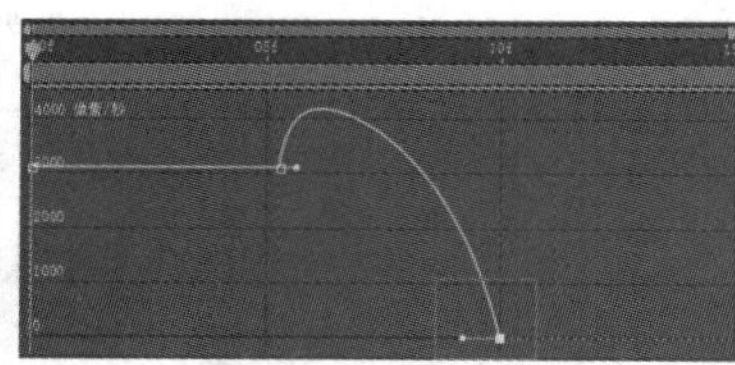

图3-102

缓出：使运动的物体缓慢低速离开指定关键帧，速度越来越快；一般运用在起始关键帧的位置，例如图3-103所示的速度曲线。

缓动：让关键帧同时产生缓入和缓出的效果；可以运用到所有的关键帧，例如图3-104所示的速度曲线。

图3-103

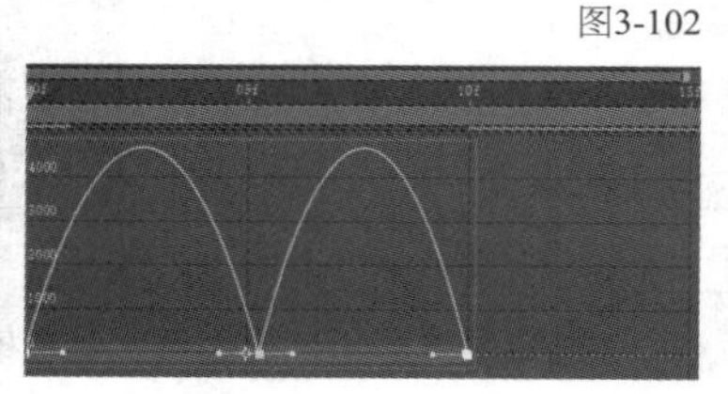

图3-104

课堂案例

制作弹跳皮球动画

案例文件　案例文件>CH03>课堂案例：制作弹跳皮球动画

视频名称　课堂案例：制作弹跳皮球动画.mp4

学习目标　学习“图表编辑器”面板的用法，了解表达式

本案例是制作一个弹跳皮球动画，需要用“图表编辑器”面板调整皮球运动的速度，同时运用循环表达式和time表达式制作动画，效果如图3-105所示。

图3-105

01 新建一个1920像素×1080像素的合成，将其命名为“皮球”，然后新建一个白色的纯色图层，如图3-106所示。

02 新建一个绿色的纯色图层，将其缩放至合适的大小后放在画面左侧，如图3-107所示。

03 将绿色图层复制4个，均匀分布在画面中，如图3-108所示。

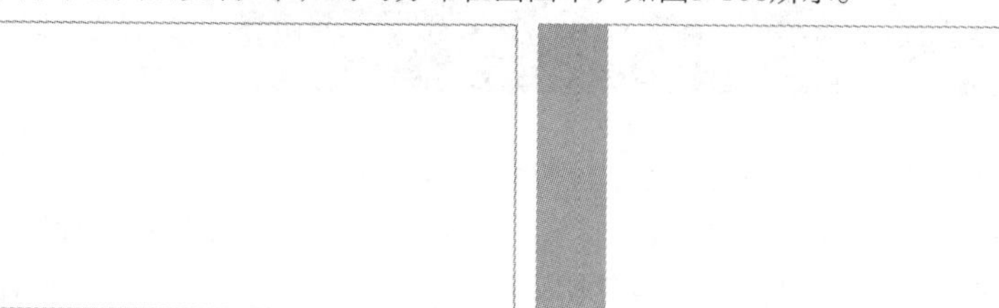

图3-106　　图3-107

图3-108

04 新建一个1920像素×1080像素的合成，将其命名为"总合成"，然后将"皮球"合成添加到"总合成"中，如图3-109所示。

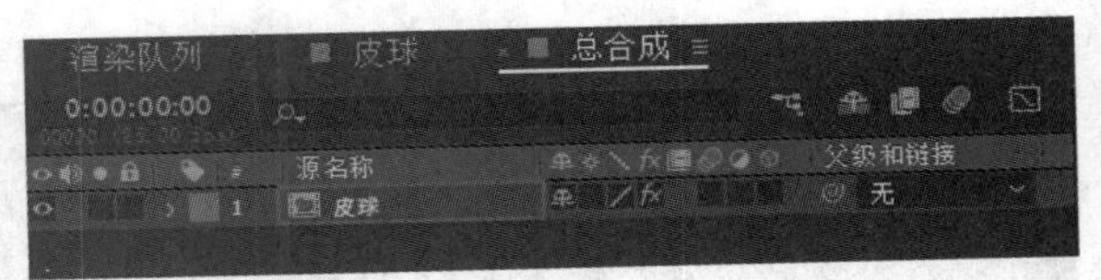

图3-109

05 在"效果和预设"面板中找到CC Sphere效果，将其添加到"皮球"合成中。在"效果控件"面板中设置Light Intensity属性的值为50.0、Light Direction属性的值为（0x－40.0°）、Ambient属性的值为50.0、Specular属性的值为0.0，如图3-110所示。

06 在"皮球"合成下方新建一个浅绿色的纯色图层，效果如图3-111所示。

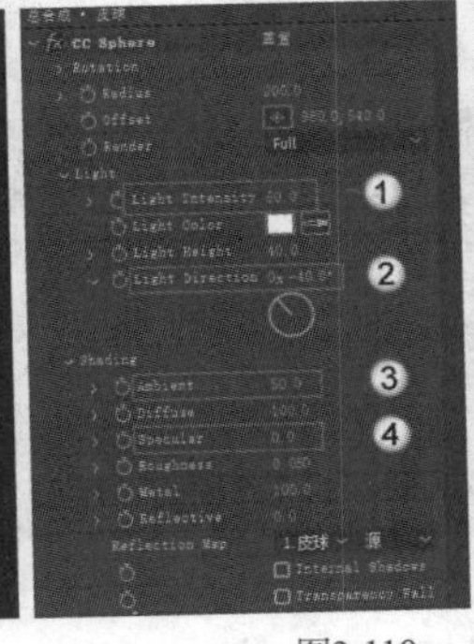

图3-110

图3-111

07 选中"皮球"合成，按P键调出"位置"属性，移动时间指示器到剪辑的起始位置，设置"位置"属性的值为（960.0,245.0），添加关键帧，如图3-112所示。效果如图3-113所示。

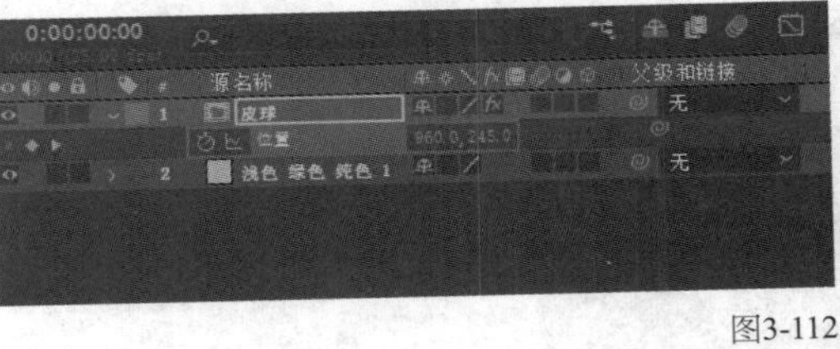

图3-112

图3-113

08 移动时间指示器到0:00:00:12的位置，设置"位置"属性的值为（960.0,635.0），如图3-114所示。效果如图3-115所示。

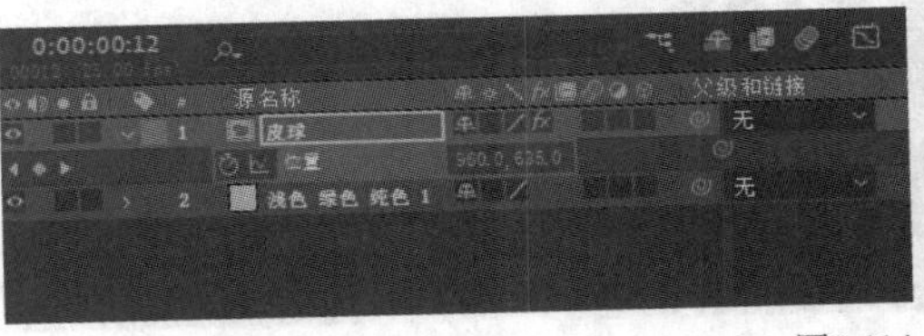

图3-114

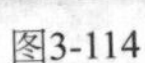

图3-115

09 复制剪辑的起始位置的关键帧，然后粘贴到0:00:01:00的位置，如图3-116所示，这样皮球在此处会恢复为初始状态。

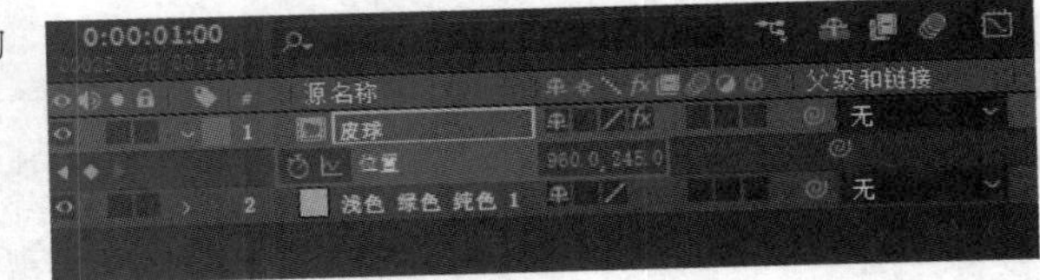

图3-116

10 选中3个关键帧，按F9键为其添加缓动效果，如图3-117所示。

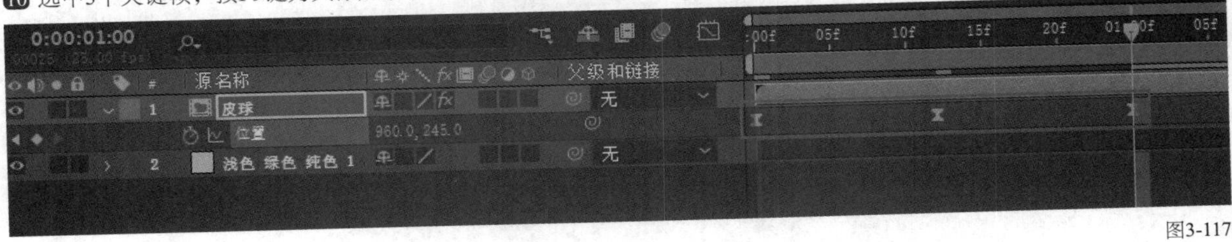

图3-117

⑪ 切换到“图表编辑器”面板，调整“位置”属性的速度曲线，如图3-118所示。

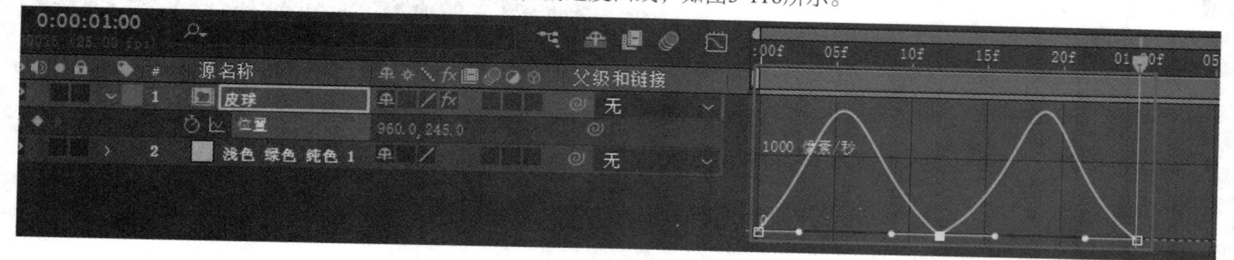

图3-118

⑫ 关闭“图表编辑器”面板，选中最后一个关键帧，然后按住Alt键并单击“时间变化秒表”按钮，此时“位置”参数会变成红色，如图3-119所示。

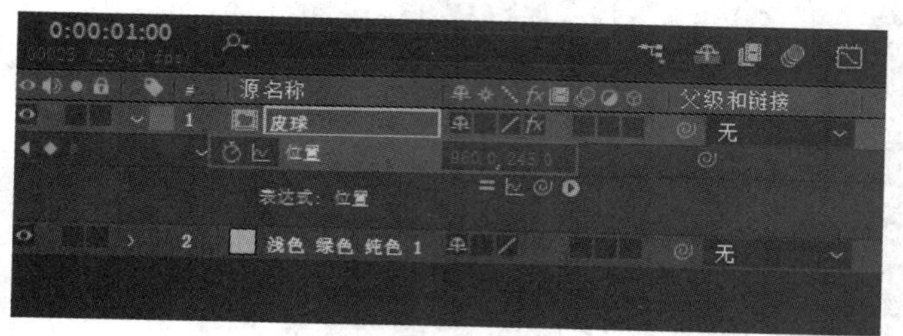

图3-119

⑬ 单击“表达式”右侧的按钮，选择“Property>loopOut(type= " cycle " ,numKeyframes=0)”选项，添加循环表达式，如图3-120所示。添加表达式后，移动时间指示器，可以看到后面没有添加关键帧的时间位置，也会出现皮球的弹跳效果。

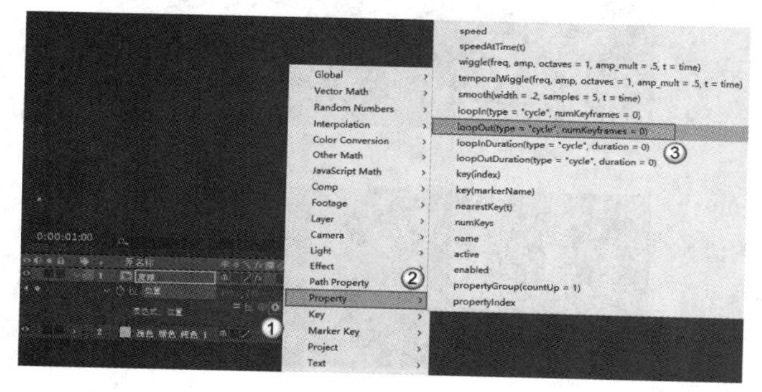

图3-120

知识点：表达式

在After Effects中，表达式可用于完成一些机械性或随机性的效果。表达式能将烦琐的添加关键帧操作简化。

在日常工作中，常用的表达式有循环表达式loopOut、时间表达式time、随机表达式wiggle、函数表达式Math等。

在循环表达式loopOut(type=" cycle" ,numkeyframes=0)中，type的值可以被替换；numkeyframes的值是循环的次数，其中0表示无限循环，1表示最后两个关键帧无限循环，2表示最后 3 个关键帧无限循环，以此类推。

时间表达式time以秒为单位。time*n=时间（秒）*n（若应用于“旋转”属性，则n表示角度）。如果为“旋转”属性设置time表达式为time*60，则图层将1秒旋转60°，两秒旋转120°，以此类推（time表达式中的数值为正数时顺时针旋转，为负数时逆时针旋转）。需要注意的是，time表达式只能用于一维属性。类似“位置”这种多维属性，可将多个参数分离，分别设置*x*轴或*y*轴上的time表达式。

随机表达式wiggle（X,Y）可以应用在各种属性中，其中X表示运动频率，Y表示运动范围。如果为“旋转”属性设置随机表达式wiggle（2,60），则图层会在1秒内随机旋转两次，旋转角度为0°~60°中的随机值。

函数表达式Math有多种类型，如果在其后加上sin（X,Y），则表示该函数为正弦函数。

14 制作皮球下落时的旋转效果。按R键调出“旋转”参数，为其添加表达式time*360，让皮球旋转360°，如图3-121所示。效果如图3-122所示。需要注意的是，输入完表达式后要按Enter键确认。

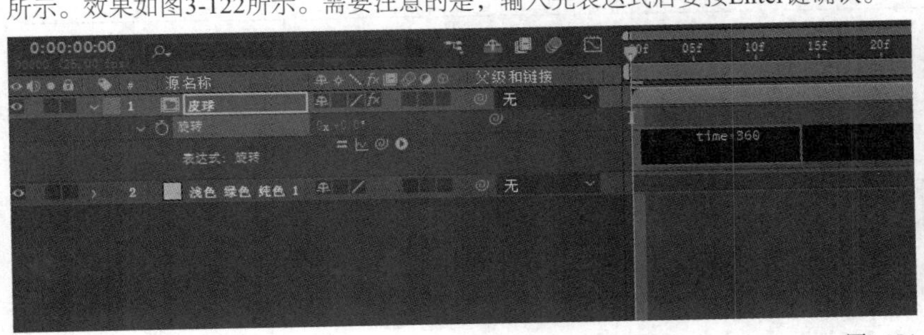

图3-121

图3-122

课堂练习

制作视频过渡

案例文件　案例文件>CH03>课堂练习：制作视频过渡

视频名称　课堂练习：制作视频过渡.mp4

学习目标　练习“图表编辑器”面板的用法

本练习需要将视频素材通过“不透明度”关键帧进行混合，同时调节曲线制作有节奏感的过渡效果，效果如图3-123所示。

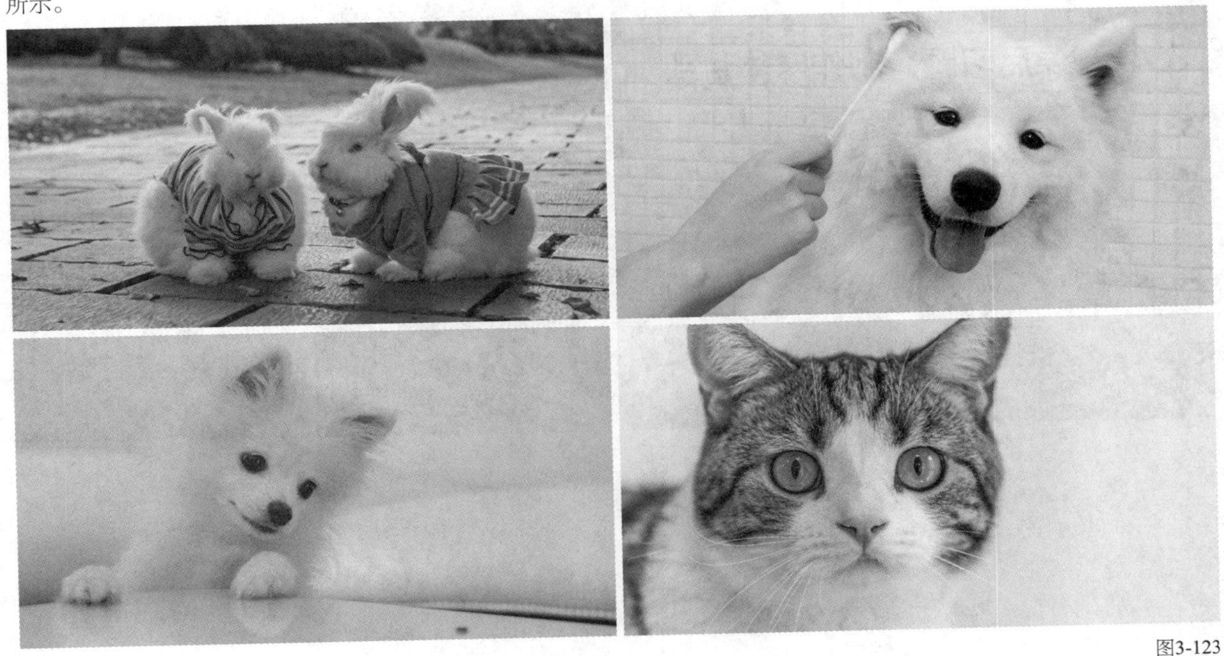

图3-123

3.3 本章小结

本章主要讲解了After Effects的关键帧与“图表编辑器”面板。关键帧是动画的基础，也是后续学习内容的重要组成部分；“图表编辑器”面板的作用是在关键帧的基础上，调整动画的播放速度，使动画产生节奏感和丰富的变化。本章的内容非常重要，请读者务必完全掌握。

3.4 课后习题

本节安排了两个课后习题供读者练习。要完成这两个习题，需要对本章的知识进行综合运用。如果在练习时遇到困难，则可以观看相应教学视频。

3.4.1 课后习题：制作动态水墨画

案例文件	案例文件>CH03>课后习题：制作动态水墨画
视频名称	课后习题：制作动态水墨画.mp4
学习目标	练习“位置”关键帧的用法

本习题是为图层添加“位置”关键帧，制作小船和飞鸟的位移动画，效果如图3-124所示。

图3-124

3.4.2 课后习题：制作字体片头

案例文件	案例文件>CH03>课后习题：制作字体片头
视频名称	课后习题：制作字体片头.mp4
学习目标	练习“不透明度”关键帧和图层混合模式的用法

本习题是为文字素材添加“不透明度”关键帧并调整图层混合模式，制作一个简单的字体片头动画，效果如图3-125所示。

图3-125

Ae After Effects

第 4 章

蒙版与轨道遮罩

蒙版可以控制图层显示的区域，生成一些复杂的动画效果。遮罩则是在轨道之间通过Alpha通道或亮度通道形成不同的显示效果。

课堂学习目标

- 掌握蒙版的用法
- 掌握轨道遮罩的用法

4.1 蒙版

使用形状工具能为图层绘制蒙版。蒙版区域内的图层内容会显示，蒙版区域外的图层内容会隐藏。通过蒙版可以添加动画效果，以制作更加复杂的动画。

本节内容介绍

主要内容	相关说明	重要程度
蒙版的创建	创建蒙版可以使用的工具	中
蒙版的属性	蒙版自带的属性	高
蒙版的混合模式	蒙版与图层的混合模式	中
蒙版的跟踪	蒙版的路径跟踪	高

4.1.1 蒙版的创建

演示视频：027- 蒙版的创建

创建蒙版能使用的工具有两类：一类是形状工具，包括“矩形工具”、“圆角矩形工具”、“椭圆工具”、“多边形工具”和“星形工具”，如图4-1所示；另一类是“钢笔工具”。

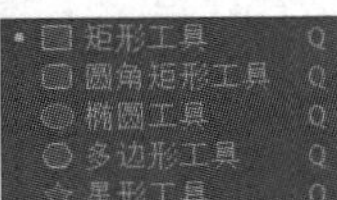

图4-1

无论使用哪种类型的工具，都要先选中需要添加蒙版的图层，然后使用相应的工具在画面中绘制蒙版，如图4-2所示。

图4-2

创建完蒙版后，就能在“时间轴”面板中看到“蒙版”卷展栏，如图4-3所示。

图4-3

技巧与提示

只有图层中出现了“蒙版”卷展栏，才代表成功添加了蒙版。

4.1.2 蒙版的属性

演示视频：028- 蒙版的属性

当添加蒙版后，展开“蒙版”卷展栏，就可以调节蒙版的相关属性，如图4-4所示，具体介绍如下。

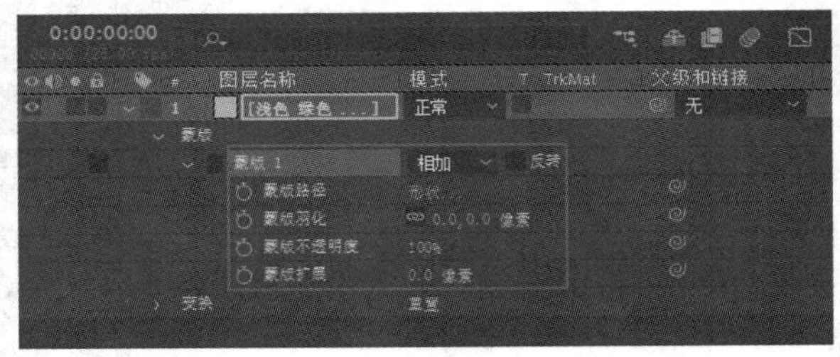

图4-4

反转：勾选该复选框后会显示蒙版区域外的图层内容，隐藏蒙版区域内的图层内容，如图4-5所示。

图4-5

蒙版路径：单击右侧的“形状”，可以打开图4-6所示的对话框，在其中可设置蒙版的区域大小和形状。

图4-6

蒙版羽化： 增大该数值，蒙版的边缘会出现羽化效果，如图4-7所示。

图4-7

蒙版不透明度： 用于设置蒙版区域的不透明度，如图4-8所示。

图4-8

蒙版扩展： 调整该数值可以增大或减小蒙版的区域，如图4-9所示。

图4-9

4.1.3 蒙版的混合模式

演示视频：029- 蒙版的混合模式

在“蒙版”卷展栏中可以调整蒙版的混合模式，使用不同的模式会产生不同的效果，如图4-10所示，具体介绍如下。

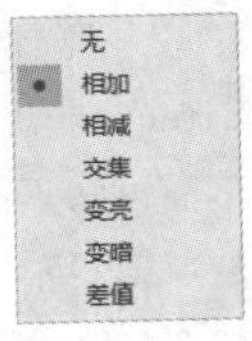

图4-10

无： 不显示蒙版效果。

相加： 显示蒙版效果。

相减： 与使用“相加”模式时显示的效果相反，与勾选“反转”复选框的效果相同。

交集： 当图层中存在多个蒙版时，显示当前蒙版与上层蒙版相交的区域，如图4-11所示。

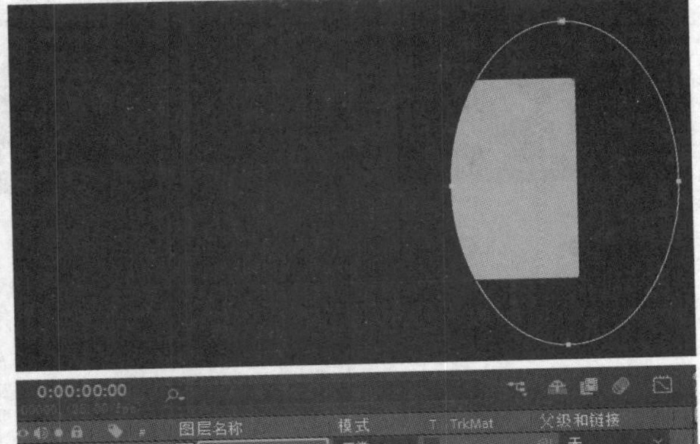

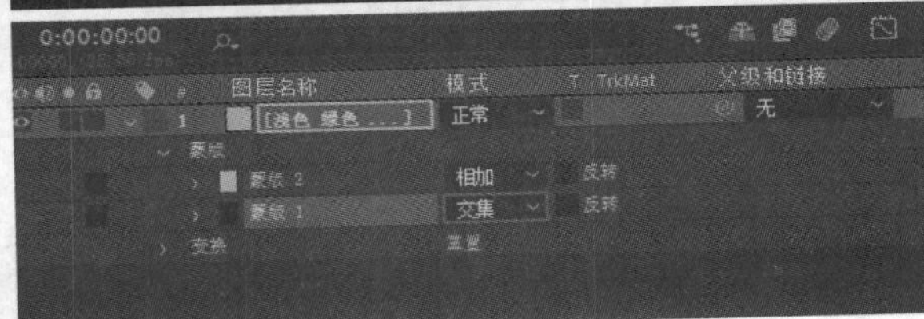

图4-11

技巧与提示

与Photoshop相反，After Effects中的图层是与上层进行计算的。

差值： 当图层中存在多个蒙版时，显示当前蒙版与上层蒙版相交区域以外的区域，如图4-12所示。

图4-12

4.1.4 蒙版的跟踪

演示视频：030- 蒙版的跟踪

为视频素材添加蒙版后，可以通过设置让After Effects自动跟踪蒙版区域，方便对蒙版进行区域修改。下面讲解具体的操作步骤。

第1步： 按快捷键Ctrl+D将视频素材图层复制一份，如图4-13所示。

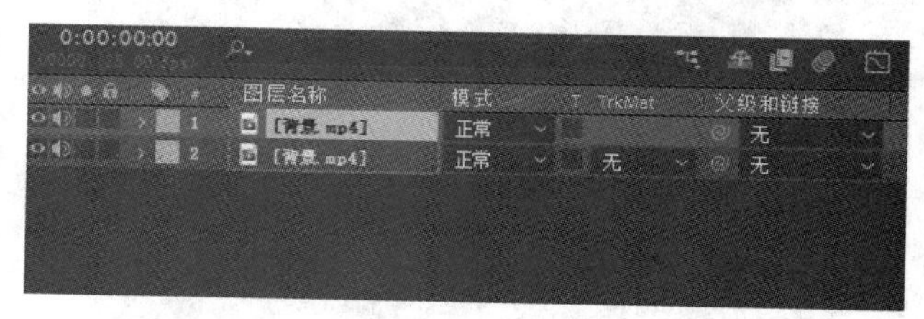

图4-13

第2步： 选中上层复制的图层，在画面中绘制蒙版区域，如图4-14所示。

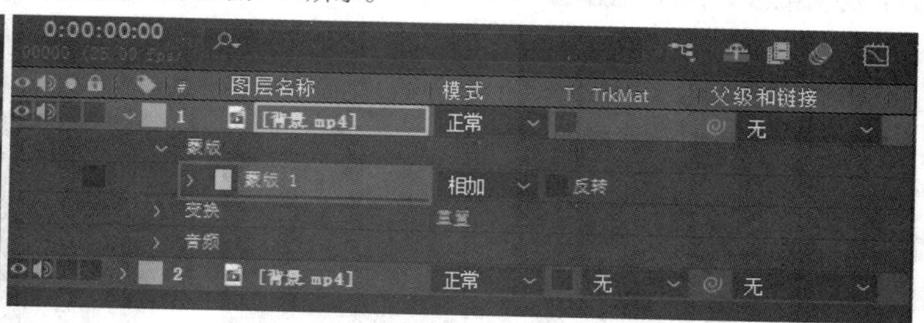

图4-14

第3步： 选中“蒙版1”卷展栏，单击鼠标右键，执行“跟踪蒙版”命令，如图4-15所示。

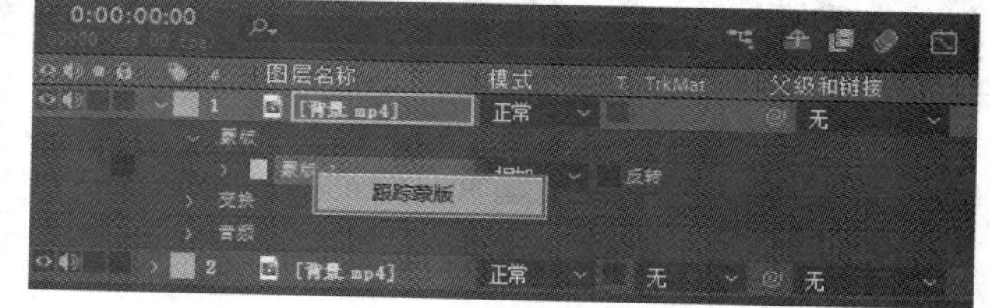

图4-15

第4步： 在“跟踪器”面板中单击“向前跟踪所选蒙版”按钮▶，就可以开始跟踪蒙版区域，如图4-16所示。跟踪完成后，“蒙版路径”属性后方会显示跟踪生成的关键帧，如图4-17所示。

图4-16

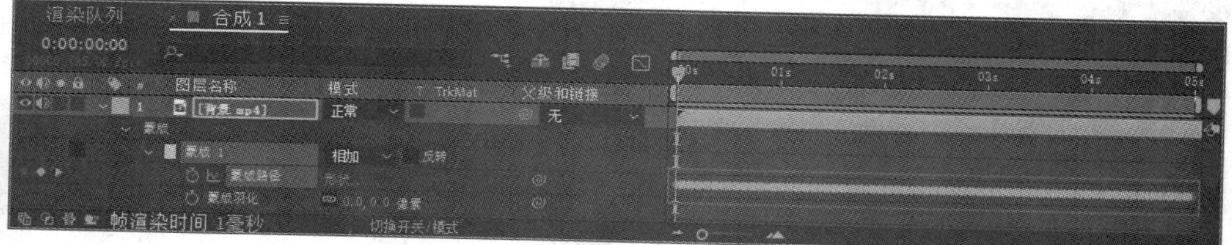

图4-17

第5步： 为添加了蒙版的图层添加“发光”效果，调整“发光半径”的数值，蒙版区域的效果如图4-18所示。

第6步： 预览合成，可以看到蒙版区域会随着画面的移动而移动，如图4-19所示。

图4-18

图4-19

课堂案例

制作文字显示视频

案例文件　案例文件>CH04>课堂案例：制作文字显示视频

视频名称　课堂案例：制作文字显示视频.mp4

学习目标　学习蒙版的创建方法

本案例是为艺术字素材添加动态蒙版，制作文字显示视频，效果如图4-20所示。

图4-20

01 新建一个1080像素×1920像素的合成，然后在“项目”面板中导入“案例文件>CH04>课堂案例：制作文字显示视频”文件夹中的素材文件，如图4-21所示。

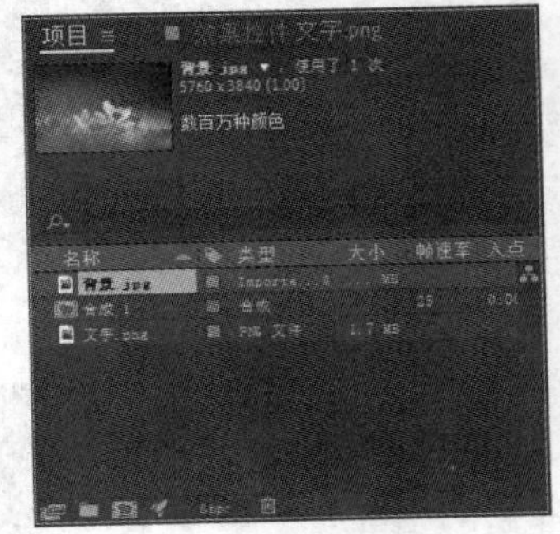

图4-21

02 将“背景.jpg”素材文件添加到合成中，调整到合适的大小，如图4-22所示。

图4-22

03 将“文字.png”素材文件添加到“时间轴”面板中，放在“背景.jpg”图层的上方，如图4-23所示。效果如图4-24所示。

图4-23

图4-24

04 从图4-24中可以看出，文字素材的颜色与背景画面不是很和谐。在“效果和预设”面板中找到“填充”效果，将其添加到“文字.png”图层上，设置“颜色”为浅绿色，如图4-25所示。

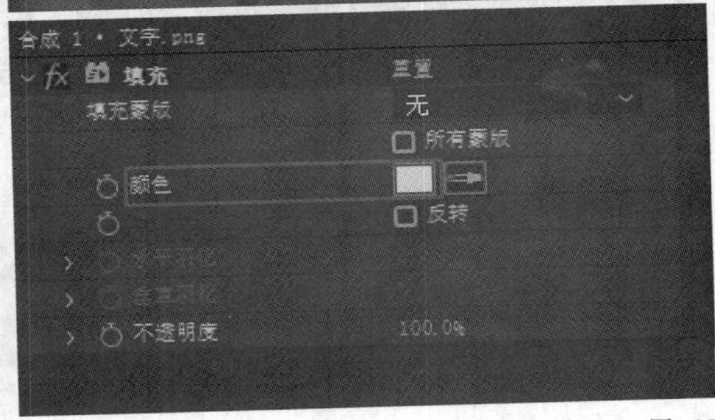

图4-25

05 选中“文字.png”图层，使用“椭圆工具”在画面中绘制一个椭圆形，覆盖所有文字内容，如图4-26所示。

图4-26

06 移动时间指示器到剪辑的起始位置，添加“蒙版路径”关键帧，并将蒙版区域向左移动，使文字内容完全不显示，如图4-27所示。

图4-27

07 移动时间指示器到0:00:02:00的位置，然后将蒙版区域移动到画面中间，使文字内容全部显示，如图4-28所示。

图4-28

08 移动时间指示器可以发现，文字在显示的时候边缘太过整齐，设置“蒙版羽化”为（200.0,200.0），如图4-29所示。效果如图4-30所示。

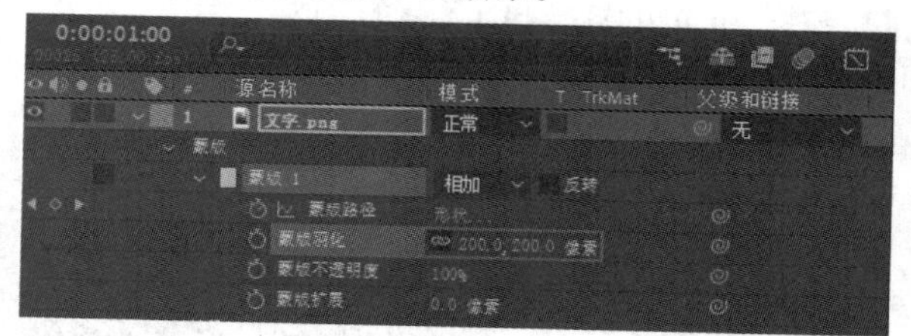

图4-29

图4-30

09 任意截取4帧画面，效果如图4-31所示。

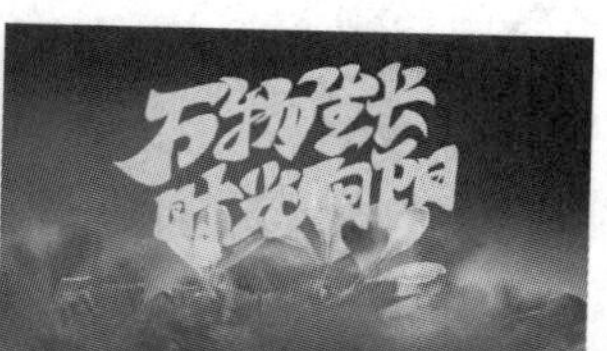

图4-31

课堂案例

制作局部模糊视频

案例文件	案例文件>CH04>课堂案例：制作局部模糊视频
视频名称	课堂案例：制作局部模糊视频.mp4
学习目标	学习跟踪蒙版功能的使用方法

有时需要对视频的部分内容打码，运用跟踪蒙版功能可快速跟踪需要打码的地方，添加模糊效果后就实现了跟踪模糊。本案例是使用该功能制作局部模糊视频，效果如图4-32所示。

图4-32

01 在“项目”面板中导入“案例文件>CH04>课堂案例：制作局部模糊视频”文件夹中的素材文件，如图4-33所示。

02 将“素材.mp4”文件拖曳到“时间轴”面板中生成合成，效果如图4-34所示。

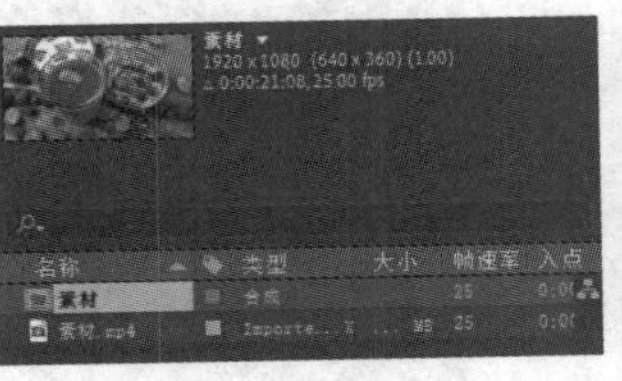

图4-33

图4-34

> **技巧与提示**
> 为了实现快速模拟，此处将剪辑缩短为原有的30%，整体播放速度加快。

03 选中“素材.mp4”图层，然后使用“椭圆工具”在剪辑的起始位置绘制一个椭圆形蒙版，覆盖右侧的草莓，如图4-35所示。

04 展开“蒙版”卷展栏，选中“蒙版1”并单击鼠标右键，然后执行“跟踪蒙版”命令，如图4-36所示。

图4-35

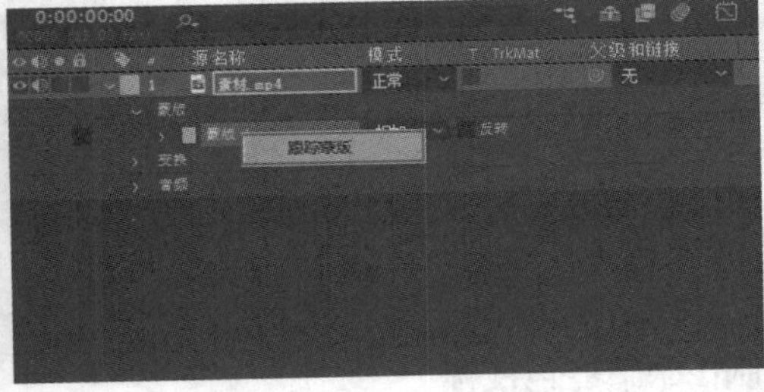

图4-36

05 在“跟踪器”面板中单击“向前跟踪所选蒙版”按钮，系统会自动跟踪蒙版路径并生成关键帧，如图4-37和图4-38所示。

图4-37

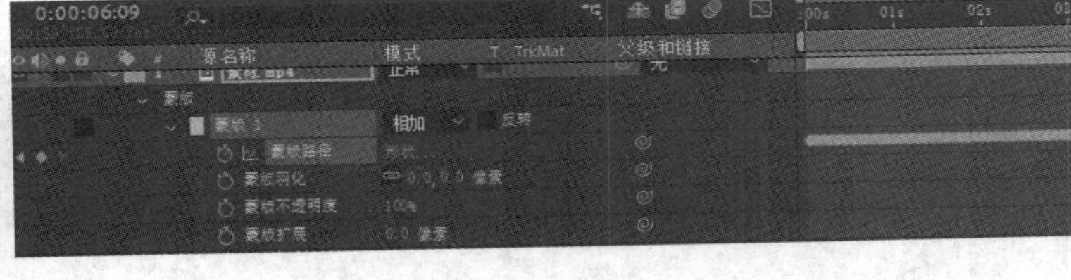

图4-38

06 移动时间指示器，检查蒙版是否始终覆盖草莓，如图4-39所示。

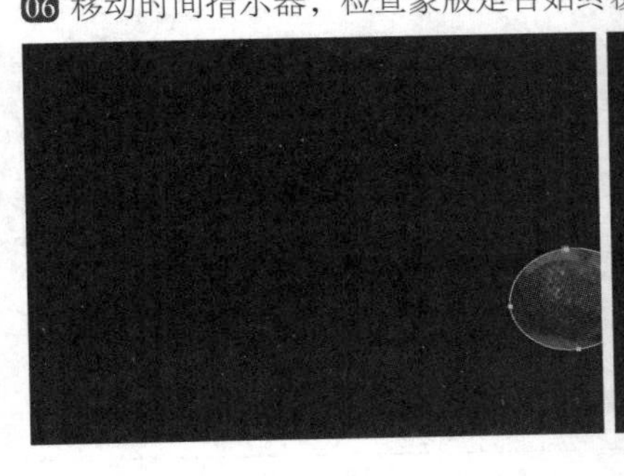

图4-39

> **技巧与提示**
> 如果存在没有覆盖草莓的关键帧，则需要手动调整该关键帧处蒙版的大小。

07 在“效果和预设”面板中找到“高斯模糊”效果，将其添加到“素材.mp4”图层上，设置“模糊度”的值为50.0，然后勾选“重复边缘像素”复选框，如图4-40所示。

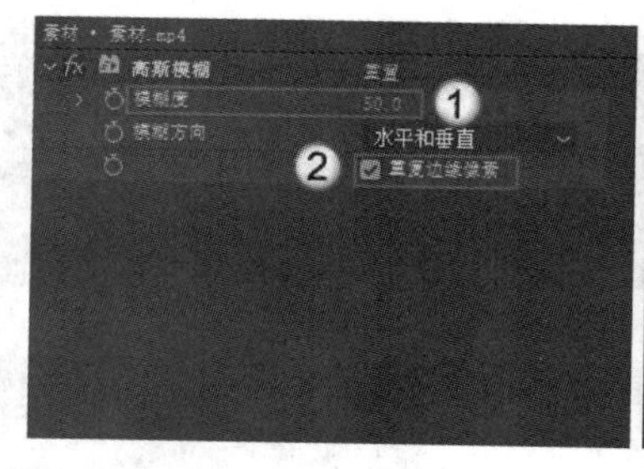

图4-40

08 按快捷键Ctrl+D复制图层，然后将下方图层的蒙版和“高斯模糊”效果删除，如图4-41所示。效果如图4-42所示。这样会显示其余的背景内容。

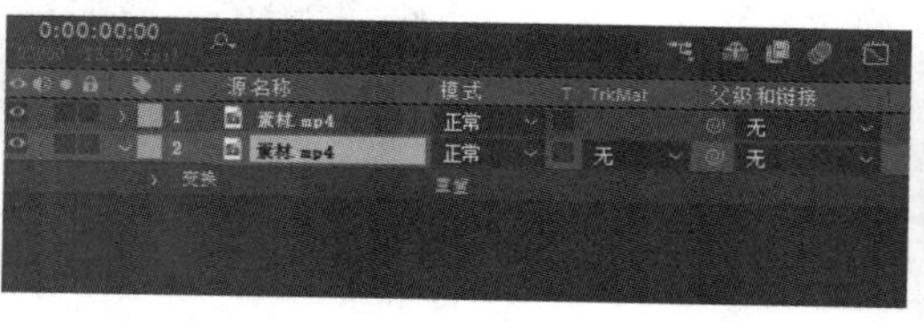

图4-41

图4-42

09 任意截取4帧画面，效果如图4-43所示。

图4-43

课堂练习

制作眼睛变色视频

案例文件	案例文件>CH04>课堂练习：制作眼睛变色视频
视频名称	课堂练习：制作眼睛变色视频.mp4
学习目标	练习图层蒙版的用法

本练习需要为眼睛添加蒙版，调整蒙版颜色，使眼睛的颜色产生变化，效果如图4-44所示。

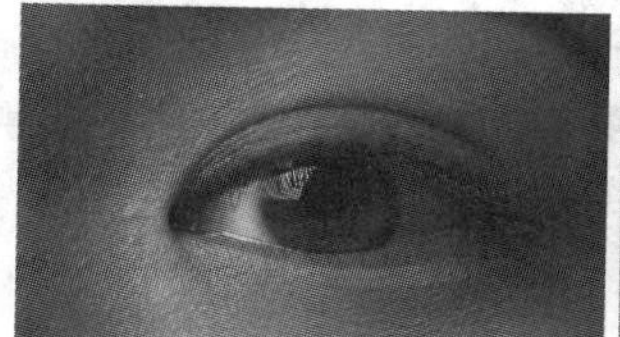
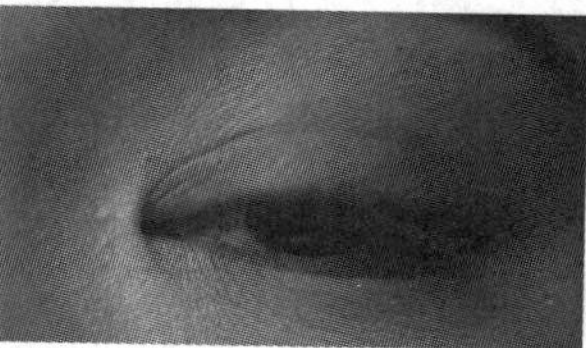
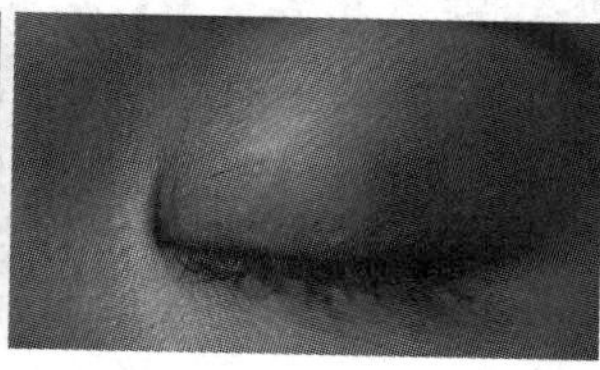
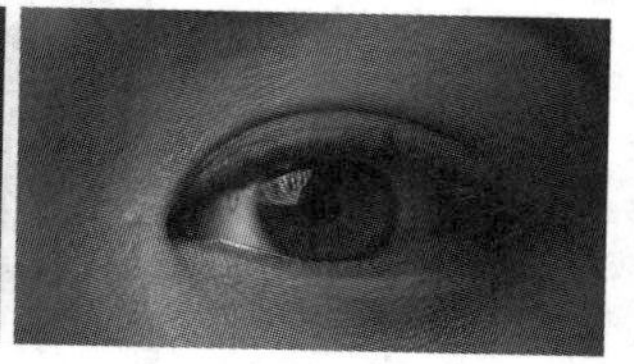

图4-44

4.2 轨道遮罩

使用轨道遮罩可以让图层间形成遮罩关系。比起图层蒙版，轨道遮罩能实现的效果更加丰富。

本节内容介绍

主要内容	相关说明	重要程度
轨道遮罩的类型	包含Alpha遮罩和亮度遮罩等	高
轨道遮罩的用法	为下方图层添加遮罩	高

4.2.1 轨道遮罩的类型

演示视频：031-轨道遮罩的类型

轨道遮罩有两种类型：一种是Alpha遮罩；另一种是亮度遮罩，如图4-45所示，具体介绍如下。

没有轨道遮罩
Alpha 遮罩"GoldParticles_[000-091].jpg"
Alpha 反转遮罩"GoldParticles_[000-091].jpg"
亮度遮罩"GoldParticles_[000-091].jpg"
亮度反转遮罩"GoldParticles_[000-091].jpg"
图4-45

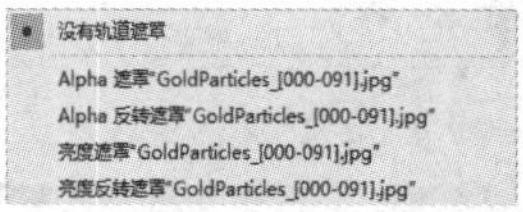

Alpha遮罩： 用于按照遮罩图层的Alpha通道生成遮罩效果，如图4-46所示。

Alpha反转遮罩： 用于反向识别遮罩图层的Alpha通道，让透明通道的内容显示，如图4-47所示。

技巧与提示

只有遮罩图层有Alpha通道，才能使用“Alpha遮罩”或“Alpha反转遮罩”这两个轨道遮罩类型。

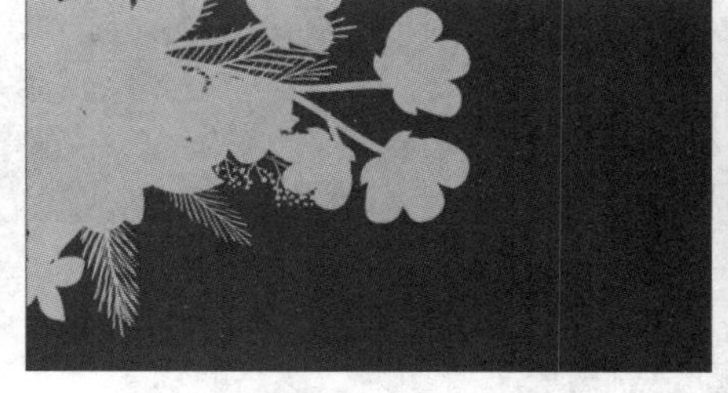

图4-46

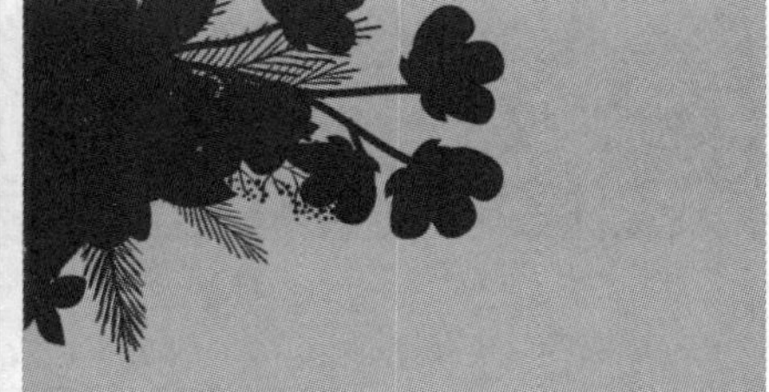

图4-47

亮度遮罩： 用于按照遮罩图层的灰度信息生成遮罩效果，白色的部分显示，黑色的部分消失，灰色的部分半透明，如图4-48所示。

亮度反转遮罩： 用于反向识别亮度遮罩的灰度信息，黑色部分显示，白色部分消失，如图4-49所示。

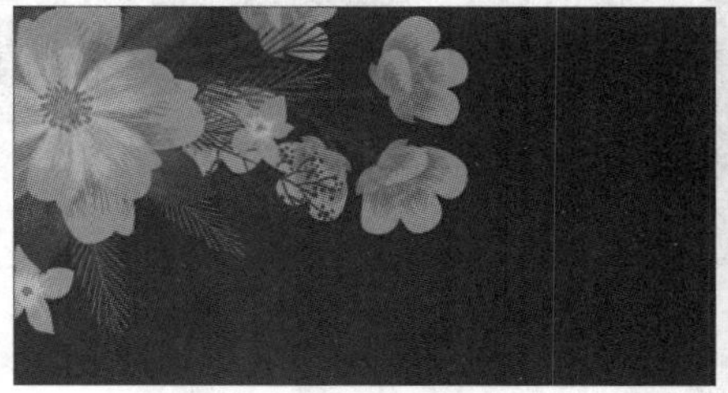

图4-48

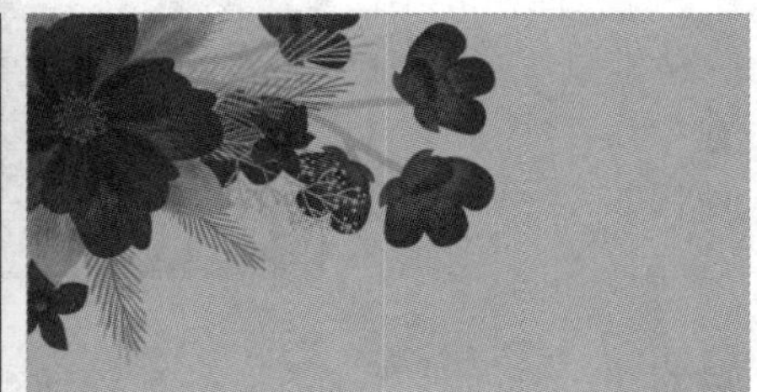

图4-49

4.2.2 轨道遮罩的用法

演示视频：032-轨道遮罩的用法

使用轨道遮罩的方法很简单，下面讲解详细步骤。

第1步： 将遮罩图层放在原有图层的上方，如图4-50所示。效果如图4-51所示。

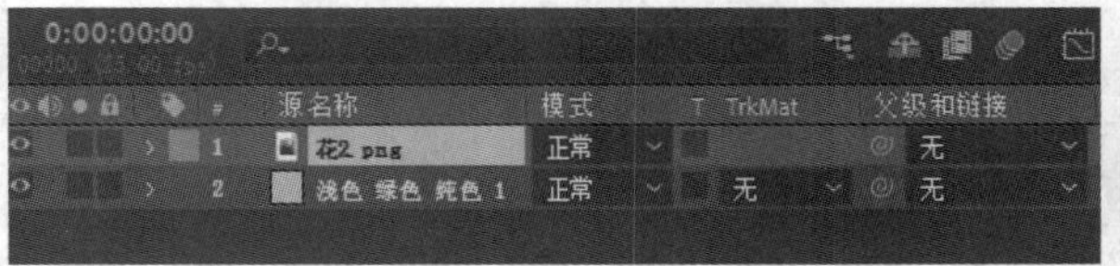

0:00:00:00
源名称
模式
T TrkMat
父级和链接
花2.png
正常
无
浅色 绿色 纯色 1
正常
无
无
图4-50

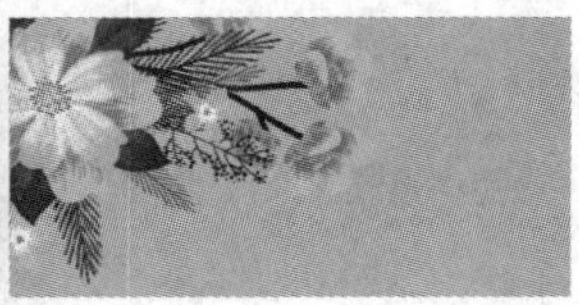

图4-51

第2步： 选中原有图层，然后在TrkMat（轨道遮罩）下拉列表中选择需要的遮罩类型，如图4-52所示。

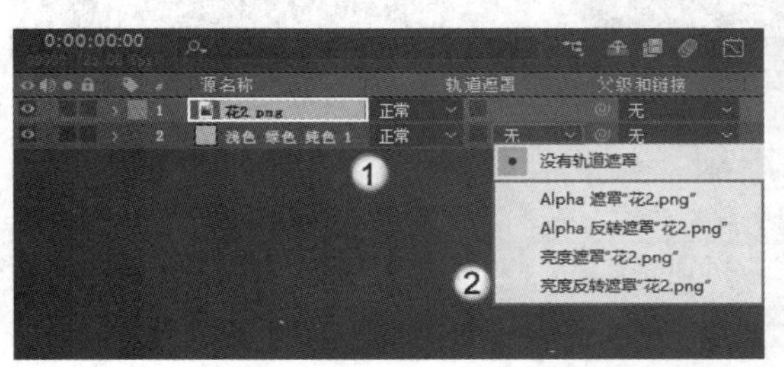

0:00:00:00
源名称
轨道遮罩
父级和链接
花2.png
正常
无
浅色 绿色 纯色 1
正常
无
无
1
没有轨道遮罩
Alpha 遮罩"花2.png"
Alpha 反转遮罩"花2.png"
亮度遮罩"花2.png"
亮度反转遮罩"花2.png"
2
图4-52

第3步： 选择需要的轨道遮罩类型后，就能在画面中看到添加轨道遮罩后的效果，如图4-53和图4-54所示。

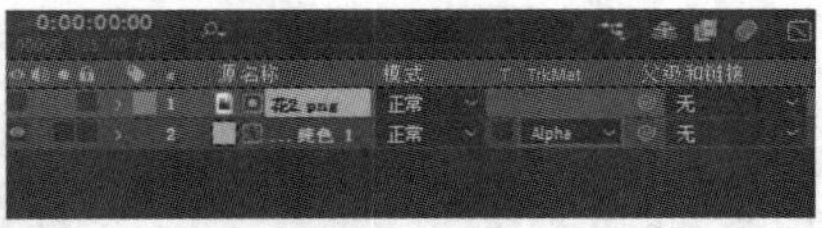

图4-53

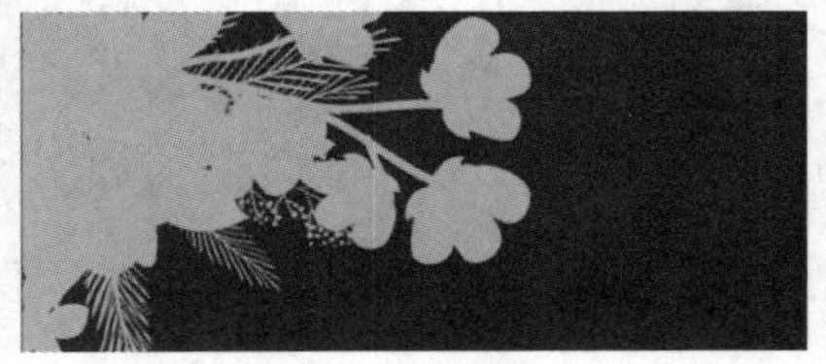

图4-54

课堂案例

制作水墨转场动画

案例文件　案例文件>CH04>课堂案例：制作水墨转场动画

视频名称　课堂案例：制作水墨转场动画.mp4

学习目标　学习轨道遮罩的用法

本案例是制作一个水墨转场动画，效果如图4-55所示。

图4-55

01 新建一个1920像素×1080像素的合成，然后在“项目”面板中导入“案例文件>CH04>课堂案例：制作水墨转场动画”文件夹中的素材文件，如图4-56所示。

图4-56

02 将“01.mp4”素材文件添加到合成中，效果如图4-57所示。

图4-57

03 将“水墨.mov”素材文件添加到合成中，放在“01.mp4”图层的上方，如图4-58所示。效果如图4-59所示。

图4-58

图4-59

04 将“水墨.mov”图层设置为“01.mp4”图层的“亮度反转遮罩”，如图4-60所示。效果如图4-61所示。

图4-60

图4-61

技巧与提示

虽然“水墨.mov”素材文件是MOV格式的，但该文件本身没有Alpha通道。将其作为遮罩使用时，只能选择亮度遮罩类型。

05 将时间指示器移动到0:00:02:00的位置，然后选中“水墨.mov”和“01.mp4”两个图层，按快捷键Ctrl+Shift+D进行拆分，删除后半部分剪辑，如图4-62所示。

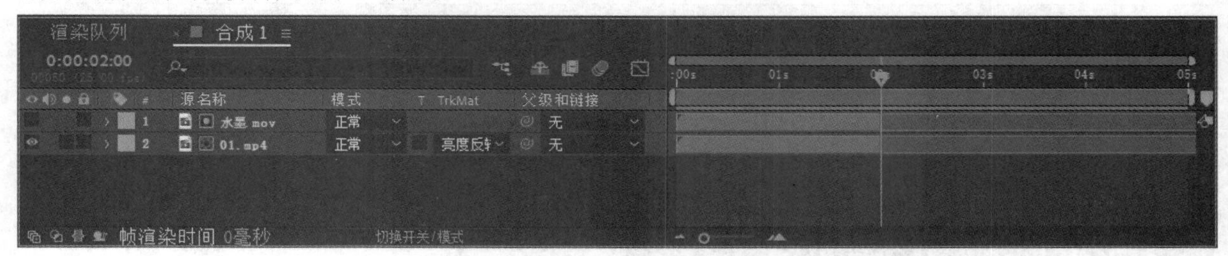

图4-62

06 将“02.mp4”素材文件添加到合成中，调整其剪辑的起始位置到0:00:02:00的位置，效果如图4-63所示。

07 将“水墨2.mov”素材文件添加到合成中，调整其剪辑的起始位置到0:00:02:00的位置，效果如图4-64所示。

图4-63

图4-64

08 将“水墨2.mov”图层设置为“02.mp4”图层的“Alpha遮罩”，如图4-65所示。效果如图4-66所示。

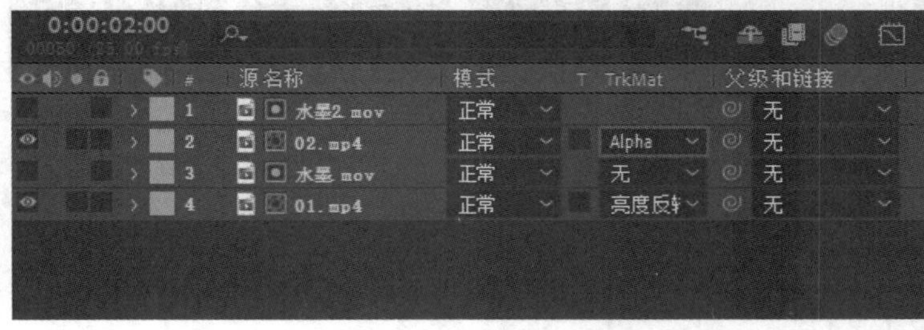

图4-65

图4-66

09 将时间指示器移动到0:00:04:00的位置，然后选中“水墨2.mov”和“02.mp4”两个图层，按快捷键Ctrl+Shift+D进行拆分，删除后半部分剪辑，如图4-67所示。

图4-67

10 任意截取4帧画面，效果如图4-68所示。

图4-68

课堂案例

制作遮罩文字动画

案例文件　案例文件>CH04>课堂案例：制作遮罩文字动画

视频名称　课堂案例：制作遮罩文字动画.mp4

学习目标　学习轨道遮罩的用法

除了现成的素材外，图形和文字也可以作为轨道遮罩。本案例是使用轨道遮罩制作遮罩文字动画，效果如图4-69所示。

四季如春　四季如春

图4-69

01 新建一个1920像素×1080像素的合成，时长为2秒，然后导入“案例文件>CH04>课堂案例：制作遮罩文字动画”文件夹中的“背景.mp4”素材文件，如图4-70所示。

02 新建文本图层，输入“四季如春”，具体参数设置及效果如图4-71所示。

图4-70

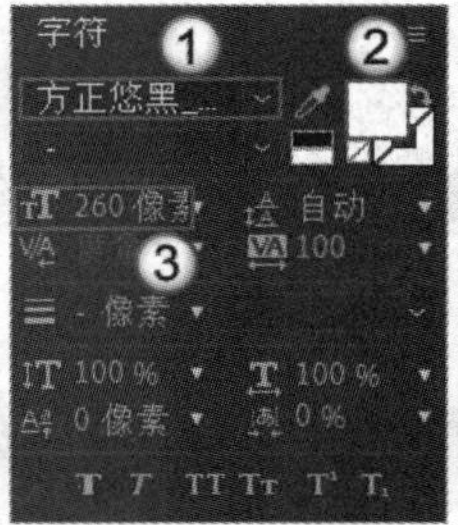

图4-71

技巧与提示

文字的颜色一定要设置为白色，方便后面做遮罩处理。

03 选中文本图层，按P键调出“位置”属性，然后按住Alt键单击“时间变化秒表”按钮，添加表达式wiggle(2,10)，如图4-72所示。这样文本图层就会产生随机轻微的晃动效果。

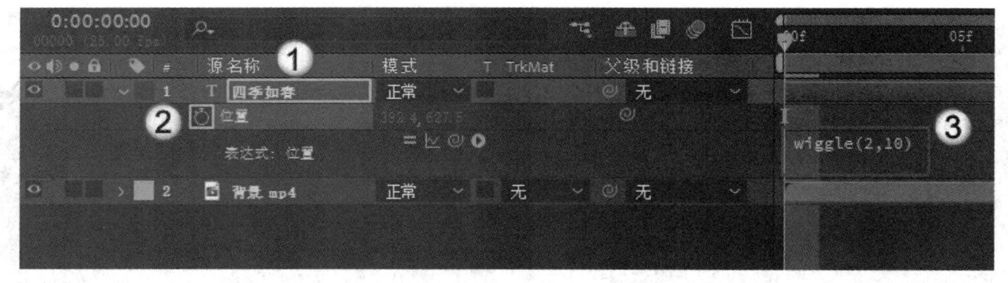

图4-72

04 移动时间指示器到0:00:01:00的位置，按快捷键Ctrl+Shift+D将两个图层拆分，如图4-73所示。

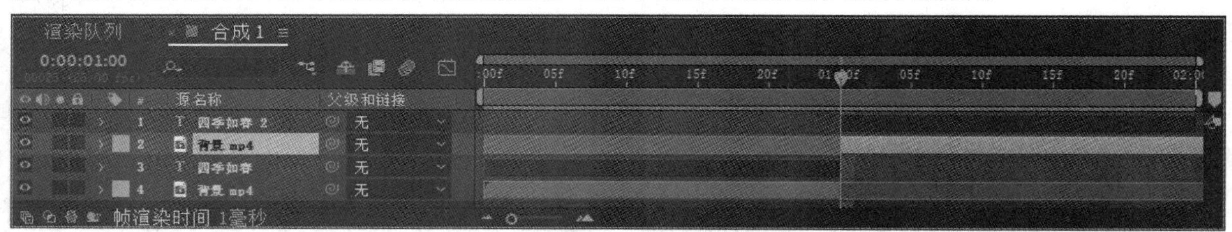

图4-73

05 选中“背景.mp4”图层的后半部分剪辑，然后设置其“Alpha遮罩”为最上层的文本图层，如图4-74所示。效果如图4-75所示。

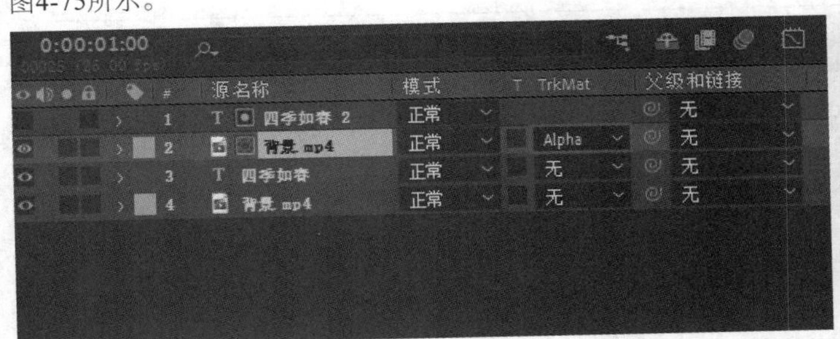

图4-74

图4-75

06 新建一个白色的纯色图层，将其放在最下层作为背景，效果如图4-76所示。

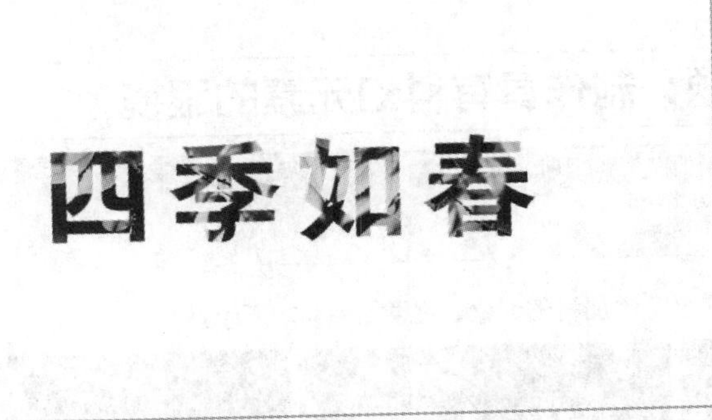

图4-76

技巧与提示

纯色图层的颜色可以自定义，这里所用的颜色仅供参考。

07 任意截取4帧画面，效果如图4-77所示。

图4-77

课堂练习

制作遮罩过渡

案例文件 案例文件>CH04>课堂练习：制作遮罩过渡

视频名称 课堂练习：制作遮罩过渡.mp4

学习目标 练习轨道遮罩的使用方法

本练习需要用素材制作轨道遮罩，为两个视频素材制作过渡效果，效果如图4-78所示。

图4-78

4.3 本章小结

本章讲解了After Effects中蒙版和轨道遮罩的创建与使用方法。一个图层中可以存在多个蒙版，可以为蒙版添加关键帧，也可以跟踪蒙版，还可以为蒙版添加不同的效果以丰富动画，蒙版的使用方法较灵活。轨道遮罩仅对一个图层产生影响，轨道遮罩可以用现有的素材，也可以自行绘制。

4.4 课后习题

本节安排了两个课后习题供读者练习。要完成这两个习题，需要对本章的知识进行综合运用。如果在练习时遇到困难，则可以观看相应教学视频。

4.4.1 课后习题：制作具有科幻元素的眼镜

案例文件	案例文件>CH04>课后习题：制作具有科幻元素的眼镜
视频名称	课后习题：制作具有科幻元素的眼镜.mp4
学习目标	练习蒙版的使用方法

本习题需要为素材中的眼镜添加科幻元素，效果如图4-79所示。

图4-79

4.4.2 课后习题：制作美食遮罩过渡

案例文件	案例文件>CH04>课后习题：制作美食遮罩过渡
视频名称	课后习题：制作美食遮罩过渡.mp4
学习目标	练习轨道遮罩的用法

本习题需要使用轨道遮罩制作两张图片素材的过渡效果，效果如图4-80所示。

图4-80

After Effects

第 5 章

绘画工具与形状工具

绘画工具主要用于编辑图层，而形状工具的应用更广泛，不仅可以绘制图形，还可以制作蒙版，需要重点掌握。

课堂学习目标

- 熟悉绘画工具的用法
- 掌握形状工具的用法

5.1 绘画工具

绘画工具无法直接在“合成”面板的画面中使用，只能在“图层”面板的画面中使用。绘画工具包括“画笔工具”、“仿制图章工具”和“橡皮擦工具”。

本节内容介绍

主要内容	相关说明	重要程度
画笔工具	用于绘制任意形状的图案，可配合“Roto笔刷工具”使用	中
仿制图章工具	用于复制并绘制图案	中
橡皮擦工具	用于擦除画面内容	中

5.1.1 画笔工具

演示视频：033- 画笔工具

与Photoshop一样，After Effects中的“画笔工具”也用来绘制任意图案。除此以外，“画笔工具”还可用来配合“Roto笔刷工具”绘制抠图的区域。与After Effects中的其他工具不同，“画笔工具”不能直接在“合成”面板的画面中使用，只能在“图层”面板的画面中使用，如图5-1所示。

图5-1

技巧与提示

如果使用“画笔工具”在“合成”面板的画面中绘制图案，则只能移动图层，不会产生任何绘画痕迹。

只需要在“时间轴”面板中双击图层，就会在“合成”面板的旁边打开“图层”面板。工作区右侧会打开“画笔”面板，如图5-2所示，具体介绍如下。

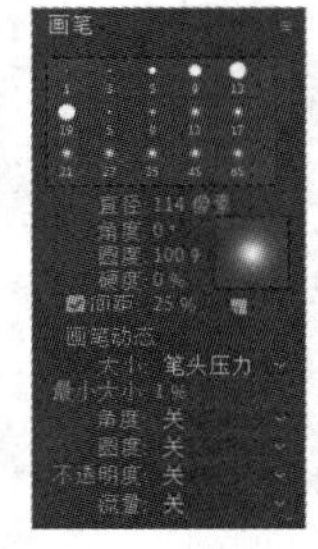

图5-2

直径： 用于设置画笔的大小。

角度： 用于设置画笔的角度。

圆度： 用于设置画笔笔触的圆度，其值为100%时笔触为圆形。

硬度： 用于设置画笔笔触边缘的锐利程度。

间距： 用于设置画笔笔触的间距。

5.1.2 仿制图章工具

演示视频：034- 仿制图章工具

“仿制图章工具”可用于复制画面中的内容并通过笔刷绘制到其他区域，如图5-3所示。按住Alt键通过笔刷选取需要复制的区域，然后在其他区域单击，就能粘贴复制的内容。

图5-3

技巧与提示

按住Ctrl键拖曳鼠标，能快速放大或缩小笔刷。

5.1.3 橡皮擦工具

演示视频：035- 橡皮擦工具

“橡皮擦工具”可用于擦除素材图层的内容，擦除的部分呈黑色，如图5-4所示。如果单击“图层”面板下方的“切换透明网格”按钮，就能看到擦除的部分呈现透明网格效果，如图5-5所示。

图5-4

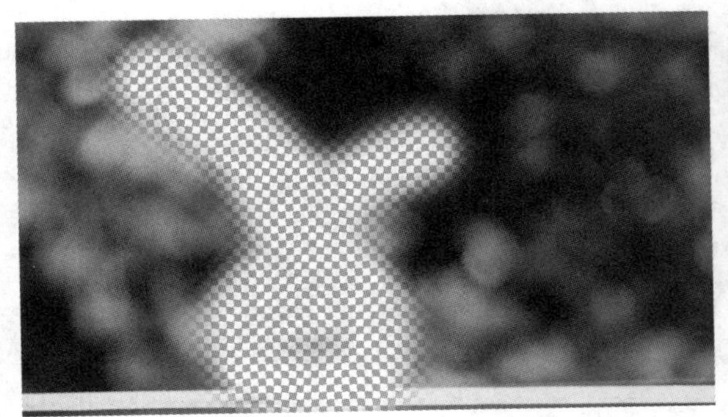

图5-5

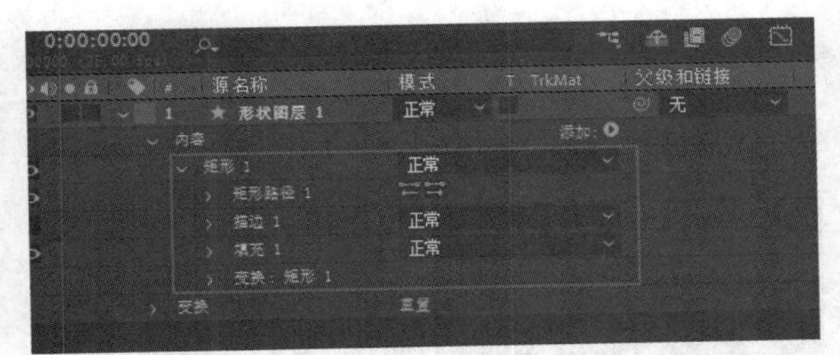

图5-8

矩形路径：用于调整矩形的大小、位置和圆角大小，如图5-9所示，具体介绍如下。

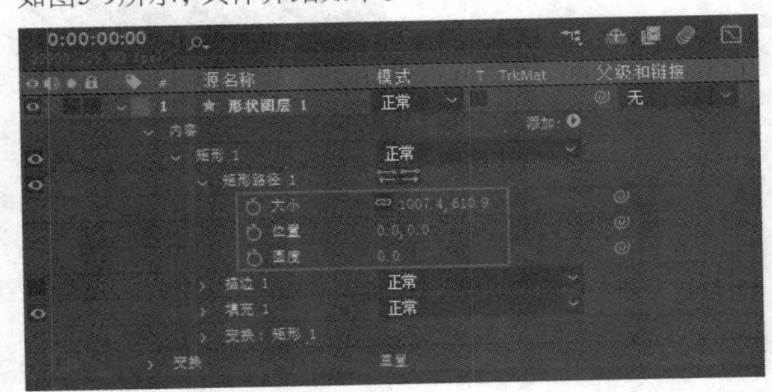

图5-9

大小：用于设置矩形的大小。

位置：用于设置矩形的位置。

圆度：用于设置矩形的圆角大小，如图5-10所示。

图5-10

描边：用于调整矩形描边的相关属性，如图5-11所示，具体介绍如下。

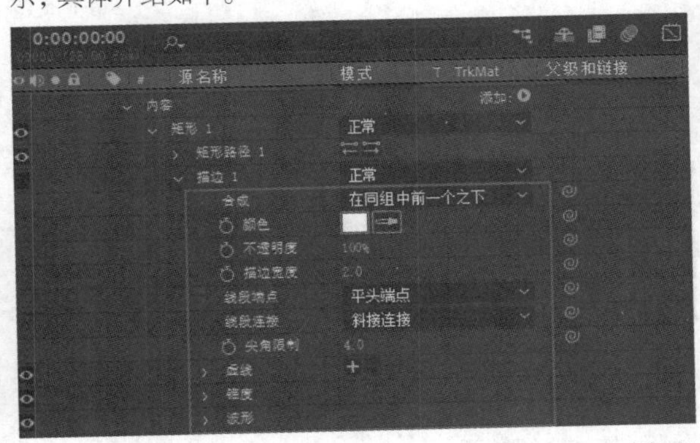

图5-11

5.2 形状工具和钢笔工具

After Effects提供了5种形状工具和一种钢笔工具，可用于绘制不同的图形。这些图形能作为蒙版使用，也能作为形状图案使用。

本节内容介绍

主要内容	相关说明	重要程度
5种形状工具	用于绘制矩形、圆形等规则的图形	高
钢笔工具	用于绘制不规则的图形	中
图形的效果	调整图形的颜色、描边等属性	高
添加属性	为绘制的图形添加复杂的动画属性	高

5.2.1 5种形状工具

演示视频：036-5 种形状工具

形状工具有5种，分别为“矩形工具”、“圆角矩形工具”、“椭圆工具”、“多边形工具”和“星形工具”，如图5-6所示。按Q键能在这5种工具间切换，实现快速调用。

图5-6

1.矩形工具

选择“矩形工具”，在“合成”面板的画面中按住鼠标左键并拖曳，就能绘制一个矩形，如图5-7所示。展开“形状图层 1”卷展栏，可以看到“矩形 1”卷展栏，如图5-8所示。在这个卷展栏中可以调整矩形的多种属性，具体介绍如下。

图5-7

颜色：用于设置描边的颜色。

不透明度：用于设置描边颜色的不透明度。

描边宽度：用于设置描边的宽度，如图5-12所示。

图5-12

线段端点：用于设置描边线段的端点样式，如图5-13所示。

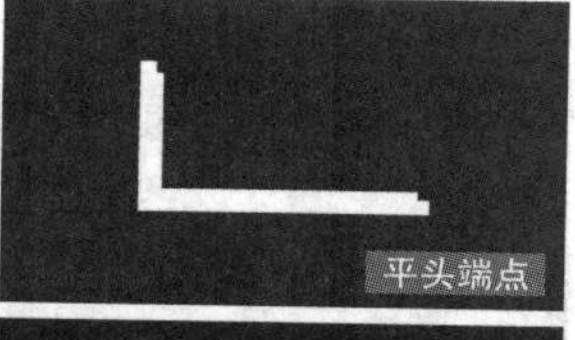

图5-13

线段连接：用于设置矩形拐角处的连接方式，如图5-14所示。

图5-14

虚线：单击+按钮可以将描边由实线变为虚线，如图5-15所示；单击−按钮可删除虚线效果。

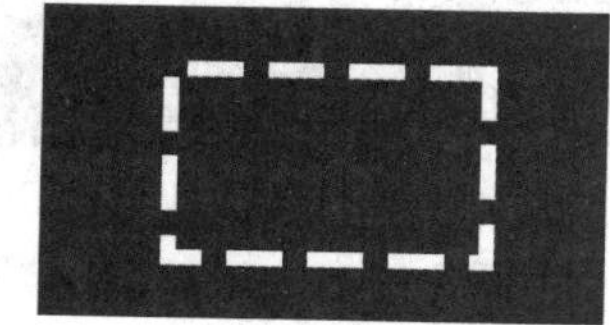

图5-15

锥度：用于设置描边线段的粗细变化效果，如图5-16所示。

波形：用于将描边的实线变为波浪线，如图5-17所示。

图5-16　　图5-17

填充：用于调整矩形填充颜色的相关属性，如图5-18所示，具体介绍如下。

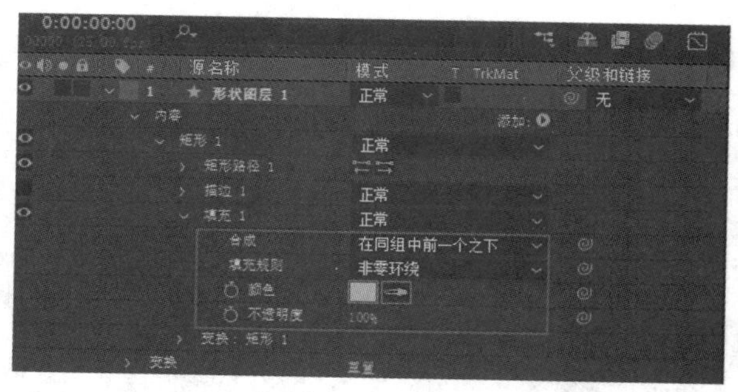

图5-18

颜色：用于设置矩形填充的颜色。

不透明度：用于设置填充颜色的不透明度。

变换：用于调整绘制的矩形的位置、旋转和缩放等属性，如图5-19所示，具体介绍如下。

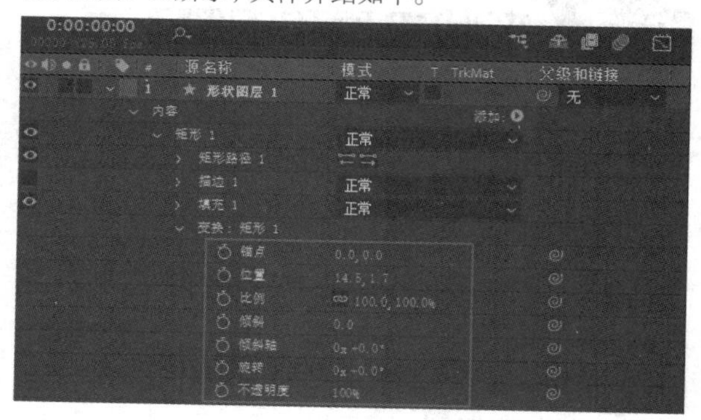

图5-19

锚点：用于设置绘制的矩形的锚点位置。

位置：用于设置绘制的矩形的位置。

比例：用于设置绘制的矩形的长宽比。

倾斜：用于将绘制的矩形倾斜为平行四边形，如图5-20所示。

图5-20

倾斜轴：用于设置绘制的矩形倾斜轴的角度。

旋转：用于设置绘制的矩形的旋转角度。

不透明度：用于设置绘制的矩形的不透明度。

> **技巧与提示**
>
> “变换：矩形 1”卷展栏与下方的“变换”卷展栏中的大多数参数相同，但两者是有区别的。前者只用于控制当前绘制的矩形，如果绘制了多个矩形则其余不受控制；后者用于控制整个图层中所有绘制的图形的属性。

2.圆角矩形工具

选择“圆角矩形工具”，在“合成”面板的画面中按住鼠标左键并拖曳，就能绘制一个圆角矩形，如图5-21所示。展开“形状图层 1”卷展栏，可以看到“矩形 1”卷展栏，如图5-22所示。在这个卷展栏中可以调整圆角矩形的多种属性。

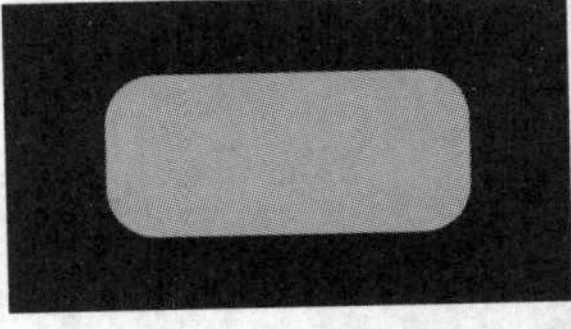

图5-21

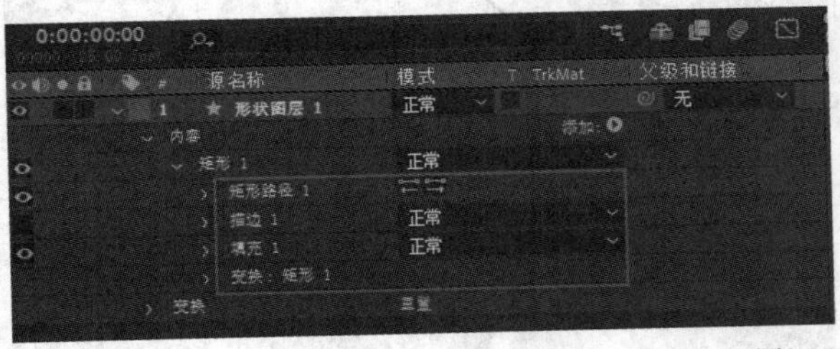

图5-22

> **技巧与提示**
>
> “圆角矩形工具”的属性与“矩形工具”的属性相同，这里不再赘述。

3.椭圆工具

选择“椭圆工具”，在“合成”面板的画面中按住鼠标左键并拖曳，就能绘制一个椭圆形，如图5-23所示。展开“形状图层 1”卷展栏，可以看到“椭圆 1”卷展栏，如图5-24所示。在这个卷展栏中可以调整椭圆形的多种属性，具体介绍如下。

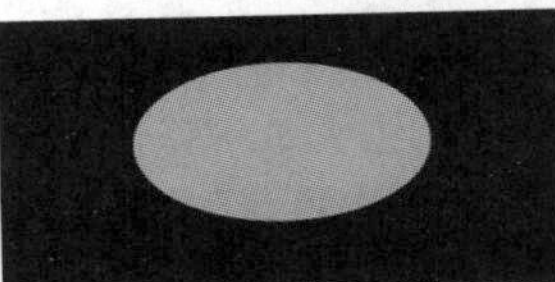

图5-23

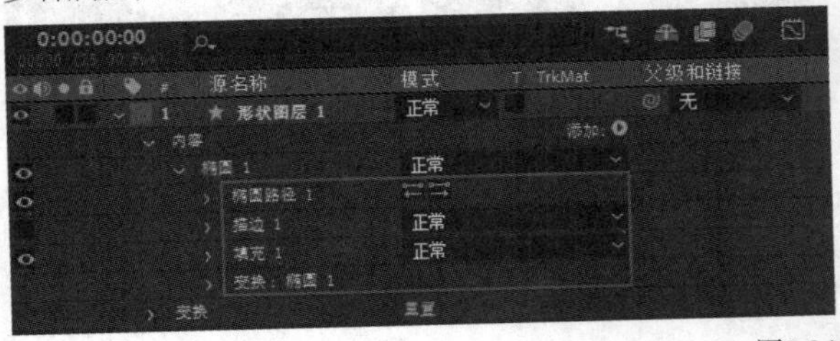

图5-24

> **技巧与提示**
>
> 按住Shift键，然后使用“椭圆工具”进行绘制，就能绘制出圆形，如图5-25所示。

图5-25

椭圆路径：用于调整椭圆形的大小和位置，如图5-26所示。

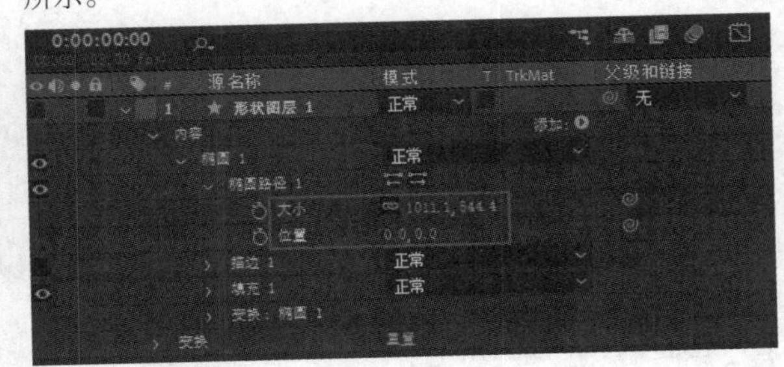

图5-26

描边：用于设置描边的相关属性，其用法与矩形的相同。

填充：用于设置填充颜色等属性，其用法与矩形的相同。

变换：用于设置绘制的椭圆形的位置、大小和角度等属性。

4.多边形工具

选择“多边形工具”，在“合成”面板的画面中按住鼠标左键并拖曳，就能绘制一个五边形，如图5-27所示。展开“形状图层 1”卷展栏，可以看到“多边星形 1”卷展栏，如图5-28所示。在这个卷展栏中可以调整多边形的多种属性，具体介绍如下。

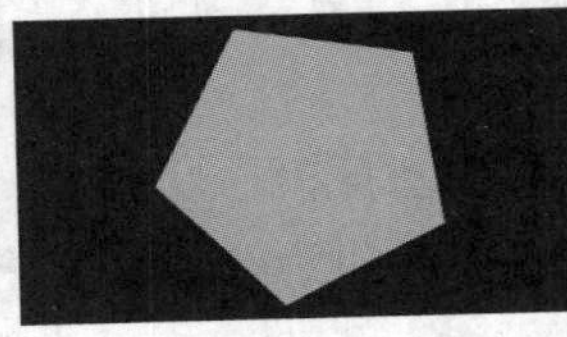

图5-27

图5-28

多边星形路径：用于设置多边形的类型、点数和位置等属性，如图5-29所示，具体介绍如下。

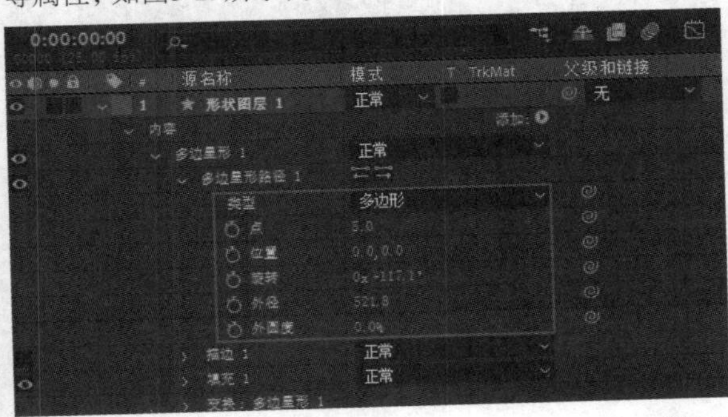

图5-29

类型：用于设置绘制的图形为多边形或星形，如图5-30所示。

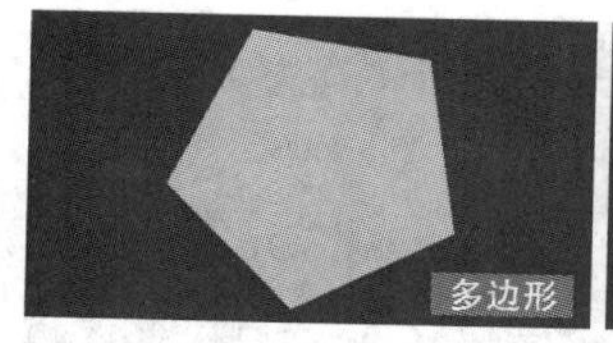

图5-30

点：用于设置多边形的顶点数（大于等于3），顶点数越大边越多，如图5-31所示。

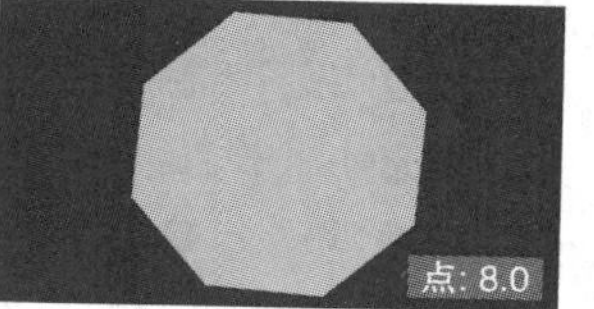

图5-31

外径：用于设置多边形的大小。

外圆度：用于设置多边形的圆角效果，如图5-32所示。

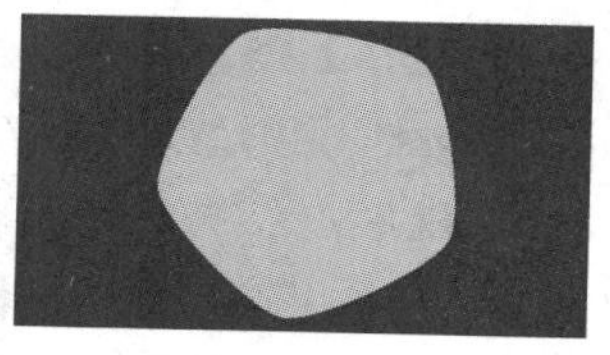

图5-32

描边：用于设置描边的相关属性，其用法与矩形的相同。

填充：用于设置填充颜色等属性，其用法与矩形的相同。

变换：用于设置绘制的多边形的位置、大小和角度等属性。

5.星形工具

选择“星形工具”，在“合成”面板的画面中按住鼠标左键并拖曳，就能绘制一个星形，如图5-33所示。展开“形状图层 1”卷展栏，可以看到“多边星形 1”卷展栏，如图5-34所示。在这个卷展栏中可以调整星形的多种属性，具体介绍如下。

图5-33

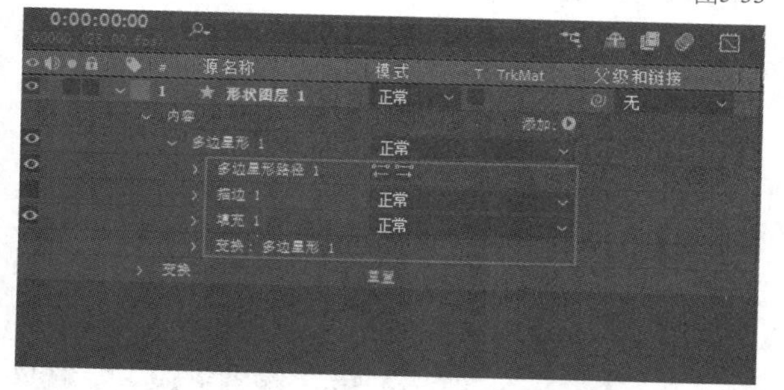

图5-34

多边星形路径：用于调整星形的大小和圆角效果等属性，如图5-35所示，具体介绍如下。

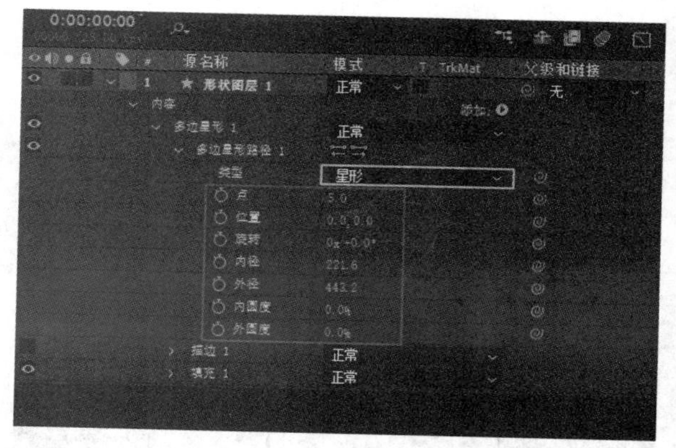

图5-35

内径：用于调整星形内径的大小，如图5-36所示。

图5-36

外径：用于调整星形外径的大小，如图5-37所示。

图5-37

内圆度/外圆度：分别用于调整内径点和外径点的圆角效果，如图5-38所示。

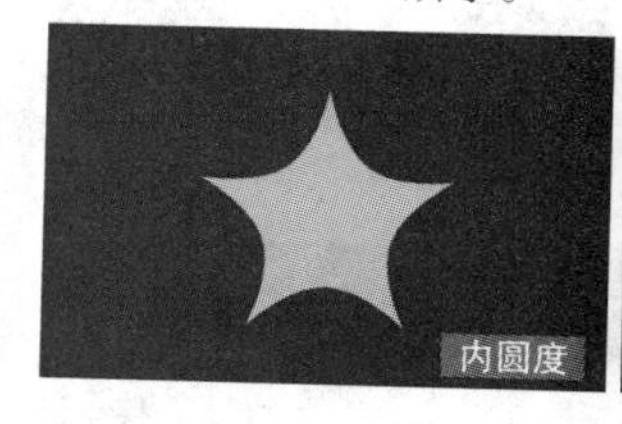

图5-38

描边：用于设置描边的相关属性，其用法与矩形的相同。

填充：用于设置填充颜色等属性，其用法与矩形的相同。

变换：用于设置绘制的星形的位置、大小和角度等属性。

5.2.2 钢笔工具

演示视频：037- 钢笔工具

“钢笔工具”可用于绘制任意形状的图形，如图5-39所示，其用法与Photoshop中的钢笔工具一致。展开“形状图层 1”卷展栏，可以看到“形状 1”卷展栏，如图5-40所示。在这个卷展栏中可以调整绘制的图形的多种属性。

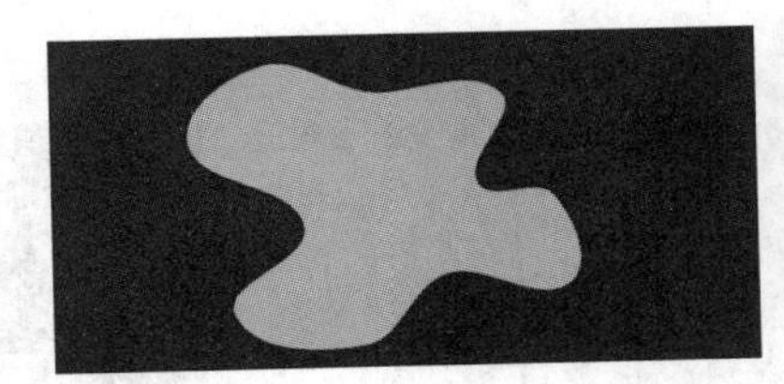

图5-39

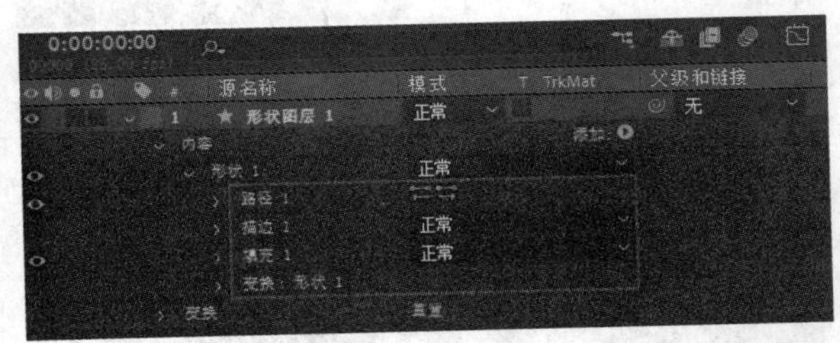

图5-40

> **技巧与提示**
>
> “钢笔工具”的属性与“矩形工具”的属性类似，这里不再赘述。

在使用“钢笔工具”绘制图形时，有一些小技巧。

Alt键： 按住Alt键并单击绘制的角点，可以将其转换为贝塞尔角点，使锐利的角变成圆滑的角。

Ctrl键： 按住Ctrl键并单击图形上的点，可以将该点移除，使其两端的点自动连接，如图5-41所示。

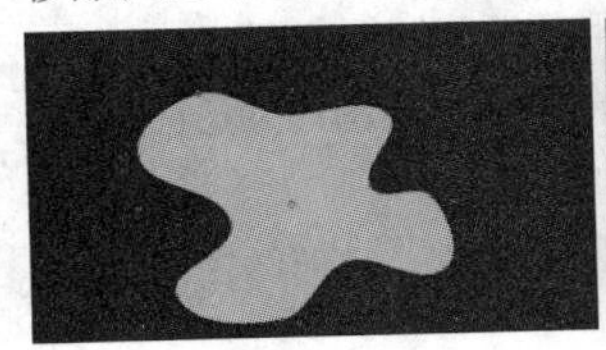

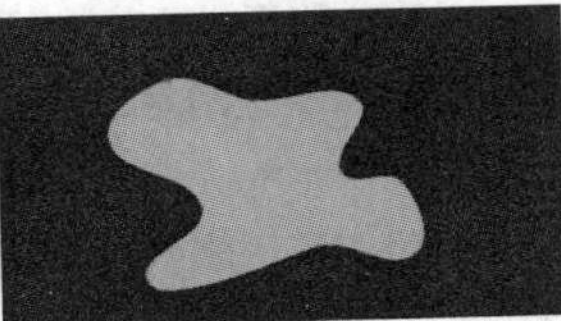

图5-41

5.2.3 图形的效果

演示视频：038- 图形的效果

无论使用哪种工具，绘制图形后，工具栏上都会显示相应的属性，如图5-42所示。这些属性可用于控制图形的颜色和显示形式等，具体介绍如下。

填充： 描边： - 像素 添加

图5-42

填充： 单击“填充”属性，在弹出的对话框中选择图形颜色的显示形式，如图5-43所示，具体介绍如下。

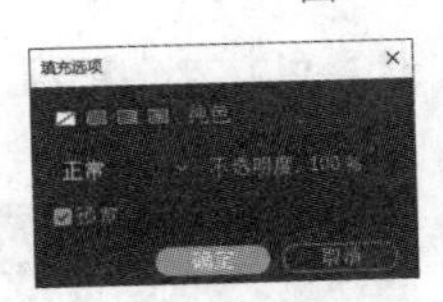

图5-43

无：用于设置图形不显示填充的颜色，如图5-44所示。

纯色：用于设置图形填充的颜色为纯色，如图5-45所示，可以在色块中设置需要的填充颜色。

图5-44　图5-45

线性渐变：用于设置图形填充线性渐变的颜色，如图5-46所示，可以在色块中设置线性渐变的颜色。

径向渐变：用于设置图形填充径向渐变的颜色，如图5-47所示，可以在色块中设置径向渐变的颜色。

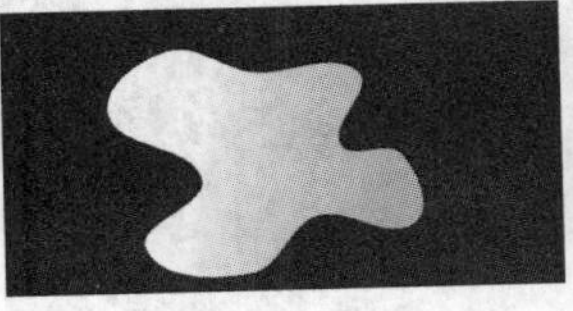

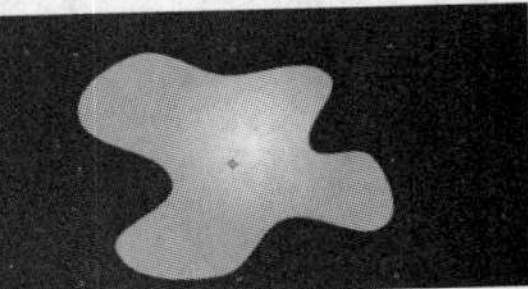

图5-46　图5-47

描边： 单击“描边”属性，在弹出的对话框中选择图形描边颜色的显示形式，如图5-48所示。

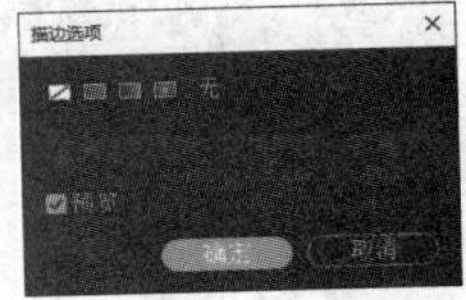

图5-48

> **技巧与提示**
>
> 描边颜色的显示形式的设置方法与填充颜色的相同，这里不再赘述。

描边宽度： 用于设置图形描边的宽度，单位为像素。

添加： 用于为图形添加一些特殊属性。

5.2.4 添加属性

演示视频：039- 添加属性

对于绘制的图形，除了可以设置图形自身的属性外，还可以为其添加一些特殊的属性。无论是在工具栏中还是图层的卷展栏中，只要单击“添加”右侧的按钮，就可以在弹出的列表中选择需要添加的属性，如图5-49所示。

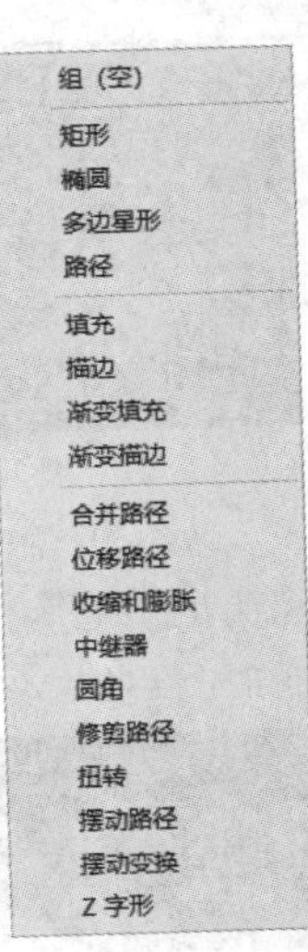

图5-49

1.位移路径

“位移路径”属性用于将绘制的图形复制后移动，效果如图5-50所示。添加“位移路径”属性后图层中会自动增加该属性的卷展栏，如图5-51所示，具体介绍如下。

图5-50

图5-51

数量：用于设置复制图形间的距离。

副本：用于设置复制图形的数量。

复制位移：用于设置复制图形整体的位移。

2.收缩和膨胀

“收缩和膨胀”属性用于将绘制的图形按照点的位置进行收缩或膨胀，如图5-52所示。添加“收缩和膨胀”属性后图层中会自动增加该属性的卷展栏，如图5-53所示。

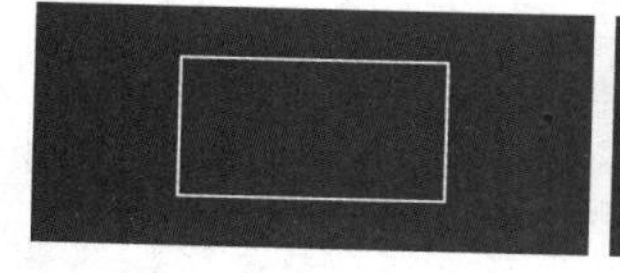

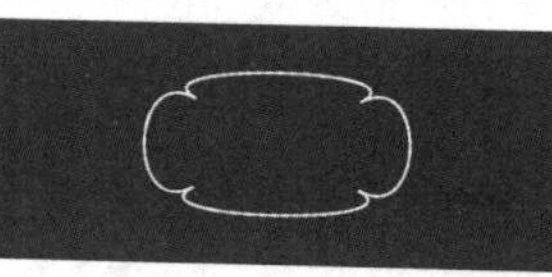

图5-52

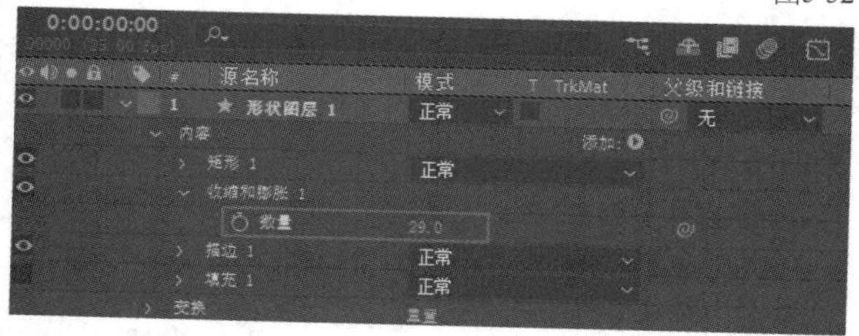

图5-53

收缩和膨胀卷展栏中只有“数量”一个参数。当该参数为正值时产生膨胀效果，如图5-54所示；当该参数为负值时产生收缩效果，如图5-55所示。

图5-54

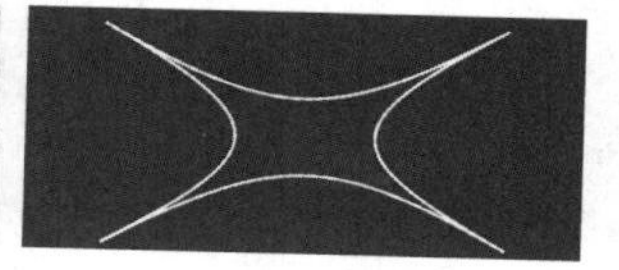

图5-55

3.中继器

“中继器”属性用于对绘制的图形进行复制，如图5-56所示。添加“中继器”属性后图层中会自动增加该属性的卷展栏，如图5-57所示，具体介绍如下。

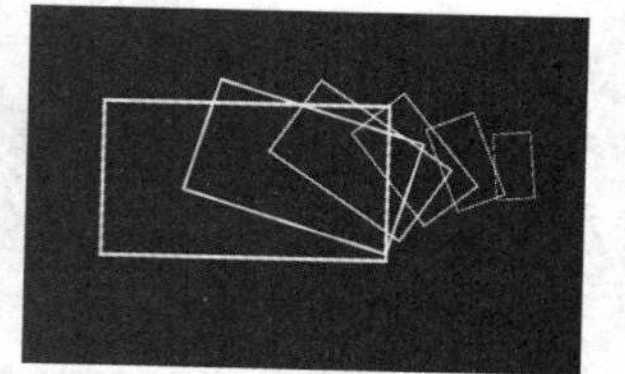

图5-56

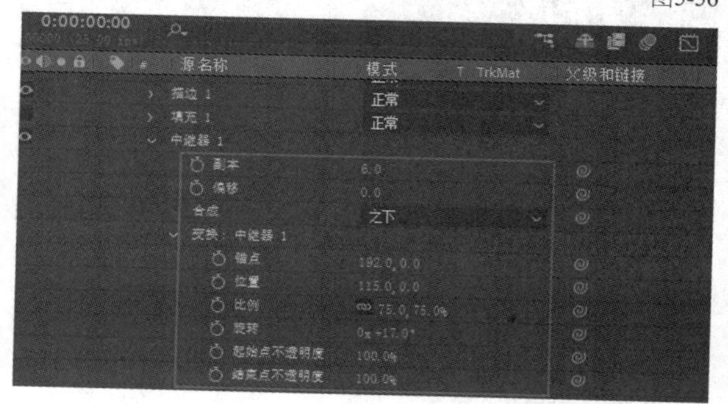

图5-57

副本：用于设置复制图形的数量。

偏移：用于设置所有图形整体偏移的距离。

锚点：用于设置复制图形锚点的位置。

位置：用于设置复制图形间的距离。

比例：用于设置复制图形逐渐放大或缩小的比例。

旋转：用于设置复制图形逐渐旋转的角度。

起始点不透明度：用于设置起始点图形的透明程度，效果如图5-58所示。

结束点不透明度：用于设置结束点图形的透明程度，效果如图5-59所示。

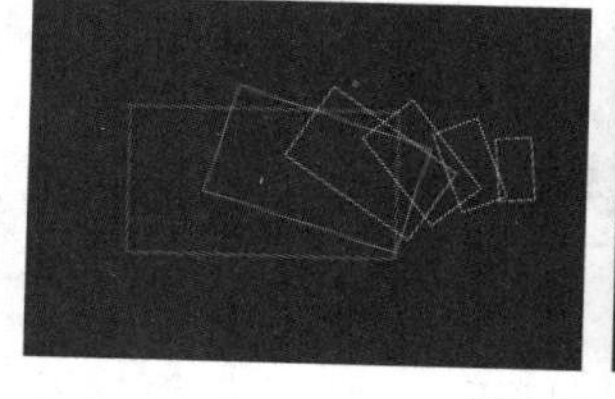

图5-58

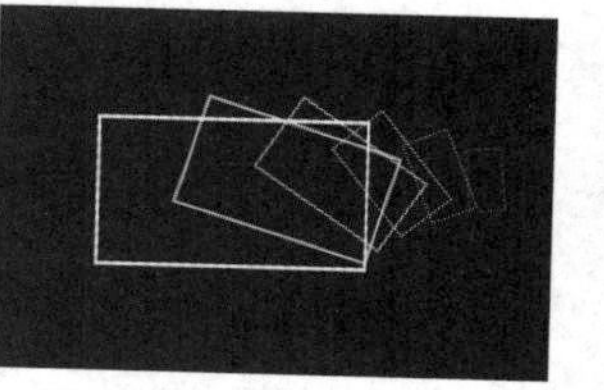

图5-59

4.修剪路径

“修剪路径”属性用于对绘制的图形进行裁剪，如图5-60所示。添加“修剪路径”属性后图层中会自动增加该属性的卷展栏，如图5-61所示，具体介绍如下。

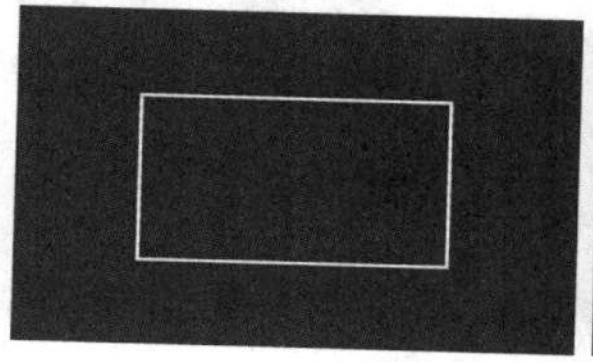

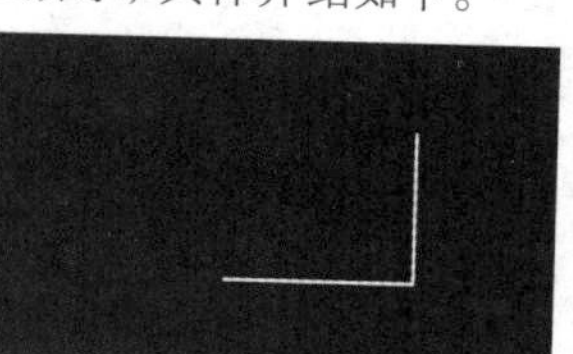

图5-60

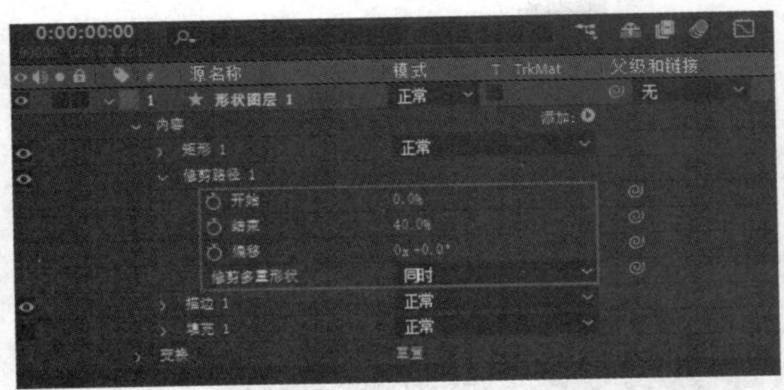

图5-61

开始：用于设置起始点的修剪量。

结束：用于设置结束点的修剪量。

偏移：用于设置修剪后的图形在原有路径上的移动距离，不同偏移值产生的效果如图5-62所示。

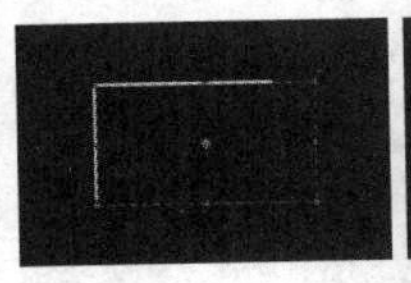
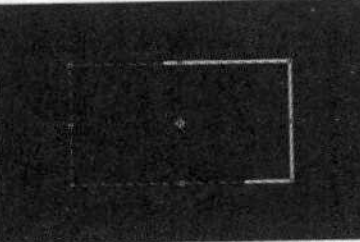
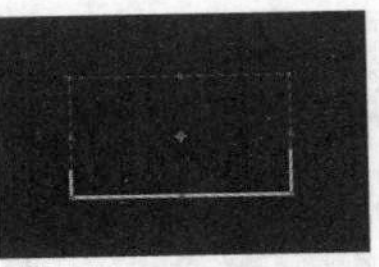

图5-62

5.扭转

“扭转”属性用于对绘制的图形进行扭曲，如图5-63所示。添加“扭转”属性后图层中会自动增加该属性的卷展栏，如图5-64所示，具体介绍如下。

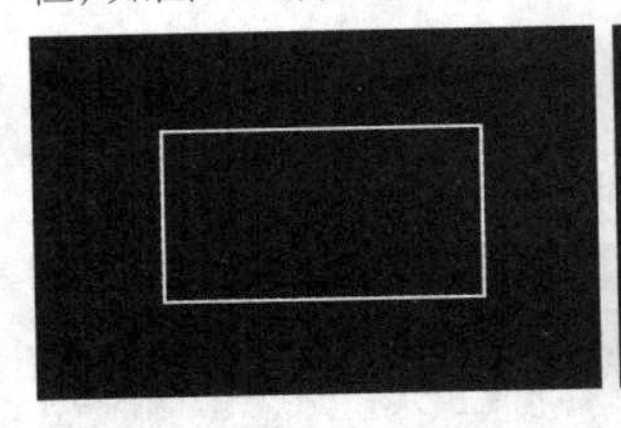
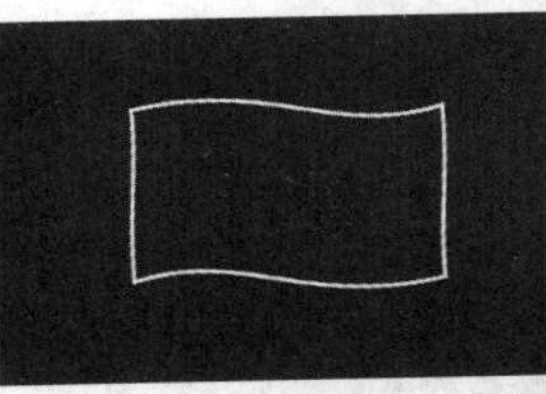

图5-63

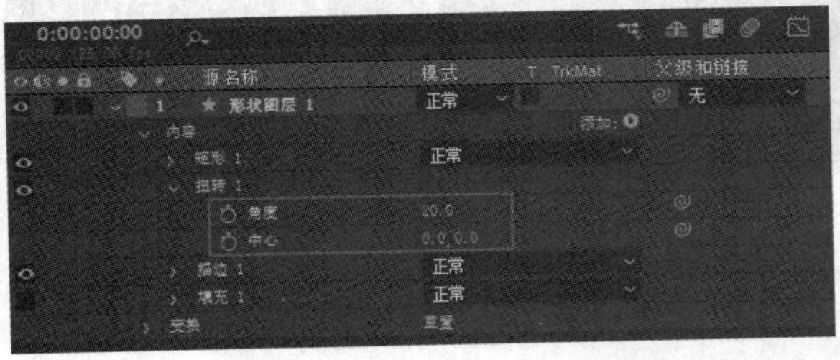

图5-64

角度：用于设置图形的扭曲程度。

中心：用于设置图形的扭曲中心，效果如图5-65所示。

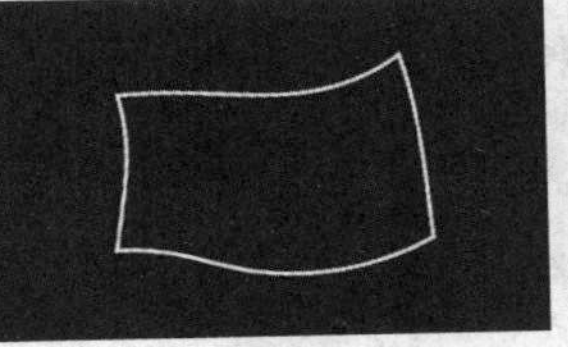

图5-65

6.摆动路径

“摆动路径”属性用于使绘制的图形产生动态的摆动效果，如图5-66所示。添加“摆动路径”属性后图层中会自动增加该属性的卷展栏，如图5-67所示，具体介绍如下。

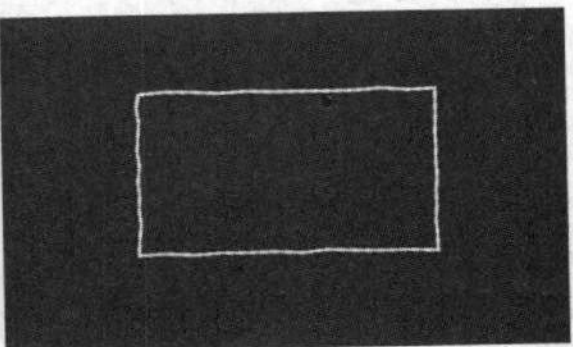

图5-66

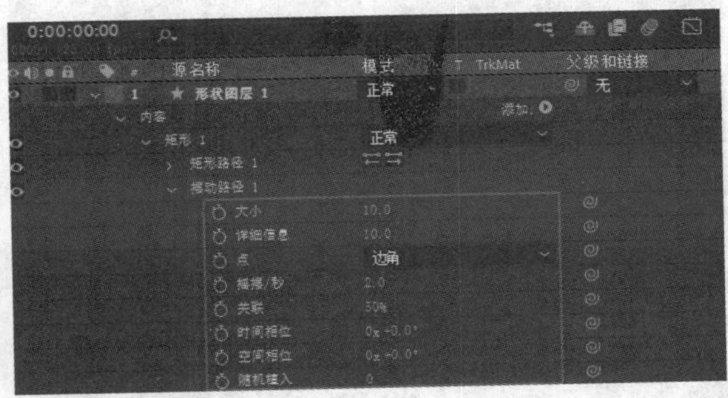

图5-67

大小：用于设置摆动波浪的大小，效果如图5-68所示。

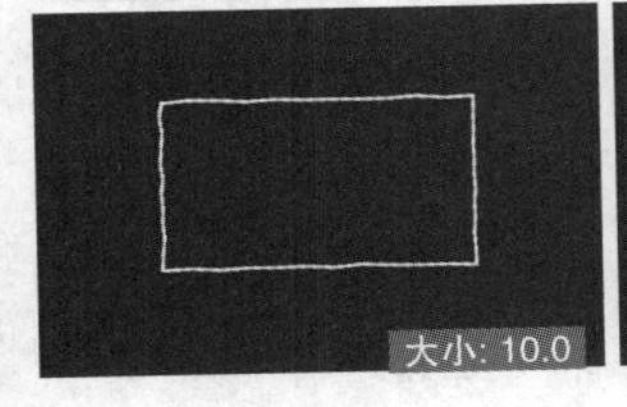

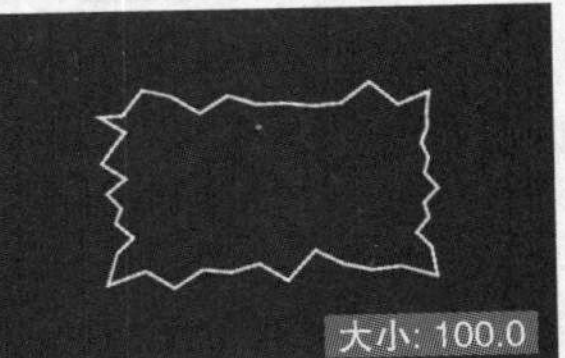

图5-68

详细信息：用于设置摆动波浪的复杂度，效果如图5-69所示。

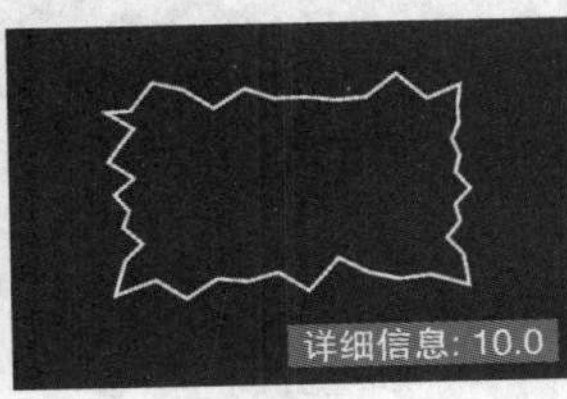

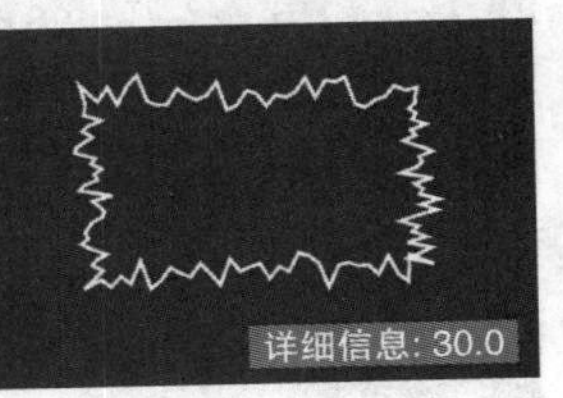

图5-69

摇摆/秒：用于设置摆动的频率。

关联：用于设置摆动波浪的柔和度，效果如图5-70所示。

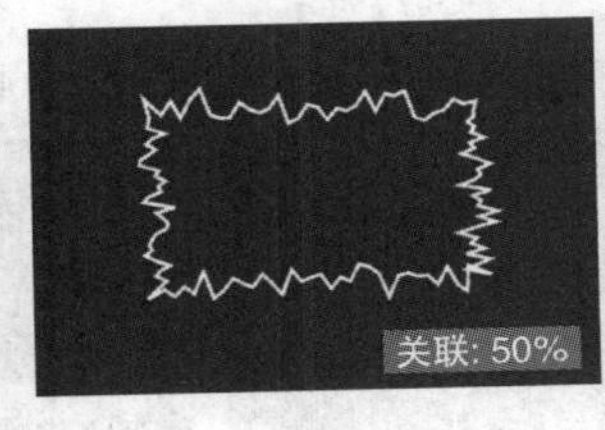

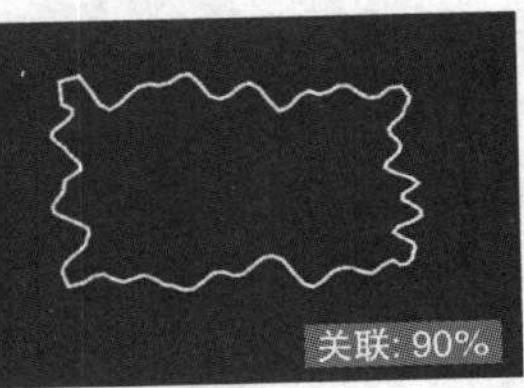

图5-70

时间相位：用于设置摆动波浪在原有位置的摆动效果。

空间相位：用于设置摆动波浪在路径上的移动效果。

随机植入：用于设置波浪的随机呈现效果。

7.Z字形

“Z字形”属性用于为绘制的图形实现锯齿状效果，如图5-71所示。添加“Z字形”属性后图层中会自动增加该属性的卷展栏，如图5-72所示，具体介绍如下。

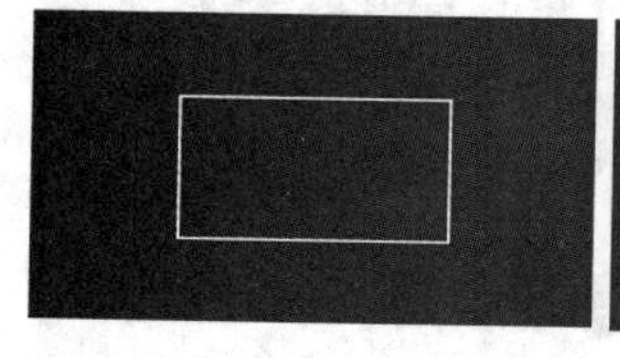
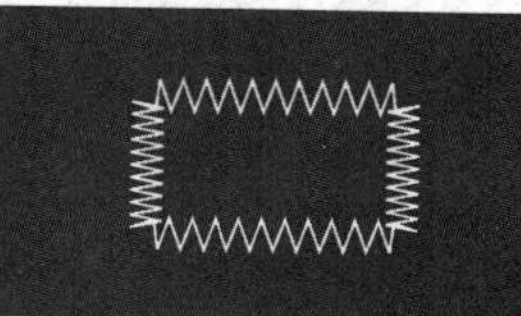

图5-71

图5-72

大小：用于设置锯齿的高度，效果如图5-73所示。

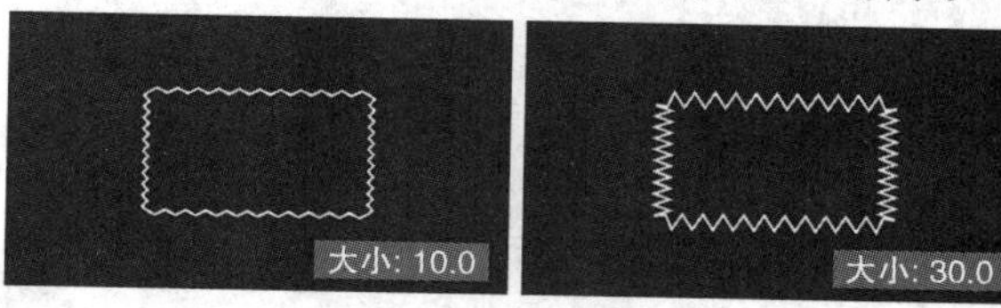

图5-73

每段的背脊：用于设置锯齿的数量，效果如图5-74所示。

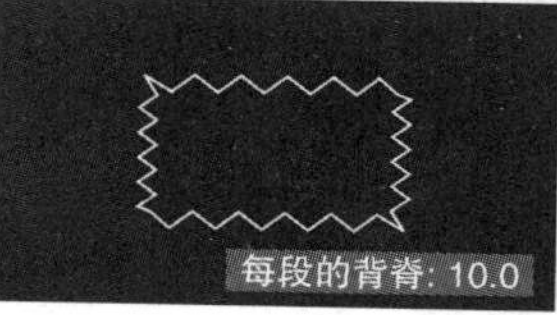

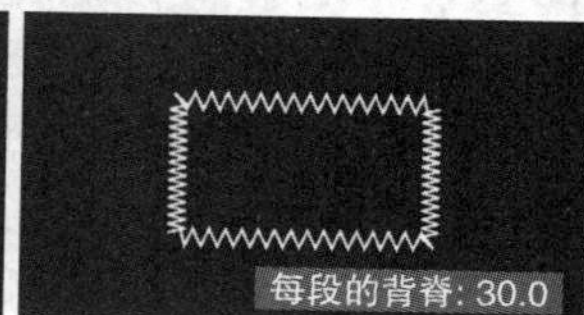

图5-74

点：用于设置锯齿为边角或平滑，效果如图5-75所示。

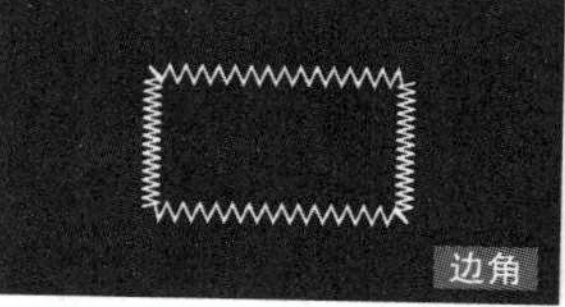

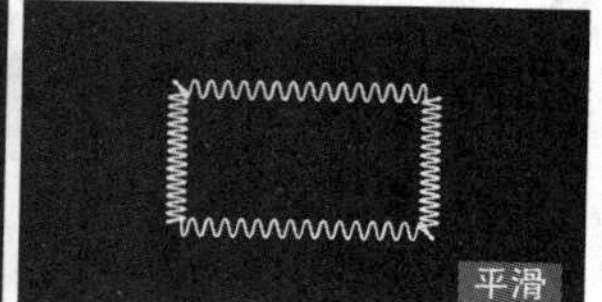

图5-75

课堂案例

制作动态科技感圆圈

案例文件　案例文件>CH05>课堂案例：制作动态科技感圆圈

视频名称　课堂案例：制作动态科技感圆圈.mp4

学习目标　学习“椭圆工具”和“修剪路径”属性的用法

动态科技感圆圈是一种常见的视频元素，可使用“椭圆工具”和“修剪路径”属性来制作，效果如图5-76所示。

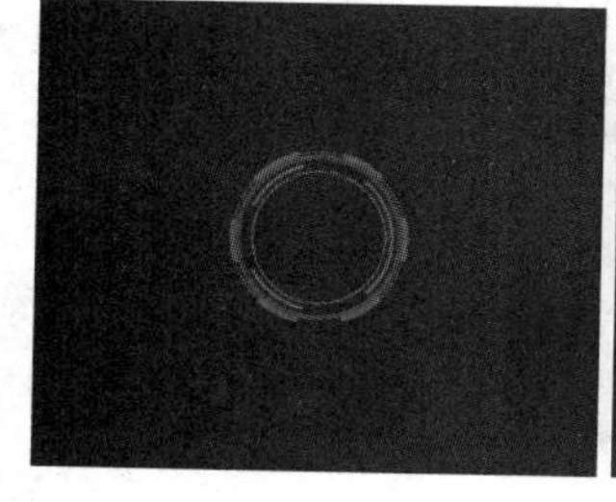
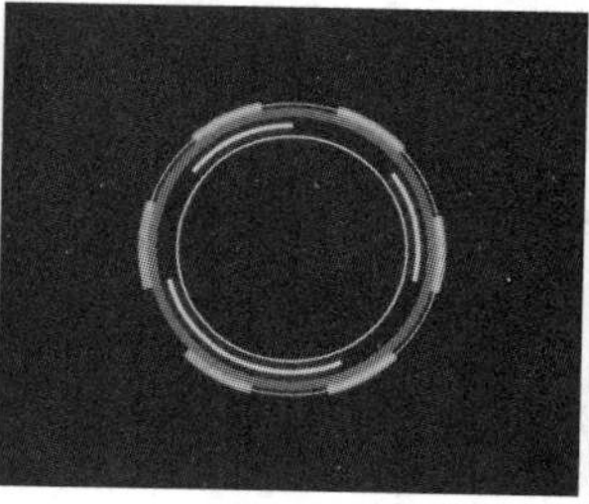

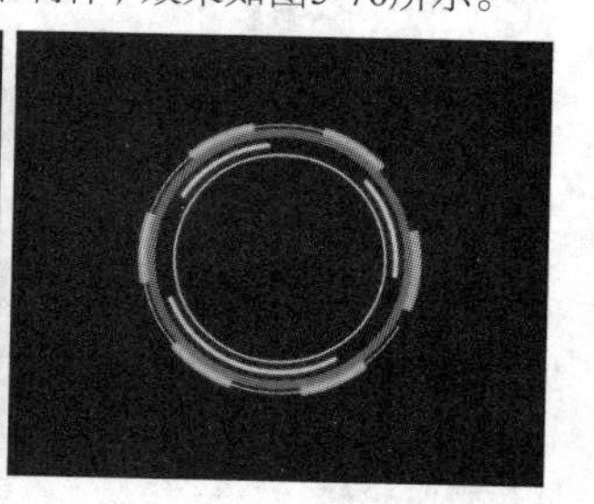

图5-76

01 新建一个1920像素×1080像素的合成，然后使用“椭圆工具”在画面中绘制一个圆形，设置其描边的颜色为白色、描边的宽度为5像素，效果如图5-77所示。

02 展开“椭圆路径 1”卷展栏，设置“大小”的值为（500.0,500.0），如图5-78所示。

图5-77

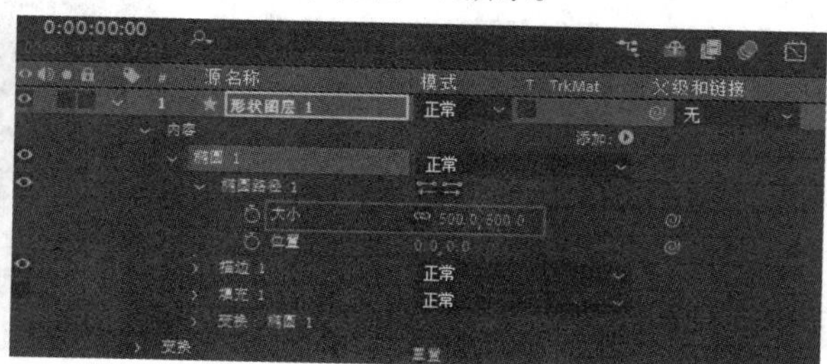

图5-78

03 选中“椭圆 1”卷展栏，按快捷键Ctrl+D复制得到“椭圆 2”卷展栏，然后修改其中“大小”的值为（550.0,550.0）、“描边宽度”的值为10.0，如图5-79所示。效果如图5-80所示。

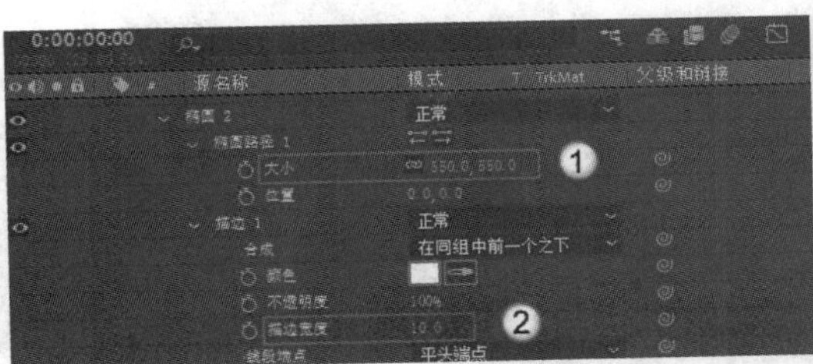
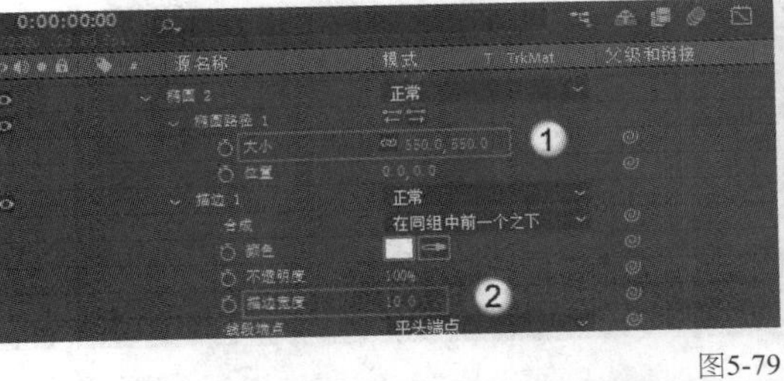

图5-79

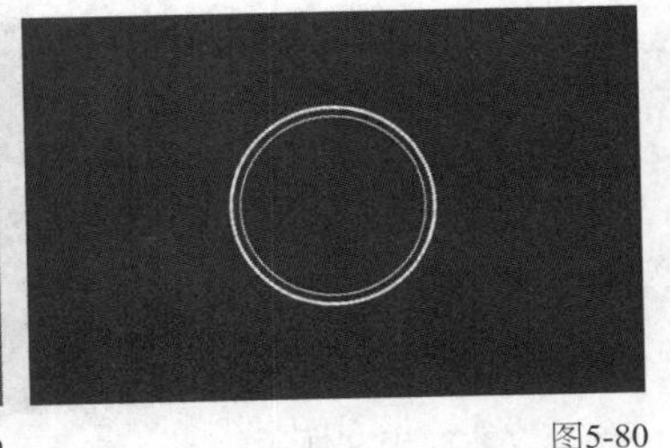

图5-80

04 在“虚线”卷展栏中单击+按钮，将实线圆环变为虚线圆环，然后设置“虚线”的值为250.0，如图5-81所示。效果如图5-82所示。

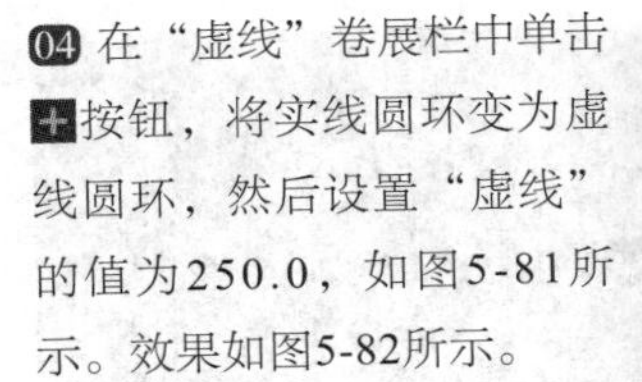

图5-81

图5-82

05 选中“椭圆 2”卷展栏，按快捷键Ctrl+D复制得到“椭圆 3”卷展栏，然后修改其中“大小”的值为（610.0,610.0）、“不透明度”的值为30%、“描边宽度”的值为20.0，如图5-83所示。效果如图5-84所示。

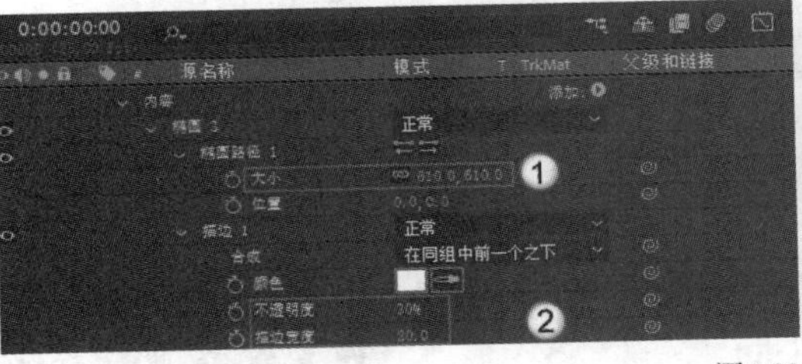

图5-83

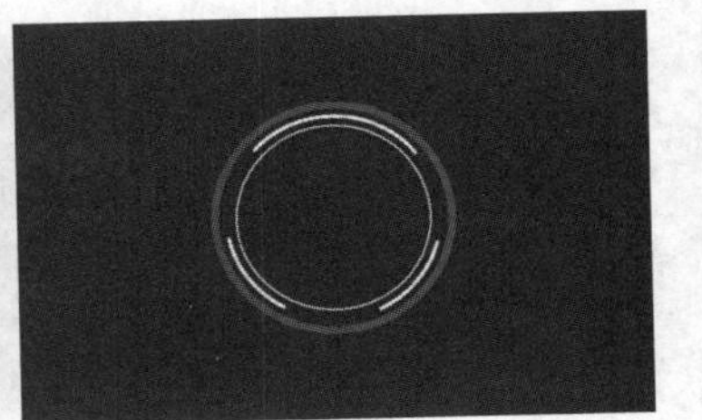

图5-84

06 使用“椭圆工具”绘制一个圆形，然后设置其“大小”的值为（650.0,650.0）、“描边宽度”的值为3.0，如图5-85所示。效果如图5-86所示。

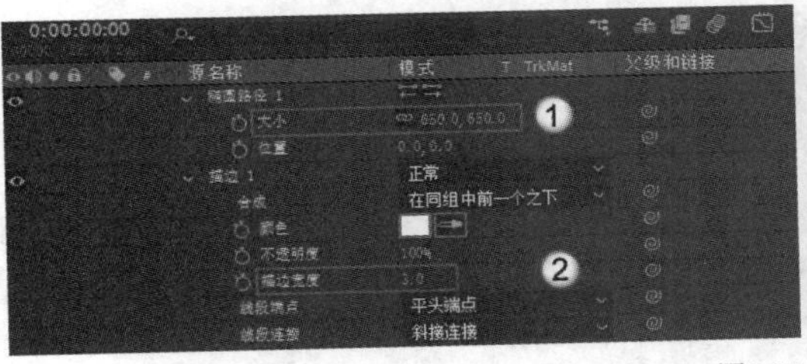

图5-85

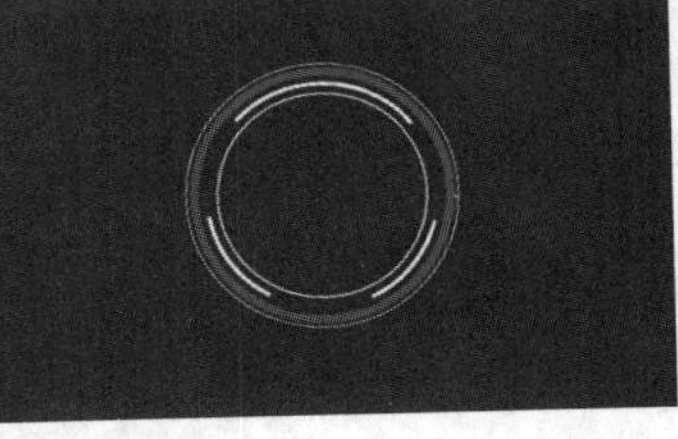

图5-86

07 在“形状图层 2”卷展栏中单击“添加”右侧的按钮，在弹出的列表中选择“修剪路径”选项，如图5-87所示。

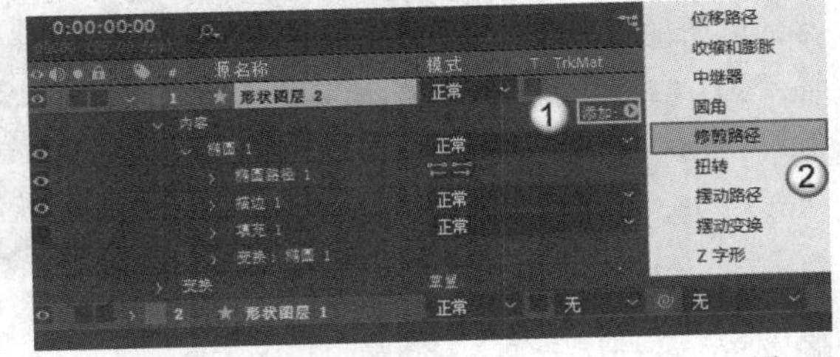

图5-87

08 在“修剪路径 1”卷展栏中设置“开始”的值为20.0%，如图5-88所示。效果如图5-89所示。

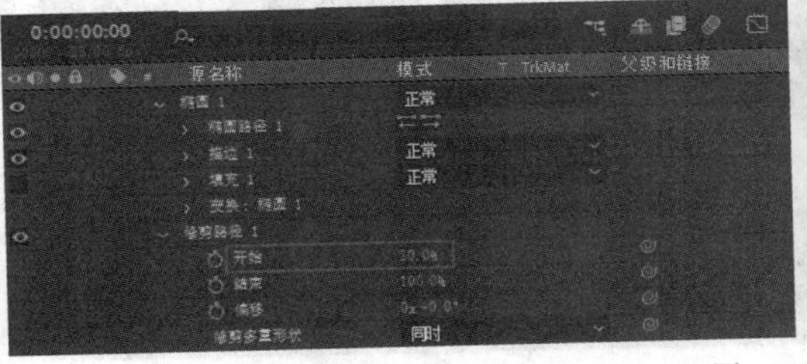

图5-88

图5-89

09 复制“形状图层 2”卷展栏得到“形状图层 3”卷展栏，然后删掉其中的“修剪路径 1”卷展栏，修改“描边 1”卷展栏中“不透明度”的值为50%、“描边宽度”的值为20.0，如图5-90所示。效果如图5-91所示。

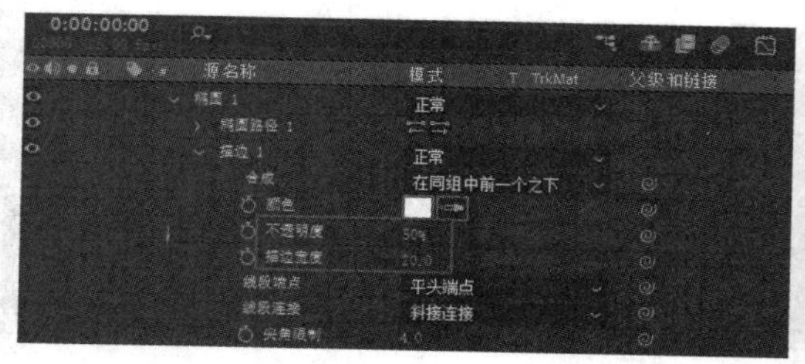

图5-90

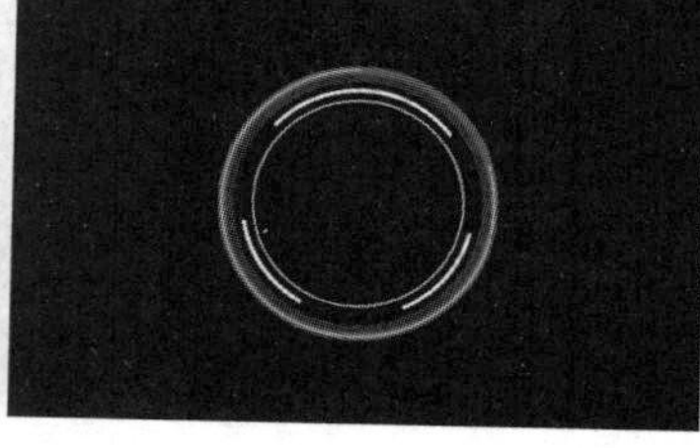

图5-91

10 在“虚线”卷展栏中设置“虚线”的值为168.0，如图5-92所示。效果如图5-93所示。

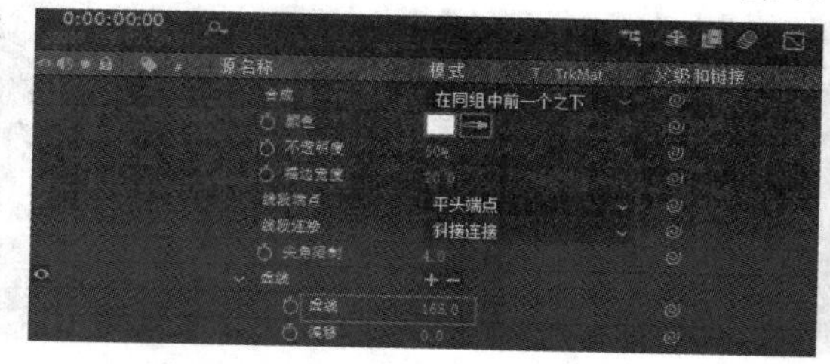

图5-92

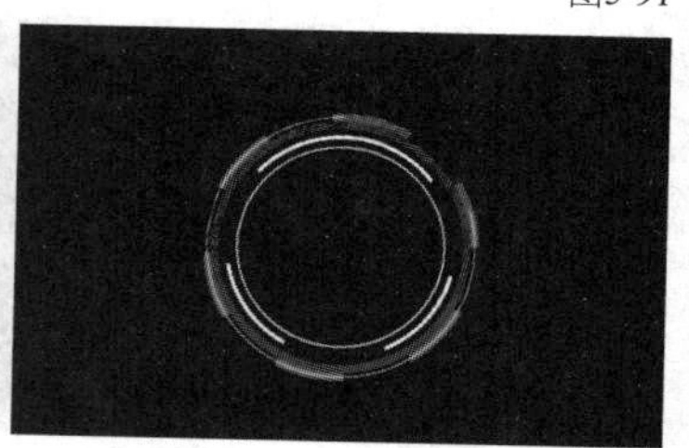

图5-93

11 至此，圆圈全部绘制完成，下面制作动画。在“形状图层 1”卷展栏中展开“椭圆 2”卷展栏，然后为“变换：椭圆 2”卷展栏的“旋转”属性添加关键帧，移动时间指示器到剪辑的末尾位置，设置“旋转”的值为（2x+0.0°），如图5-94所示。

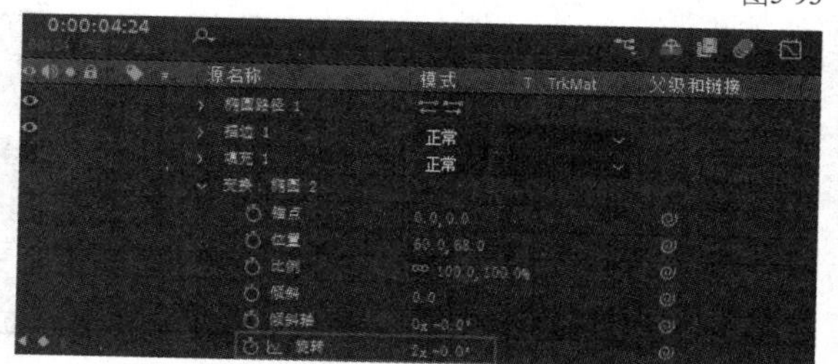

图5-94

技巧与提示

若为“旋转”属性添加time表达式，则不需要添加关键帧。

12 在“形状图层 2”卷展栏中展开“修剪路径 1”卷展栏，然后移动时间指示器到剪辑的起始位置，添加“偏移”关键帧，移动时间指示器到剪辑的末尾位置，设置“偏移”的值为（－5x＋0.0°），如图5-95所示。

13 在“形状图层 3”卷展栏中展开“变换：椭圆 1”卷展栏，然后移动时间指示器到剪辑的起始位置，添加“旋转”关键帧，移动时间指示器到剪辑的末尾位置，设置“旋转”的值为（－1x＋0.0°），如图5-96所示。

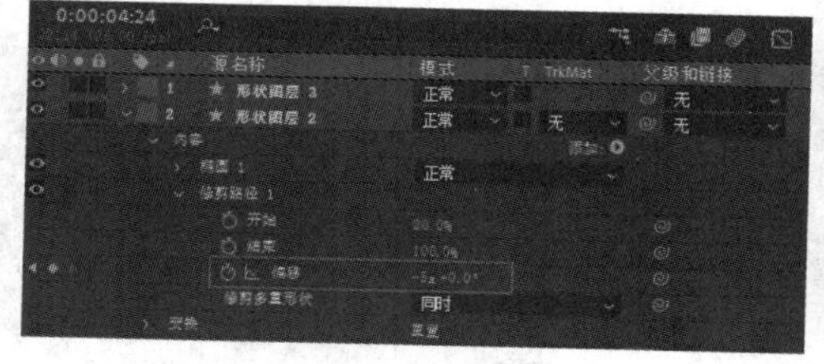

图5-95

图5-96

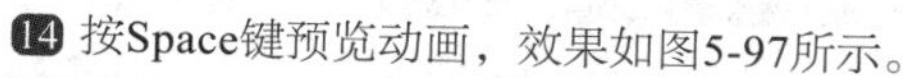

14 按Space键预览动画，效果如图5-97所示。

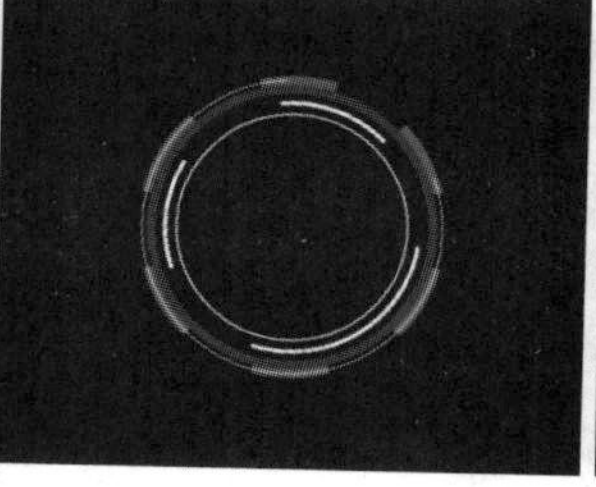

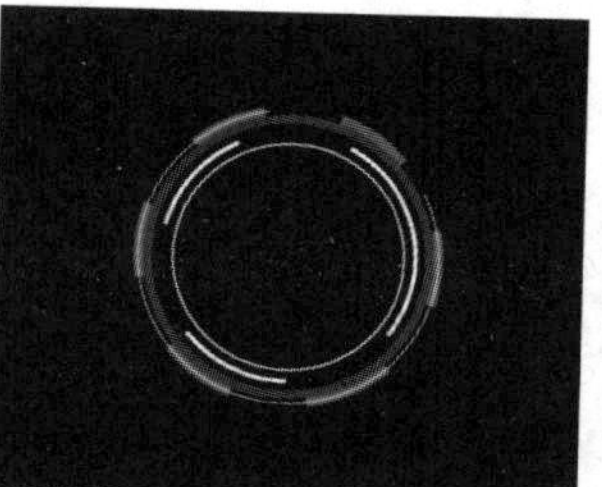

图5-97

⑮ 在图层顶部新建一个调整图层，然后在“效果和预设”面板中找到“填充”效果，将其添加到调整图层上，设置其“颜色”为青色，如图5-98所示。

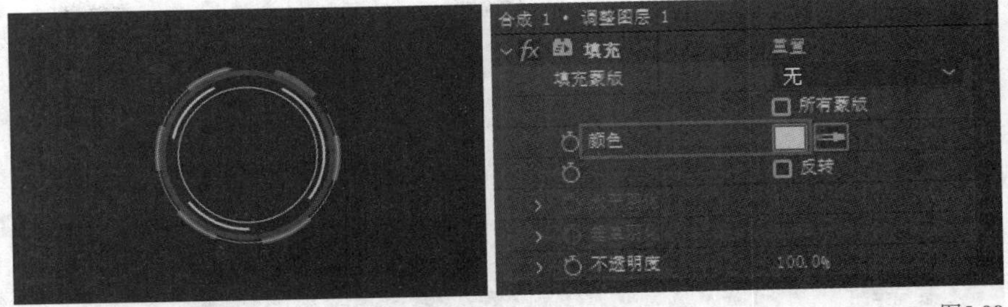

图5-98

> **技巧与提示**
> 调整图层在图层顶部，在该图层中填充的颜色将作用于其下方每一个图层的元素。

⑯ 选中所有图层，按快捷键Ctrl+Shift+C将其转换为预合成，在弹出的对话框中设置“新合成名称”为“圆圈”，如图5-99所示。

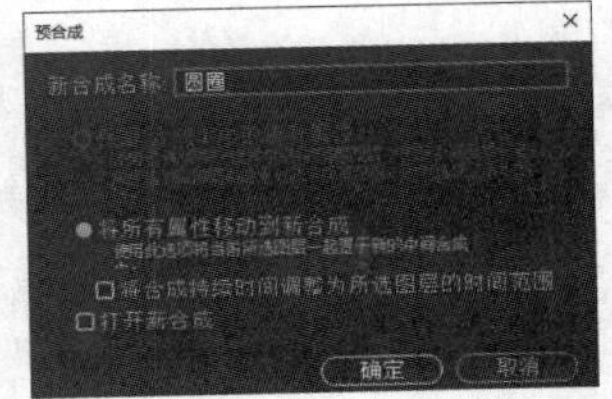

图5-99

⑰ 选中“圆圈”合成，按S键调出“缩放”属性，移动时间指示器到剪辑的起始位置，设置“缩放”的值为（0.0,0.0%）并添加关键帧，移动时间指示器到0:00:01:00的位置，设置“缩放”的值为（100.0,100.0%），如图5-100所示。效果如图5-101所示。

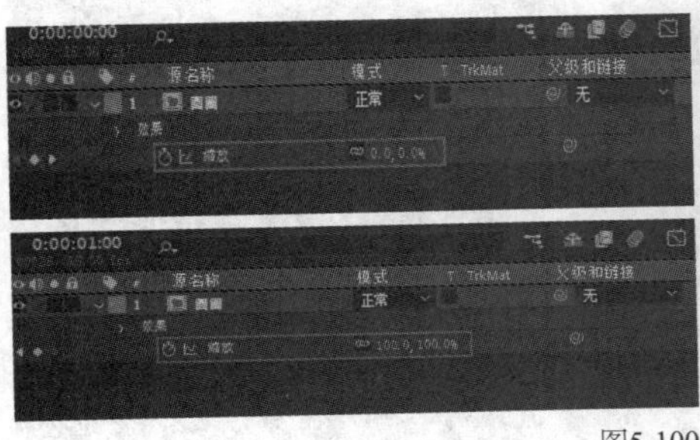

图5-100

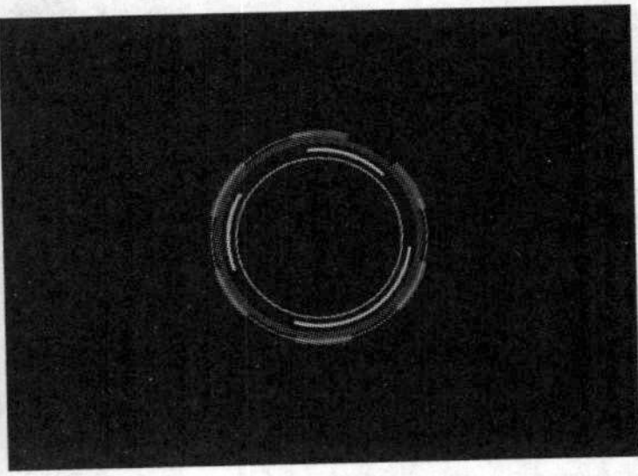
图5-101

⑱ 在相同的关键帧位置添加“不透明度”关键帧，使“圆圈”合成逐渐显示，如图5-102所示。

⑲ 为“圆圈”合成添加“发光”效果，设置“发光半径”的值为20.0，如图5-103所示。

图5-102

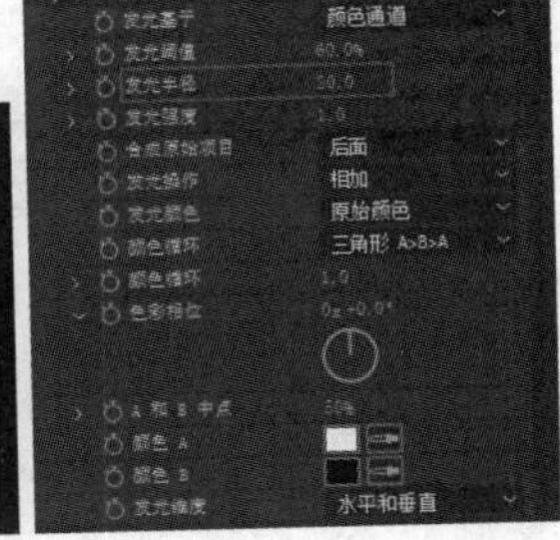

图5-103

⑳ 截取4帧画面，效果如图5-104所示。

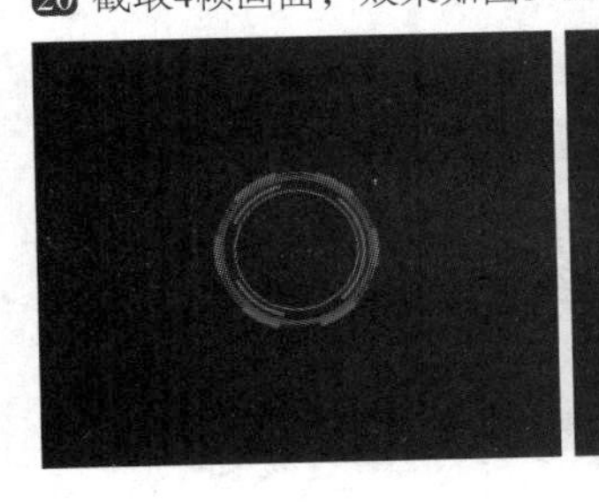
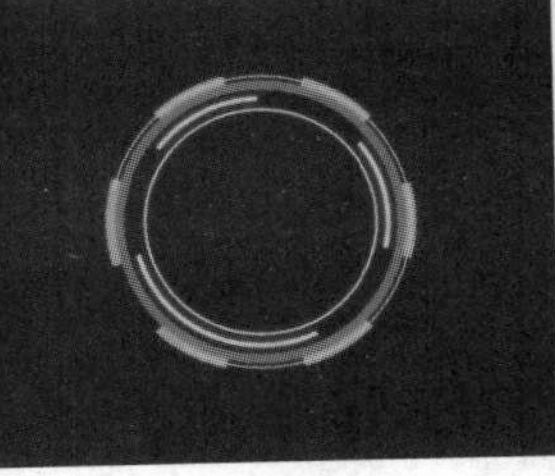
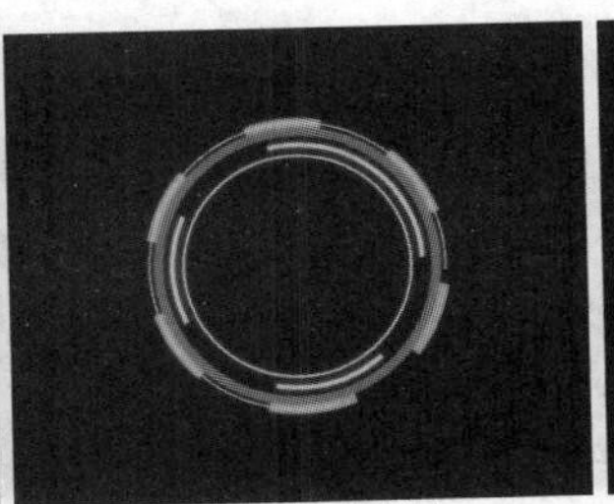
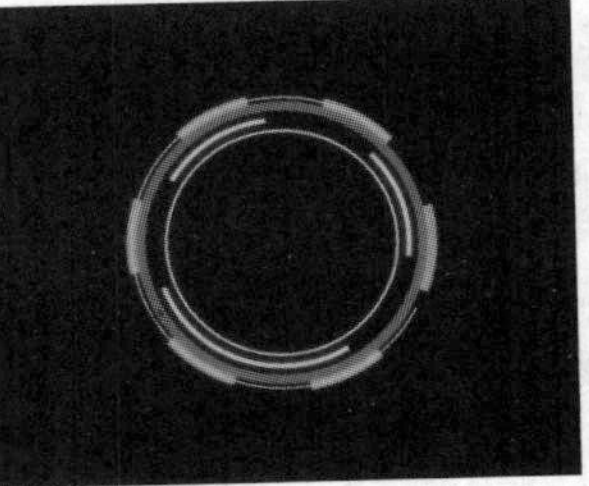
图5-104

课堂案例

制作动态登录页面

案例文件 案例文件>CH05>课堂案例：制作动态登录页面

视频名称 课堂案例：制作动态登录页面.mp4

学习目标 学习“圆角矩形工具”、“钢笔工具”和“修剪路径”属性的用法

本案例是制作一个动态登录页面，需要用到“圆角矩形工具”、“钢笔工具”和“修剪路径”属性等，效果如图5-105所示。

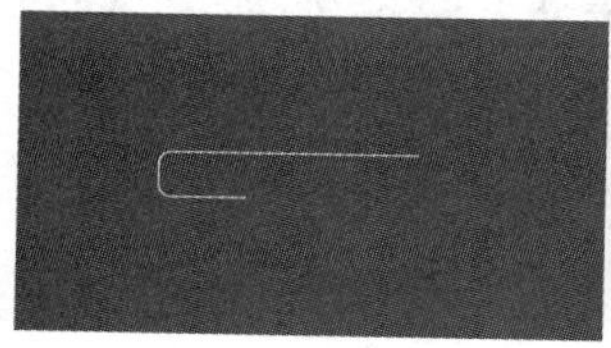

图5-105

01 新建一个1920像素×1080像素的合成，然后使用“圆角矩形工具”在画面中绘制一个圆角矩形，设置其“大小”的值为(1000.0,150.0)、“圆度”的值为40、“描边宽度”的值为5.0，如图5-106所示。效果如图5-107所示。

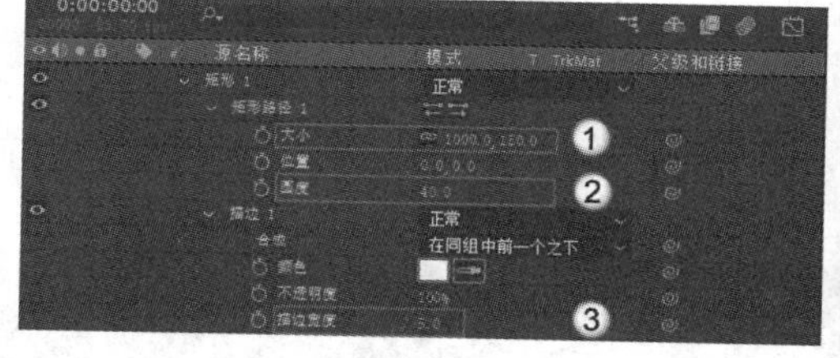

图5-106

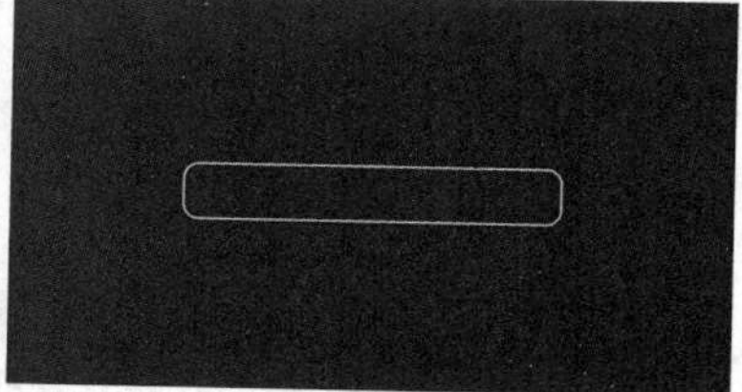

图5-107

02 为绘制的圆角矩形添加“修剪路径”属性，移动时间指示器到剪辑的起始位置，设置“开始”的值为100.0%、“偏移”的值为(0x+0.0°)，并添加这两个属性的关键帧，如图5-108所示。

03 移动时间指示器到0:00:01:00的位置，设置“开始”的值为0.0%、“偏移”的值为(0x−50.0°)，如图5-109所示。动画效果如图5-110所示。

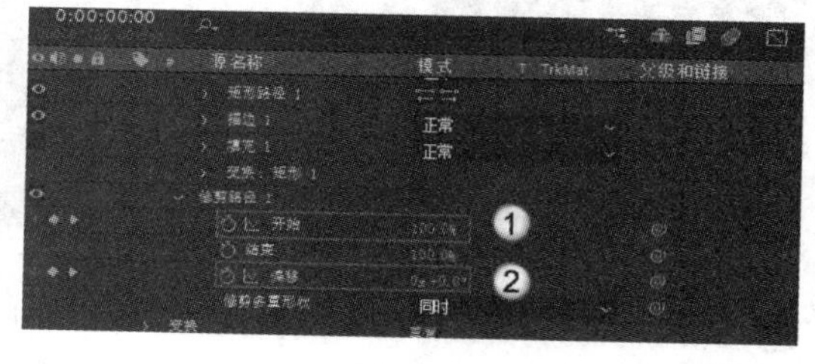

图5-108

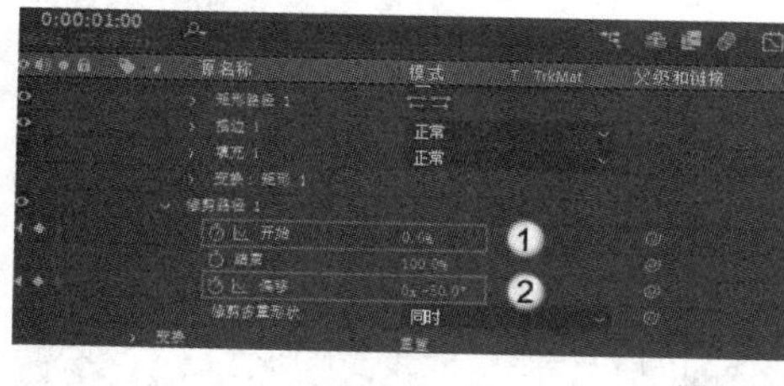

图5-109

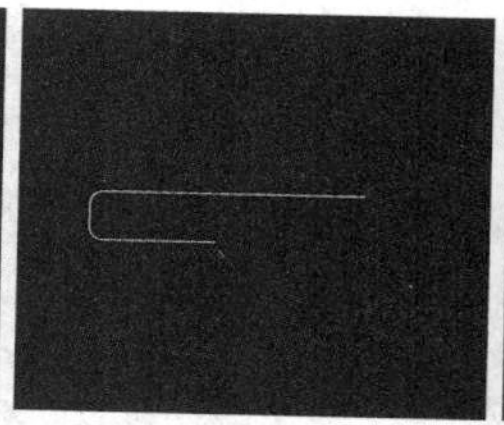
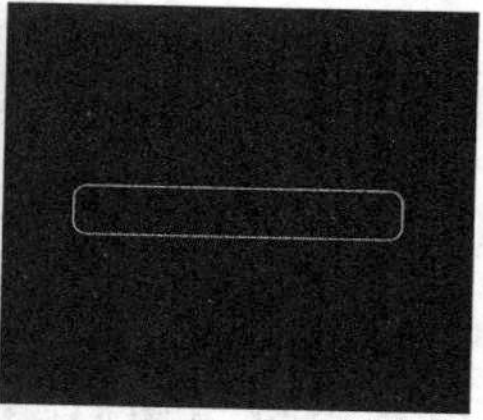

图5-110

04 使用“钢笔工具”在圆角矩形的右侧绘制一个实心的图形，效果如图5-111所示。然后将该图层放在“形状图层 1”的下方，如图5-112所示。

05 将“形状图层 2”的锚点移动到其右侧边缘，如图5-113所示。

图5-111

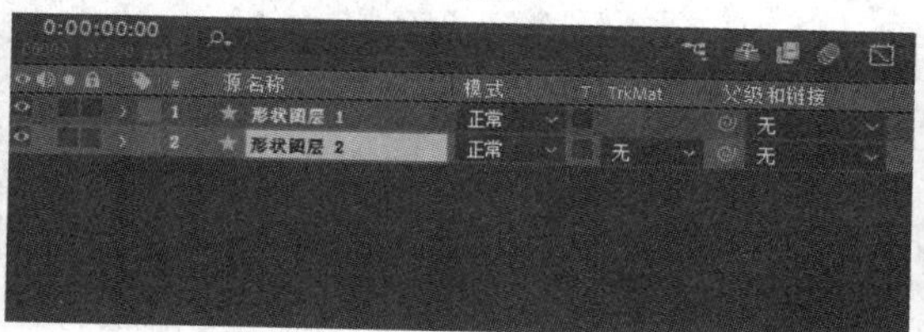

图5-112

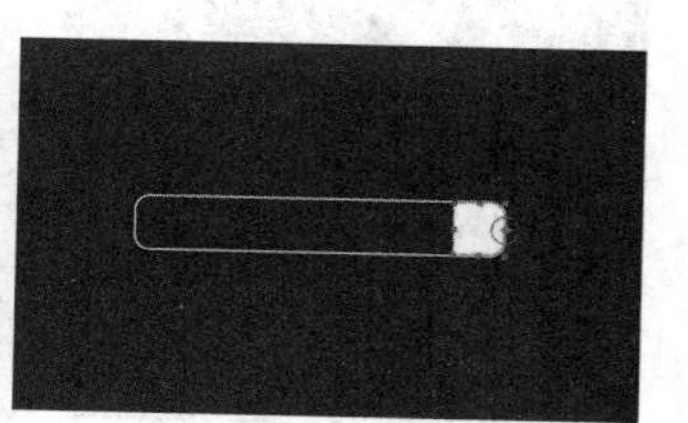

图5-113

技巧与提示

如果计算机中安装了Motion 2脚本插件，就可以快速移动锚点，该插件的界面如图5-114所示。

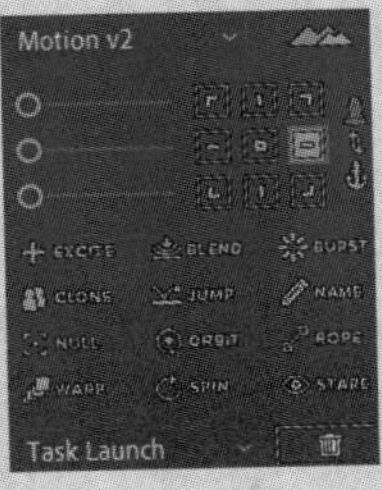

图5-114

06 选中“形状图层 2”，按S键调出“缩放”属性，移动时间指示器到0:00:01:00的位置，设置“缩放”的值为（0.0,100.0%），然后添加关键帧，如图5-115所示。

07 移动时间指示器到0:00:01:10的位置，设置“缩放”的值为（110.0,100.0%），如图5-116所示。

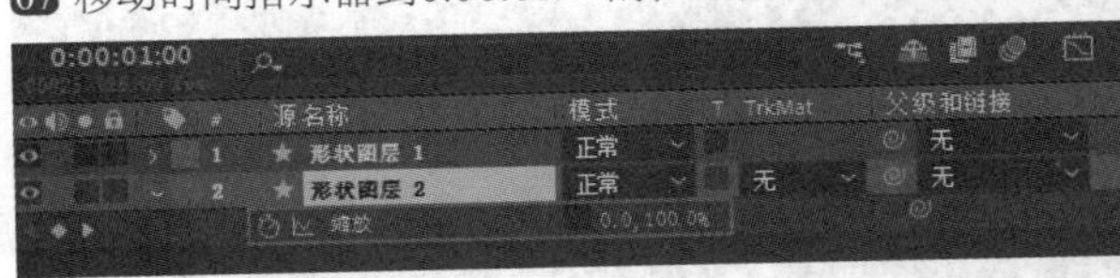

图5-115

图5-116

08 为关键帧添加“缓动”效果，然后调整其速度曲线，如图5-117所示。

09 在“项目”面板中导入“案例文件 > CH05 > 课堂案例：制作动态登录页面”文件夹中的“放大镜.png”素材文件，然后将其添加到“形状图层 2”上方，设置“缩放”的值为（10.0,10.0%），如图5-118所示。

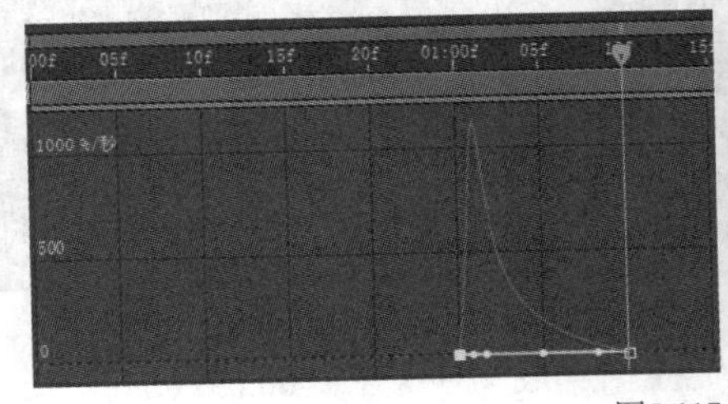

图5-117

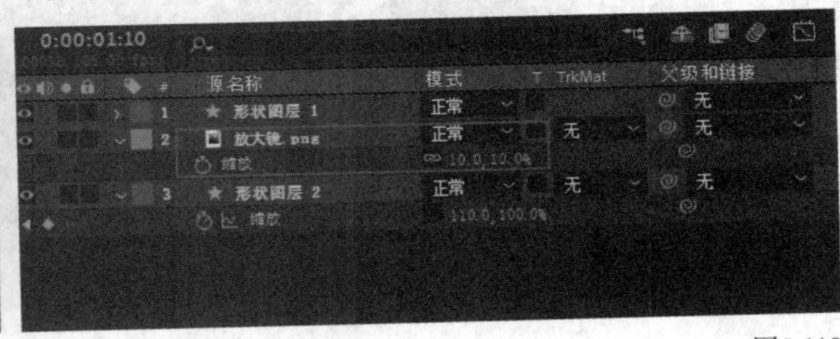

图5-118

10 将“放大镜.png”图层作为“形状图层 2”的“Alpha反转遮罩”，如图5-119所示。效果如图5-120所示。

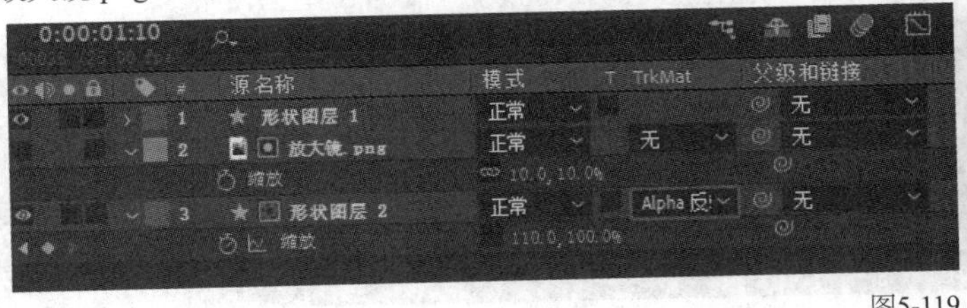

图5-119

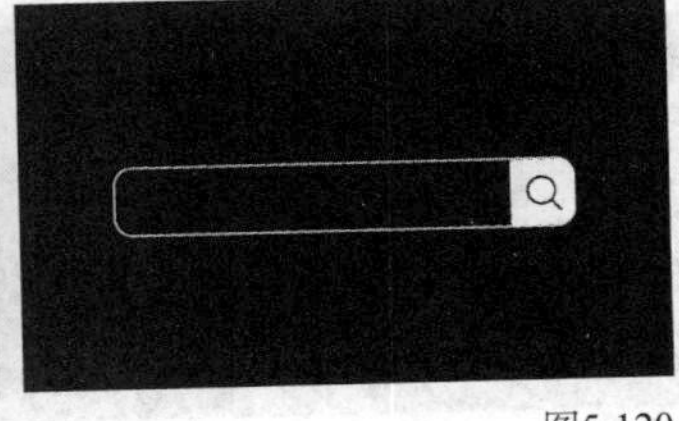

图5-120

11 新建一个文本图层并将其放在最上层，输入文本内容“数艺设”，相关参数设置及效果如图5-121所示。

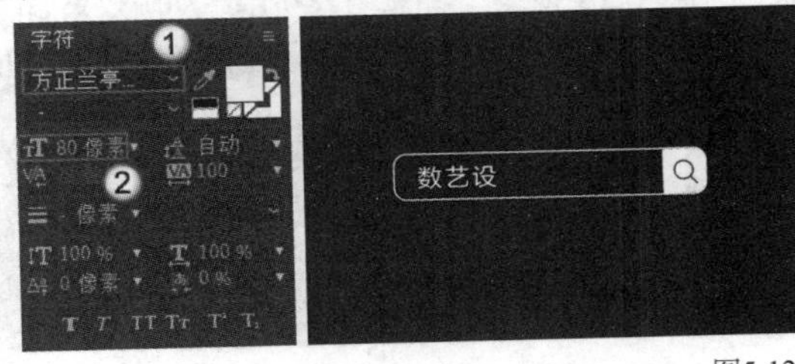

图5-121

⑫ 在“效果和预设”面板中找到Typewriter预设并添加到文本图层上，然后选中文本图层，按U键调出所有关键帧，调整关键帧的位置，如图5-122所示。效果如图5-123所示。

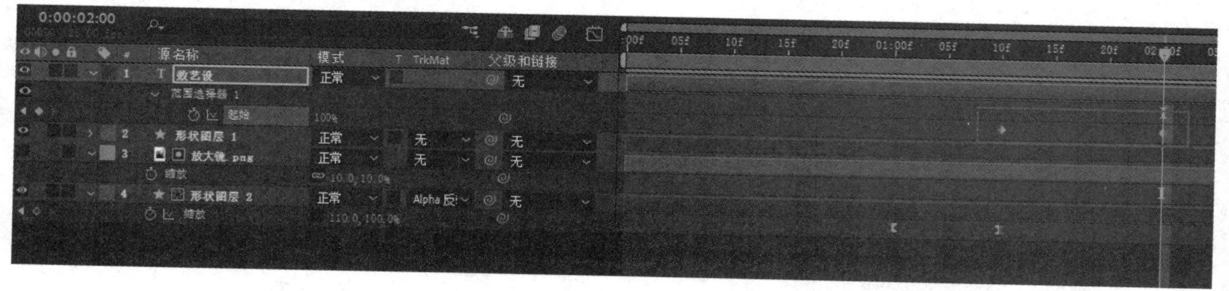

图5-122

图5-123

⑬ 新建一个文本图层，输入“人民邮电出版社旗下品牌”，相关参数设置及效果如图5-124所示。

⑭ 将上一步创建的文本图层的锚点移动到其下方边缘，如图5-125所示。

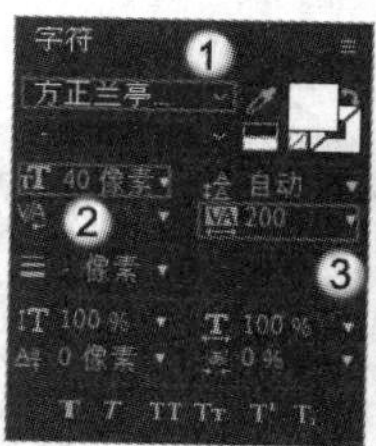

图5-124

图5-125

⑮ 按S键调出“缩放”属性，移动时间指示器到0:00:02:00的位置，设置“缩放”的值为（100.0,0.0%），添加关键帧，如图5-126所示。

⑯ 移动时间指示器到0:00:02:15的位置，设置“缩放”的值为（100.0,100.0%），如图5-127所示。

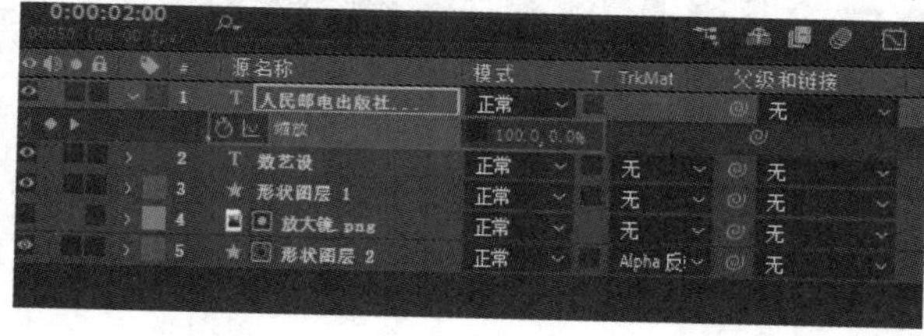

图5-126

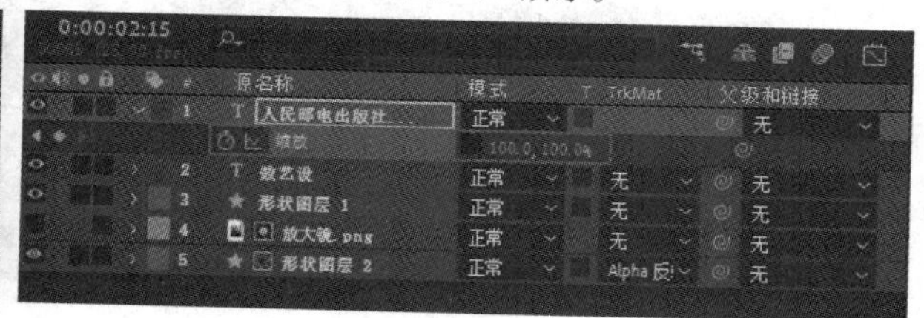

图5-127

⑰ 为关键帧添加“缓动”效果，然后调整其速度曲线，如图5-128所示。动画效果如图5-129所示。

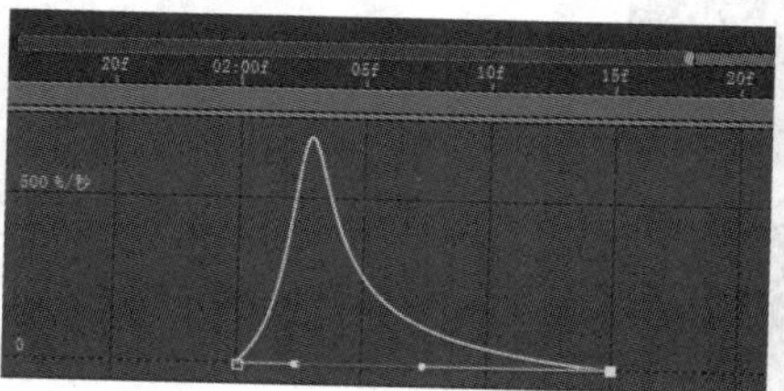

图5-128

图5-129

⑱ 新建一个蓝色的纯色图层，并放在最下层作为背景，如图5-130所示。

图5-130

⑲ 任意截取4帧画面，效果如图5-131所示。

图5-131

课堂案例

制作波纹动画

案例文件　案例文件>CH05>课堂案例：制作波纹动画

视频名称　课堂案例：制作波纹动画.mp4

学习目标　学习“中继器”属性的用法

本案例需要绘制一个正方形，通过“中继器”属性复制该正方形，形成连续的动画效果，效果如图5-132所示。

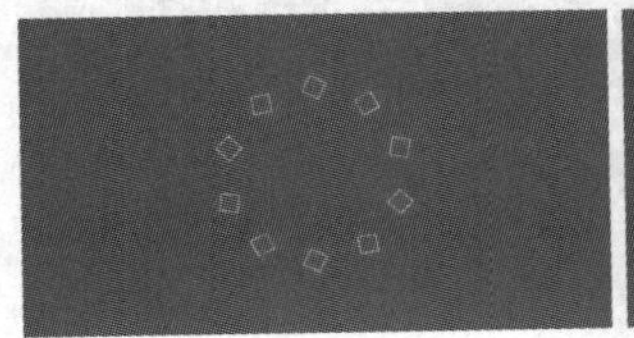

图5-132

01 新建一个1920像素×1080像素的合成，使用“矩形工具”在画面中绘制一个正方形，如图5-133所示。

02 设置正方形“大小”的值为(100.0,100.0)、“描边宽度”的值为5.0，如图5-134所示。

03 在“变换：矩形 1”卷展栏中设置“旋转”的值为（0x+45.0°），如图5-135所示。效果如图5-136所示。

图5-133

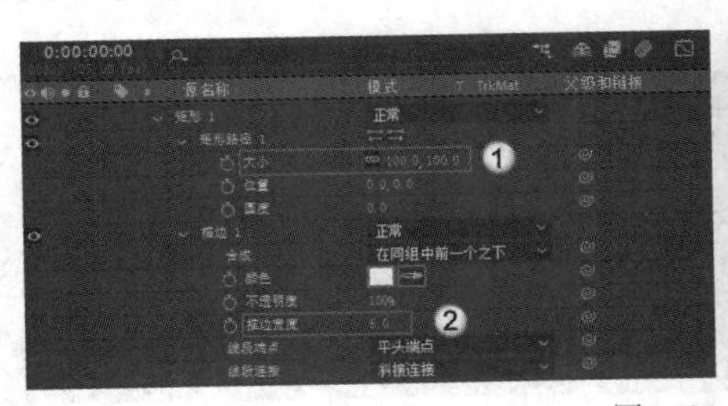

图5-134

图5-135

图5-136

04 移动时间指示器到0:00:01:00的位置，为“大小”属性添加关键帧，然后移动时间指示器到剪辑的起始位置，设置“大小”的值为(0.0,0.0)，如图5-137和图5-138所示。

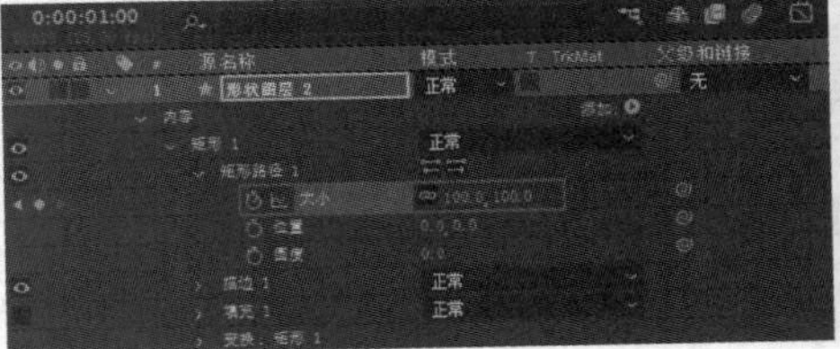

图5-137

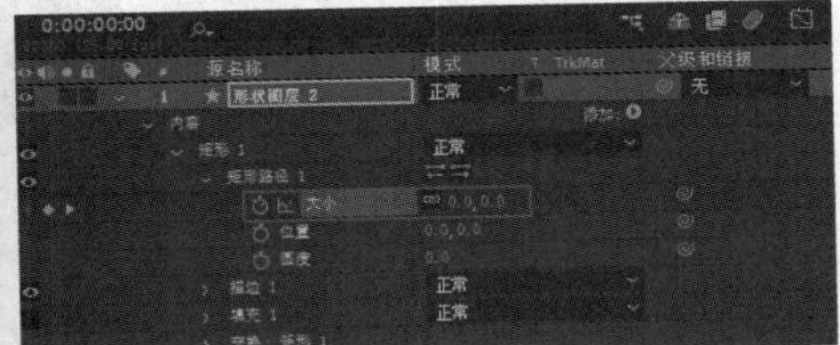

图5-138

05 在剪辑的起始位置添加“描边宽度”关键帧，然后移动时间指示器到0:00:01:00的位置，设置“描边宽度”的值为0.0，如图5-139和图5-140所示。

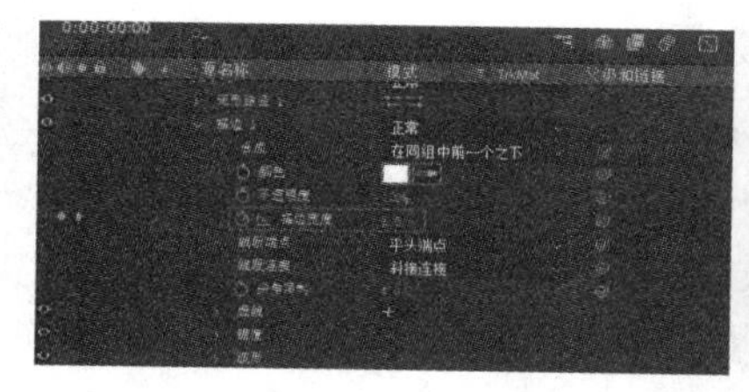

图5-139

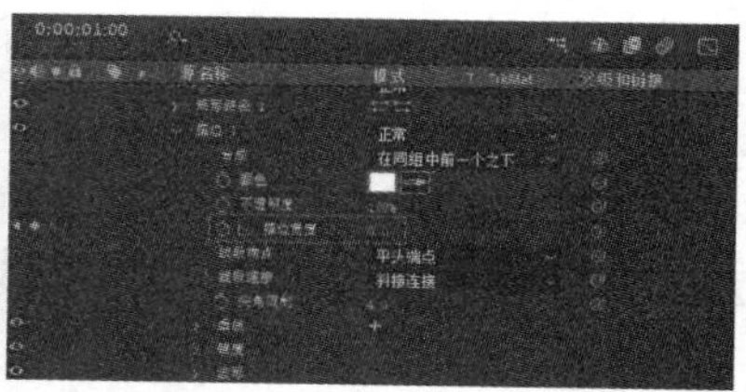

图5-140

06 移动时间指示器，可以看到正方形的变化效果，如图5-141所示。

图5-141

07 移动时间指示器到剪辑的起始位置，为“变换：矩形 1”卷展栏中的“位置”属性添加关键帧，然后移动时间指示器到0:00:01:00的位置，调整正方形的“位置”属性值，使其位于画面上方，如图5-142和图5-143所示。

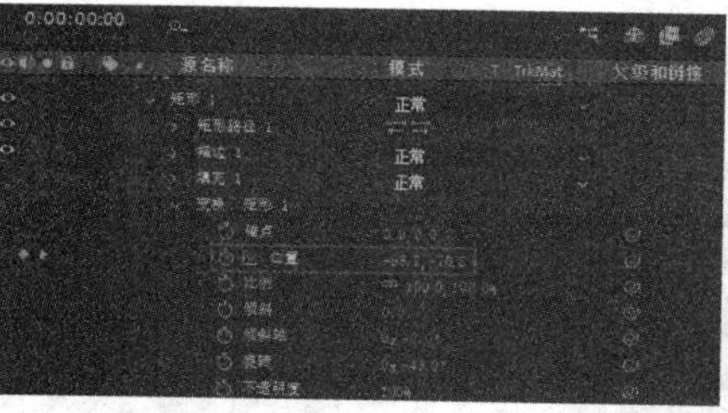

图5-142

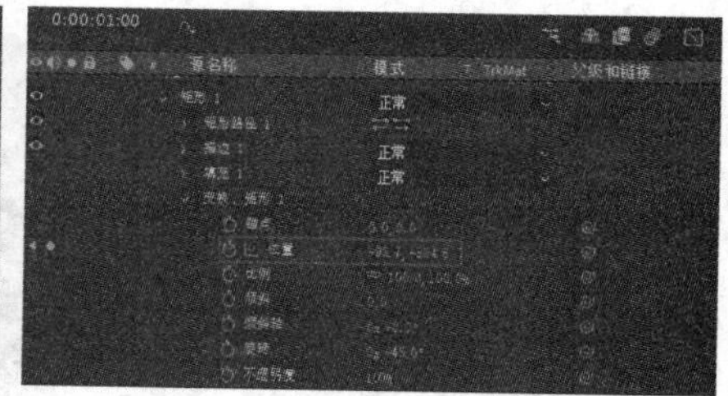

图5-143

08 按U键调出所有的关键帧，按F9键添加“缓动”效果，调整速度曲线，如图5-144所示。

09 单击“添加”右侧的按钮，在弹出的列表中选择“中继器”选项，“矩形 1”卷展栏下方会增加“中继器 1”卷展栏，如图5-145所示。

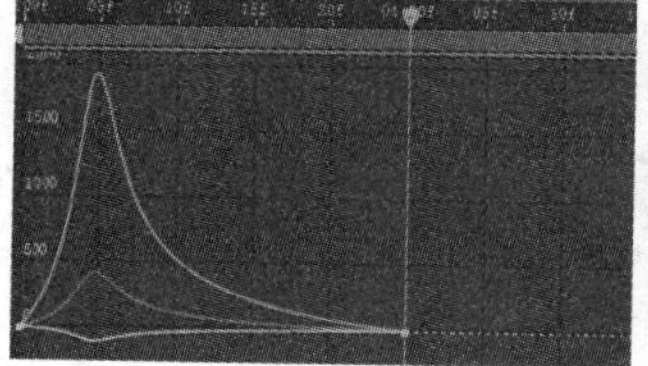

图5-144

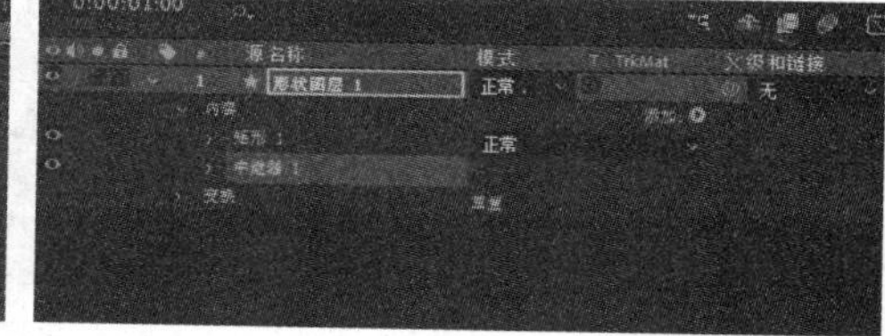

图5-145

10 在“中继器 1”卷展栏中设置“副本”的值为10.0，如图5-146所示。移动时间指示器，可以看到原有正方形的右侧出现复制的正方形，如图5-147所示。

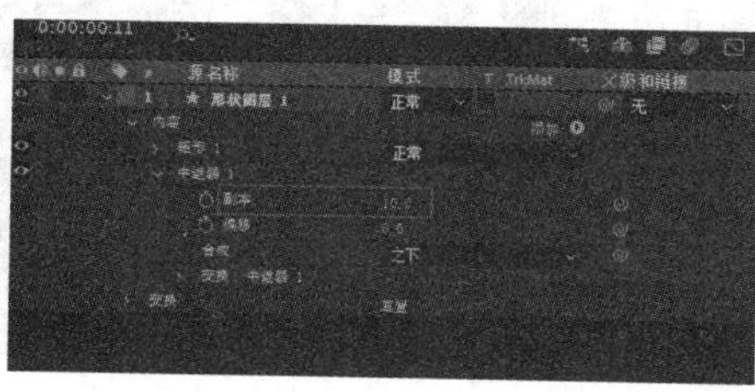

图5-146

图5-147

11 在“变换：中继器 1”卷展栏中设置“位置”的值为（0.0,0.0）、“旋转”的值为（0x+36.0°），将所有正方形围成一个圆圈，如图5-148和图5-149所示。

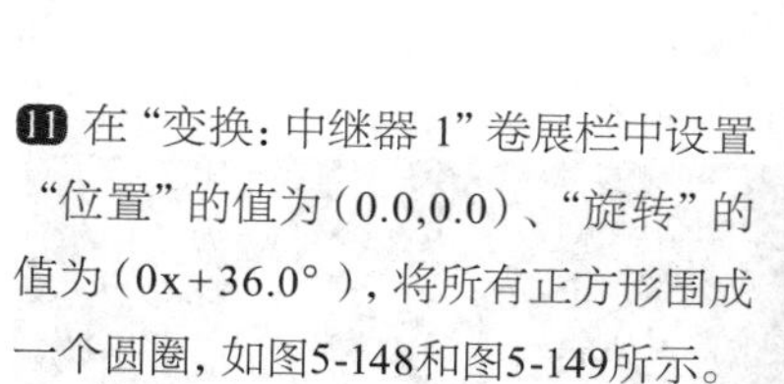

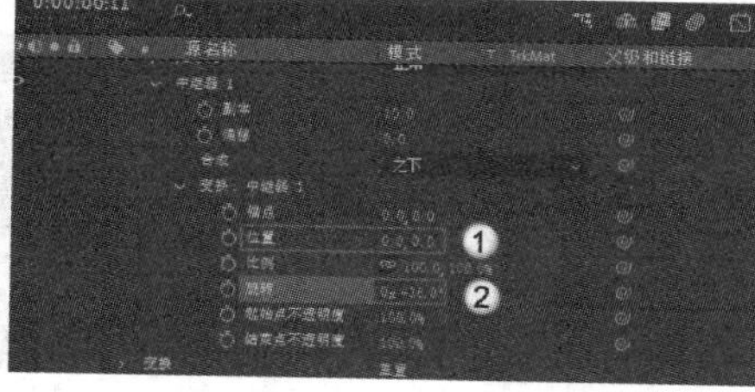

图5-148

图5-149

⑫ 调整“锚点”的值为（－40.0，－100.0），将锚点中心移动到整体图形的中心附近，如图5-150和图5-151所示。

图5-150

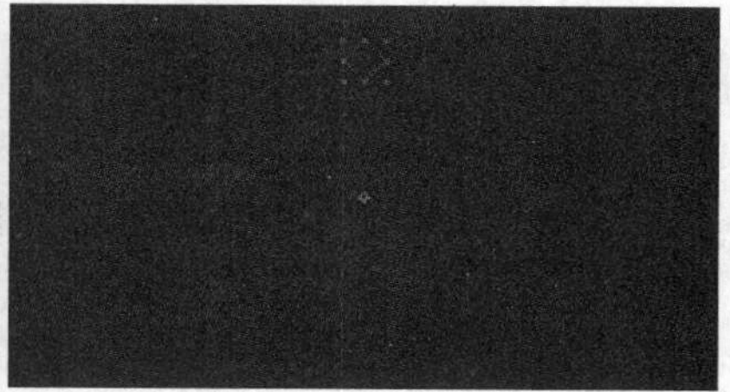
图5-151

⑬ 移动时间指示器，动画效果如图5-152所示。

图5-152

⑭ 为了让动画更加丰富，在“变换：矩形 1”卷展栏中为“旋转”属性添加关键帧，移动时间指示器到剪辑的起始位置，设置“旋转”的值为（0x＋0.0°），移动时间指示器到0:00:01:00的位置，设置“旋转”的值为（0x＋45°），调整速度曲线，效果如图5-153所示。

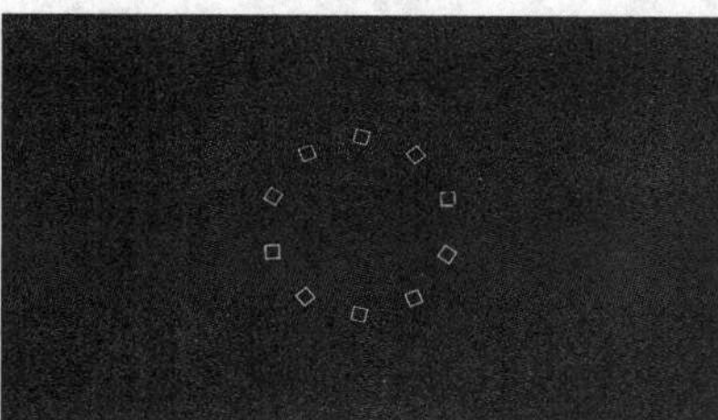

图5-153

⑮ 为“形状图层 1”添加“发光”效果，使正方形看起来更加明显，相关参数设置及效果如图5-154所示。

⑯ 将“形状图层 1”复制一份得到“形状图层 2”，然后调整其剪辑的起始位置，使其与“形状图层 1”剪辑的起始位置之间存在一定时间差，如图5-155所示。效果如图5-156所示。

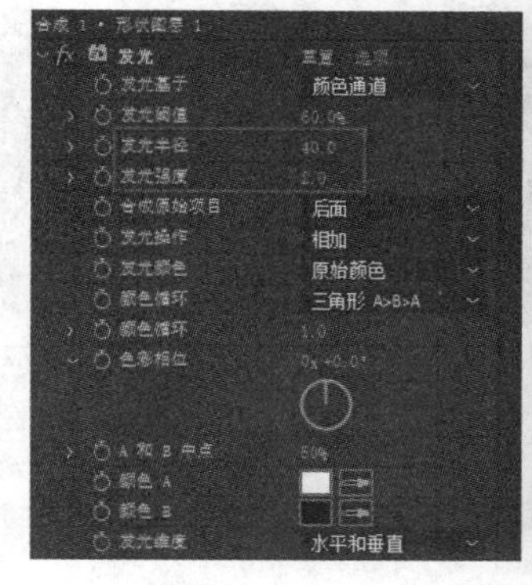

图5-154

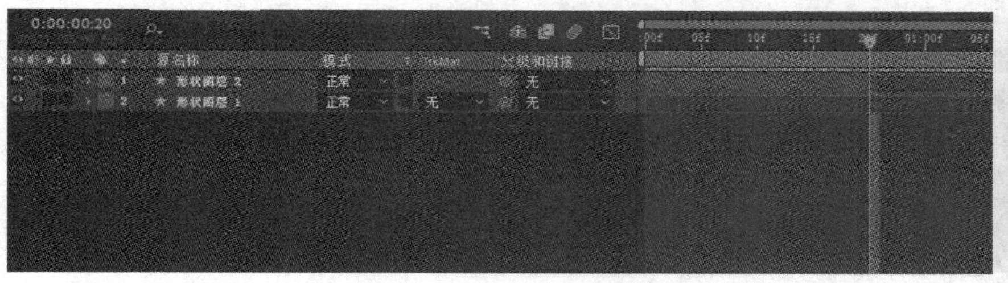

图5-155

图5-156

17 为“形状图层 2”添加“填充”效果，设置“颜色”为黄色，如图5-157所示。

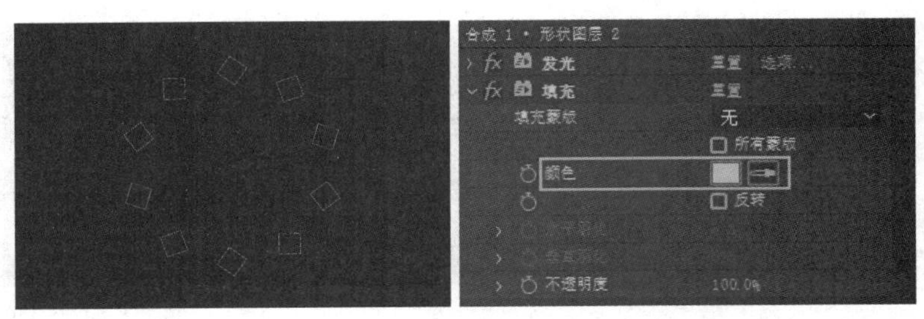

图5-157

18 复制“形状图层 1”和“形状图层 2”，然后调整各图层的剪辑的起始位置，如图5-158所示。

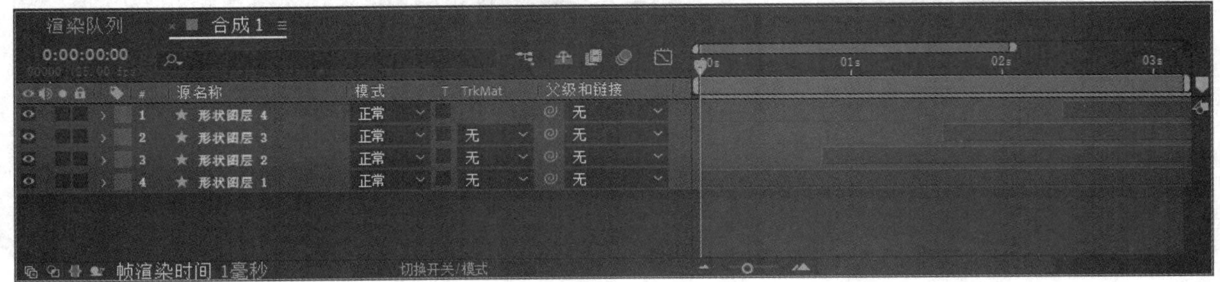

图5-158

19 新建一个绿色的纯色图层作为背景，效果如图5-159所示。

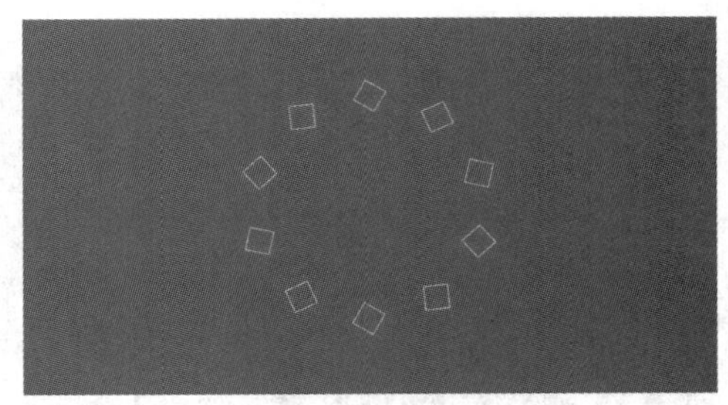

图5-159

20 截取4帧画面，效果如图5-160所示。

图5-160

课堂练习

制作动态图标

案例文件　案例文件>CH05>课堂练习：制作动态图标

视频名称　课堂练习：制作动态图标.mp4

学习目标　练习“修剪路径”属性的用法

本练习需使用“椭圆工具”、“多边形工具”及“修剪路径”属性制作一个动态图标，效果如图5-161所示。

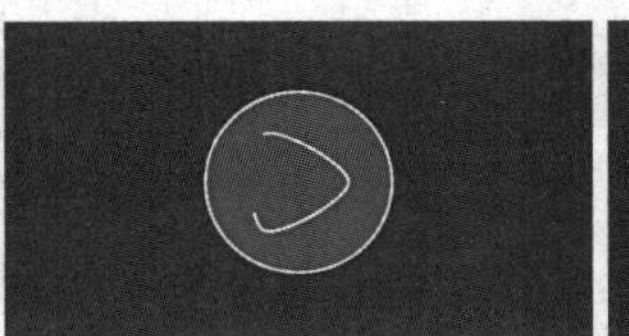

图5-161

5.3 本章小结

形状工具是After Effects中的重要工具，每个形状工具都包含很多属性，可用于生成复杂的动画效果，需要重点掌握。绘画工具的使用频率不高，熟悉即可。

5.4 课后习题

本节安排了两个课后习题供读者练习。要完成这两个习题，需要对本章的知识进行综合运用。如果在练习时遇到困难，则可以观看相应教学视频。

5.4.1 课后习题：制作动态字幕条

案例文件 案例文件>CH05>课后习题：制作动态字幕条

视频名称 课后习题：制作动态字幕条.mp4

学习目标 练习"钢笔工具"和"修剪路径"属性的用法

本习题需要使用"钢笔工具"和"椭圆工具"绘制字幕条，通过"修剪路径"属性制作字幕条的动画效果，效果如图5-162所示。

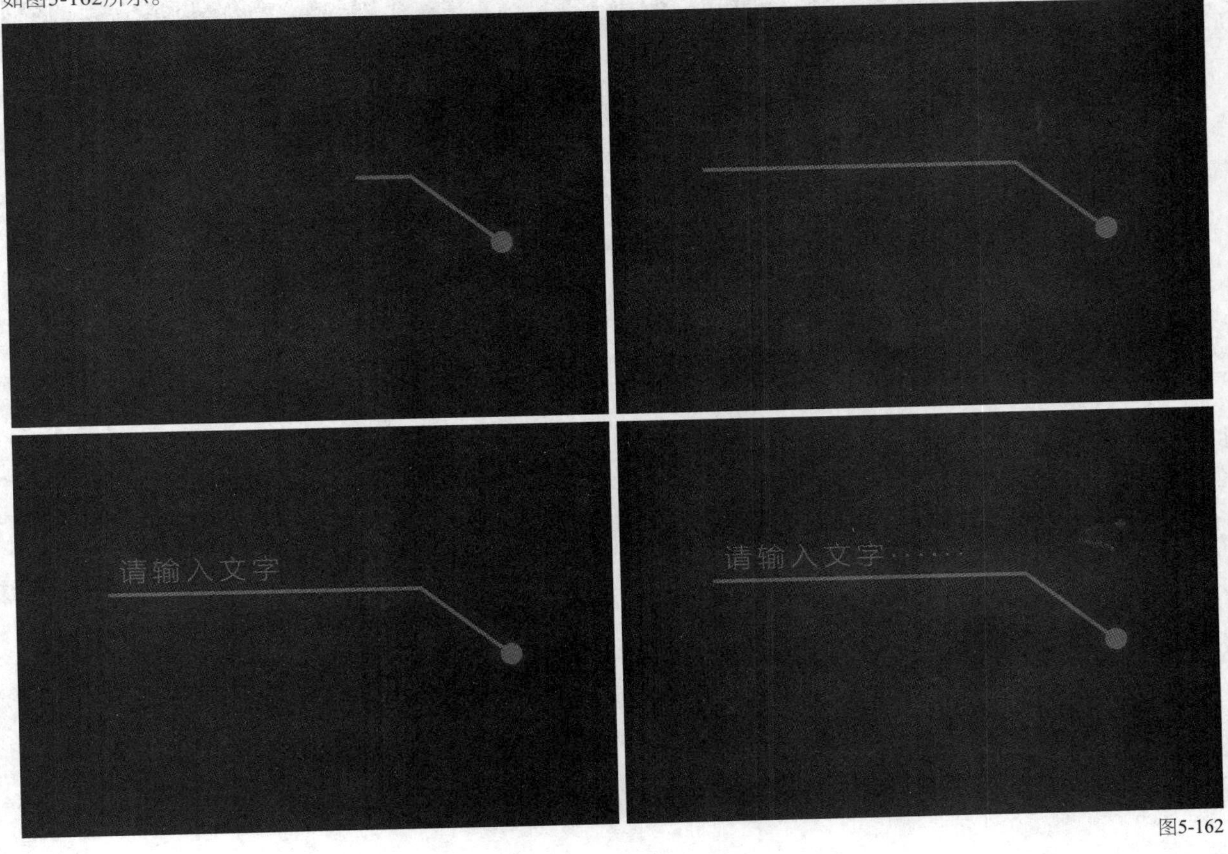

图5-162

5.4.2 课后习题：制作动态扫描框

案例文件 案例文件>CH05>课后习题：制作动态扫描框

视频名称 课后习题：制作动态扫描框.mp4

学习目标 练习形状工具的用法

本习题需要使用“矩形工具”和“钢笔工具”制作一个动态扫描框，效果如图5-163所示。

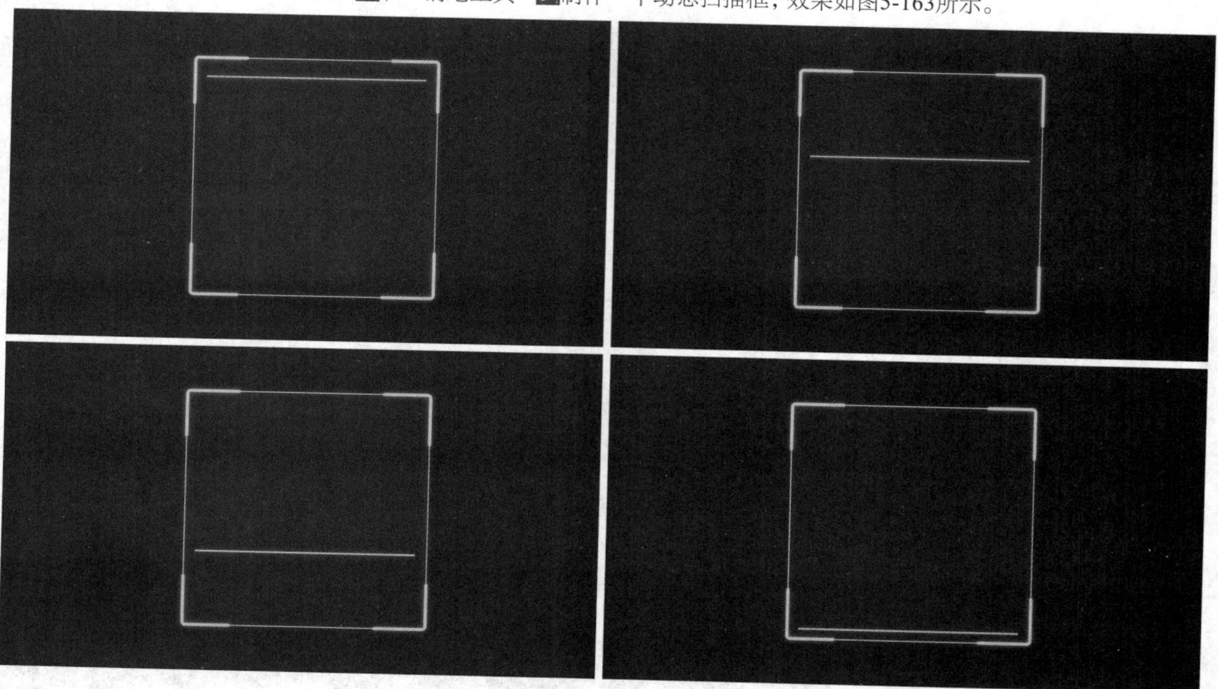

图5-163

After Effects

第6章

摄像机与运动跟踪

在After Effects中可以创建三维的场景，运用摄像机和3D图层能实现三维动画效果。After Effects自带的运动跟踪系统可用于制作一些复杂的视频合成效果，使用频率很高。

课堂学习目标

- 掌握摄像机的使用方法
- 掌握 3D 图层的基本操作
- 掌握不同跟踪器的使用方法

6.1 摄像机

After Effects中的摄像机系统比较简单，如果使用过三维软件中的摄像机工具，就能很快理解After Effects中摄像机的使用方法和相关属性的含义。

本节内容介绍

主要内容	相关说明	重要程度
摄像机的创建	创建摄像机的方法	中
控制摄像机	控制摄像机的平移、旋转和推拉	高
摄像机的属性	摄像机的常用属性	中

6.1.1 摄像机的创建

演示视频：040－摄像机的创建

在After Effects中，摄像机是作为图层存在的，有两种方法可以创建摄像机。

第1种： 执行“图层>新建>摄像机”菜单命令，如图6-1所示。

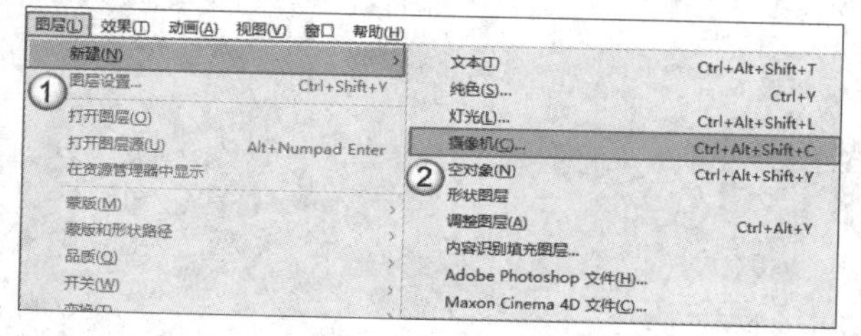

图6-1

技巧与提示

在“时间轴”面板中单击鼠标右键，在快捷菜单中执行“新建 > 摄像机”命令同样可以创建摄像机。

第2种： 按快捷键Ctrl+Alt+Shift+C。

执行以上操作后，会弹出图6-2所示的“摄像机设置”对话框。此对话框包含摄像机的一些基础属性，具体介绍如下。

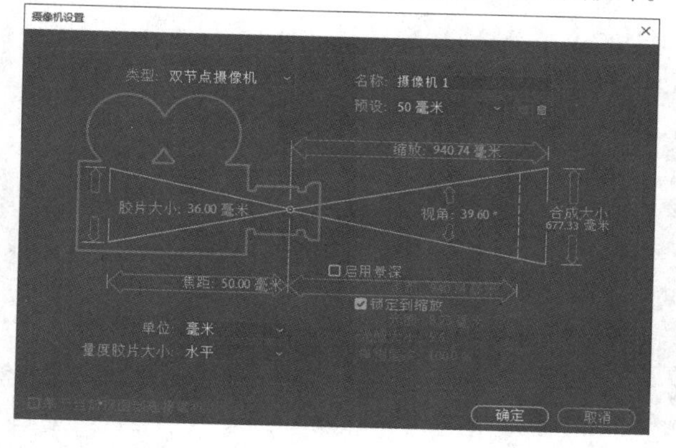

图6-2

类型： 包括“单节点摄像机”和“双节点摄像机”两种类型，通常使用默认的“双节点摄像机”类型。

预设： 用于设置不同的摄像机的焦距类型，如图6-3所示，默认为50毫米。

自定义
15 毫米
20 毫米
24 毫米
28 毫米
35 毫米
50 毫米
80 毫米
135 毫米
200 毫米

图6-3

焦距： 用于设置摄像机镜头与底片之间的距离，单位为毫米。焦距的数值越大，画面的视角越小，呈现的内容也越少；焦距的数值越小，画面的视角越大，呈现的内容越多，如图6-4所示。过小的焦距会让画面边缘变形，过大的焦距会让背景虚化。在After Effects中，焦距为28毫米~50毫米较合适。

图6-4

启用景深： 勾选此复选框后，摄像机会带有景深功能，画面中距离焦点较远的物体会模糊，如图6-5所示。

图6-5

> **技巧与提示**
> 摄像机只能运用在3D图层中。

6.1.2 控制摄像机

演示视频：041- 控制摄像机

创建完摄像机后，可以通过工具栏中的按钮对摄像机进行旋转、平移和推拉操作，从而形成不同的视角，相关按钮如图6-6所示，具体介绍如下。

图6-6

"绕光标旋转工具"按钮：用于旋转摄像机，如图6-7所示。

"在光标下移动工具"按钮：用于平移摄像机，如图6-8所示。

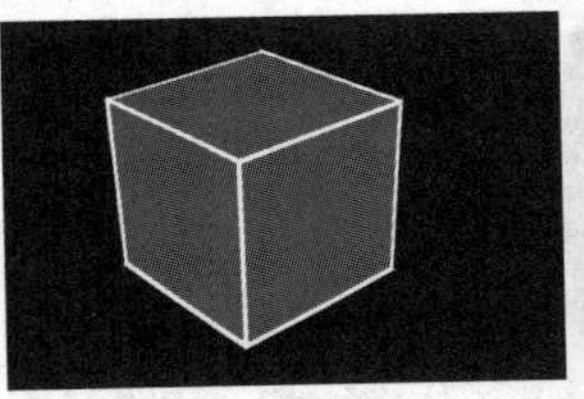

图6-7

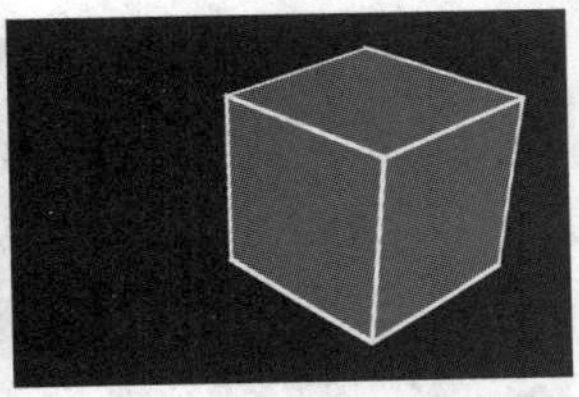

图6-8

"向光标方向推拉镜头工具"按钮：用于拉近或推远摄像机，推远效果如图6-9所示。

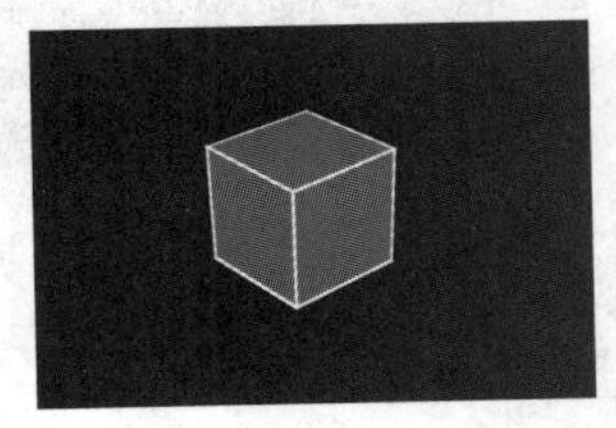

图6-9

> **技巧与提示**
> 除了使用以上按钮外，还可以通过按键配合鼠标来旋转、平移、推拉摄像机，具体操作方法如下。
> **旋转摄像机**：按住Alt键并按住鼠标左键拖曳鼠标。
> **平移摄像机**：按住Alt键并按住鼠标中键（滚轮）拖曳鼠标。
> **推拉摄像机**：按住Alt键并按住鼠标右键拖曳鼠标。

6.1.3 摄像机的属性

演示视频：042- 摄像机的属性

"摄像机"图层中有两个卷展栏，分别为"变换"卷展栏和"摄像机选项"卷展栏，如图6-10所示。这两个卷展栏用于调整摄像机的多种属性，部分属性的具体介绍如下。

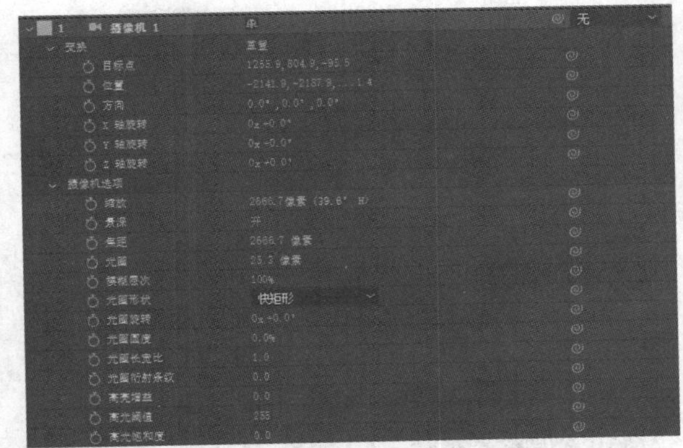

图6-10

目标点：用于设置摄像机的目标点位置。

位置：用于设置摄像机的位置。

方向：用于设置摄像机的旋转角度。

X轴旋转/Y轴旋转/Z轴旋转：分别用于设置摄像机在x轴、y轴和z轴的旋转角度。

缩放：用于拉近或推远摄像机。

景深：用于控制是否打开景深效果。

焦距：用于控制摄像机到目标点的距离。

光圈：用于控制景深的大小，数值越大，景深的模糊度越高。

光圈形状：在其下拉列表中可以选择不同的光圈形状，如图6-11所示。

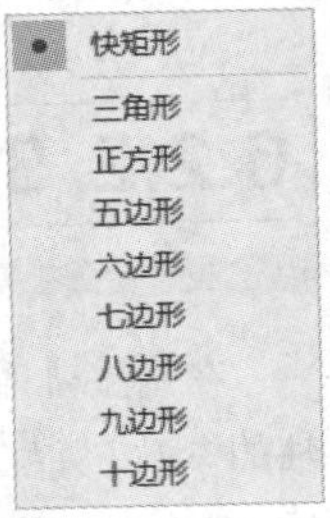

快矩形
三角形
正方形
五边形
六边形
七边形
八边形
九边形
十边形

图6-11

6.2 3D图层

在After Effects中，默认创建的图层都是平面图层（2D图层），摄像机和灯光只能作用于3D图层。

本节内容介绍

主要内容	相关说明	重要程度
3D图层的开启和关闭	开启和关闭3D图层	高
3D图层的基本操作	包括3D图层的移动、旋转和缩放等操作	高

6.2.1 3D图层的开启和关闭

演示视频：043-3D 图层的开启和关闭

开启3D图层的方法很简单，只需要打开图层的"3D图层"开关即可，如图6-12所示。关闭"3D图层"开关，图层就会从3D图层变回默认的2D图层。

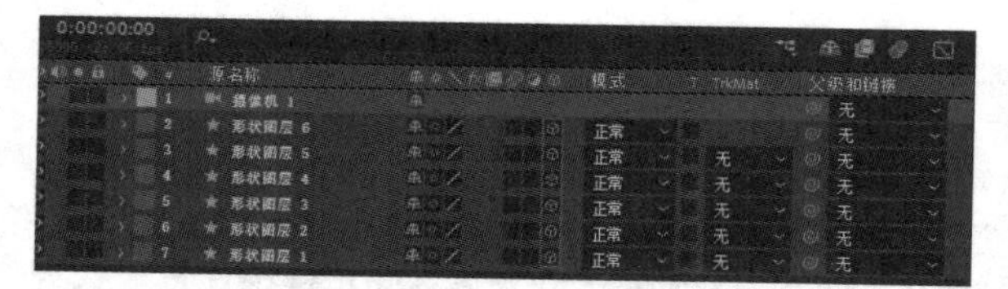

图6-12

> **技巧与提示**
>
> 如果在“时间轴”面板中没有找到“3D图层”开关，就需要在“时间轴”面板的左下方选中“展开或折叠‘图层开关’窗格”按钮，如图6-13所示。
>
> 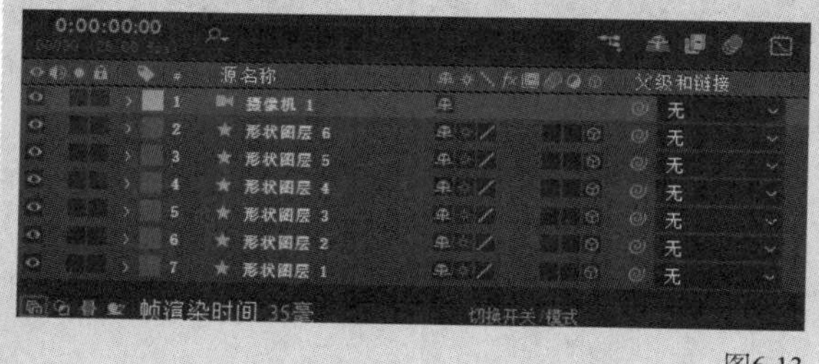
>
> 图6-13

6.2.2 3D图层的基本操作

演示视频：044-3D 图层的基本操作

在调整普通2D图层的属性时，只会显示图层x轴和y轴的参数，如图6-14所示。打开图层的“3D图层”开关后，就会自动显示z轴的参数，同时增加“材质选项”卷展栏，如图6-15和图6-16所示。

图6-14

图6-15

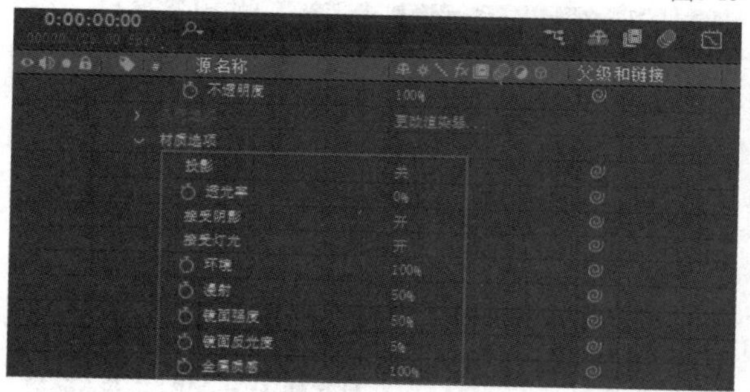

图6-16

课堂案例

制作旋转的立方体

案例文件	案例文件>CH06>课堂案例：制作旋转的立方体
视频名称	课堂案例：制作旋转的立方体.mp4
学习目标	学习3D图层的使用方法

本案例需要通过3D图层将6个正方形拼合为一个立方体，制作旋转的动画效果，效果如图6-17所示。

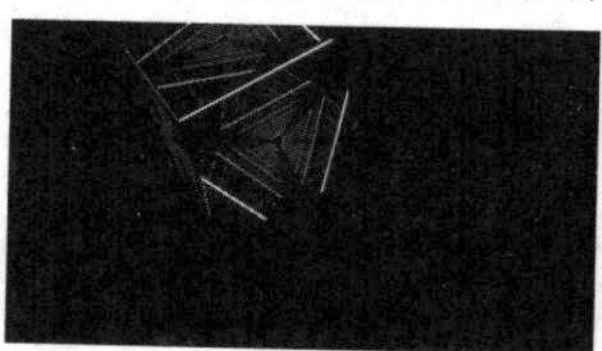

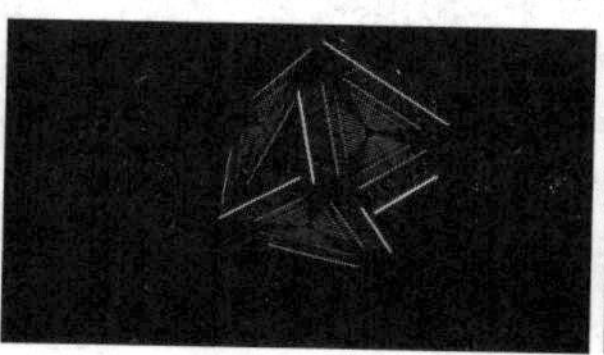

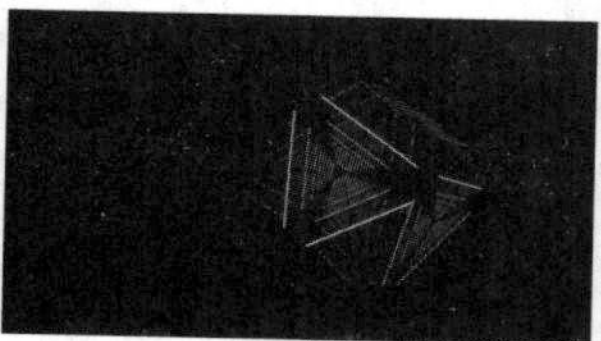

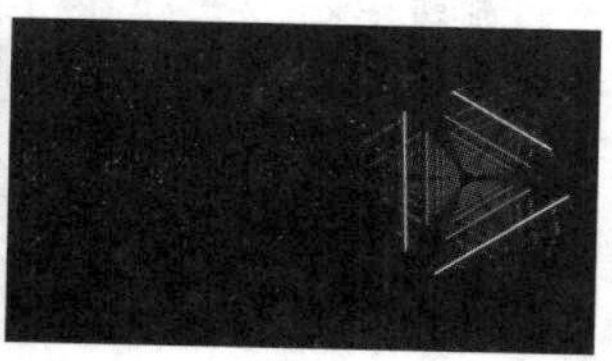

图6-17

01 新建一个500像素×500像素的合成，命名为“面”。新建一个纯色图层，如图6-18所示。

02 导入“案例文件>CH06>课堂案例：制作旋转的立方体”文件夹中的“素材.mp4”文件，使其完全覆盖纯色图层，如图6-19所示。

图6-18

图6-19

03 新建一个1920像素×1080像素的合成，命名为“总合成”，然后将“面”合成添加到“总合成”中，如图6-20所示。

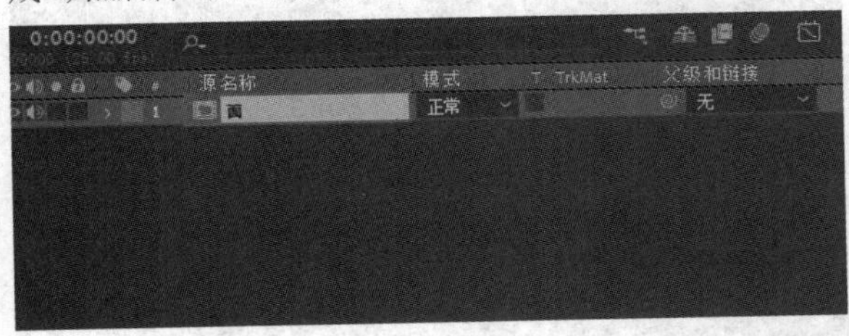

图6-20

04 开启“面”合成的“3D图层”开关，然后将该合成复制一份，设置其“位置”的值为（960.0,290.0,250.0）、“X轴旋转”的值为（0x＋90.0°），如图6-21所示。效果如图6-22所示。

图6-21

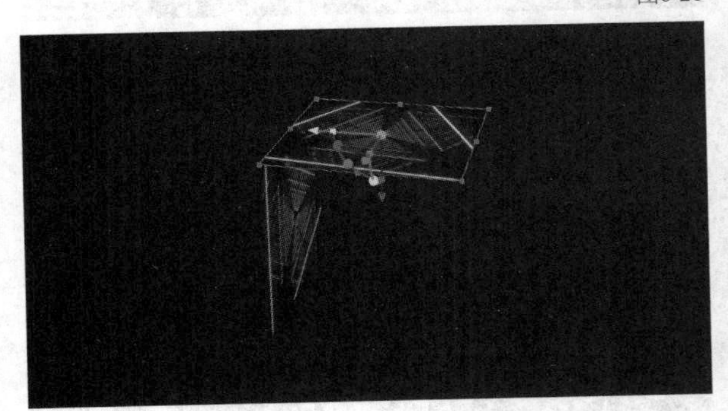

图6-22

知识点：多视图查看器

在“合成”面板中可以添加多个视图，方便从不同角度观察3D图层。

默认情况下，“合成”面板中只有一个查看器，如图6-23所示。如果要添加新的查看器，则可以在“合成”面板的右下角的下拉列表中选择所需查看器的个数，如图6-24所示。

图6-23　图6-24

添加新的查看器后，“合成”面板的左上角会显示当前视图的名称，如图6-25所示。如果要切换视图的角度，则可以在“合成”面板右下角的下拉列表中选择需要的角度，如图6-26所示。

图6-25　图6-26

通过不同视图查看效果，能更准确地判断图层是否在合适的位置。

05 将上一步旋转后的合成复制一份，设置其“位置”的值为（960.0,780.0,250.0），如图6-27所示。效果如图6-28所示。

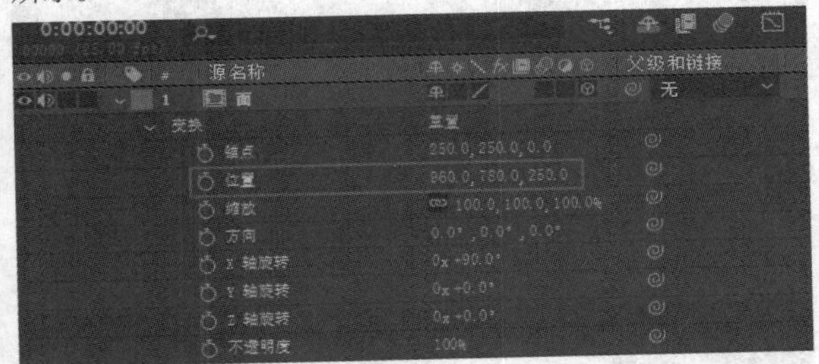

图6-27

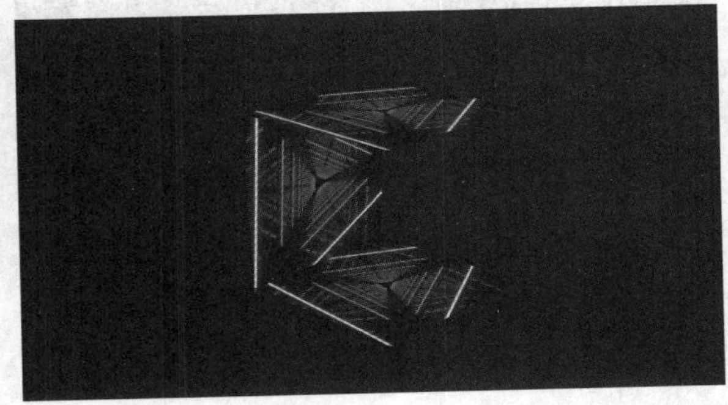

图6-28

06 选中并复制最下层的“面”合成，设置其“位置”的值为（960.0,540.0,500.0），如图6-29所示。效果如图6-30所示。

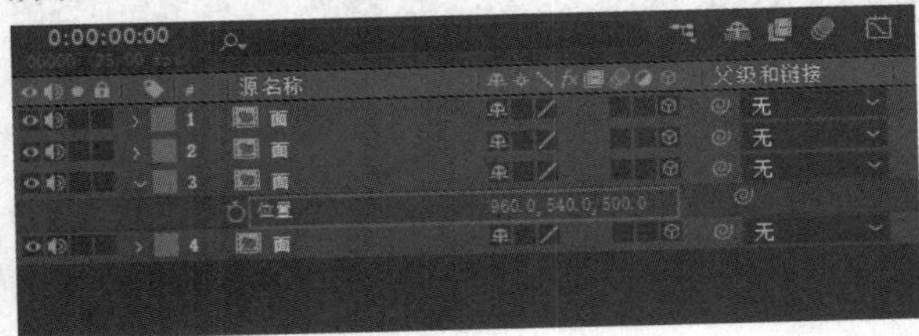

图6-29

图6-30

07 将上一步复制的合成复制一份，设置其“位置”的值为（1210.0,540.0,250.0）、“Y轴旋转”的值为（0x+90.0°），如图6-31所示。效果如图6-32所示。

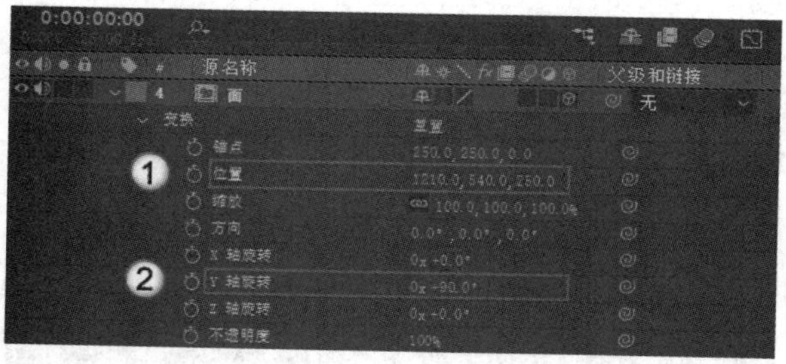

图6-31

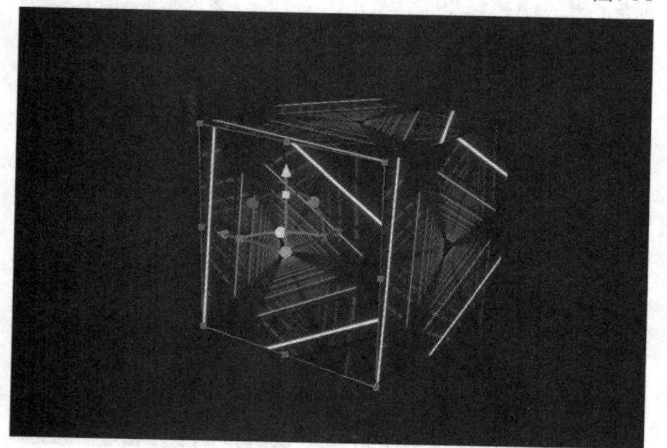

图6-32

08 将上一步中复制的合成复制一份，设置其“位置”的值为（710.0,540.0,250.0），如图6-33所示。效果如图6-34所示。

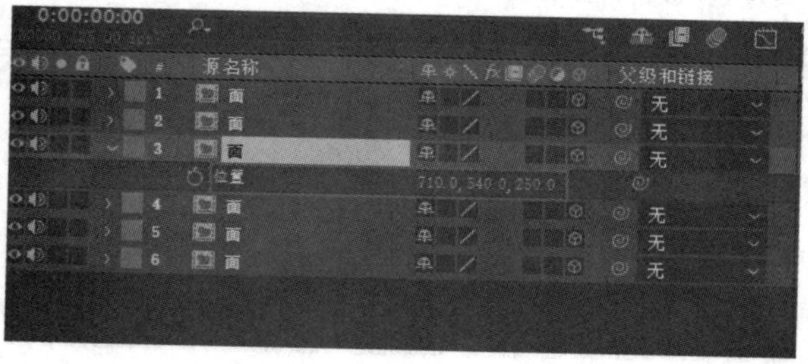

图6-33

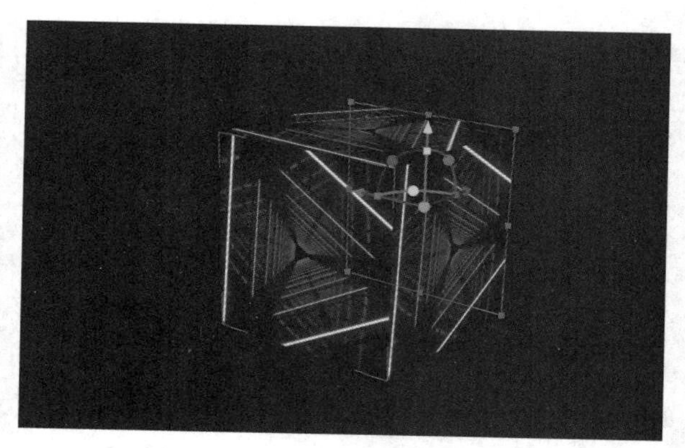

图6-34

09 新建一个空对象图层，将其放在最上层，然后将其下方的“面”合成都设置为其子级图层，打开“空 1”图层的“3D图层”开关，如图6-35所示。

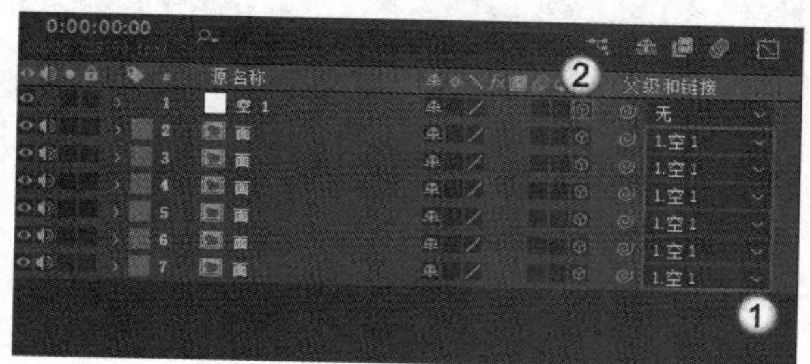

图6-35

10 选中“空 1”图层，按R键调出所有的旋转属性，为“X轴旋转”“Y轴旋转”“Z轴旋转”属性都添加表达式time*60，如图6-36所示。

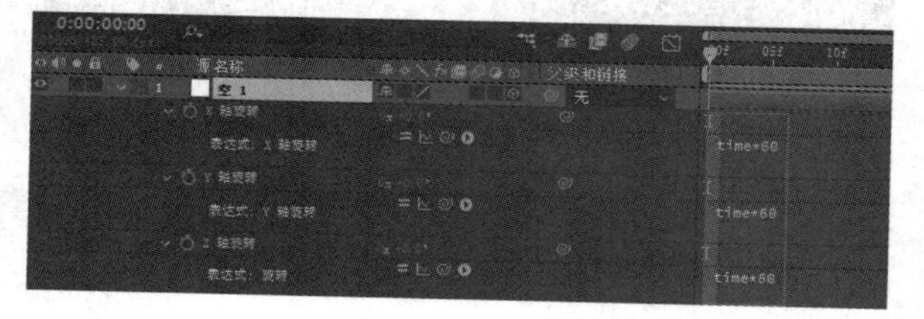

图6-36

11 为“位置”属性添加一些关键帧，使立方体在画面中产生一定的位移，如图6-37所示。

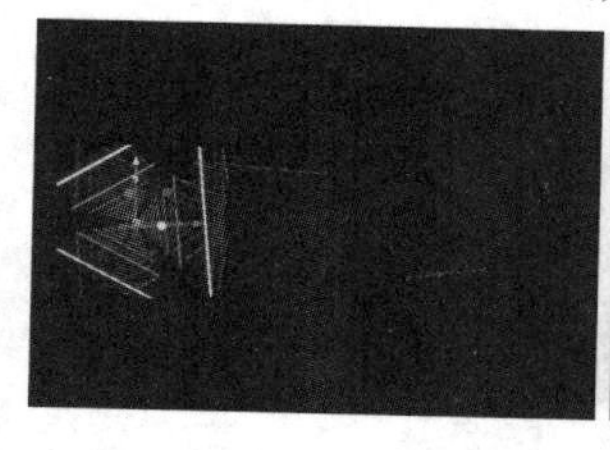

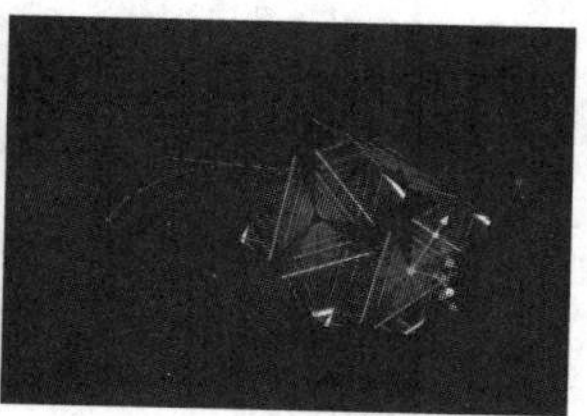

图6-37

技巧与提示

此处“位置”属性的值可任意设置。

⑫ 新建一个纯色图层放在最下层，然后添加“梯度渐变”效果，设置其“渐变起点”的值为（960,540）、“起始颜色”为深蓝色、“渐变终点”的值为（960.0,1500.0），“结束颜色”为黑色、“渐变形状”为“径向渐变”，如图6-38所示。

⑬ 随意截取4帧画面，效果如图6-39所示。

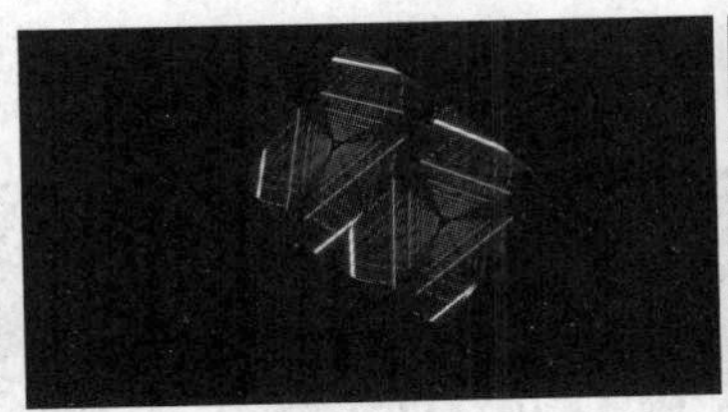

图6-38

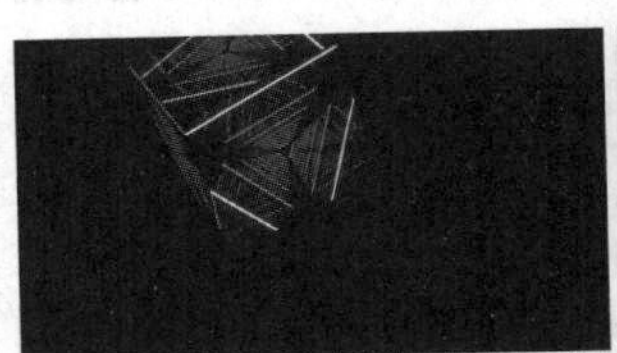
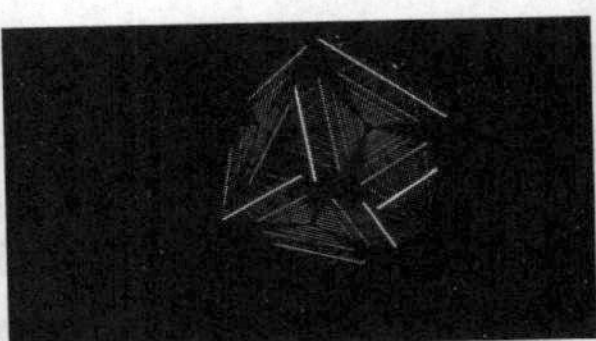
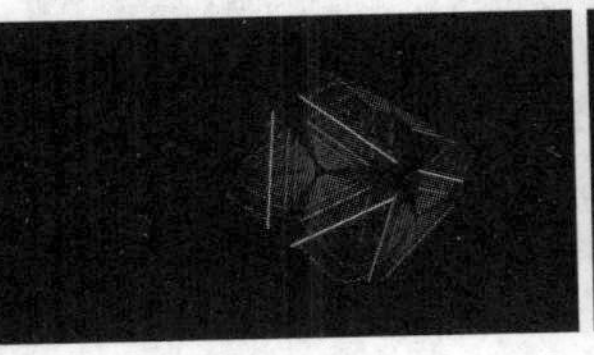

图6-39

课堂练习

制作国风3D动态效果

案例文件　案例文件>CH06>课堂练习：制作国风3D动态效果

视频名称　课堂练习：制作国风3D动态效果.mp4

学习目标　练习摄像机和3D图层的用法

本练习需要为摄像机添加位置关键帧，使其在不同z轴距离的图层间运动，从而制作出动态效果，如图6-40所示。

图6-40

6.3 运动跟踪

运动跟踪适用于制作视频合成，通过跟踪器将素材文件与原有的视频同步移动和变形。

本节内容介绍

主要内容	相关说明	重要程度
跟踪摄像机	跟踪画面形成跟踪点	高
跟踪运动	跟踪特定的画面区域	高

6.3.1 跟踪摄像机

演示视频：045- 跟踪摄像机

在“跟踪器”面板中可以选择不同的跟踪器类型，“跟踪摄像机”是常用的跟踪器，如图6-41所示。下面讲解其具体操作方法。

第1步：选中视频素材后，单击“跟踪摄像机”按钮，可以看到图6-42所示的画面。

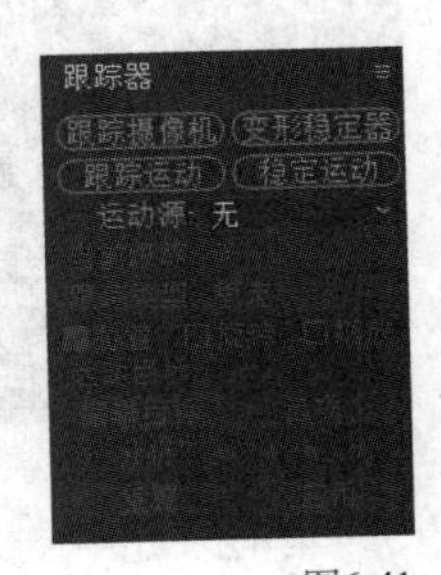

图6-41

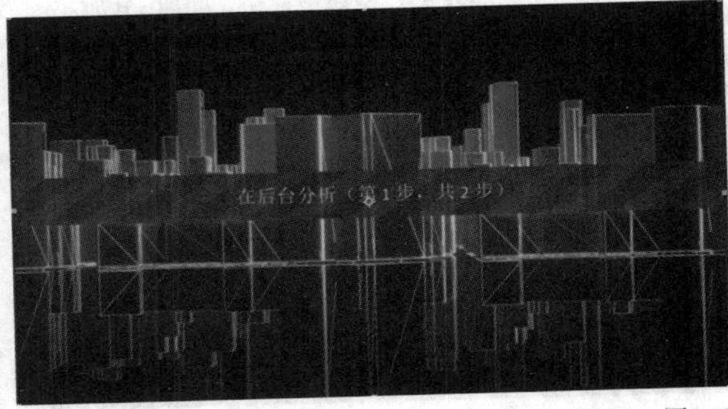

图6-42

第2步： 待系统分析完后，会出现图6-43所示的画面，表示正在解析摄像机。摄像机解析完成后，就能在画面中看到许多彩色的控制点，如图6-44所示。

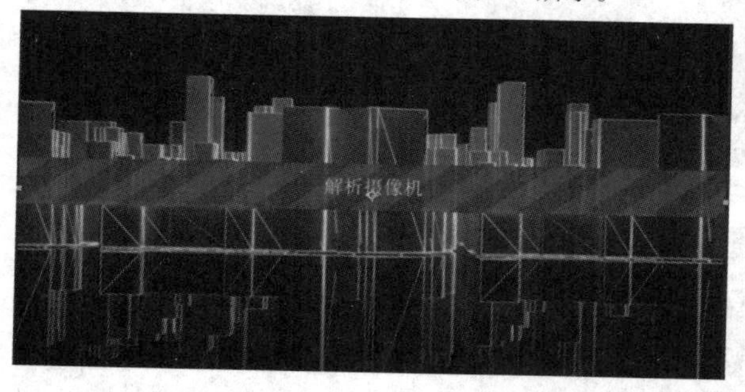

图6-43

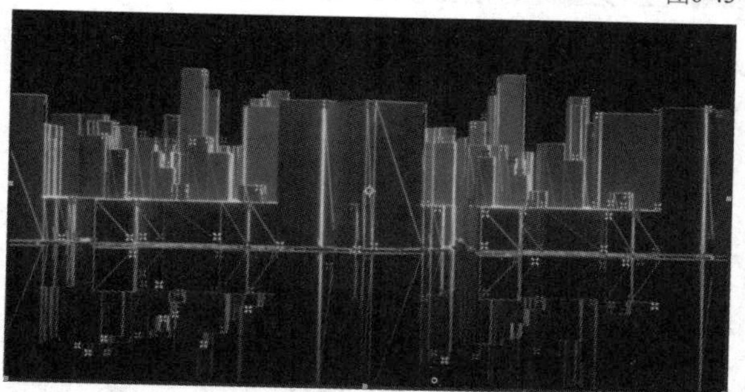

图6-44

第3步： 将鼠标指针移动到控制点上，会出现一个红色的“蚊香盘”样式的控制器，如图6-45所示。

图6-45

第4步： 选中跟踪点后单击鼠标右键，在弹出的快捷菜单中选择跟踪对象的类型并创建摄像机，如图6-46所示。

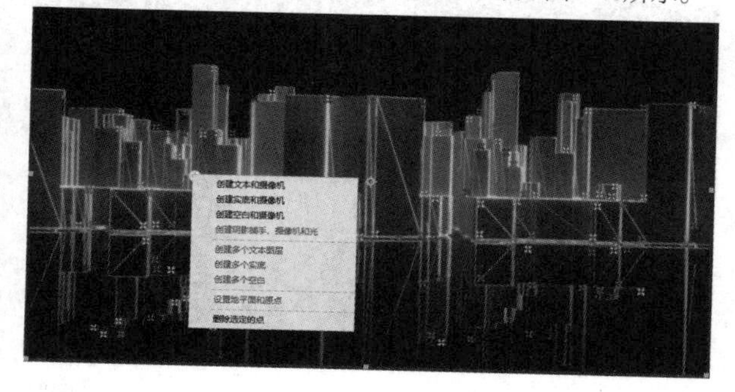

图6-46

第5步： 执行“创建实底和摄像机”命令，在“时间轴”面板中新建一个“3D跟踪器摄像机”图层和“跟踪实底 1”图层，如图6-47所示。

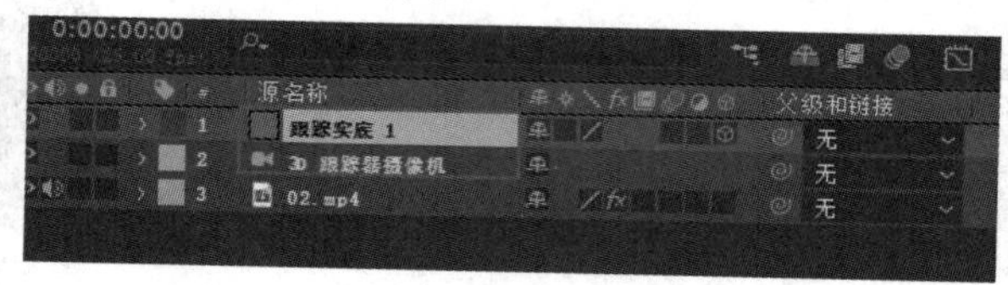

图6-47

第6步： 在“项目”面板选中要合成的素材，然后按住Alt键向下拖曳，使其替换“跟踪实底 1”图层，从而将该素材合成到画面中，如图6-48所示。

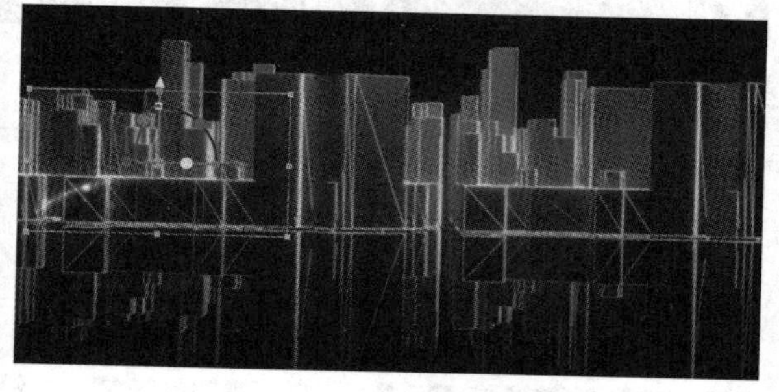

图6-48

知识点：3D摄像机跟踪器

“效果控件”面板中自动添加了“3D 摄像机跟踪器”效果，如图6-49所示。在“效果和预设”面板中搜索添加“3D 摄像机跟踪器”效果，也能进行相同的解析操作。相关介绍如下。

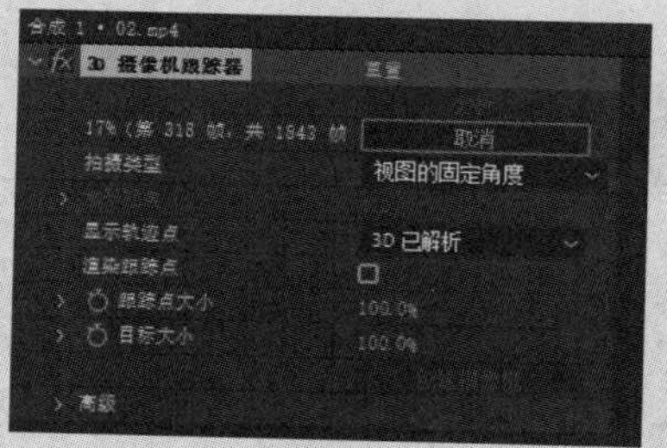

图6-49

取消： 单击此按钮，可以取消正在解析的画面。

渲染跟踪点： 勾选此复选框，画面中始终会显示跟踪点。

跟踪点大小： 用于控制画面中跟踪点的大小，方便后续操作。

6.3.2 跟踪运动

演示视频：046- 跟踪运动

如果要替换局部区域的内容，就需要使用“跟踪运动”跟踪器。下面介绍其具体操作方法。

第1步： 选中图层并单击“跟踪器”面板中的“跟踪运动”按钮，切换到“图层”面板，如图6-50所示。

第2步： 在“跟踪器”面板中设置“跟踪类型”为“透视边角定位”，画面中会出现4个控制点，如图6-51所示。

第3步： 将4个控制点移动到笔记本电脑屏幕的4个角的位置，如图6-52所示。

图6-50

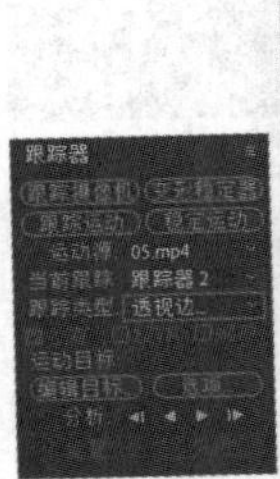

图6-51

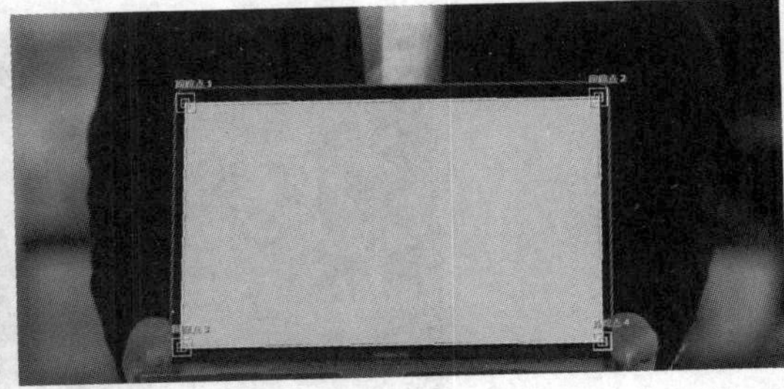

图6-52

第4步： 单击“跟踪器”面板中的“向前分析”按钮▶，系统会自动解析控制点在素材位置的移动效果，并生成关键帧，如图6-53所示。

图6-53

第5步： 观察画面，调整控制点位移较大的关键帧，使其一直跟踪需要替换内容的区域，如图6-54所示。

第6步： 单击“编辑目标”按钮，在弹出的对话框中选择需要跟踪的素材文件，如图6-55所示。

第7步： 单击“应用”按钮，将需要跟踪的素材文件替换到控制点区域内，就完成了跟踪替换，如图6-56所示。

图6-54

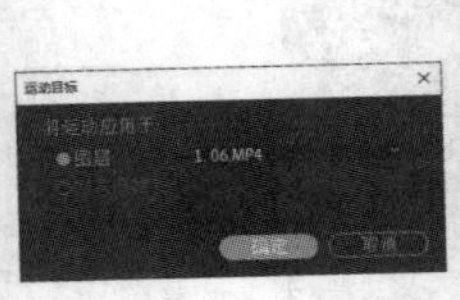

图6-55

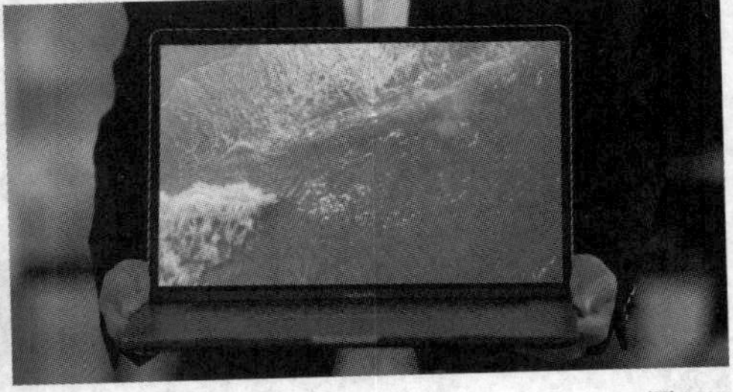

图6-56

课堂案例

制作霓虹灯合成视频

案例文件　案例文件>CH06>课堂案例：制作霓虹灯合成视频

视频名称　课堂案例：制作霓虹灯合成视频.mp4

学习目标　学习“跟踪摄像机”跟踪器的使用方法

本案例需要使用“跟踪摄像机”跟踪器将霓虹灯素材合成到背景素材中，效果如图6-57所示。

图6-57

01 在“项目”面板中导入“案例文件>CH06>课堂案例：制作霓虹灯合成视频”文件夹中的素材文件，如图6-58所示。

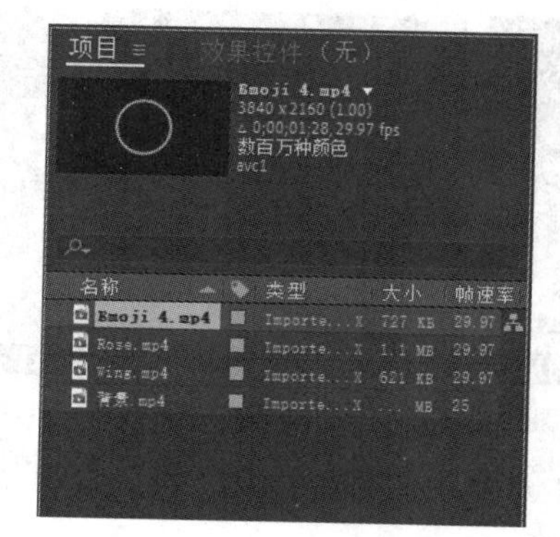

图6-58

02 其中部分素材的尺寸是3840像素×2160像素，为避免在后续跟踪摄像机时出现问题，需要先缩小素材的尺寸。新建一个1920像素×1080像素的合成，命名为“bmoji”，然后将“Emoji 4.mp4”素材文件添加到此合成中并缩小，如图6-59所示。

图6-59

技巧与提示

缩小素材的相关数值根据素材的尺寸灵活定义即可。

03 按照上一步的方法，将另外两个霓虹灯素材缩小，效果如图6-60所示。

图6-60

04 新建一个1920像素×1080像素的合成，命名为“总合成”，然后在此合成中添加“背景.mp4”素材文件，如图6-61所示。

图6-61

05 在“跟踪器”面板中单击“跟踪摄像机”按钮，如图6-62所示，可以看到图6-63所示的分析画面。

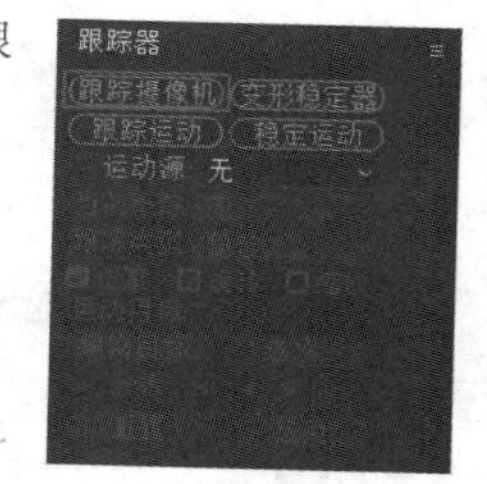

图6-62

图6-63

06 系统分析完成后，画面中会出现跟踪点，如图6-64所示。此时画面中的跟踪点太小，不方便观察，设置“跟踪点大小”的值为600.0%，就能清楚地看到跟踪点，如图6-65所示。

图6-64

图6-65

技巧与提示

如果分析完成后画面中没有出现跟踪点，按快捷键Ctrl+Shift+H就可以显示跟踪点。

07 选中画面中右侧的一个跟踪点，单击鼠标右键，在弹出的快捷菜单中执行“创建实底和摄像机”命令，如图6-66所示。创建完实底和摄像机后，该位置会出现一个实底面片，如图6-67所示。

图6-66

图6-67

技巧与提示

实底面片的颜色是随机的，不影响后续制作。

08 选中“跟踪实底 1”图层，然后在“项目”面板中选中“rose”合成，按住Alt键并将“rose”合成向下拖曳，使其覆盖“跟踪实底 1”图层，如图6-68所示。这样就能将“rose”合成替换“跟踪实底 1”图层，效果如图6-69所示。

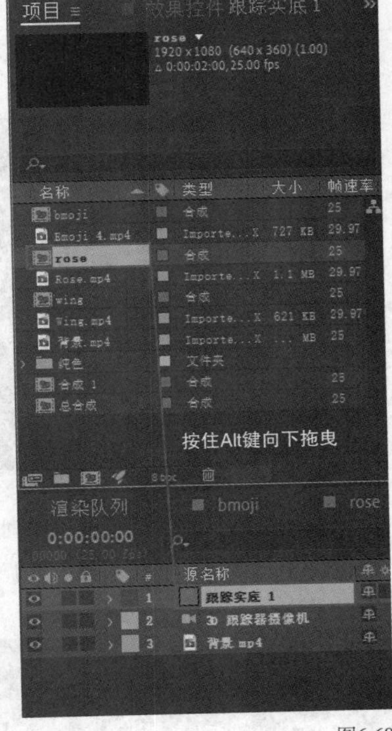

图6-68

图6-69

09 设置“rose”合成的混合模式为“变亮”，然后将其适当放大并调整旋转角度，使其更符合画面的透视角度，如图6-70所示。

图6-70

10 选中“背景.mp4”图层，然后选中画面左侧的控制点，单击鼠标右键，在弹出的快捷菜单中执行“创建实底”命令，如图6-71所示。

图6-71

11 按照步骤08的方法，将上一步创建的实底图层替换为“bmoji”合成，并将其放大且调整至合适的角度，如图6-72所示。

图6-72

12 选中“背景.mp4”图层，然后选中画面下方的控制点，单击鼠标右键，在弹出的快捷菜单中执行“创建实底”命令，如图6-73所示。

图6-73

13 将上一步创建的实底图层替换为“wing”合成，并调整其大小和角度，将其放在人像的背后，如图6-74所示。

图6-74

14 为以上3个合成添加“发光”效果，让合成的效果更加明显，如图6-75所示。

图6-75

15 截取4帧画面，效果如图6-76所示。

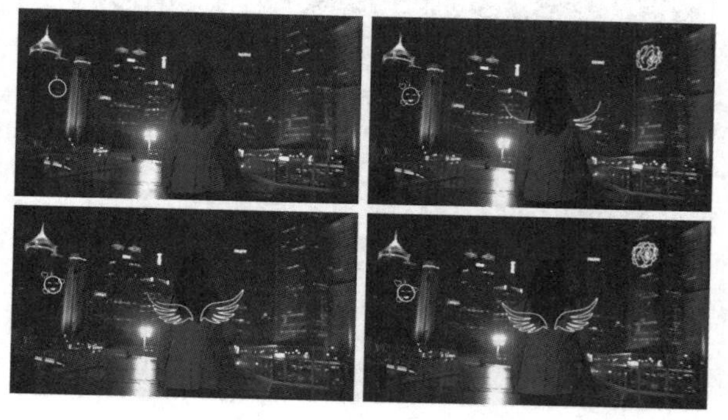

图6-76

课堂案例

制作屏幕合成视频

案例文件 案例文件>CH06>课堂案例：制作屏幕合成视频

视频名称 课堂案例：制作屏幕合成视频.mp4

学习目标 学习“跟踪运动”跟踪器的使用方法

本案例需要将计算机屏幕中的内容替换为一段科技视频素材，需要用到“跟踪运动”跟踪器，效果如图6-77所示。

图6-77

01 在“项目”面板中导入“案例文件>CH06>课堂案例：制作屏幕合成视频”文件夹中的素材文件，然后新建一个1920像素×1080像素的合成，如图6-78所示。

02 将“背景.mp4”素材文件添加到“合成 1”中，效果如图6-79所示。

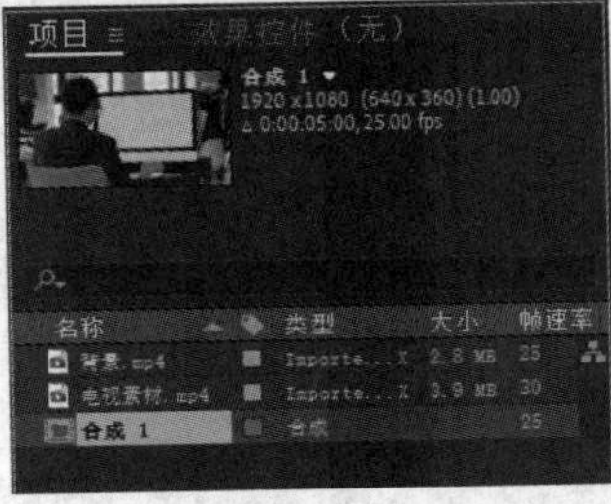

图6-78

图6-79

03 在“效果和预设”面板中找到“颜色键”效果，将其添加到“背景.mp4”图层上，然后设置其“主色”为绿色、“颜色容差”的值为28、“薄化边缘”的值为2、“羽化边缘”的值为0.8，如图6-80所示。

图6-80

技巧与提示

如果计算机中安装了Keylight插件，就可使用该插件抠掉绿色部分，效果会更好。

04 选中“背景.mp4”图层，在“跟踪器”面板单击“跟踪运动”按钮，设置其“跟踪类型”为“透视边角定位”，画面中会出现4个控制点，如图6-81所示。

05 移动4个控制点到计算机屏幕的4个角上，如图6-82所示。

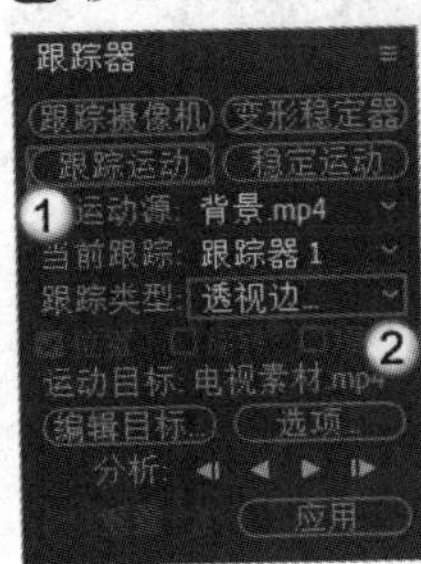

图6-81

图6-82

06 单击“向前分析”按钮▶，跟踪器会随着画面的移动而运动，如图6-83所示。

07 由于部分屏幕被人的身体遮挡，因此左侧的跟踪点会出现位移。在“背景.mp4”卷展栏中展开“动态跟踪器”卷展栏，删除“跟踪点 1”中有误差的关键帧，重新确定准确的关键帧位置，如图6-84所示。

图6-83

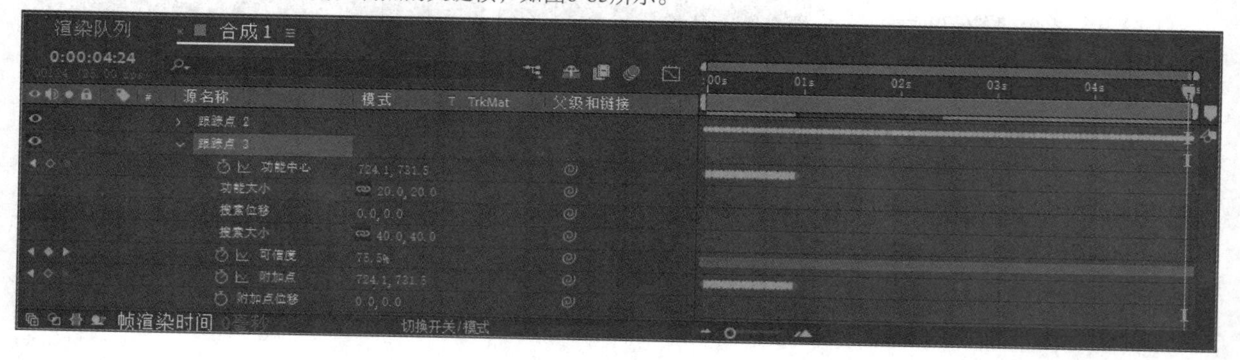

图6-84

08 按照同样的方法调整左下角控制点的关键帧，如图6-85所示。

图6-85

09 将“电视素材.mp4”素材文件添加到“时间轴”面板中，如图6-86所示。效果如图6-87所示。

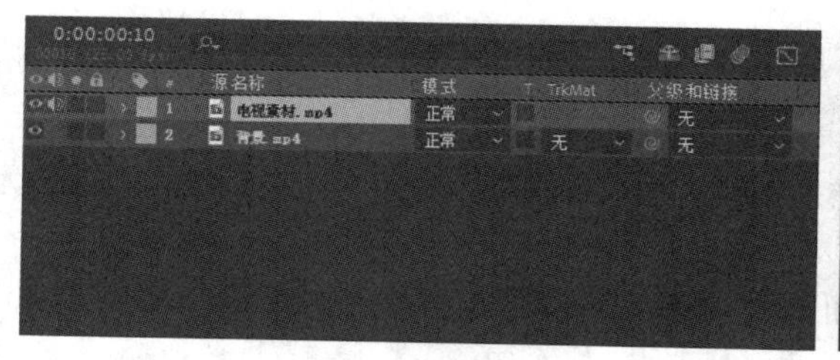

图6-86

图6-87

10 选中“背景.mp4”图层，在“追踪器”面板中单击“编辑目标”按钮，在弹出的对话框中设置“图层”为“1.电视素材.mp4”，如图6-88所示。

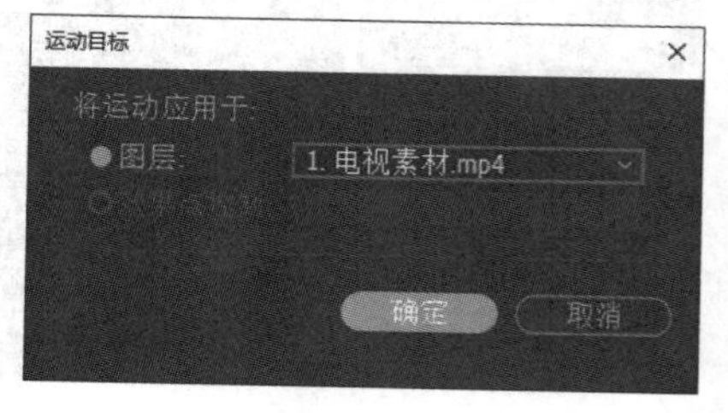

图6-88

⑪ 在“跟踪器”面板中单击“应用”按钮，将“电视素材.mp4”图层嵌套到跟踪器的范围内，如图6-89所示。

⑫ 由于“电视素材.mp4”图层遮挡了人物的部分身体，因此将“电视素材.mp4”图层移动到“背景.mp4”图层的下方，效果如图6-90所示。

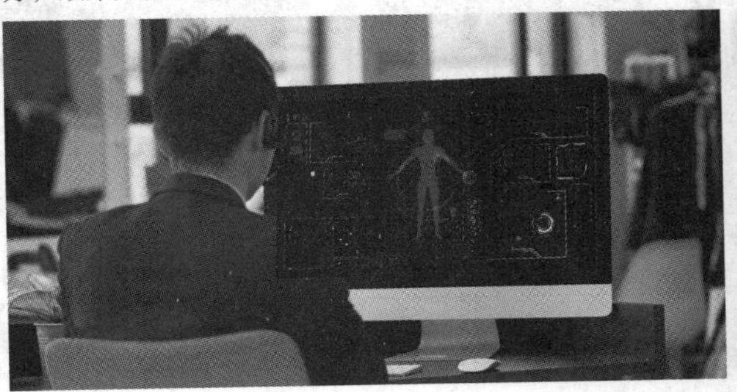

图6-89

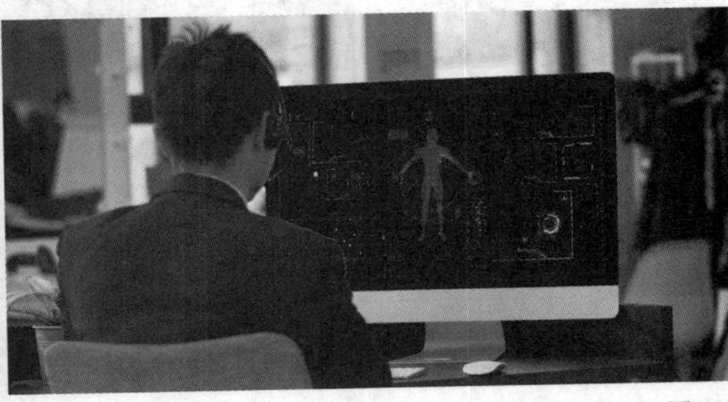

图6-90

⑬ 为“电视素材.mp4”图层添加“色相/饱和度”效果，设置其“主色相”的值为-63.0°、“主饱和度”的值为47、“主亮度”的值为8，如图6-91所示。

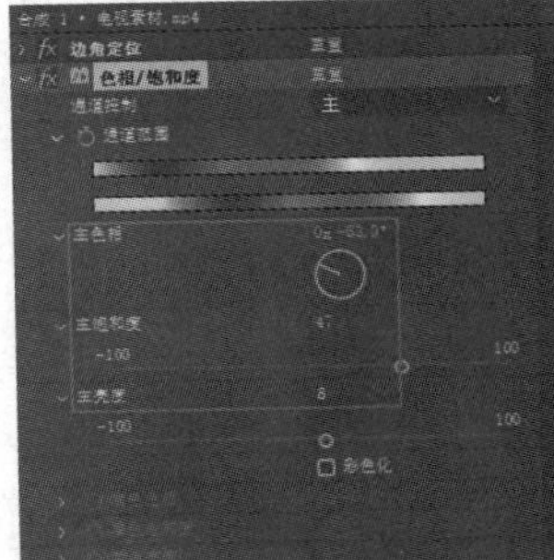

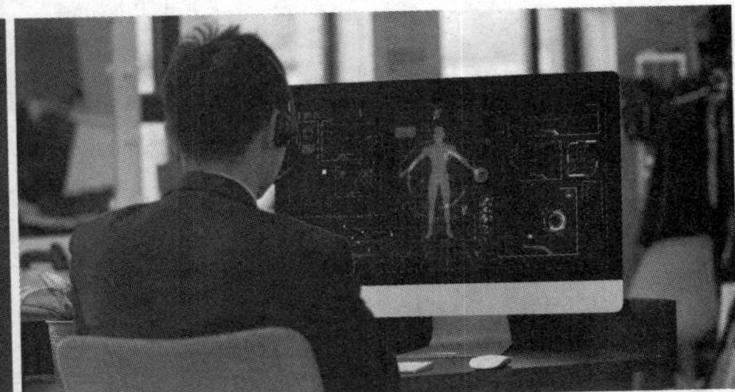

图6-91

⑭ 为“背景.mp4”图层添加“更改颜色”效果，降低图层中绿色的饱和度，使其与画面更好地融合，相关参数设置及效果如图6-92所示。

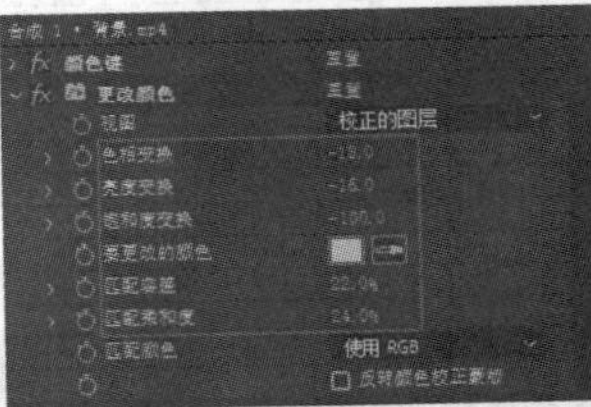

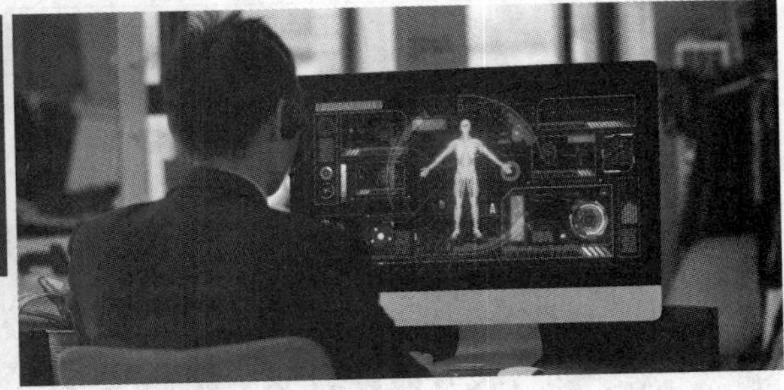

图6-92

⑮ 截取4帧画面，效果如图6-93所示。

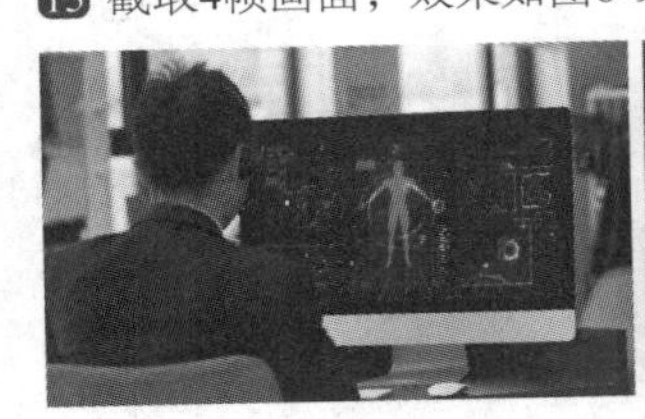

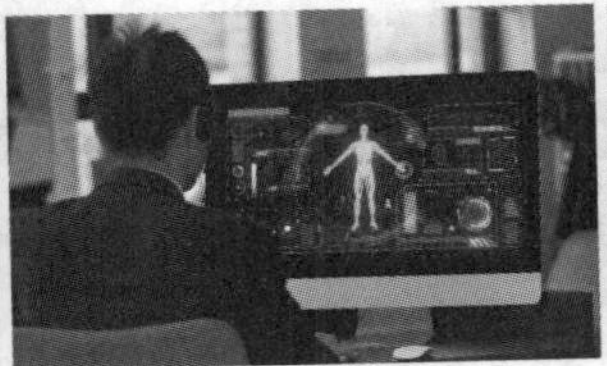
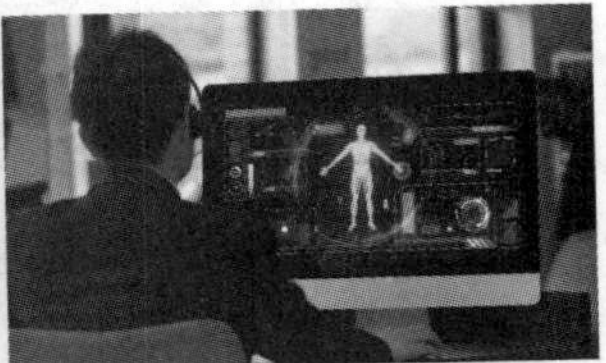

图6-93

课堂练习

为跑步视频添加卡通元素

案例文件　案例文件>CH06>课堂练习：为跑步视频添加卡通元素

视频名称　课堂练习：为跑步视频添加卡通元素.mp4

学习目标　练习“跟踪摄像机”跟踪器的用法

本练习需要使用“跟踪摄像机”跟踪器为一个跑步视频添加卡通元素，效果如图6-94所示。

图6-94

6.4 本章小结

本章讲解了After Effects中的摄像机、3D图层和运动跟踪。摄像机和3D图层的内容比较简单，运动跟踪的内容相对复杂。这些功能在实际工作中经常会用到，读者一定要完全掌握。

6.5 课后习题

本节安排了两个课后习题供读者练习。要完成这两个习题，需要对本章的知识进行综合运用。如果在练习时遇到困难，则可以观看相应教学视频。

6.5.1 课后习题：制作动态字幕框

案例文件	案例文件>CH06>课后习题：制作动态字幕框
视频名称	课后习题：制作动态字幕框.mp4
学习目标	练习3D图层和摄像机的用法

本习题需要打开字幕框和文字图层的“3D图层”开关，实现简单的动态效果，效果如图6-95所示。

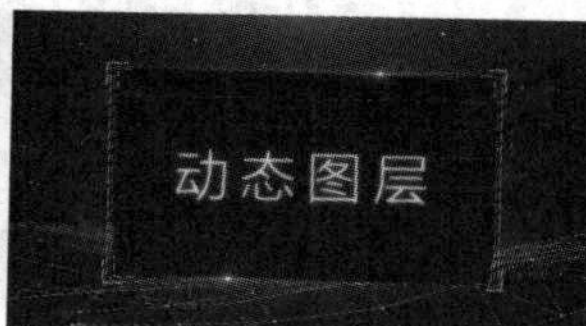

图6-95

6.5.2 课后习题：制作元素合成视频

案例文件	案例文件>CH06>课后习题：制作元素合成视频
视频名称	课后习题：制作元素合成视频.mp4
学习目标	练习跟踪运动工具的使用方法

本习题需要将一张插画合成到视频中，替换笔记本电脑的背面，效果如图6-96所示。

图6-96

After Effects

文字动画

在After Effects中，除了可以用图形元素制作动画外，还可以用文字制作动画。文字本身也是一种图形，而且是辨识度较高的特殊图形。在制作动画时使用文字，一来可以丰富视觉效果，明确画面内容的主次关系；二来可以更有效地传播信息。

课堂学习目标

- 掌握文字的创建及其属性的修改方法
- 掌握动画制作工具

7.1 文字的创建与“字符”面板

After Effects中的文字操作不是很复杂，与Photoshop和Premiere Pro中的文字操作相似。

本节内容介绍

主要内容	相关说明	重要程度
文字的创建	创建文字的不同方法	高
“字符”面板	调整文字的属性	高

7.1.1 文字的创建

演示视频：047- 文字的创建

在After Effects中创建文字有两种方法：一种是运用工具栏中的文字工具；另一种是在“时间轴”面板中创建文本图层。

1.文字工具

工具栏中有两种文字工具，分别是“横排文字工具”和“直排文字工具”，这两种工具的快捷键都是Ctrl+T，如图7-1所示，具体介绍如下。

图7-1

“横排文字工具”按钮：用于创建从左到右横向展示的文字，如图7-2所示。

“直排文字工具”按钮：用于创建从上到下纵向展示的文字，如图7-3所示。

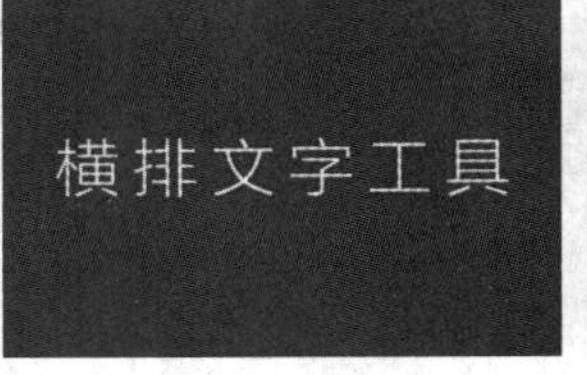

图7-2

图7-3

2.文本图层

在“时间轴”面板中单击鼠标右键，在弹出的快捷菜单中执行“新建文本”命令，如图7-4所示，可以直接创建一个文本图层。输入的文字在画面中默认横排。

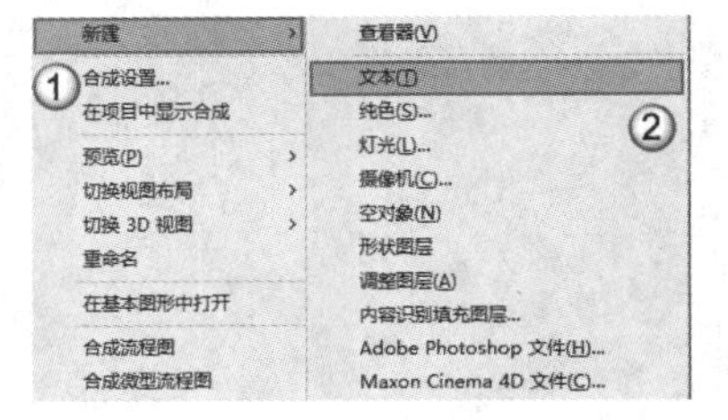

图7-4

7.1.2 “字符”面板

演示视频：048- “字符”面板

在“字符”面板中可以调整输入的文字的字体、颜色和大小等属性，如图7-5所示，具体介绍如下。

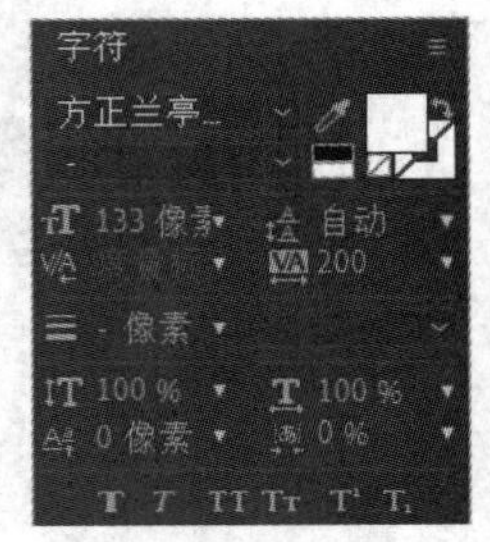

图7-5

设置字体系列：在其下拉列表中可以选择本机安装的有字体。

设置字体样式：在其下拉列表中可以选择字体的不同样式。

技巧与提示

有些字体有不同的粗细样式，有些字体则只有本身的样式。

填充颜色：用于设置文字的填充颜色，如图7-6所示。

图7-6

描边颜色：用于设置文字描边的颜色，如图7-7所示。

图7-7

设置字体大小：用于调节文字的大小，单位为像素。

设置行距：用于调节文字之间的行距，如图7-8所示。

图7-8

设置所选字符的字符间距：用于调节文字之间的距离，如图7-9所示。

图7-9

设置描边宽度： 当设置文字的描边颜色后，通过该参数指定描边的宽度，如图7-10所示。

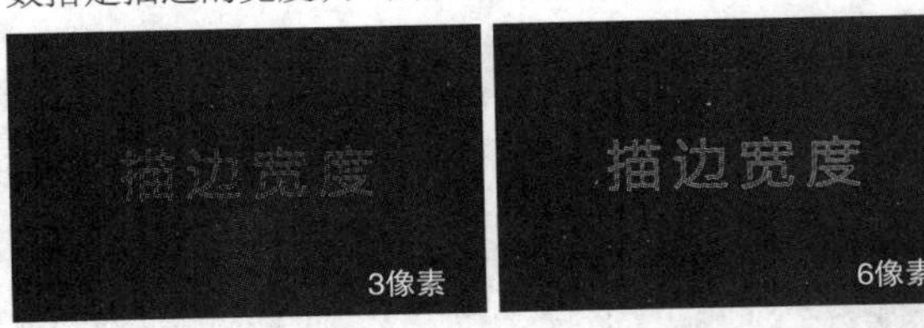

图7-10

垂直缩放： 用于调节文字纵向的拉伸程度，如图7-11所示。

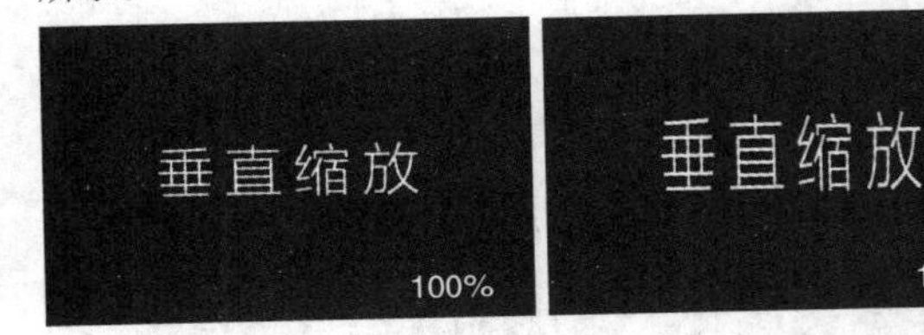

图7-11

水平缩放： 用于调节文字横向的拉伸程度，如图7-12所示。

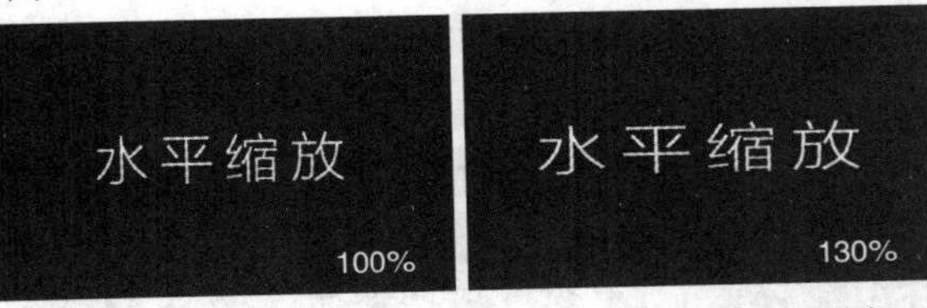

图7-12

仿粗体： 用于将文字加粗。

仿斜体： 用于使文字产生一定的倾斜。

全部大写字母： 用于将文字中的小写字母转换为大写字母，如图7-13所示。

图7-13

小型大写字母： 在将小写字母转化为大写字母后，不改变文字大小，如图7-14所示。

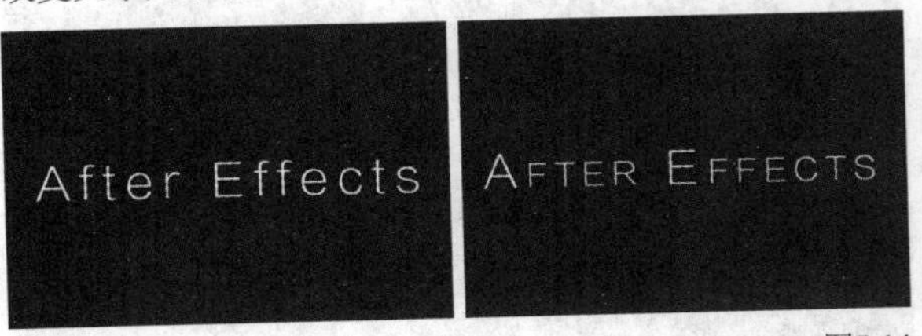

图7-14

上标： 用于将选中的文字转换为上标，常用于数学单位，如图7-15所示。

下标： 用于将选中的文字转换为下标，常用于化学式，如图7-16所示。

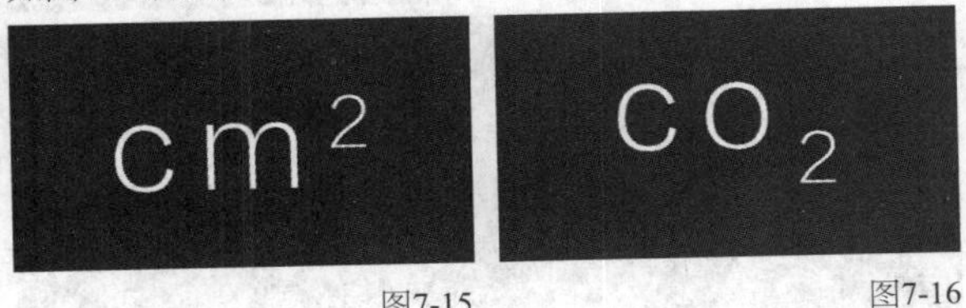

图7-15　　图7-16

7.2 文字动画

在After Effects中，除了可以通过为常用属性添加关键帧来制作动画外，还可以通过文字、动画制作工具和动画预设来制作动画。

本节内容介绍

主要内容	相关说明	重要程度
源文本动画	创建源文本动画	高
路径文字动画	可使文字沿着路径运动生成动画	高
动画制作工具	用于辅助制作文字动画	高
文字动画预设	系统提供的已经制作好的动画预设	中

7.2.1 源文本动画

演示视频：049- 源文本动画

文本图层有“源文本”属性，如图7-17所示，为该属性添加关键帧后，就能根据时间切换文本内容。下面讲解实际操作方法。

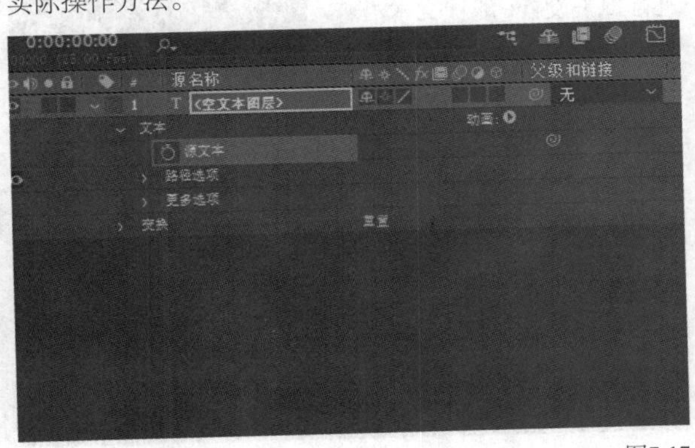

图7-17

第1步： 输入文本内容，并为“源文本”属性添加关键帧，如图7-18所示。

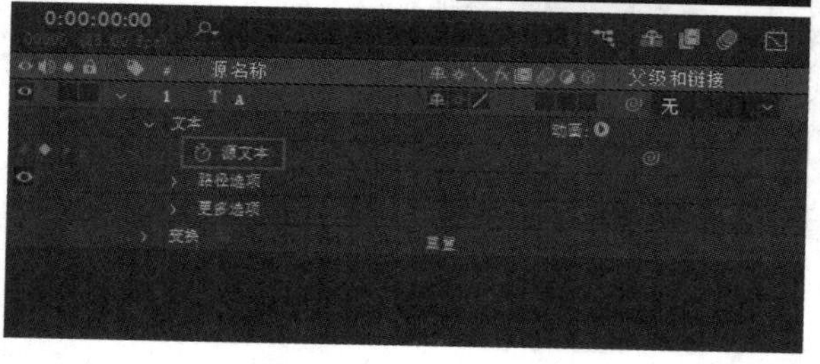

图7-18

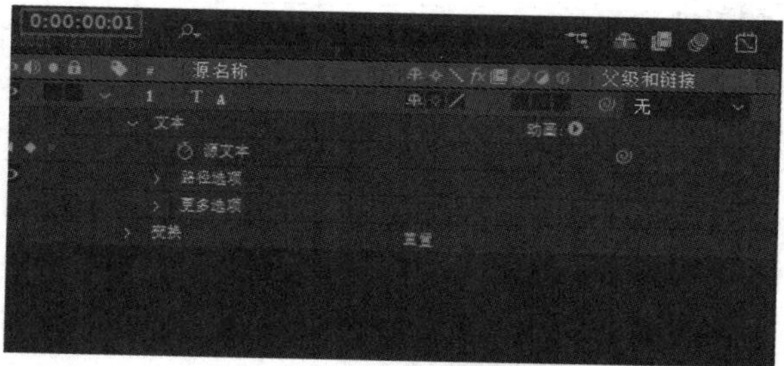

第2步： 移动时间指示器到下一个需要的位置，然后修改文本内容，如图7-19所示。

图7-19

第3步： 移动时间指示器，可以看到文本变化的动画效果。

7.2.2 路径文字动画

演示视频：050－路径文字动画

在文本图层上绘制蒙版，然后通过“路径选项”卷展栏进行相关设置，能让文本沿着蒙版路径显示，如图7-20所示。

图7-20

在“路径选项”卷展栏中可以设置文字的路径等相关属性，如图7-21所示，具体介绍如下。

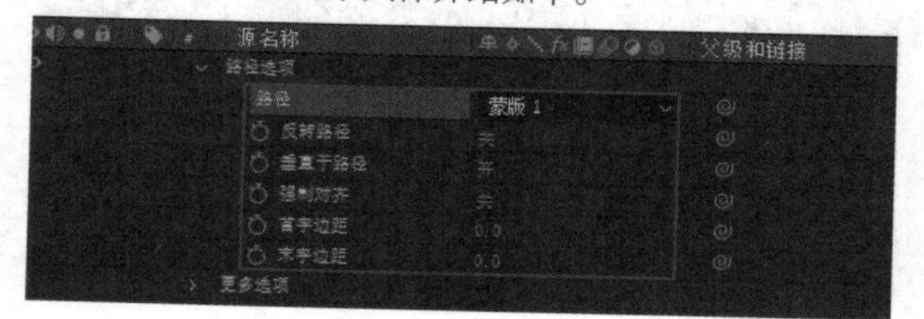

图7-21

路径： 在其下拉列表中可以选择文字需要链接的路径。

反转路径： 当将该属性设置为“开”时，文字会沿着路径反转排列，如图7-22所示。

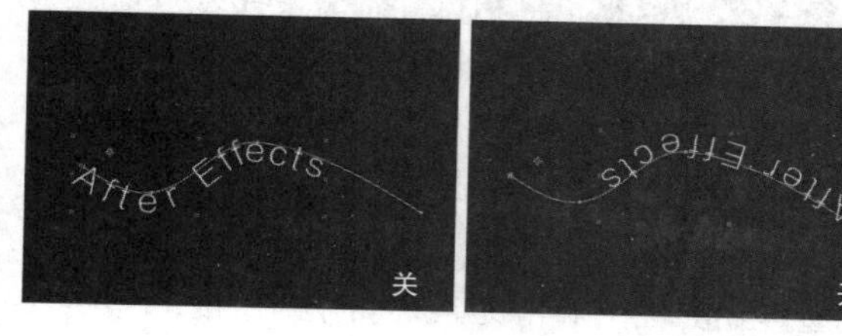

图7-22

垂直于路径： 默认情况下，该属性为“开”，可以让文字垂直于路径排列，如图7-23所示。

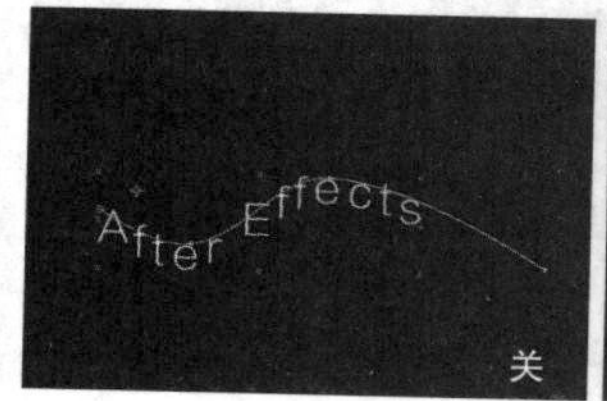

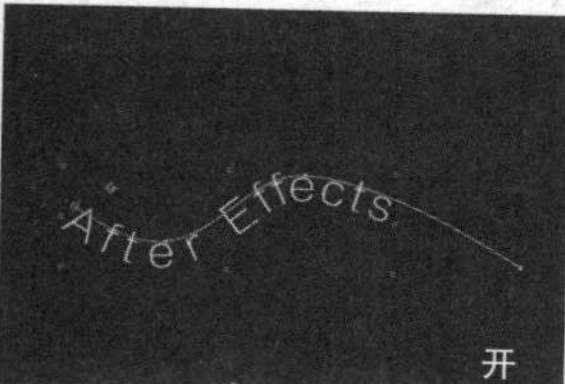

图7-23

强制对齐： 当将该属性设置为“开”时，会强制文字两端对齐路径，如图7-24所示。

图7-24

首字边距： 用于调整起始文字在路径上移动的距离，如图7-25所示。

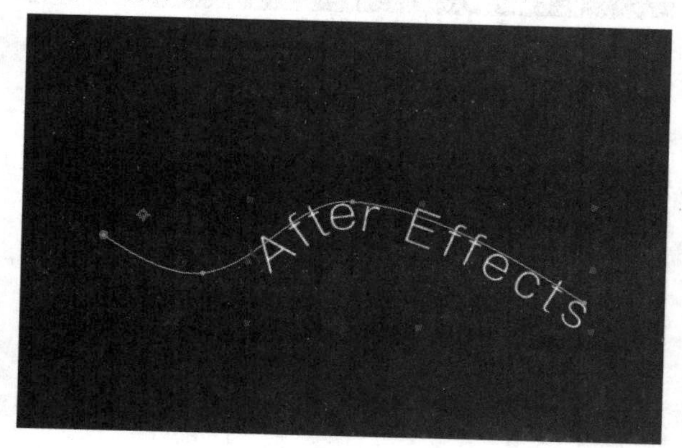

图7-25

7.2.3 动画制作工具

演示视频：051– 动画制作工具

“动画”列表中有多种动画制作工具，如图7-26所示，用于为文字添加不同的属性，生成复杂的动画效果。相关属性的介绍如下。

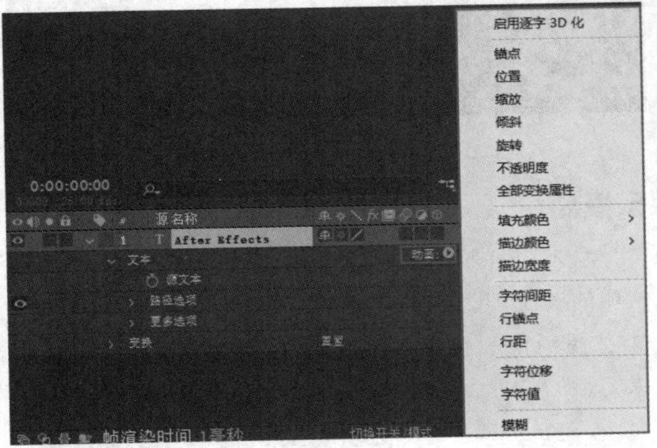

图7-26

1.启用逐字3D化

添加“启用逐字3D化”属性后，可以将文本图层转换为3D图层，其中每个字都能被单独控制，如图7-27所示。

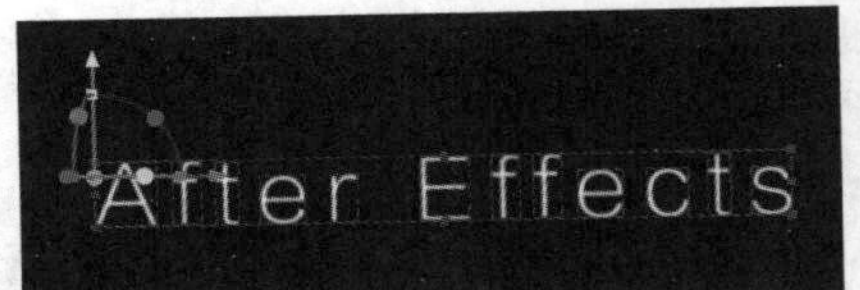

图7-27

2.位置

添加“位置”属性后，当前文本图层中会出现“范围选择器”卷展栏和“位置”属性，如图7-28所示，具体介绍如下。

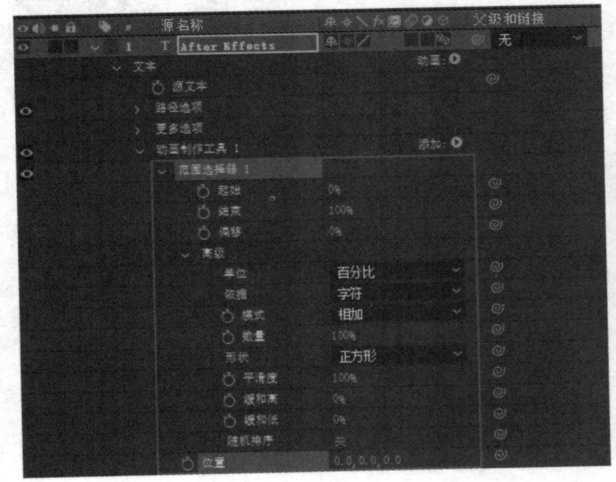

图7-28

起始：用于设置范围选择器起始位置的移动百分比，同时控制每个文字移动的效果，如图7-29所示。

图7-29

> **技巧与提示**
>
> 只有为添加的“位置”属性设置数值后，调整“起始”属性的数值，文字才会产生相应变化。

结束：用于设置范围选择器结束位置的移动百分比，同时控制每个文字移动的效果，如图7-30所示。

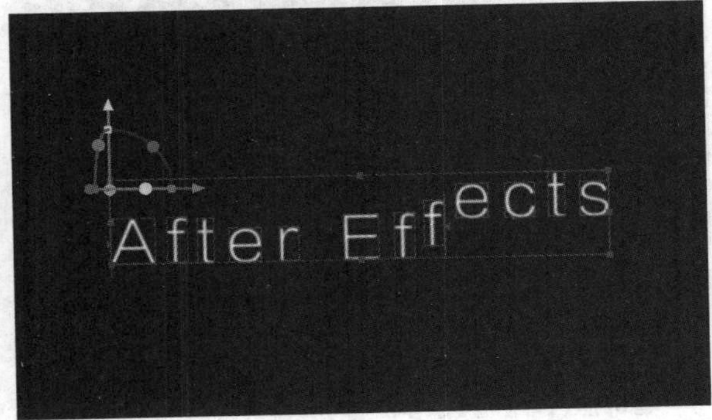

图7-30

偏移：用于设置从开始到结束的数值范围。

依据：用于设置文字之间移动的成组关系，具体介绍如下。

字符：用于按照单个文字逐个移动，如图7-31所示。

词：用于按照词组进行移动，如图7-32所示。

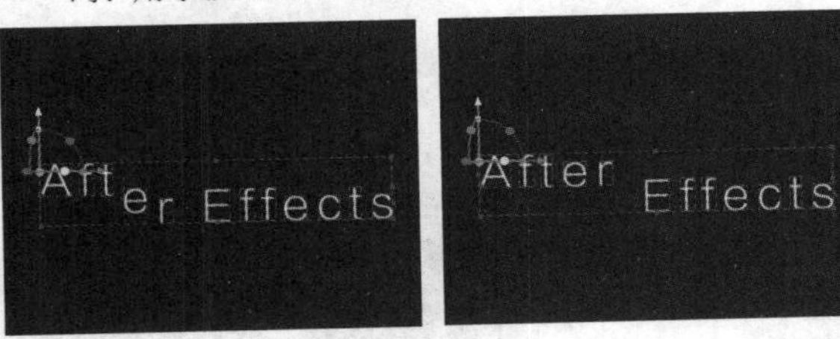

图7-31　图7-32

行：用于按照行进行移动。

形状：在其下拉列表中可以选择不同的形状，从而控制文字的运动效果，如图7-33所示。

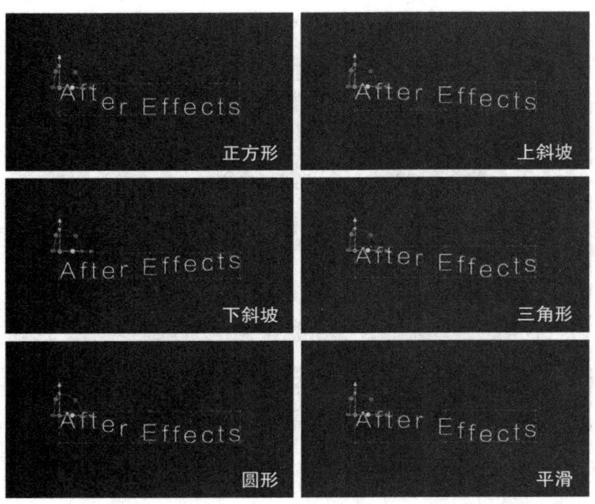

图7-33

随机排序： 默认情况下，该属性为“关”，表示文字会按顺序逐个移动；将其设置为“开”后，文字会按照随机的顺序移动，如图7-34所示，此时会激活“随机植入”属性。

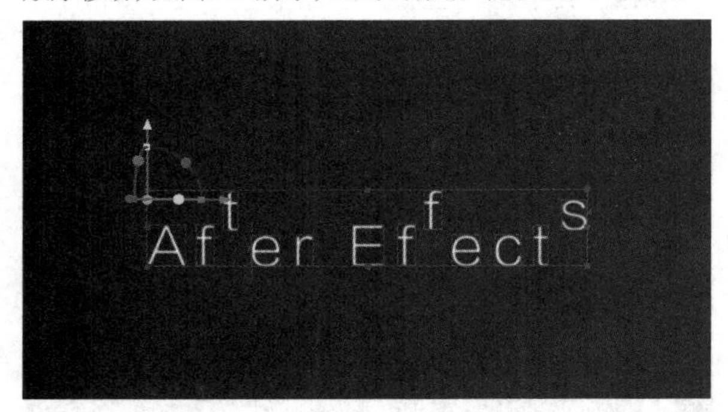

图7-34

随机植入： 用于设置不同的随机效果。

位置： 用于设置文字在x轴、y轴和z轴移动的距离。

> **技巧与提示**
>
> “旋转”“缩放”“不透明度”属性与“位置”属性一样，添加后都会出现“范围选择器”卷展栏，它们的用法类似，这里不再赘述。

3.填充颜色

添加“填充颜色”属性后，会改变文字的颜色，同时添加“范围选择器”卷展栏。通过设置“范围选择器”卷展栏中的属性，可实现文字颜色变化的动画效果，如图7-35所示。

图7-35

4.字符位移

添加“字符位移”属性后，会随机改变文字内容，从而形成乱码的效果，如图7-36所示。通过设置“范围选择器”卷展栏中的属性，可实现文字逐渐显示正确的动画效果，如图7-37所示。

图7-36

图7-37

5.模糊

添加“模糊”属性后，通过设置“范围选择器”卷展栏中的属性，可实现文字模糊的动画效果，如图7-38所示。

图7-38

7.2.4 文字动画预设

演示视频：052- 文字动画预设

前面的案例中用到了文字动画预设，预设中已经设置好了动画需要的关键帧，只要按照实际需求调整关键帧的位置即可实现相应动画效果。在“效果和预设”面板中展开“动画预设”卷展栏，其中的Text卷展栏罗列了多种类型的文字动画预设，如图7-39所示。

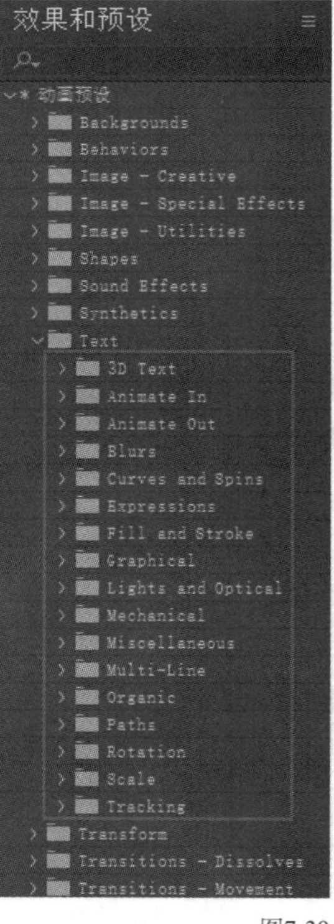

图7-39

> **技巧与提示**
>
> 在有些版本的After Effects中，动画预设显示为中文，有些版本的After Effects中则显示为英文，具体以软件显示为准。

3D Text：用于生成3D类型的文字动画，效果如图7-40所示。

图7-40

Animate In：用于生成进入画面的文字动画，效果如图7-41所示。

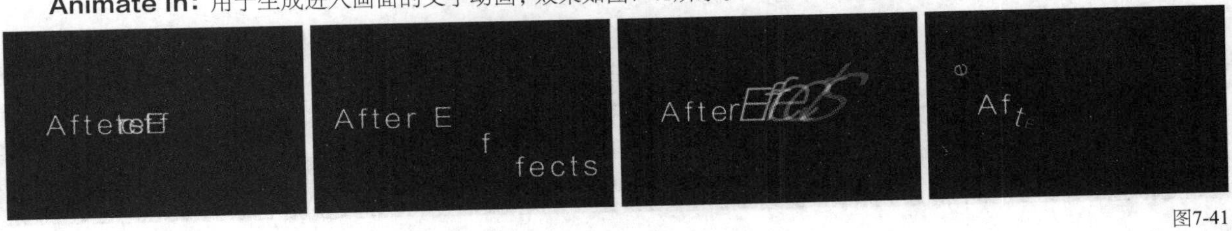

图7-41

Animate Out：用于生成离开画面的文字动画，效果如图7-42所示。

图7-42

Blurs：用于生成模糊的文字动画，效果如图7-43所示。

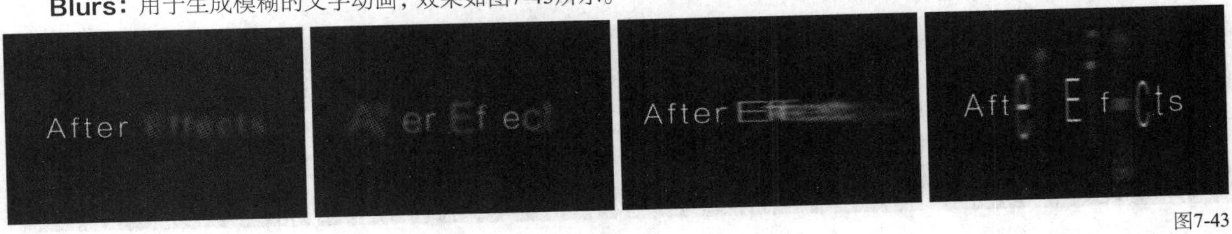

图7-43

Curves and Spins：用于生成旋转的文字动画，效果如图7-44所示。

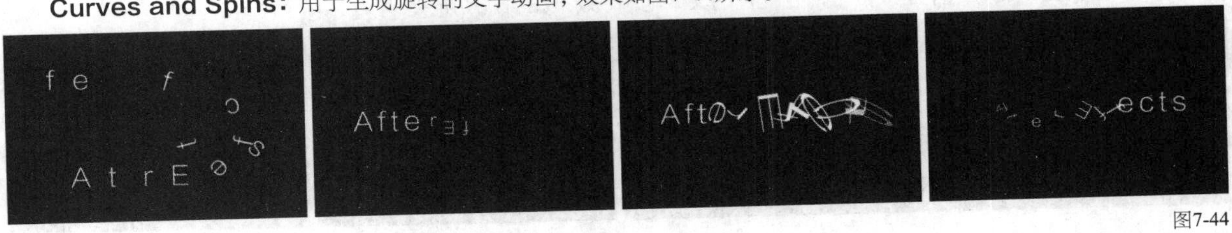

图7-44

Expressions：用于通过表达式生成特定的文字形式，效果如图7-45所示。

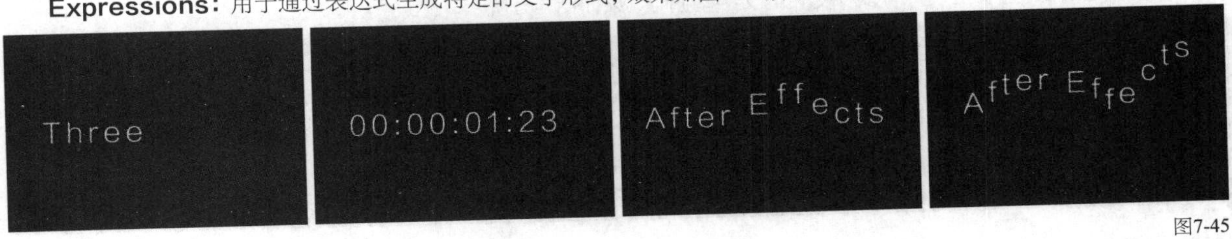

图7-45

Fill and Stroke: 用于生成填充和描边形式的文字动画，效果如图7-46所示。

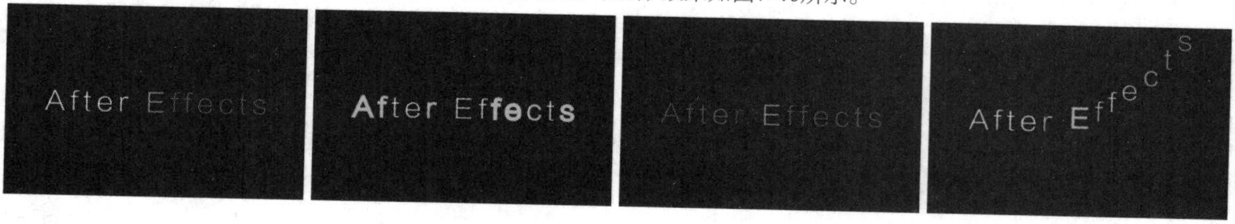

图7-46

Graphical: 用于生成图形化的文字动画，效果如图7-47所示。

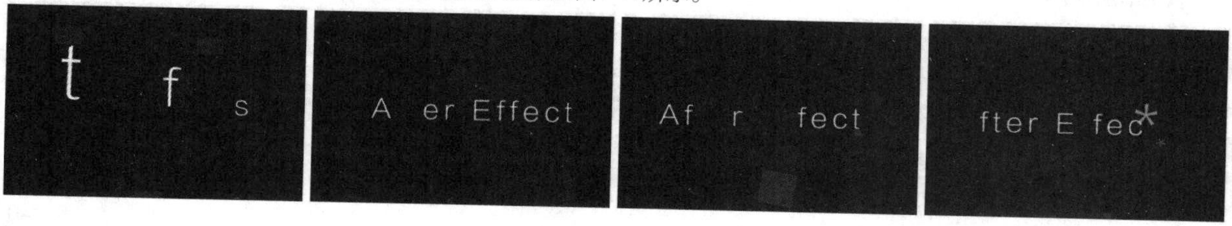

图7-47

Lights and Optical: 用于生成具有亮度变化的文字动画，效果如图7-48所示。

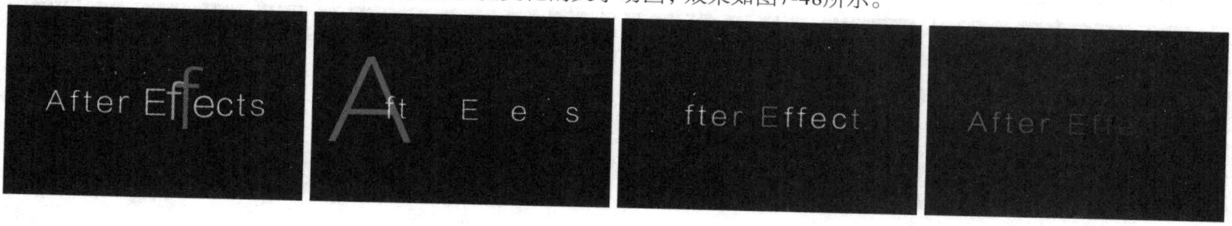

图7-48

Mechanical: 用于生成具有机械性变化的文字动画，效果如图7-49所示。

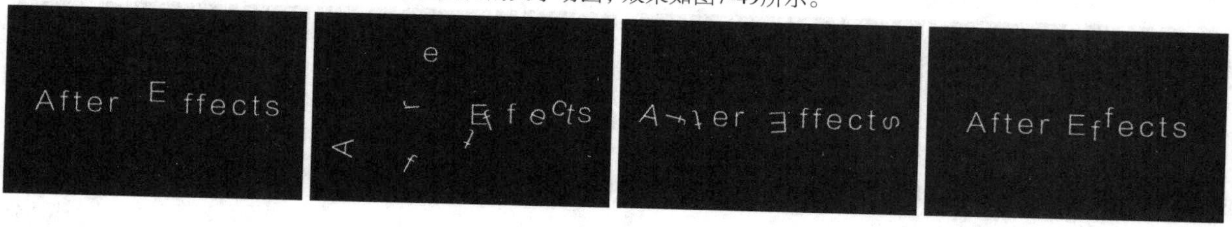

图7-49

Miscellaneous: 用于生成具有混合变化的文字动画，效果如图7-50所示。

图7-50

Multi-Line: 用于生成具有多种变化的文字动画，效果如图7-51所示。

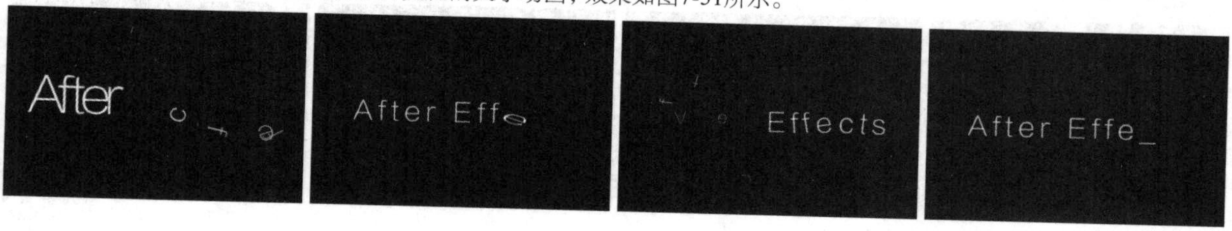

图7-51

Organic：用于生成有规律的文字动画，效果如图7-52所示。

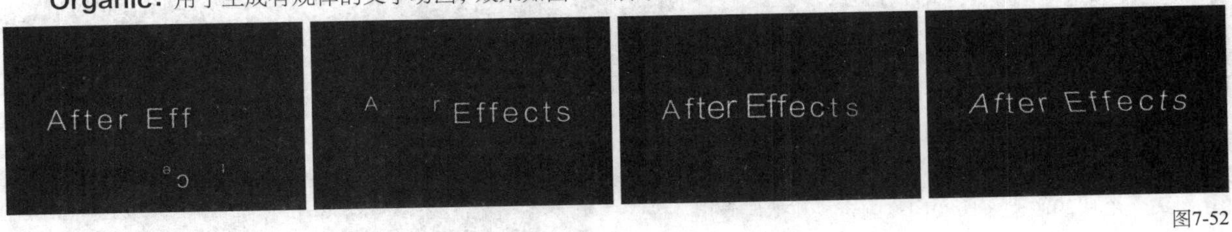

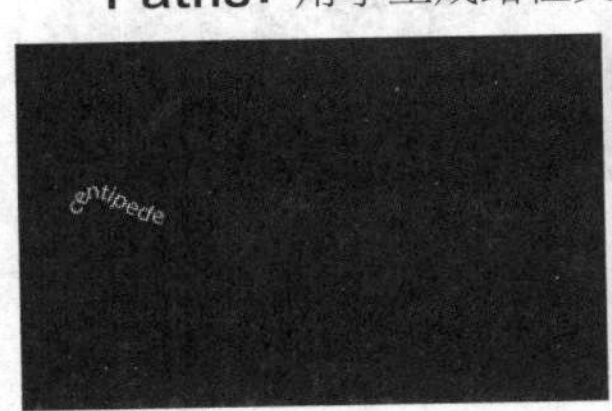

图7-52

Paths：用于生成路径文字动画，效果如图7-53所示。

图7-53

> **技巧与提示**
>
> 使用“Text”卷展栏中的文字动画预设，会替换原有的文本内容。

Rotation：用于生成旋转的文字动画，效果如图7-54所示。

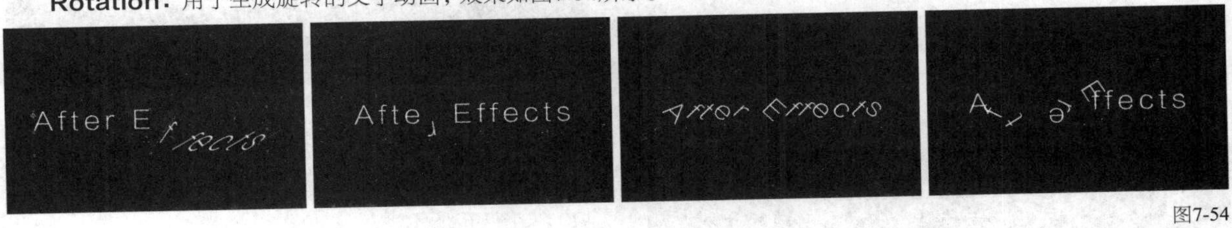

图7-54

Scale：用于生成放大或缩小的文字动画，效果如图7-55所示。

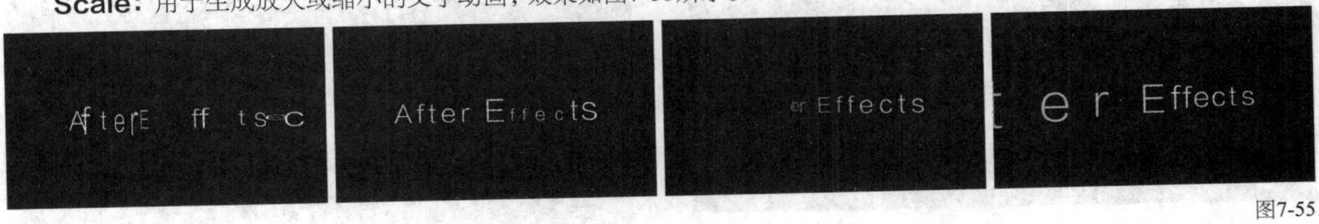

图7-55

Tracking：用于生成位置跟踪的文字动画，效果如图7-56所示。

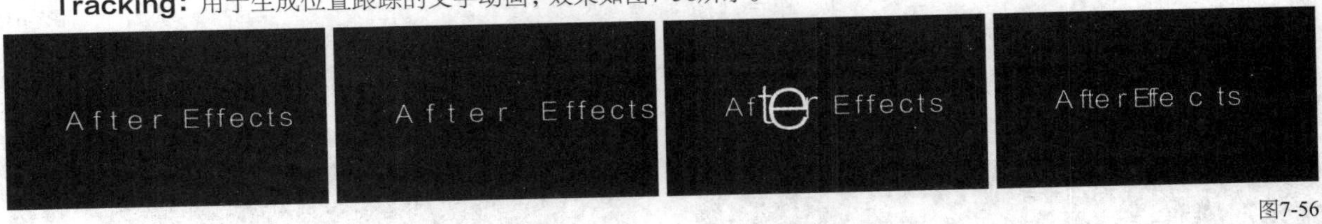

图7-56

课堂案例

制作跳动文字动画

案例文件	案例文件>CH07>课堂案例：制作跳动文字动画
视频名称	课堂案例：制作跳动文字动画.mp4
学习目标	学习动画制作工具的用法

本案例需要使用动画制作工具来制作一个简单的跳动文字动画，效果如图7-57所示。

图7-57

01 新建一个1920像素×1080像素的合成，然后使用“横排文字工具”T在画面中输入“Jump”，具体参数设置及效果如图7-58所示。

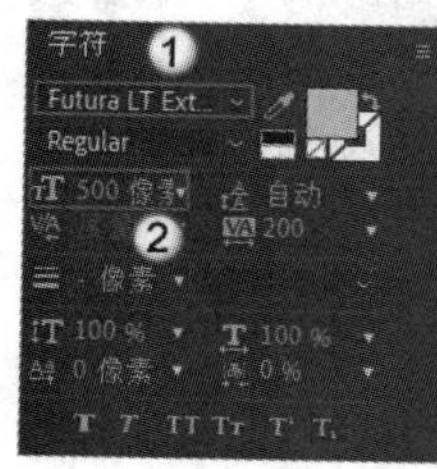

图7-58

> **技巧与提示**
>
> 读者可选择自己喜欢的字体，案例中的字体仅供参考。为了美观，此处的首字母使用黄色，其余字母使用白色。

02 展开文本图层卷展栏，单击“动画”右侧的按钮添加“位置”属性，如图7-59所示。

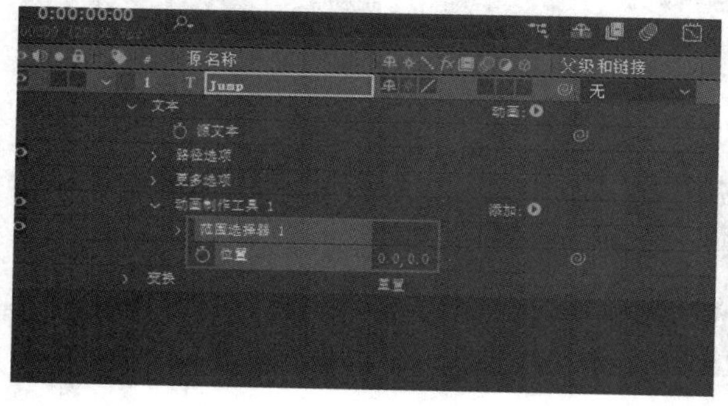

图7-59

03 此时文字的“位置”属性不是三维属性，单击“动画”右侧的按钮，在弹出的列表中选择“启用逐字3D化”选项，将“位置”属性变为三维属性，如图7-60和图7-61所示。

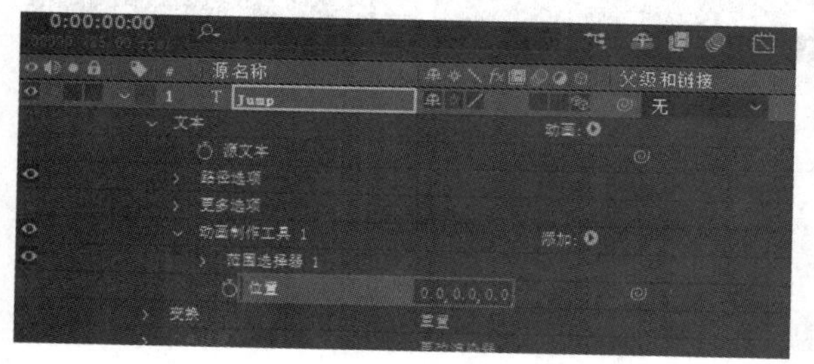

图7-60

图7-61

04 设置“位置”的值为（0.0,0.0,－3000.0），如图7-62所示，就能将文字全部移出画面。

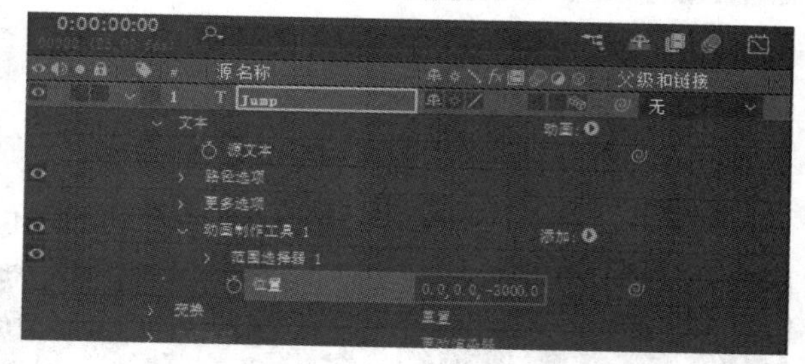

图7-62

05 确保时间指示器位于剪辑的起始位置，设置“偏移”的值为－100%，并添加关键帧，然后设置“形状”为“上斜坡”，如图7-63所示。

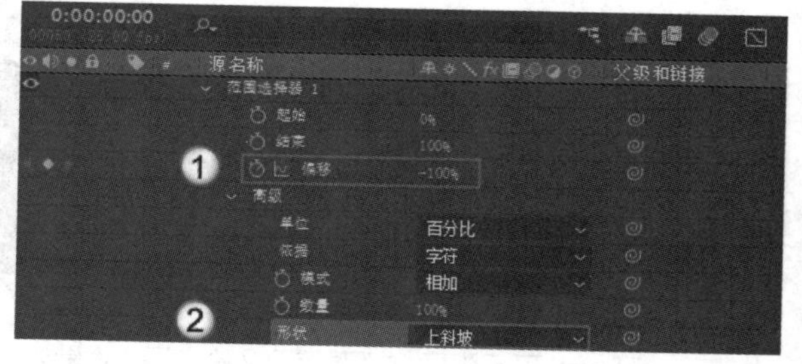

图7-63

06 移动时间指示器到0:00:01:00和0:00:02:00的位置，分别设置“偏移”的值为100%，使文字停留在画面中，如图7-64和图7-65所示。

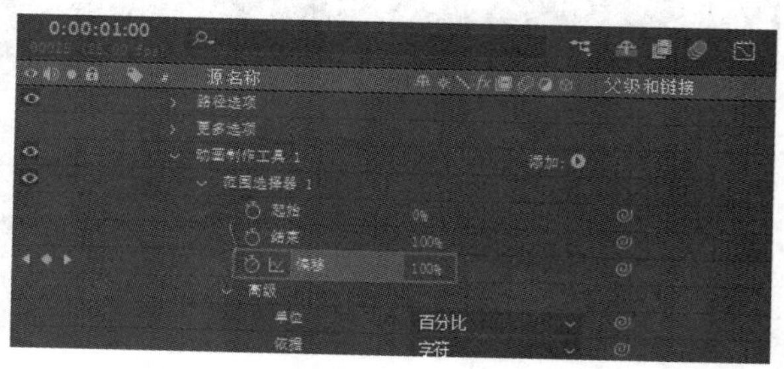

图7-64

图7-65

07 移动时间指示器到0:00:03:00的位置，设置“偏移”的值为-100%，如图7-66所示，使文字再次离开画面。动画效果如图7-67所示。

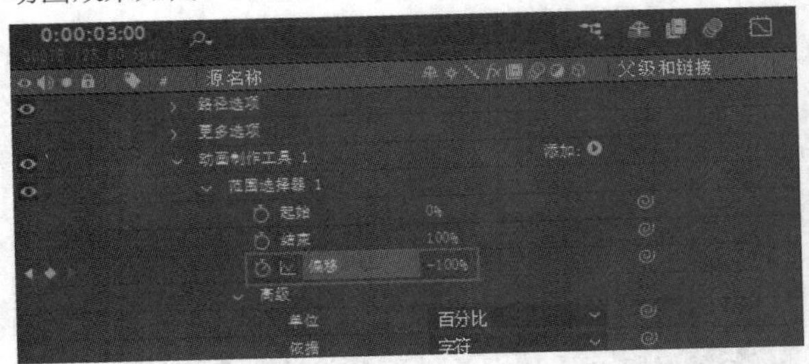

图7-66

图7-67

08 默认情况下，文字按照顺序逐个出现或消失。在“高级”卷展栏中设置“随机排序”为“开”，让文字随机出现和消失，如图7-68和图7-69所示。

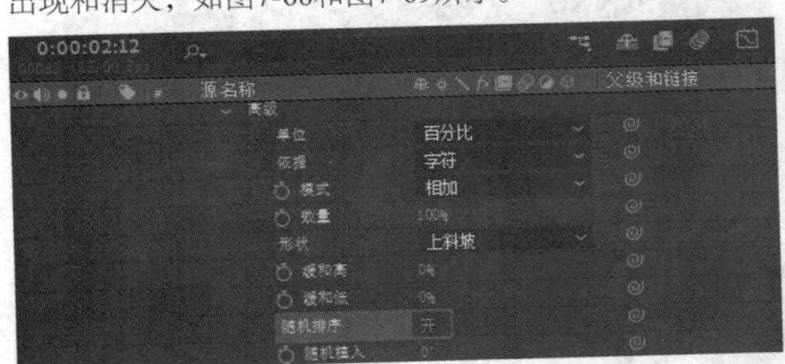

图7-68

图7-69

09 单击“添加”右侧的按钮，在弹出的列表中选择“属性>不透明度”选项，添加“不透明度”属性，如图7-70所示。

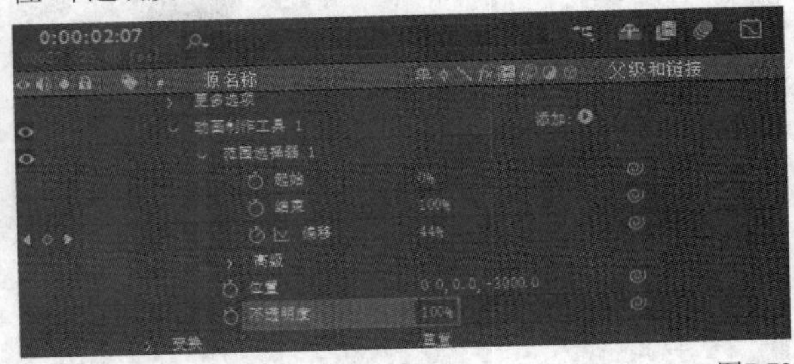

图7-70

10 设置“不透明度”的值为20%，让运动中的字母的透明度发生变化，如图7-71和图7-72所示。

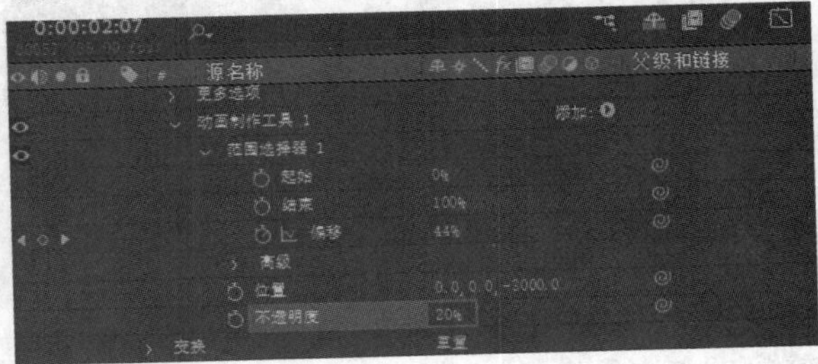

图7-71

图7-72

11 单击“添加”右侧的按钮，在弹出的列表中选择“属性>模糊”选项，添加“模糊”属性，如图7-73所示。

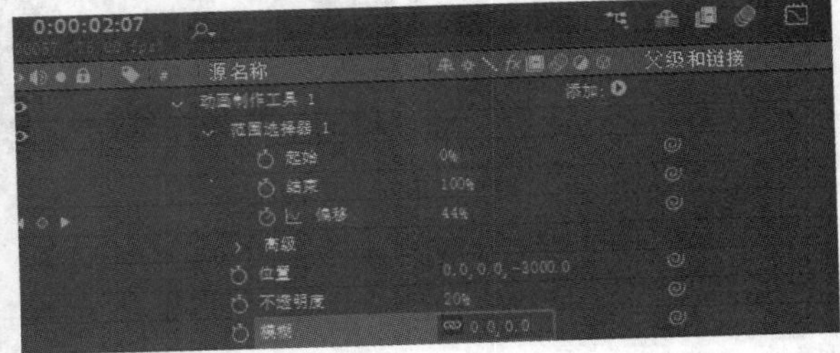

图7-73

12 设置“模糊”的值为(20.0,20.0)，此时运动中的字母会出现模糊效果，如图7-74和图7-75所示。

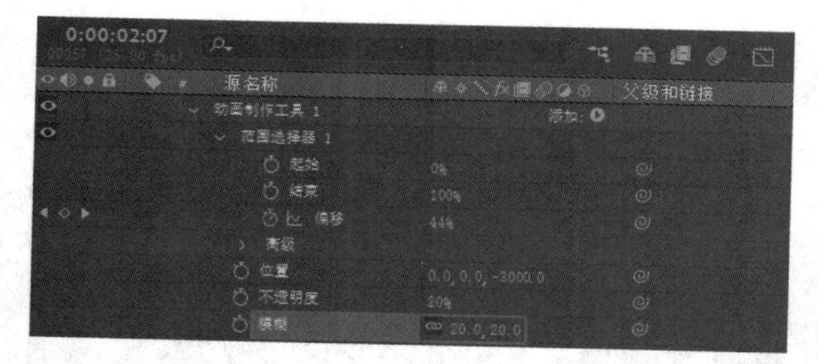

图7-74

图7-75

⑬ 将文本图层复制一份，修改其文字内容为“Text”，效果如图7-76所示。

图7-76

⑭ 选中上一步复制的文字图层，按U键调出其“偏移”关键帧，然后移动时间指示器到0:00:03:00的位置，如图7-77所示。该文字图层的动画会从3秒处开始，与上一个文字图层连接起来。

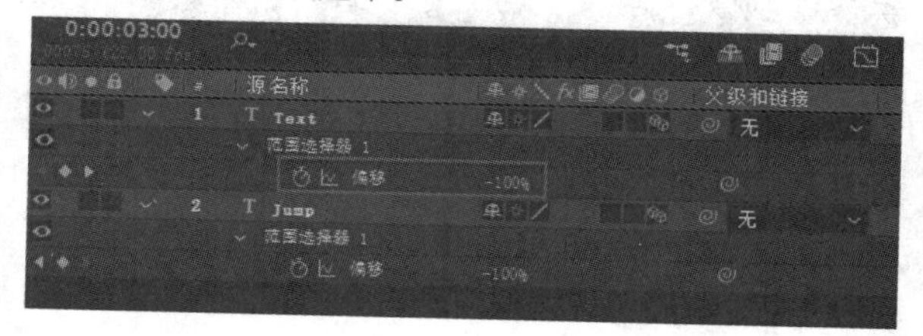

图7-77

⑮ 在“项目”面板中导入“案例文件>CH07>课堂案例：制作跳动文字动画”文件夹中的“背景.jpg”素材文件，将其添加到“时间轴”面板中的最下层，如图7-78所示。效果如图7-79所示。

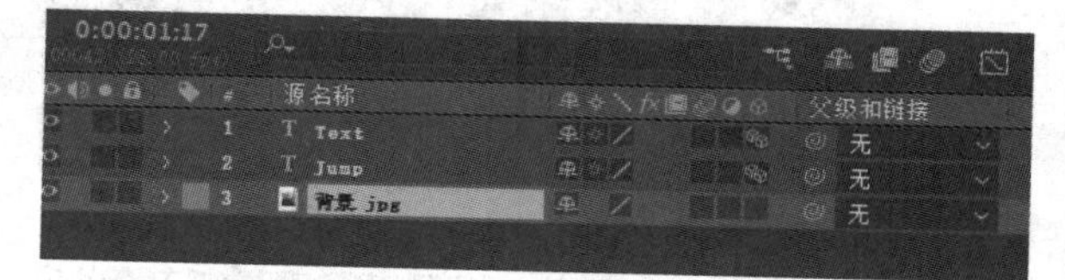

图7-78

图7-79

⑯ 截取4帧画面，效果如图7-80所示。

图7-80

课堂案例

制作文字移动动画

案例文件　案例文件>CH07>课堂案例：制作文字移动动画

视频名称　课堂案例：制作文字移动动画.mp4

学习目标　练习蒙版和遮罩图层的使用方法

本案例是通过遮罩图层和蒙版来制作一个有趣的文字移动动画，效果如图7-81所示。

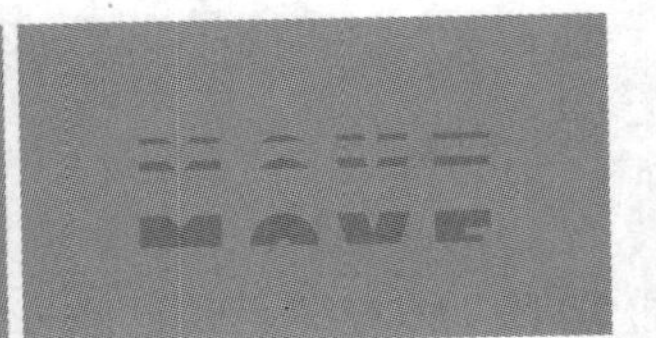

图7-81

01 新建一个1920像素×1080像素的合成，然后新建一个黄色的纯色图层作为背景，如图7-82所示。

02 新建一个文本图层，输入“MOVE”，具体参数设置及效果如图7-83所示。

03 使用“矩形工具”■绘制一个白色的矩形，使其完全覆盖文字，这个矩形将作为文本图层的遮罩图层使用，如图7-84所示。

图7-82

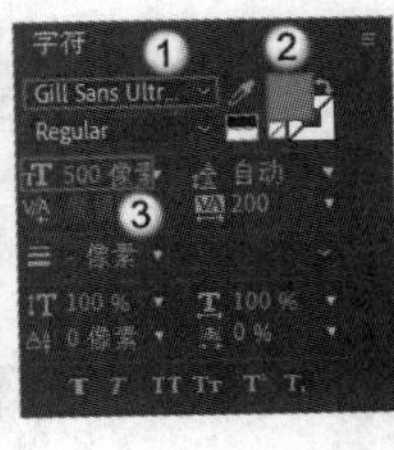

图7-83

图7-84

技巧与提示

需要注意的是，在进行步骤03的操作时，不要在选中文本图层后绘制矩形，因为这样矩形会成为文本图层的蒙版。

04 选中文本图层，移动时间指示器到0:00:01:00的位置，添加“位置”关键帧，然后移动时间指示器到剪辑的起始位置，将文本向下移动到矩形下方，如图7-85所示。

05 移动时间指示器到0:00:01:15的位置，单击“在当前时间添加或移除关键帧”按钮◆，添加相同位置的关键帧。然后移动时间指示器到0:00:02:15的位置，复制粘贴剪辑的起始位置的关键帧，如图7-86所示。

图7-85

图7-86

06 在“图表编辑器”面板中调整“位置”属性的速度曲线，如图7-87所示。

07 设置“形状图层 1”为文本图层的“Alpha遮罩”，如图7-88所示。动画效果如图7-89所示。

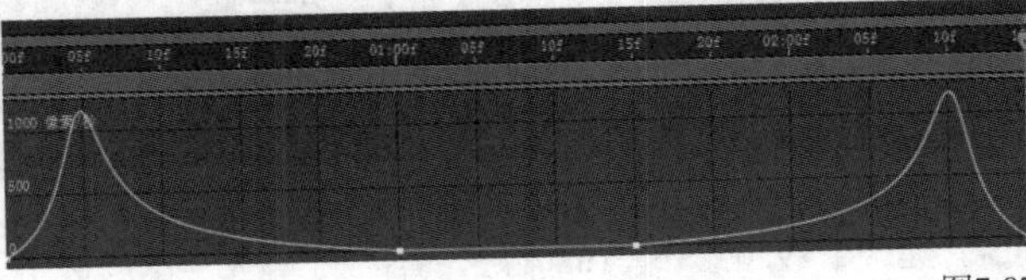

图7-87

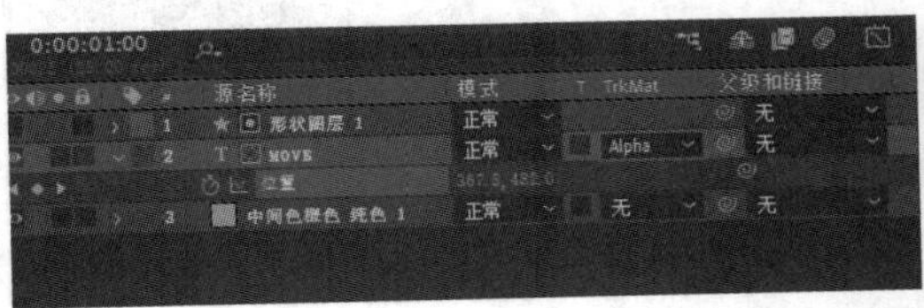

图7-88

图7-89

08 将文本图层和遮罩图层转换为预合成，如图7-90所示。

图7-90

09 将“MOVE”合成复制一份，并将复制的合成向上移动一小段距离，如图7-91所示。

10 保持复制的合成处于选中状态，然后使用“矩形工具”绘制一个矩形蒙版，隐藏此合成与其他合成重叠的部分，如图7-92所示。

11 将“MOVE”合成复制一份，然后将复制的合成向上移动，并调整蒙版的高度，隐藏此合成与其他合成重叠的部分，如图7-93所示。

图7-91

图7-92

图7-93

12 调整两个复制的合成的剪辑的起始位置，使其相差5帧，如图7-94所示。

图7-94

13 截取4帧画面，效果如图7-95所示。

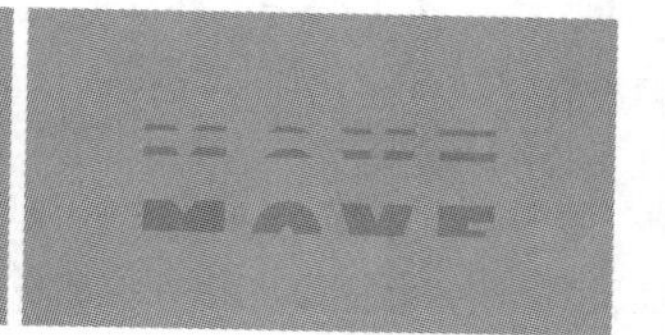

图7-95

课堂案例

制作立体文字动画

案例文件 案例文件>CH07>课堂案例：制作立体文字动画

视频名称 课堂案例：制作立体文字动画.mp4

学习目标 练习动画制作工具的使用方法

本案例是利用“3D图层”开关和“位置”属性制作一个简单的立体文字动画，效果如图7-96所示。

图7-96

01 新建一个1920像素×1080像素的合成，导入“案例文件>CH07>课堂案例：制作立体文字动画”文件夹中的“背景.mp4”文件，如图7-97所示。

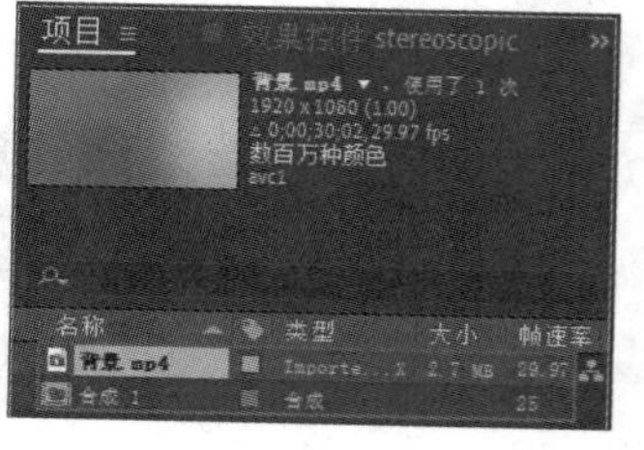

图7-97

02 将“背景.mp4”素材文件添加到“合成1”中，然后新建一个文本图层，输入“stereoscopic”，具体参数设置及效果如图7-98所示。

03 将文本图层复制3份，并全部打开“3D图层”开关，如图7-99所示。

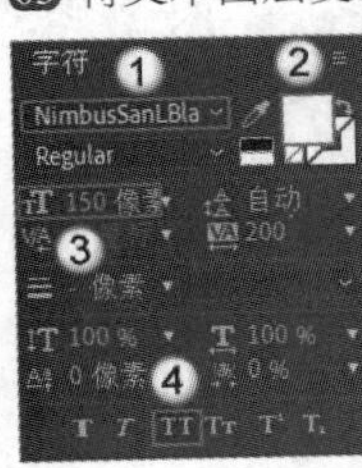

图7-98

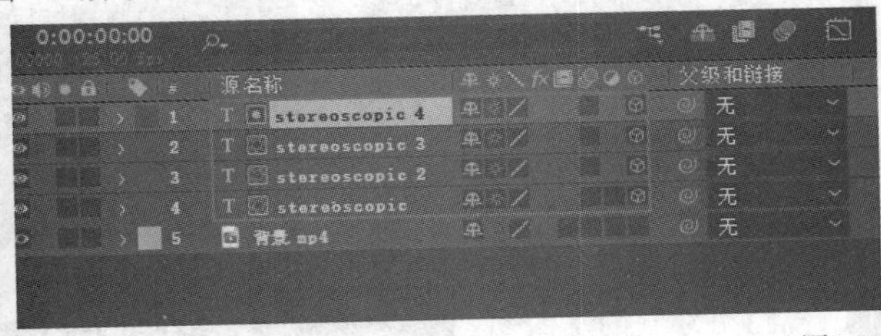

图7-99

04 选中3个复制的文本图层，按P键调出“位置”属性，从下往上设置，将y轴坐标值依次递减50，z轴坐标值依次递增50，如图7-100所示。效果如图7-101所示。

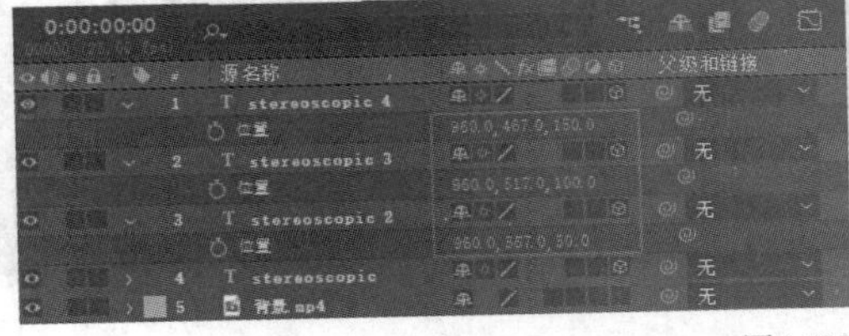

图7-100

图7-101

05 将3个复制的文本图层转换为“描边”样式，设置其“描边宽度”为1像素，如图7-102所示。

06 在0:00:01:00和0:00:02:00的位置分别为3个复制的文本图层添加“位置”关键帧，使其保持原位，如图7-103所示。

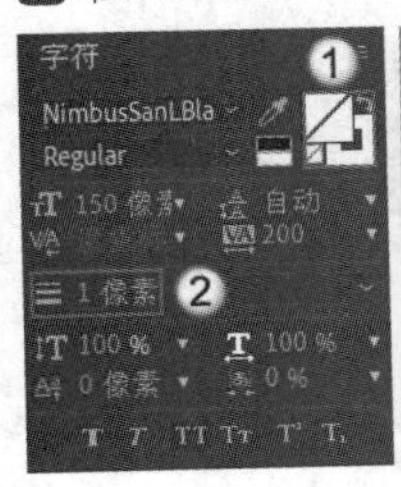

图7-102

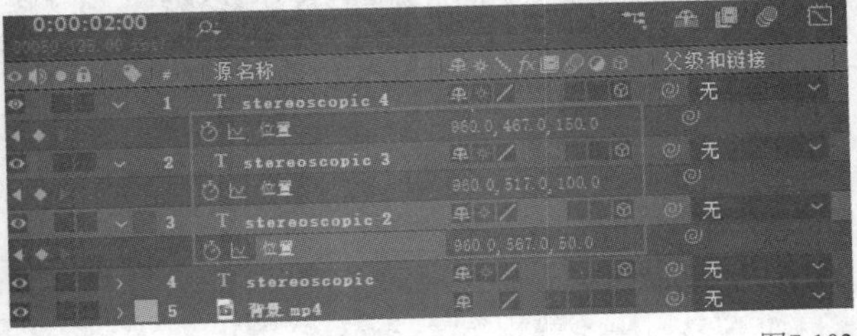

图7-103

07 在剪辑的起始位置和0:00:03:00的位置，将3个复制的文本图层的“位置”属性值设置为与原有文本图层的“位置”属性值一致，如图7-104所示。效果如图7-105所示。

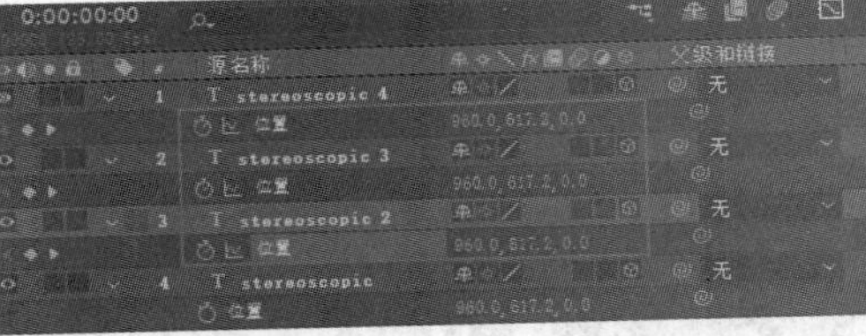

图7-105

图7-104

技巧与提示

将原有文本图层的y轴坐标值复制后，粘贴到其余3个复制的文本图层中即可。

08 为关键帧添加“缓动”效果，然后调整3个复制的文本图层的速度曲线，如图7-106所示。

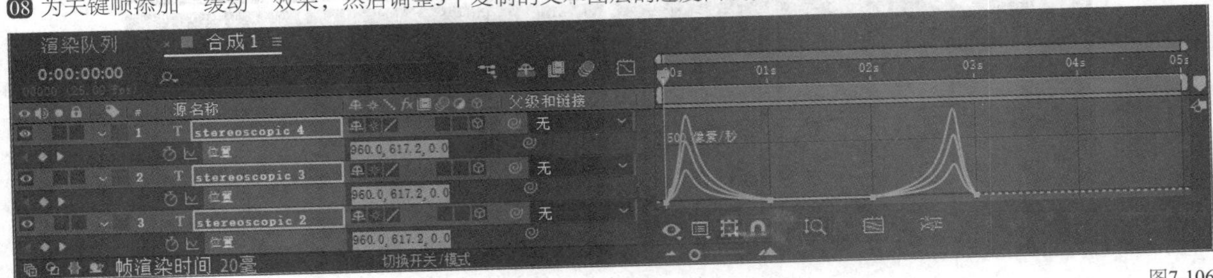

图7-106

09 按Space键预览效果，如图7-107所示。

10 修改前两个复制的文本图层的“描边宽度”数值，使越靠后的文字越细，如图7-108所示。

图7-107

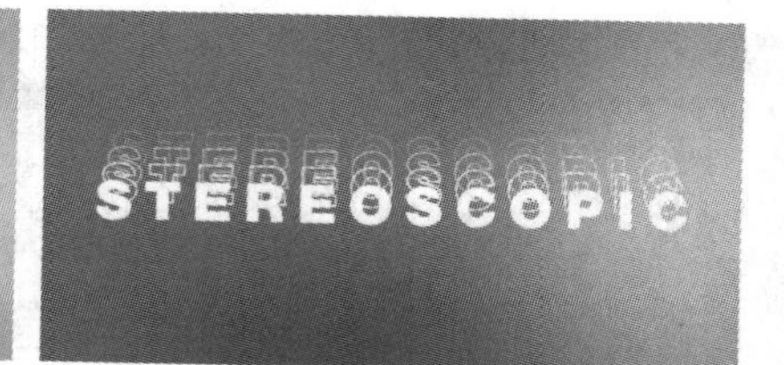

图7-108

11 开启3个复制的文本图层的“运动模糊”开关，使其产生一定的运动模糊效果，如图7-109所示。效果如图7-110所示。

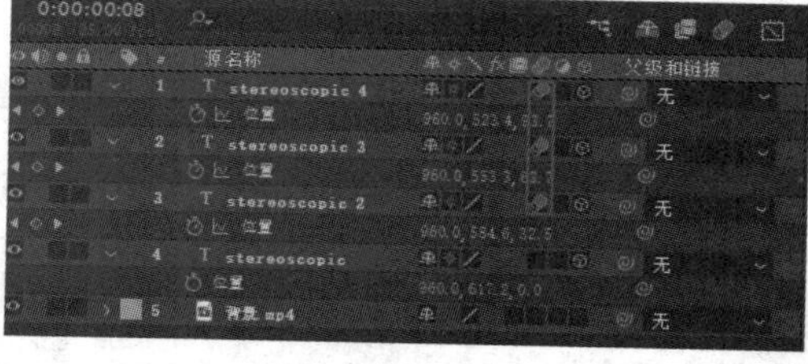

图7-109

图7-110

12 截取4帧画面，效果如图7-111所示。

图7-111

课堂练习

制作动态标题

案例文件 案例文件>CH07>课堂练习：制作动态标题

视频名称 课堂练习：制作动态标题.mp4

学习目标 练习文字动画的制作方法

本练习需要为图形和文字添加关键帧，制作一个简单的动态标题，效果如图7-112所示。

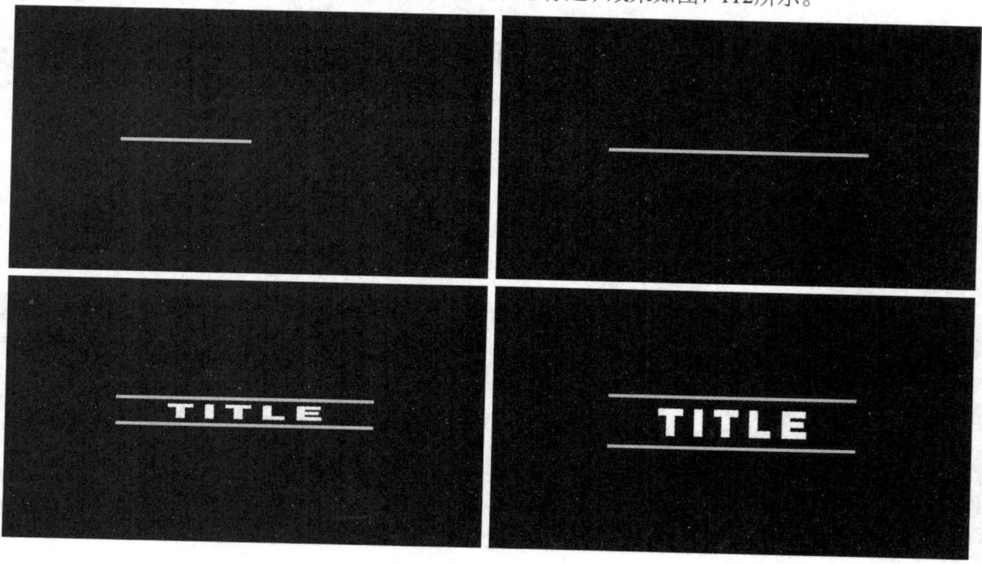

图7-112

7.3 本章小结

本章讲解了文字的创建与常用属性，以及文字动画的制作方法。文字的创建和常用属性都不难，文字动画的制作方法难度稍高，需要掌握常用的动画制作工具和文字动画预设。在平时的练习中，灵活运用学习的知识点，能更快地掌握文字动画的制作方法。

7.4 课后习题

本节安排了两个课后习题供读者练习。要完成这两个习题，需要对本章的知识进行综合运用。如果在练习时遇到困难，则可以观看相应教学视频。

7.4.1 课后习题：制作趣味标题动画

案例文件	案例文件>CH07>课后习题：制作趣味标题动画
视频名称	课后习题：制作趣味标题动画.mp4
学习目标	练习文字动画的制作方法

本习题与课堂练习类似，只不过在课堂练习的基础上增加了一点难度，需要为文字图层添加蒙版，效果如图7-113所示。

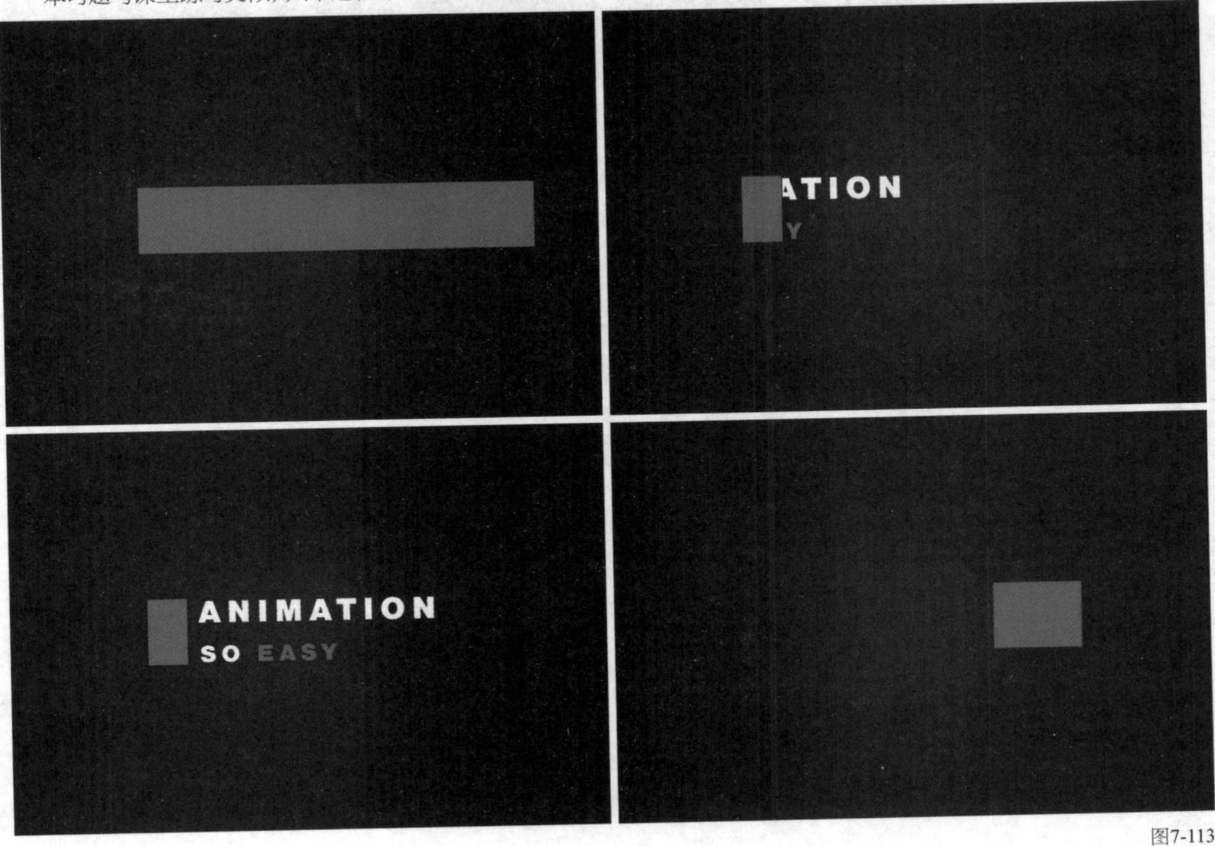

图7-113

7.4.2 课后习题：制作文字展示动画

案例文件 案例文件>CH07>课后习题：制作文字展示动画

视频名称 课后习题：制作文字展示动画.mp4

学习目标 练习文字动画的制作方法

本习题需要运用动画制作工具中的“旋转”“不透明度”“启用逐字3D化”属性，实现文字翻转动画，效果如图7-114所示。

图7-114

After Effects

滤镜效果

想要制作出好的动画，少不了滤镜效果的加持。After Effects中有很多内置效果，这些效果可以满足绝大多数场景的制作需求。但插件效果更加强大，与同类型的内置效果相比，内容更丰富，制作步骤更少。

课堂学习目标

- 掌握常用内置效果
- 熟悉常见的插件效果

8.1 常用内置效果

“效果和预设”面板中包含After Effects的所有内置效果，这些效果可以满足大部分场景的制作需求。前面的案例中已经使用了一些内置效果，本节将讲解常用的内置效果。

本节内容介绍

主要内容	相关说明	重要程度
梯度渐变	用于生成渐变效果	高
发光	用于生成自发光效果	高
高斯模糊	用于生成模糊效果	高
投影	用于生成阴影，以产生立体效果	高
卡片擦除	用于生成卡片式翻转效果	高
线性擦除	用于生成直线型擦除效果	高
径向擦除	用于生成圆形擦除效果	中
变形	用于生成画面变形效果	中
勾画	用于生成描边效果	高
分形杂色	用于生成黑白图层，常用作各种效果的辅助图层	高
动态拼贴	用于生成重复拼贴效果	高
CC Wide Time	用于生成重影效果	中
CC Cylinder	用于将平面素材转换为圆柱体素材	高
CC Star Burst	用于生成星形笔刷效果	中

8.1.1 梯度渐变

演示视频：053- 梯度渐变

“梯度渐变”效果用于为图层添加颜色渐变效果，如图8-1所示。在“效果控件”面板中可以设置其相关属性，如图8-2所示，具体介绍如下。

图8-1

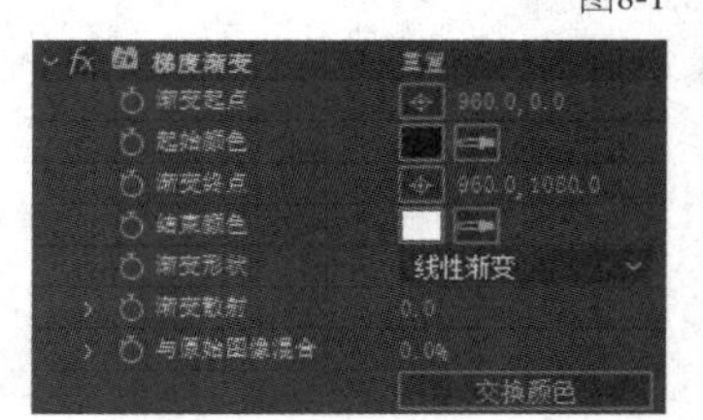

图8-2

渐变起点：用于设置渐变起始颜色的位置；单击按钮，然后在画面中的任意位置单击，就能快速确定渐变起始位置。

起始颜色：用于设置渐变起始位置的颜色。

渐变终点：用于设置渐变结束颜色的位置；单击按钮，然后在画面中的任意位置单击，就能快速确定渐变结束位置。

结束颜色：用于设置渐变结束位置的颜色。

渐变形状：有“线性渐变”和“径向渐变”两种模式，如图8-3所示。

图8-3

渐变散射：用于设置两种渐变颜色之间的混合效果，该数值越大，渐变过渡的杂点越多，如图8-4所示。

图8-4

与原始图像混合：用于设置渐变颜色与原始图层颜色的混合量。

交换颜色：单击该按钮，可交换“起始颜色”和“结束颜色”两种颜色。

技巧与提示

由于“效果和预设”面板中的滤镜效果非常多，逐一查找会很慢，因此可以在搜索框中输入滤镜的关键字，软件会智能查找并列出相关的滤镜。将滤镜拖曳到相关的图层上，可以通过滤镜控制图层的显示效果。

8.1.2 发光

演示视频：054- 发光

“发光”效果是常用的滤镜效果，可使图层产生发光变亮的效果，如图8-5所示。在“效果控件”面板中可以设置发光颜色、发光强度等属性，如图8-6所示，具体介绍如下。

图8-5

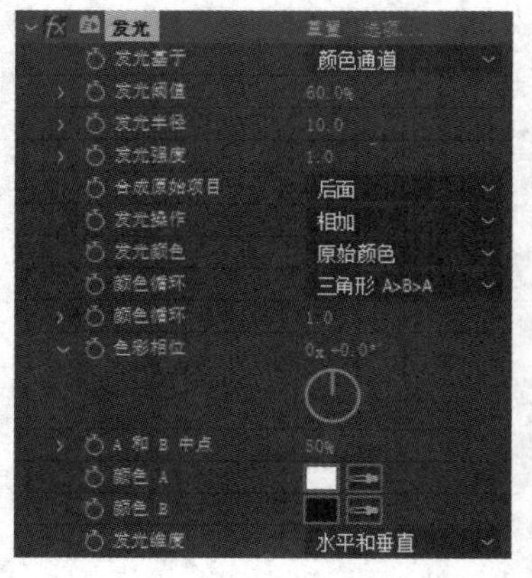

图8-6

发光基于： 用于设置“发光”效果使用的通道，默认为“颜色通道”，还可以选择“Alpha通道”。

发光阈值： 用于设置“发光”效果的范围；此数值越大，发光效果越不明显，如图8-7所示。

发光阈值：60.0%　发光阈值：100.0%

图8-7

发光半径： 用于设置作用的范围；此数值越大，照射的范围也越大，如图8-8所示。

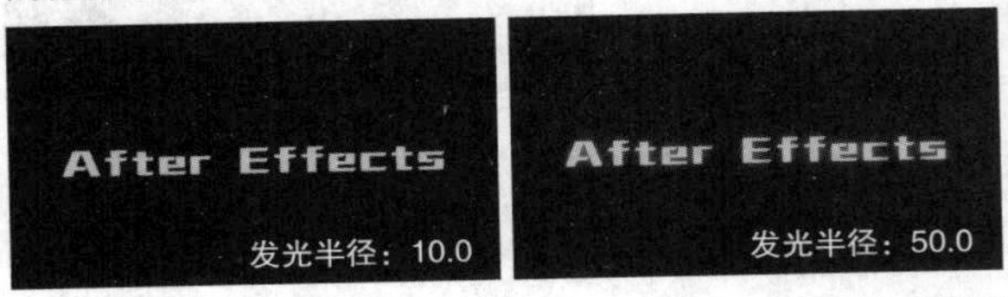

发光半径：10.0　发光半径：50.0

图8-8

发光强度： 用于控制“发光”效果的亮度。

发光操作： 用于控制“发光”效果与原始图层的混合模式，默认为“相加”，在其下拉列表中可以选择其他混合模式，如图8-9所示。

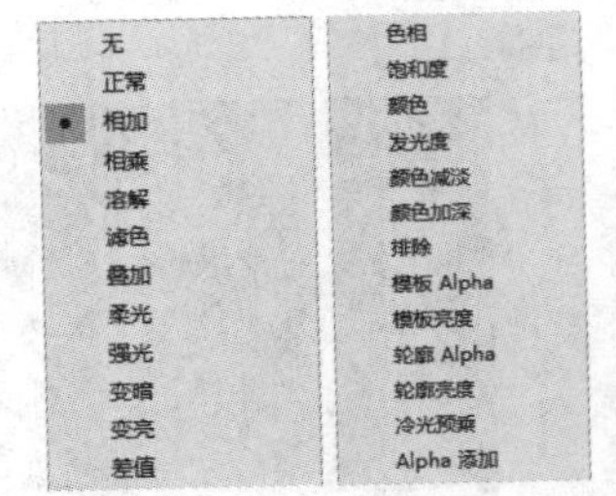

图8-9

发光颜色： 用于设置“发光”效果的颜色，其下拉列表中有3种颜色可供选择，如图8-10所示，相关介绍如下。

原始颜色　A 和 B 颜色　任意映射

图8-10

原始颜色：在图层本身颜色的基础上形成发光的效果。

A和B颜色：通过下方“颜色A”和“颜色B”属性设置发光颜色。

颜色循环： 当设置“发光颜色”为“A和B颜色”时，可以通过该属性设置颜色的呈现方式，如图8-11所示。

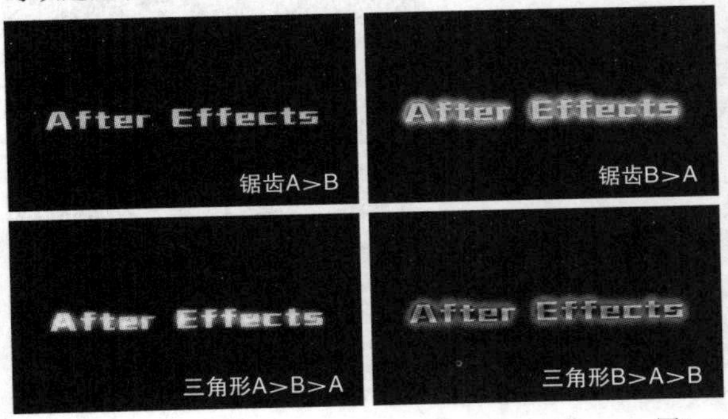

锯齿A>B　锯齿B>A　三角形A>B>A　三角形B>A>B

图8-11

颜色循环： 当设置“发光颜色”为“A和B颜色”时，通过该属性可以设置A和B颜色的循环效果，如图8-12所示。

图8-12

色彩相位： 当设置“发光颜色”为“A和B颜色”时，通过该属性设置不同的角度的发光效果，如图8-13所示。

色彩相位：0x+0.0°　色彩相位：0x+130.0°

图8-13

A和B中点： 当设置“发光颜色”为“A和B颜色”时，通过该属性控制两个颜色的中点位置。

颜色A/颜色B： 当设置“发光颜色”为“A和B颜色”时，通过它们控制两个点的发光颜色。

发光维度： 在其下拉列表中选择“发光”效果的方向，效果如图8-14所示。

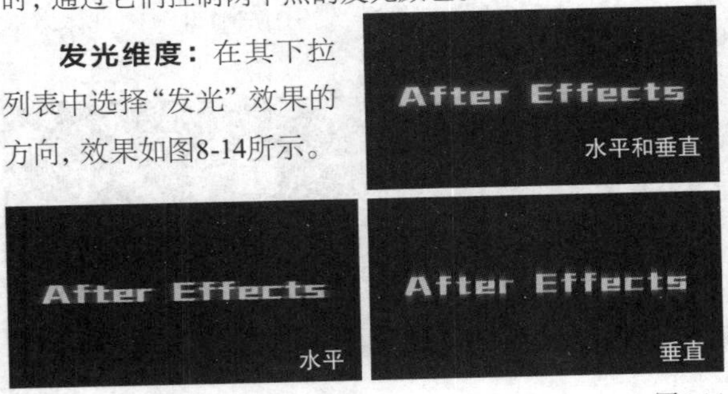

水平和垂直　水平　垂直

图8-14

课堂案例

制作霓虹灯效果的文本

案例文件　案例文件>CH08>课堂案例：制作霓虹灯效果的文本

视频名称　课堂案例：制作霓虹灯效果的文本.mp4

学习目标　掌握“发光”效果的使用方法

本案例使用“发光”效果模拟霓虹灯的辉光，效果如图8-15所示。

图8-15

01 新建一个1920像素×1080像素的合成，并在“项目”面板中导入“案例文件>CH08>课堂案例：制作发光霓虹灯”文件夹中的“背景.jpg”素材文件，如图8-16所示。

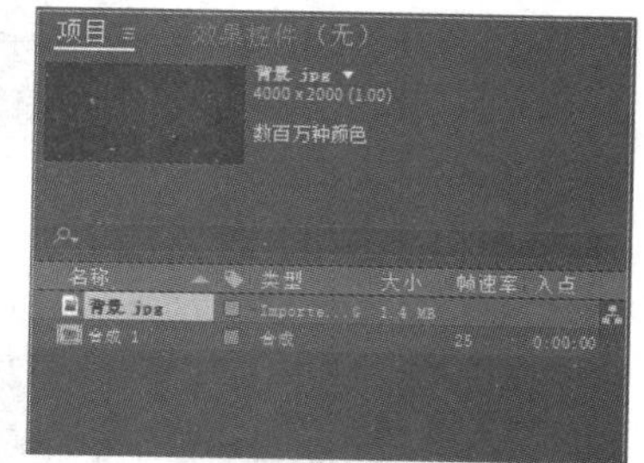

图8-16

02 将“背景.jpg”素材文件拖曳到“时间轴”面板中，调整大小，如图8-17所示。

图8-17

03 新建一个文本图层，输入“SUMMER”，具体参数设置及效果如图8-18所示。

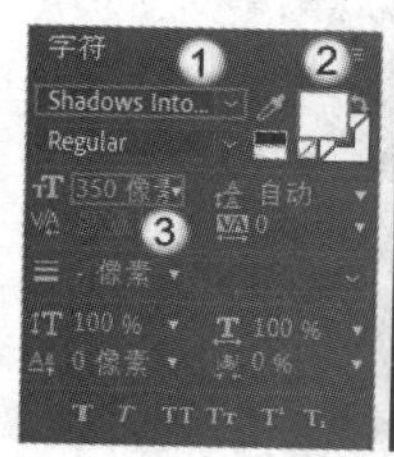

图8-18

04 选中文本图层，然后将其适当放大并旋转，效果如图8-19所示。

图8-19

05 在“效果和预设”面板中找到“投影”效果，将其添加到文本图层上，设置其“阴影颜色”为灰色、“距离”的值为20.0，“柔和度”的值为60.0，如图8-20所示。

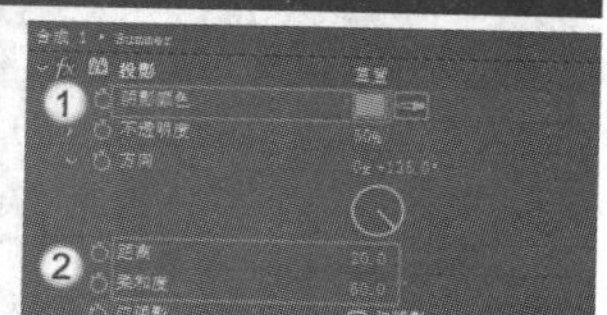

图8-20

06 在“效果和预设”面板中找到“四色渐变”效果，将其添加到文本图层上，具体参数设置及效果如图8-21所示。

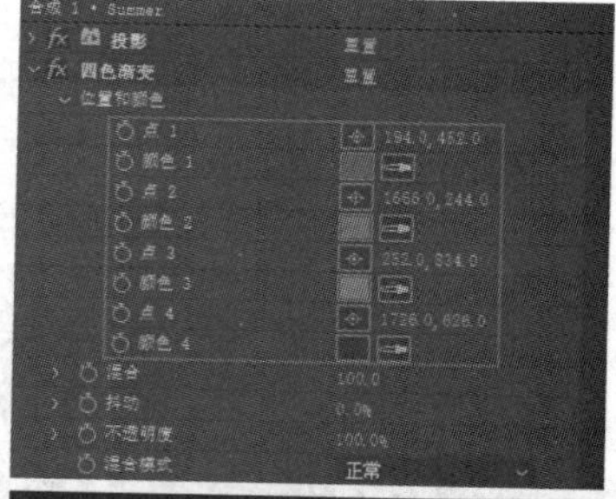

图8-21

技巧与提示

“效果控件”面板中的效果的添加顺序不同，在“合成”面板中产生的效果可能也不同。如果先添加“四色渐变”效果再添加“投影”效果，投影就只会呈现固定的颜色，如图8-22所示。

图8-22

07 在“效果和预设”面板中找到“发光”效果，将其添加到文本图层上，设置“发光阈值”的值为60.0%、“发光半径”的值为10.0、“发光强度”的值为3.0，如图8-23所示。

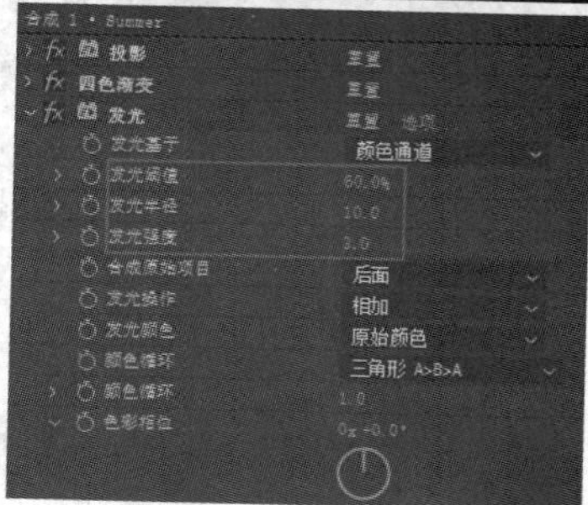

图8-23

08 按快捷键Ctrl+D复制一份“发光”效果，修改“发光阈值”的值为80.0%、“发光半径”的值为150.0、“发光强度”的值为1.0，如图8-24所示。最终效果如图8-25所示。

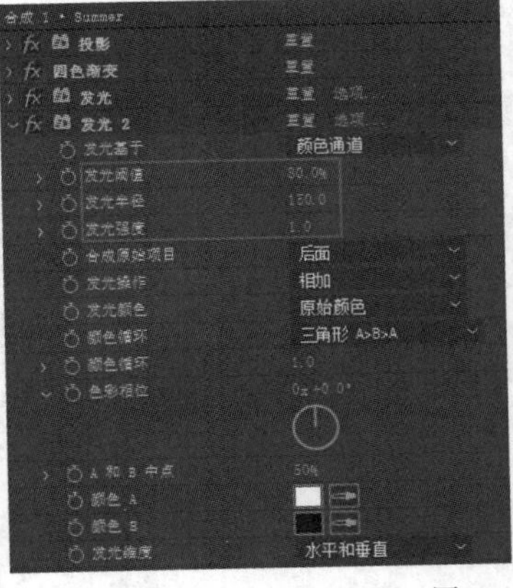

图8-24

图8-25

8.1.3 高斯模糊

演示视频：055- 高斯模糊

使用“高斯模糊”效果可以使画面模糊，如图8-26所示。在“效果控件”面板中可以设置模糊的强度和方向，如图8-27所示，具体介绍如下。

图8-26

图8-27

模糊度：用于设置模糊的强度；该数值越大，画面越模糊。

模糊方向：在其下拉列表中可选择不同的模糊方向，效果如图8-28所示。

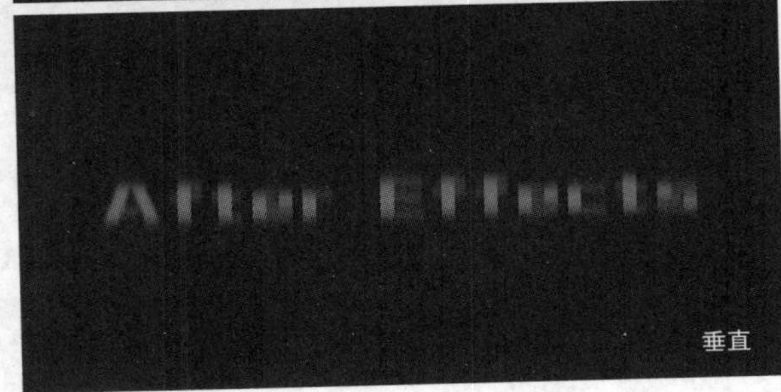

图8-28

重复边缘像素：模糊后图像的边缘可能会出现黑色的区域，勾选该复选框可以消除这些黑色区域。

8.1.4 投影

演示视频：056- 投影

使用“投影”效果能为画面中的元素添加阴影效果，使其产生立体感，如图8-29所示。在“效果控件”面板中可以设置投影的方向和强度，如图8-30所示，具体介绍如下。

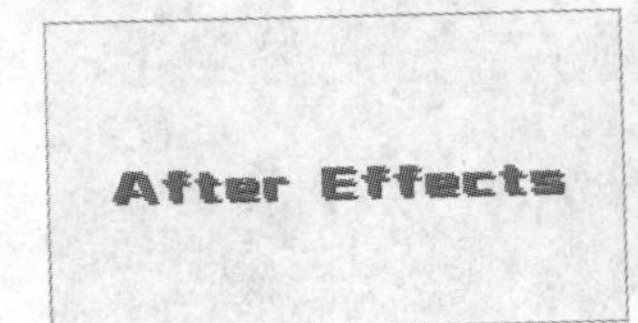

图8-29

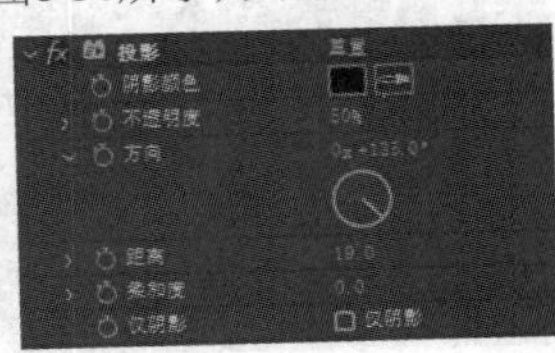

图8-30

阴影颜色： 用于设置阴影的颜色，默认为黑色。

不透明度： 用于设置阴影的不透明度。

方向： 用于设置阴影的方向。

距离： 用于设置阴影与素材之间的距离，如图8-31所示。

After Effects 距离：10.0

After Effects 距离：20.0

图8-31

柔和度： 用于设置阴影边缘的模糊程度，如图8-32所示。

After Effects 柔和度：0.0

After Effects 柔和度：40.0

图8-32

仅阴影： 勾选该复选框后，画面中只显示阴影区域，如图8-33所示。

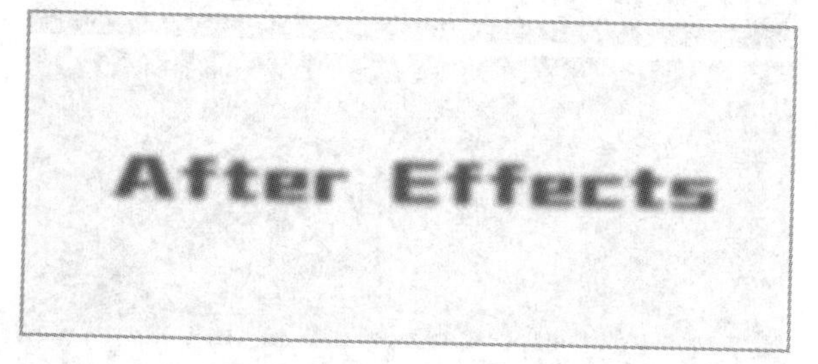

图8-33

8.1.5 卡片擦除

演示视频：057- 卡片擦除

使用"卡片擦除"效果可以使素材碎片化，从而实现翻转过渡效果，如图8-34所示。在"效果控件"面板中可以设置翻转的方向和碎片的数量等，如图8-35所示，具体介绍如下。

图8-34

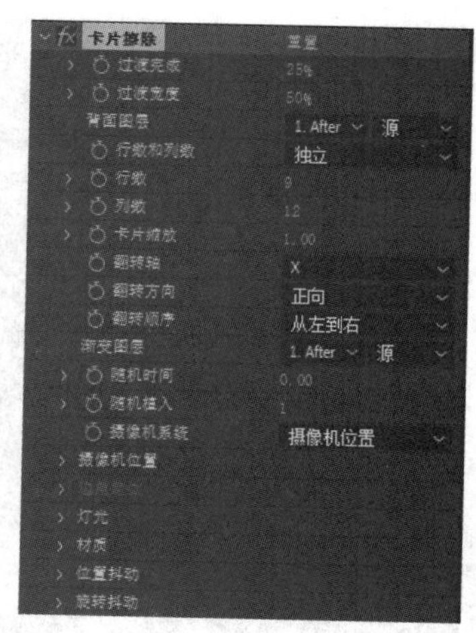

图8-35

过渡完成： 用于设置翻转过渡的完成情况。

过渡宽度： 用于设置碎片之间的宽度，如图8-36所示。

过渡宽度：40%

图8-36

背面图层： 用于设置需要翻转的图层。

行数和列数： 用于控制行数和列数是"独立"还是"列数受行数控制"。

行数： 用于设置横向碎片的数量。

列数： 用于设置纵向碎片的数量。

卡片缩放： 用于设置碎片是否产生缩放效果；其值默认为1，表示保持碎片本身的大小，小于1时表示缩小碎片，大于1时表示放大碎片，如图8-37所示。

图8-37

翻转轴： 用于设置碎片翻转的轴向，如图8-38所示。

After Effects 翻转轴：随机

图8-38

翻转方向：有“正向”“反向”“随机”3种模式，需要结合“翻转顺序”中的选项来确定。

翻转顺序：默认为“从左到右”，可以在其下拉列表中选择其他顺序，如图8-39所示。

随机时间：用于设置碎片翻转时间的随机效果。

位置抖动：用于设置碎片在*x*轴、*y*轴和*z*轴上的移动效果。

旋转抖动：用于设置碎片在*x*轴、*y*轴和*z*轴上的旋转效果。

- 从左到右
- 从右到左
- 自上而下
- 自下而上
- 左上到右下
- 右上到左下
- 左下到右上
- 右下到左上
- 渐变

图8-39

课堂案例

制作卡片式过渡动画

案例文件　案例文件>CH08>课堂案例：制作卡片式过渡动画

视频名称　课堂案例：制作卡片式过渡动画.mp4

学习目标　掌握“卡片擦除”效果的用法

本案例使用“卡片擦除”效果制作一个有趣的卡片式过渡动画，效果如图8-40所示。

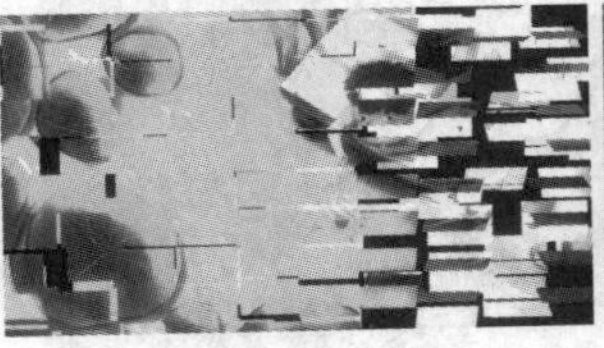

图8-40

01 新建一个1920像素×1080像素的合成，然后导入“案例文件>CH08>课堂案例：制作卡片式过渡动画”文件夹中的素材文件，如图8-41所示。

02 将两个图层添加到“时间轴”面板中，使“02.jpg”图层在上方，隐藏“01.jpg”图层，如图8-42所示。效果如图8-43所示。

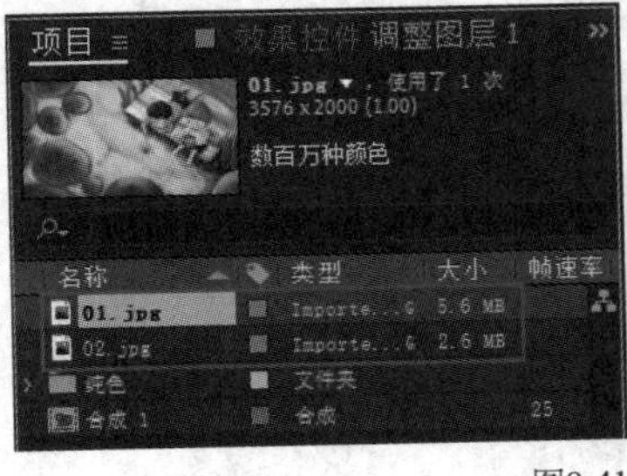

图8-41

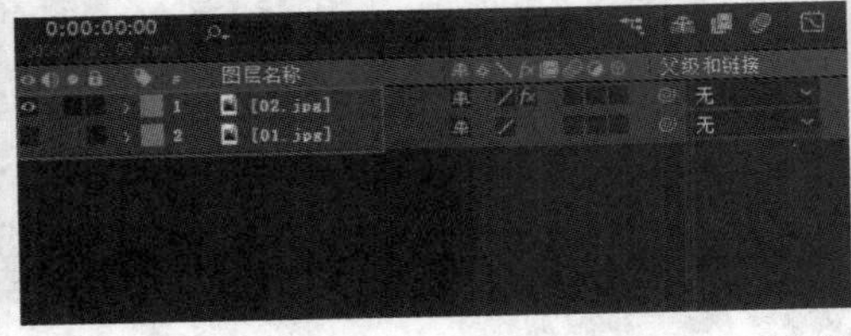

图8-42

图8-43

技巧与提示

隐藏“01.jpg”图层是为了在卡片翻转时不穿帮。

03 为“02.jpg”图层添加“卡片擦除”效果，在剪辑的起始位置，设置“过渡完成”的值为0%；移动时间指示器到0:00:02:00的位置，设置“过渡完成”的值为100%，并添加关键帧，然后设置“背面图层”为“2.01.jpg”，设置“行数”和“列数”的值都为10，如图8-44所示。

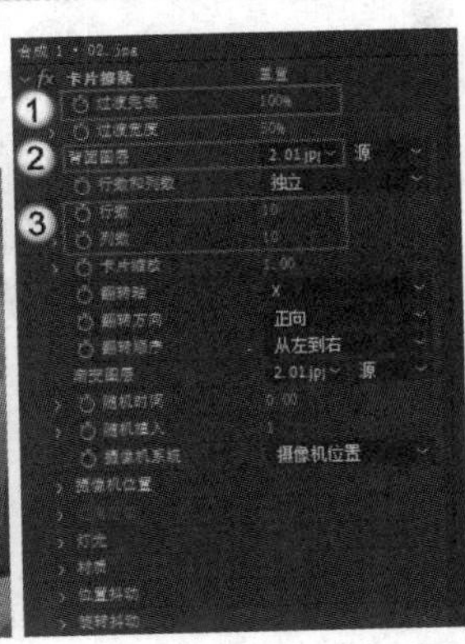

图8-44

04 在剪辑的起始位置和0:00:02:00的位置，设置“Z抖动量”的值为0.00，并添加关键帧，然后在0:00:01:00的位置，设置“Z抖动量”的值为5.00，如图8-45所示。

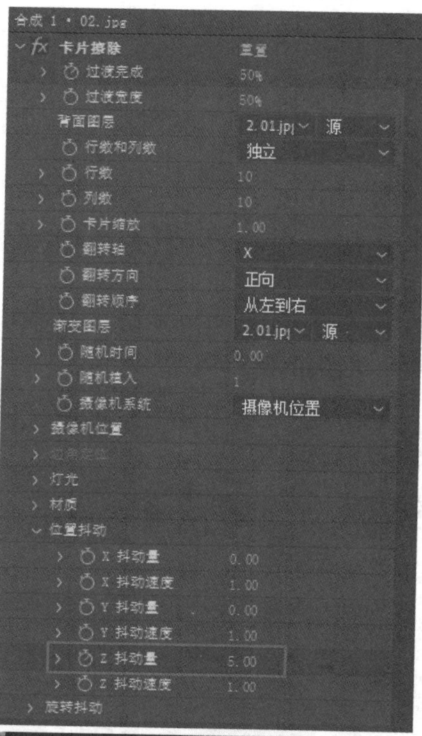

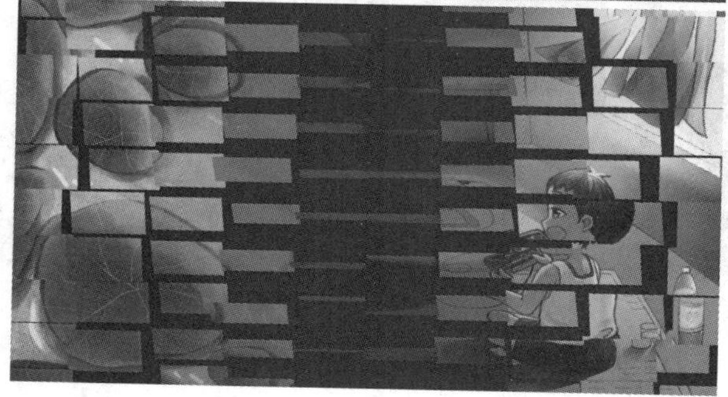

图8-45

05 此时，碎片过于整齐，将“02.jpg”图层复制一份，修改复制图层的名称为“变化”，如图8-46所示。

0:00:01:00

#	图层名称	父级和链接
1	[02.jpg]	无
2	变化	无
3	[01.jpg]	无

图8-46

06 选中“变化”图层，设置“随机时间”的值为0.50，然后在0:00:01:00的位置设置“X抖动量”和“Y抖动量”的值都为3.00、“Z抖动量”的值为8.00，并添加关键帧，如图8-47所示，在剪辑的起始位置和0:00:02:00的位置设置“X抖动量”“Y抖动量”“Z抖动量”都为0。

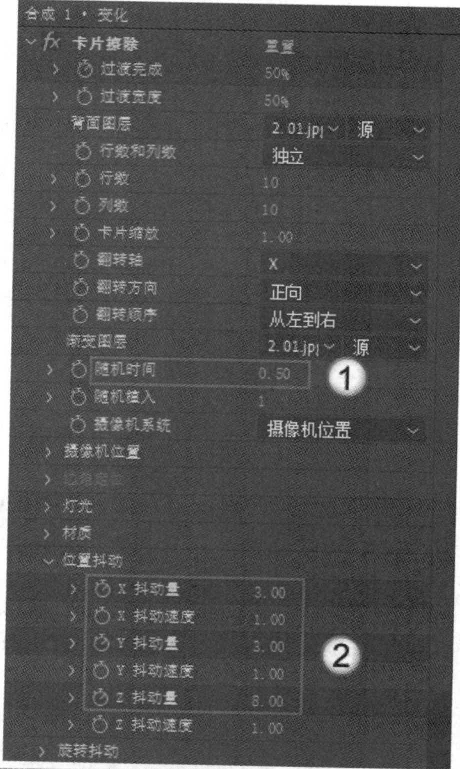

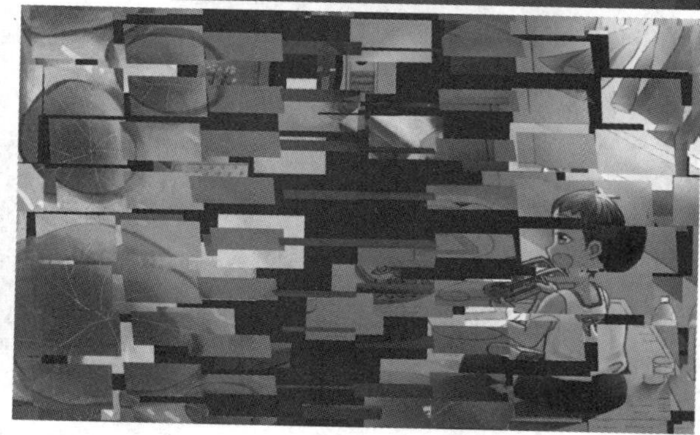

图8-47

07 为“变化”图层添加“曲线”效果，将画面的亮度提高，如图8-48所示。

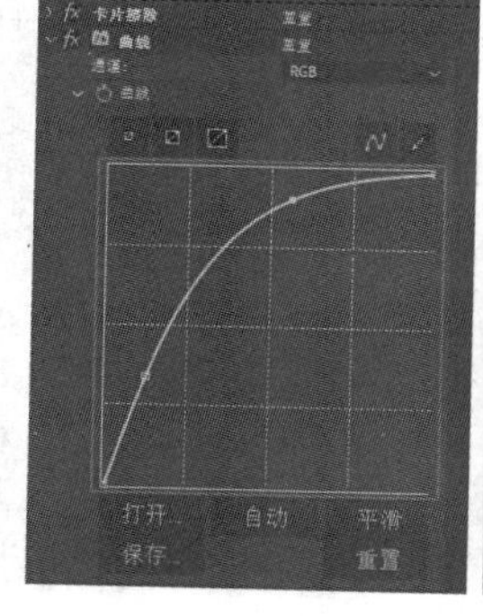

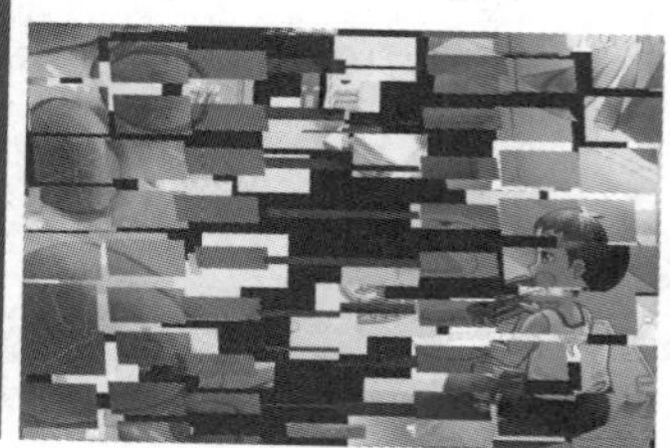

图8-48

08 新建一个调整图层，将其放在所有图层的上方，如图8-49所示。

图8-49

09 为调整图层添加“发光”效果，在0:00:01:00的位置，设置“发光半径”的值为130.0、“发光强度”的值为1.0，并添加关键帧，如图8-50所示。

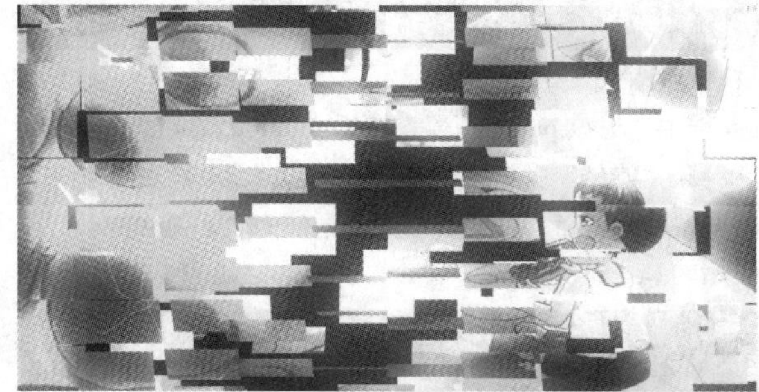

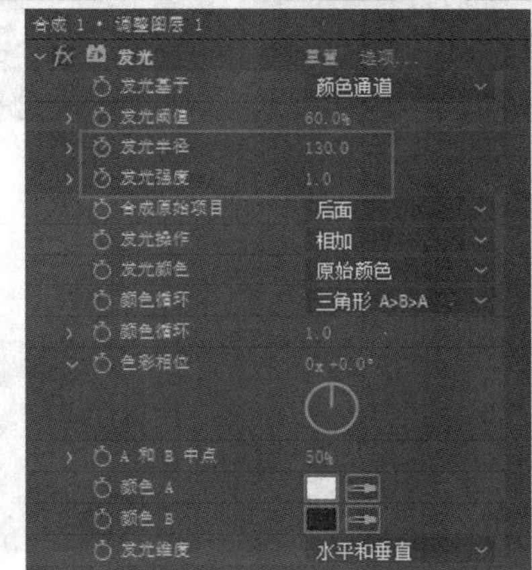

图8-50

10 在剪辑的起始位置和0:00:02:00的位置，分别设置“发光半径”和“发光强度”的值都为0.0。截取4帧画面，效果如图8-51所示。

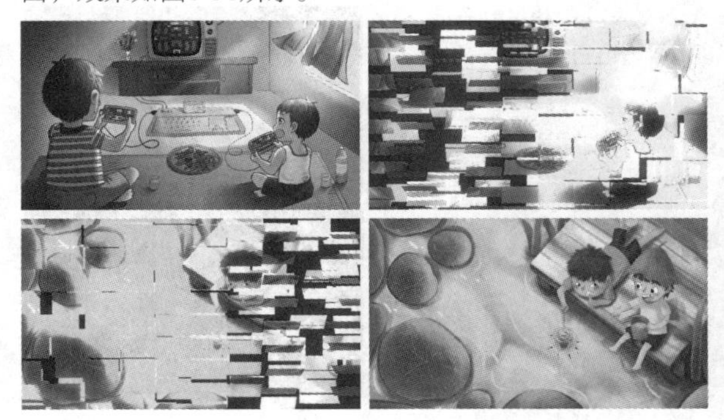

图8-51

8.1.6 线性擦除

演示视频：058- 线性擦除

使用“线性擦除”效果可以以直线的运动方式擦除图层的内容，如图8-52所示。在“效果控件”面板中可以设置擦除量和擦除角度，如图8-53所示，具体介绍如下。

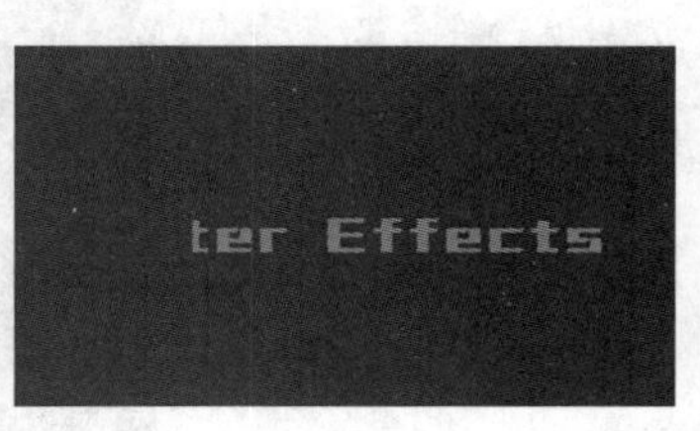

图8-52

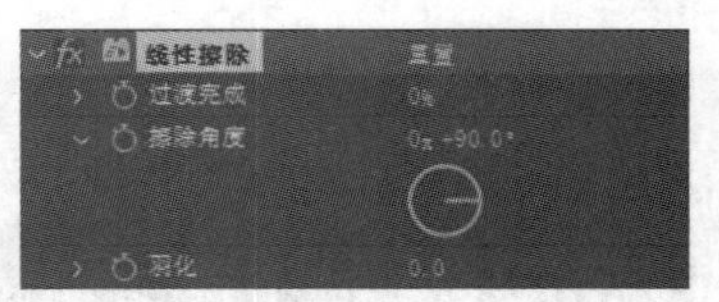

图8-53

过渡完成：用于设置擦除量，若此值为100%，则表示完全擦除。

擦除角度：用于设置擦除的方向。

羽化：用于设置擦除边缘的羽化效果，如图8-54所示。

图8-54

课堂案例

制作春节动态插画

案例文件 案例文件>CH08>课堂案例：制作春节动态插画

视频名称 课堂案例：制作春节动态插画.mp4

学习目标 掌握“线性擦除”效果的使用方法

本案例通过“线性擦除”效果制作一张春节动态插画，效果如图8-55所示。

图8-55

01 新建一个1920像素×1080像素的合成，导入“案例文件>CH08>课堂案例：制作春节动态插画”文件夹中的素材文件，如图8-56所示。

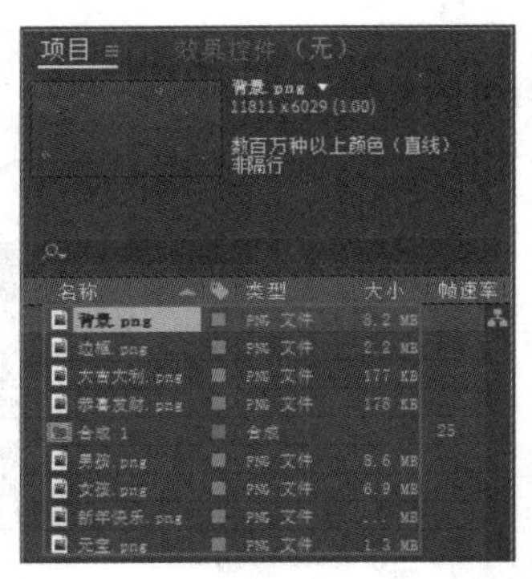

图8-56

02 将所有素材文件添加到合成中并调整素材位置，图层顺序如图8-57所示。效果如图8-58所示。

图8-57

图8-58

03 给除“背景.png”图层以外的图层添加“投影”效果，设置“距离”的值为30.0、“柔和度”的值为10.0，如图8-59所示。

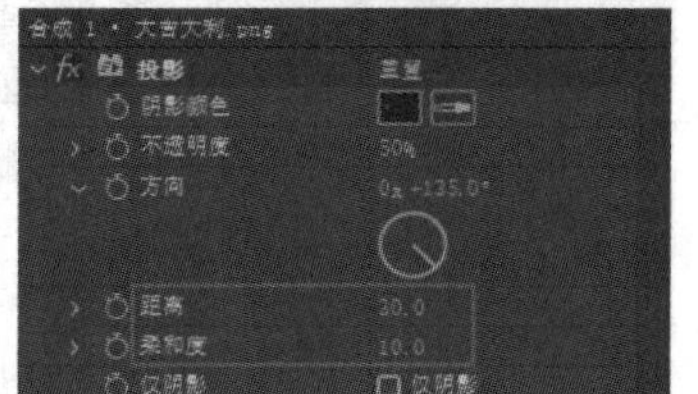

图8-59

> **技巧与提示**
>
> 此处“投影”效果的参数仅供参考，可以在此基础上灵活调整。

04 选中“新年快乐.png”图层，在0:00:01:00的位置添加“缩放”关键帧，然后在剪辑的起始位置设置“缩放”的值为（0.0,0.0%），效果如图8-60所示。

图8-60

05 选中“男孩.png”图层，在0:00:02:00的位置添加“位置”和“旋转”关键帧，然后在0:00:01:00的位置将该图层向左移出画面，并设置“旋转”的值为（0x−360.0°），效果如图8-61所示。

图8-61

06 用与步骤05相同的方法设置“女孩.png”图层，需要注意的是，该图层从画面右侧进入，且逆时针旋转，效果如图8-62所示。

图8-62

07 选中“元宝.png”图层，在0:00:02:15的位置添加“缩放”关键帧，然后在0:00:02:00的位置设置“缩放”的值为（0.0,0.0%），在0:00:02:10的位置将该图层适当放大，效果如图8-63所示。

图8-63

08 选中“恭喜发财.png”图层，为其添加“线性擦除”效果，在0:00:02:15的位置设置“过渡完成”的值为100%，并添加关键帧，设置“擦除角度”的值为（0x＋0.0°），如图8-64所示。

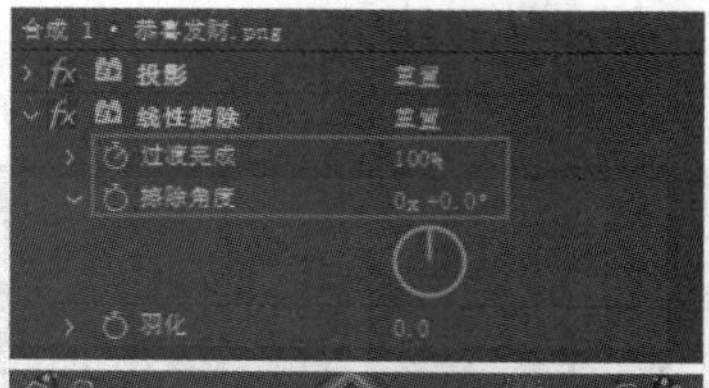

图8-64

09 在0:00:03:00的位置设置“过渡完成”的值为0%，如图8-65所示。

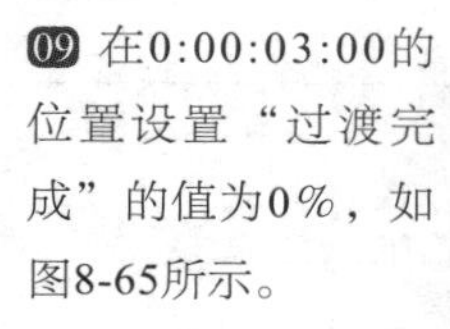

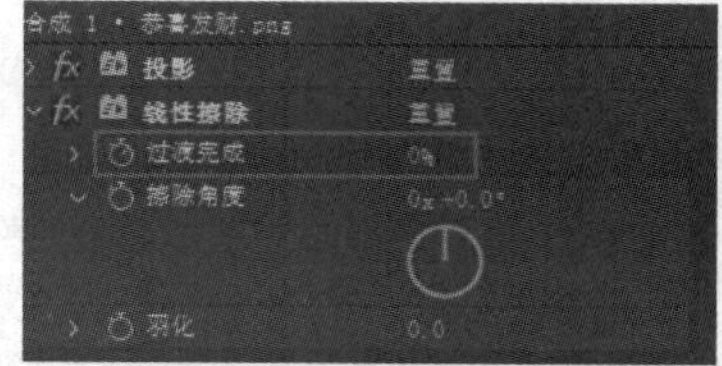

图8-65

10 选中“恭喜发财.png”图层的“线性擦除”效果，将其复制后粘贴到“大吉大利.png”图层上，并移动其起始关键帧到0:00:03:00的位置，效果如图8-66所示。

图8-66

> **技巧与提示**
>
> 移动时间指示器到0:00:03:00的位置后粘贴“线性擦除”效果，可以将起始关键帧固定在此处。按U键调出图层的关键帧后，也能将其整体移动到合适的位置。

11 开启有动画的图层的“运动模糊”开关。截取4帧画面，效果如图8-67所示。

图8-67

8.1.7 径向擦除

演示视频：059- 径向擦除

“径向擦除”效果以时钟式的运动方式擦除图层的内容，如图8-68所示。在“效果控件”面板中可以设置擦除量和擦除角度，如图8-69所示，具体介绍如下。

图8-68

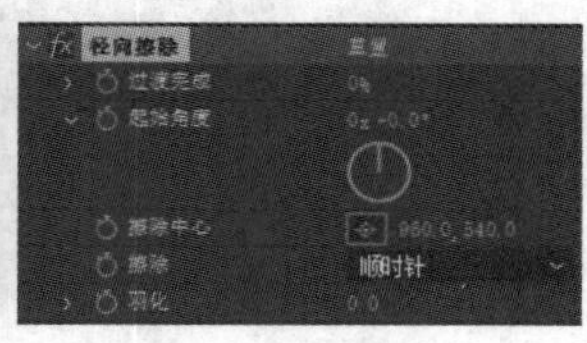

图8-69

过渡完成：用于设置擦除量，当此值为100%时，表示完全擦除。

起始角度：用于设置擦除的起始角度，如图8-70所示。

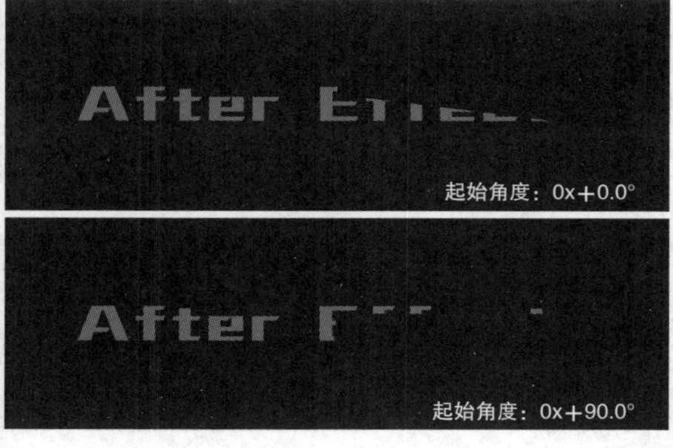

图8-70

擦除中心： 用于设置擦除中心的位置。

擦除： 用于设置擦除内容时的方向，默认为“顺时针”，也可以选择“逆时针”或“两者兼有”选项，效果如图8-71所示。

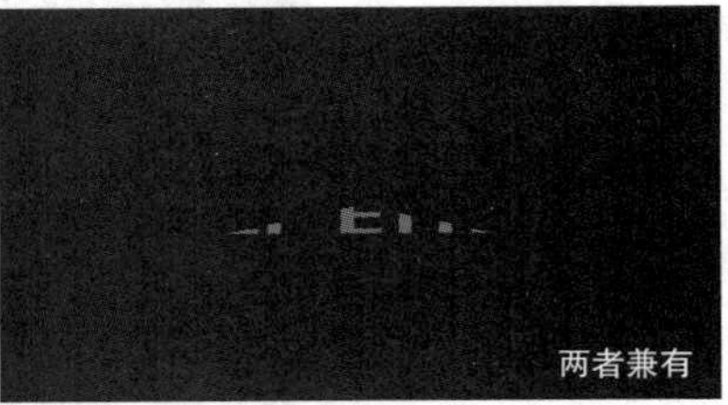

图8-71

羽化： 用于设置擦除边缘的羽化效果。

课堂案例

制作倒计时动画

案例文件　案例文件>CH08>课堂案例：制作倒计时动画

视频名称　课堂案例：制作倒计时动画.mp4

学习目标　掌握“径向擦除”效果的使用方法

本案例使用“径向擦除”效果制作倒计时动画，效果如图8-72所示。

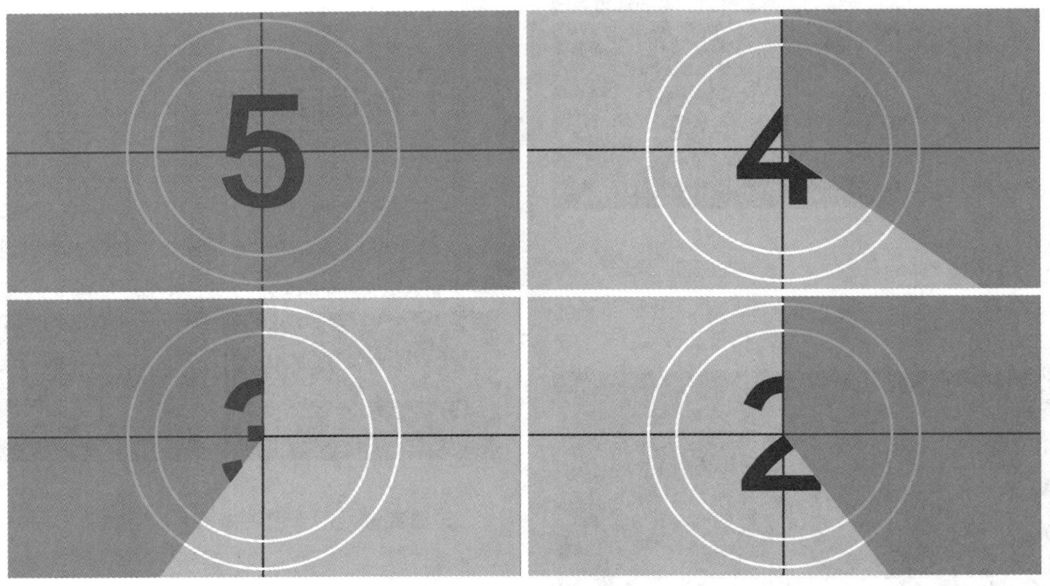

图8-72

01 新建一个1920像素×1080像素的合成，然后新建一个浅灰色的纯色图层，效果如图8-73所示。

02 使用“矩形工具”绘制一个深灰色的矩形，效果如图8-74所示。

图8-73

图8-74

03 选中“内容”卷展栏中的“矩形 1”，然后按快捷键Ctrl+D复制得到“矩形 2”，并将其旋转90°，如图8-75和图8-76所示。

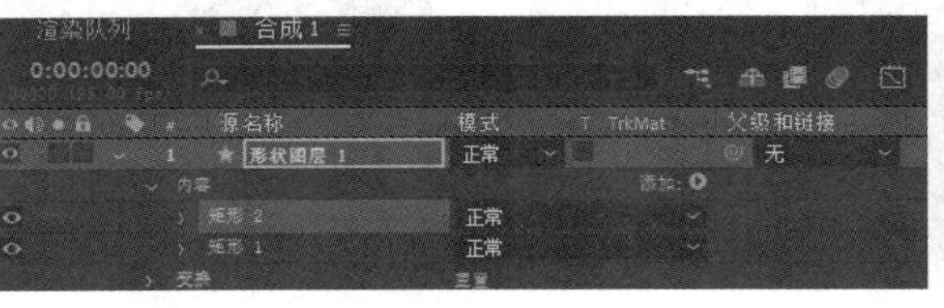

图8-75

图8-76

04 新建一个文本图层，输入的文本内容为“5”，具体参数设置及效果如图8-77所示。

05 使用“椭圆工具” 绘制图8-78所示的白色圆形，然后在“内容”卷展栏中通过复制“椭圆 1”得到“椭圆 2”，将“椭圆 2”缩小，如图8-79所示。

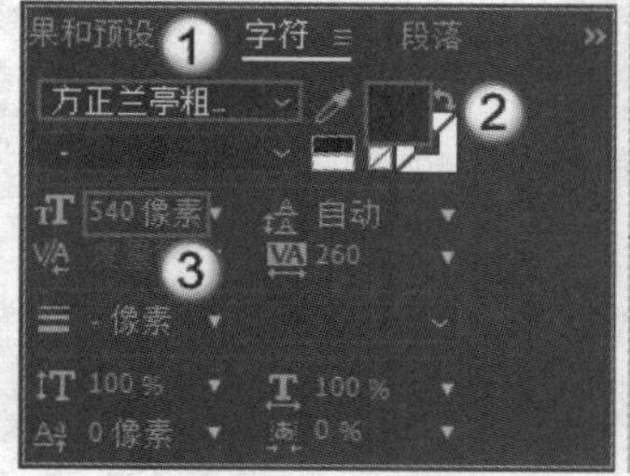

图8-77

06 在“效果和预设”面板中找到“径向擦除”效果并双击，将其添加到文本图层上，如图8-80所示。

图8-78

图8-79

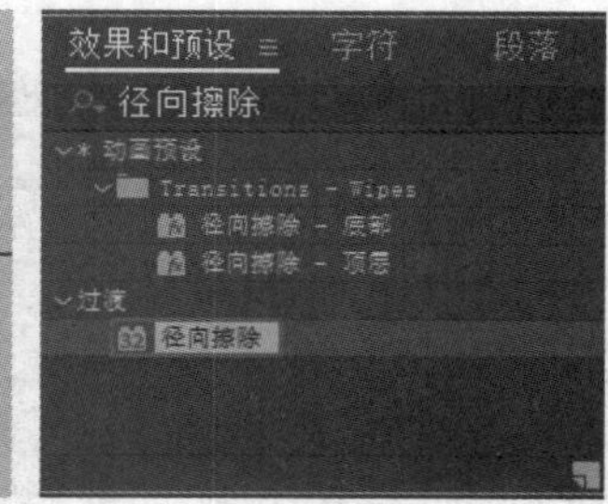

图8-80

07 在0:00:00:05的位置添加“过渡完成”关键帧，然后在0:00:01:00的位置，设置“过渡完成”的值为100%，如图8-81所示。效果如图8-82所示。

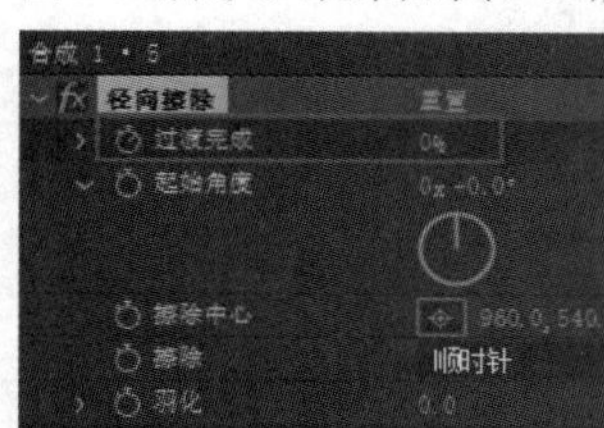

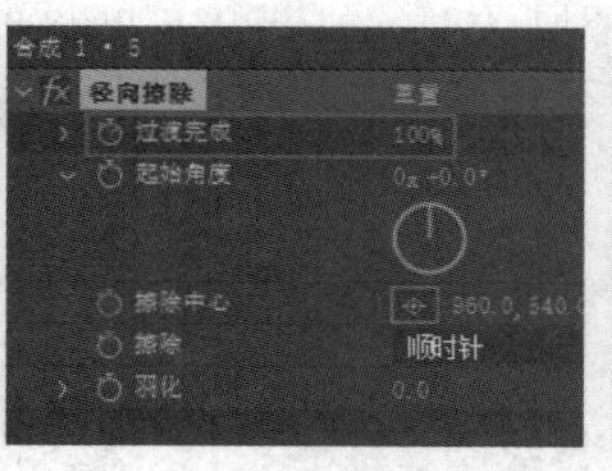

图8-81

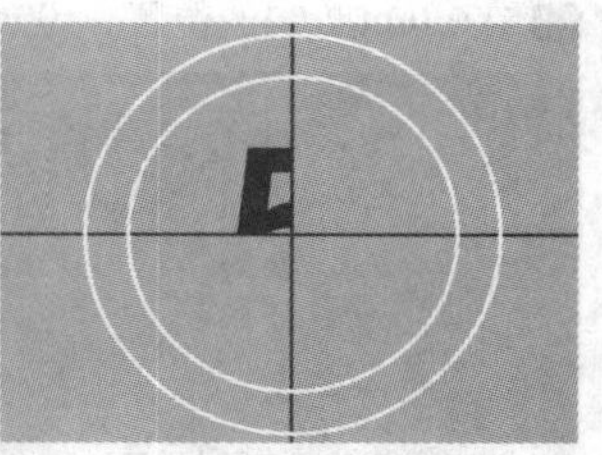

图8-82

08 选中文本图层，按快捷键Ctrl+D复制4个文本图层，然后分别将文本图层的文本内容修改为“1”“2”“3”“4”，如图8-83所示。

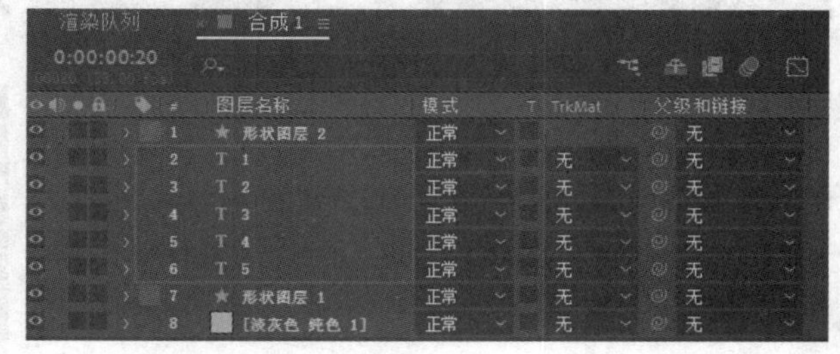

图8-83

09 按照从下到上的顺序依次选中文本图层，然后单击鼠标右键，在弹出的快捷菜单中执行“关键帧辅助>序列图层”命令，在弹出的“序列图层”对话框中勾选“重叠”复选框，设置“持续时间”为0:00:04:00，如图8-84所示。单击“确定”按钮完成设置，效果如图8-85所示。

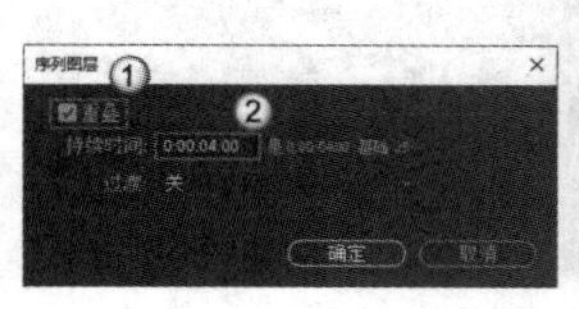

图8-84

图8-85

⑩ 新建一个灰色的纯色图层，然后设置其“不透明度”的值为50%，效果如图8-86所示。

⑪ 为上一步创建的纯色图层添加“径向擦除”效果，在0:00:00:05的位置添加“过渡完成”和“擦除”关键帧，如图8-87所示。

⑫ 在0:00:01:00的位置，设置“过渡完成”的值为100%，添加“擦除”关键帧，如图8-88所示。

图8-86

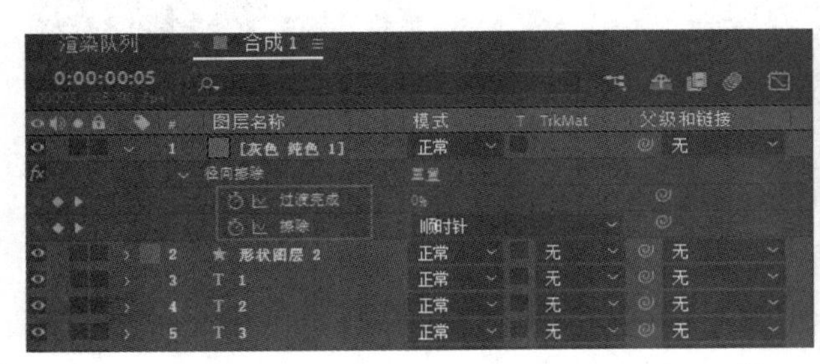

图8-87

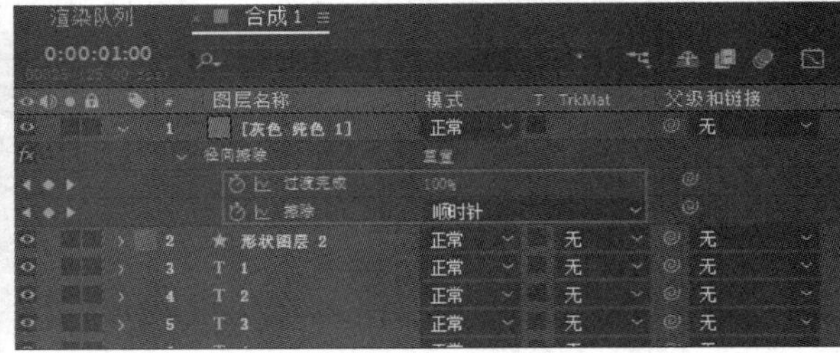

图8-88

⑬ 在0:00:01:05的位置，添加“过渡完成”关键帧，并设置“擦除”为“逆时针”，如图8-89所示。

⑭ 在0:00:02:00的位置，设置“过渡完成”的值为0%，并添加“擦除”关键帧，如图8-90所示。

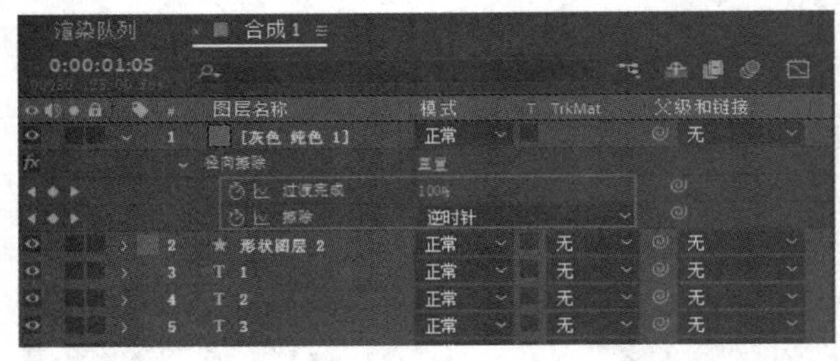

图8-89

图8-90

⑮ 在0:00:02:05的位置，添加“过渡完成”关键帧，并设置“擦除”为“顺时针”，如图8-91所示。

⑯ 框选时间轴中0:00:01:00及其后的所有关键帧并按快捷键Ctrl+C复制，然后在0:00:03:00的位置，按快捷键Ctrl+V粘贴关键帧，如图8-92所示。

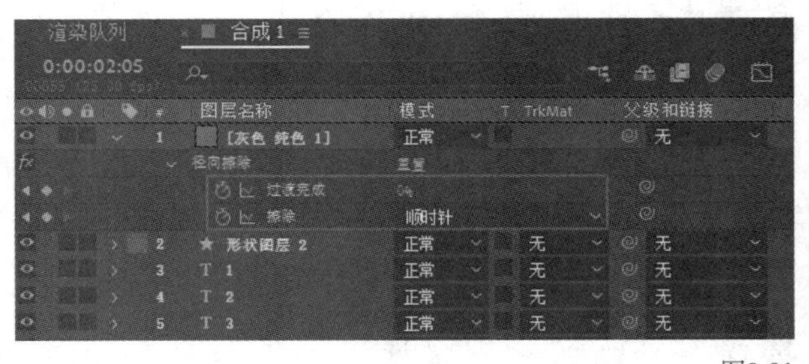

图8-91

图8-92

⑰ 移动时间指示器到0:00:05:00的位置，按快捷键Ctrl+V粘贴关键帧，如图8-93所示。

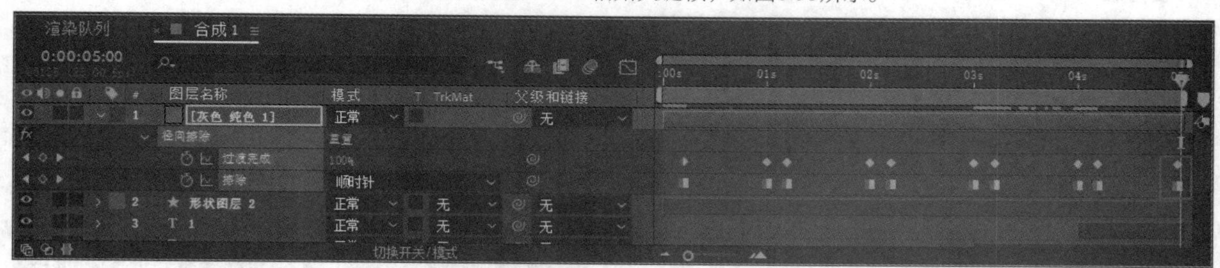

图8-93

⑱ 按照从下到上的顺序依次选中文本图层，创建预合成，然后按S键调出“位置”属性，添加表达式wiggle(5,5)，如图8-94和图8-95所示。

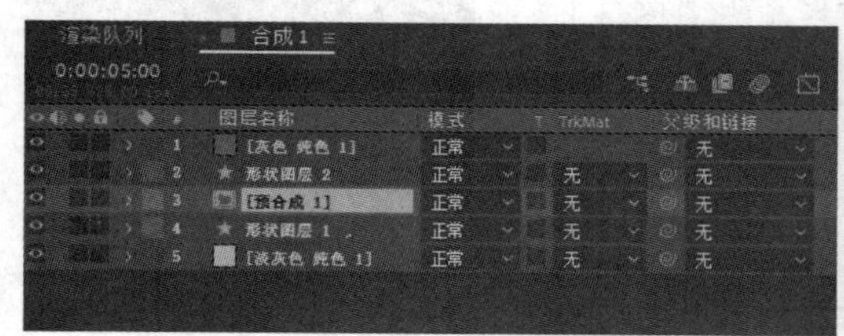

图8-94

图8-95

⑲ 截取4帧画面，效果如图8-96所示。

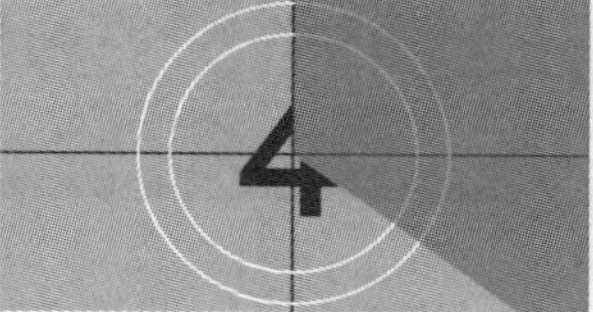

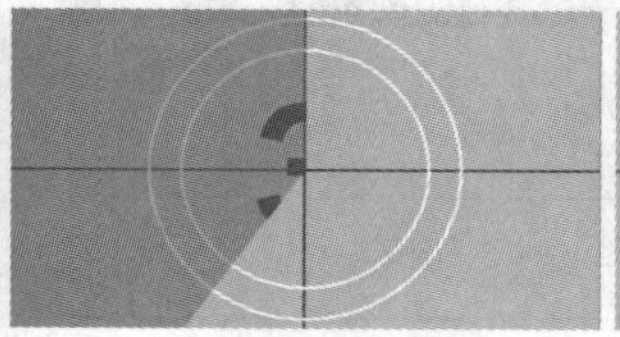

图8-96

8.1.8 变形

演示视频：060- 变形

使用“变形”效果可以让图层产生弧形等变形，如图8-97所示。在“效果控件”面板中可以设置变形的相关参数，如图8-98所示，具体介绍如下。

图8-97

图8-98

变形样式： 在其下拉列表中可以选择不同的变形样式，如图8-99所示，部分效果如图8-100所示。

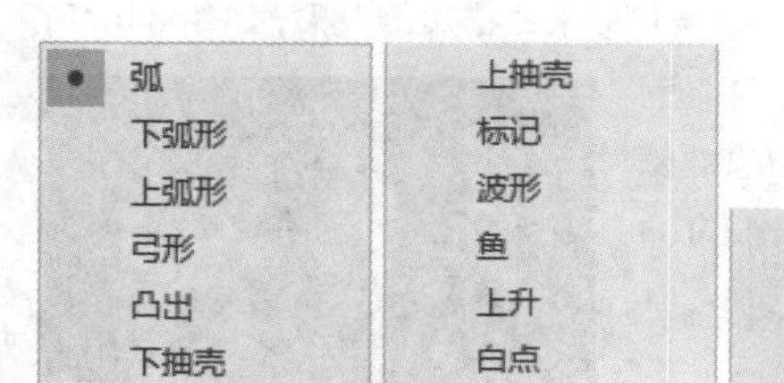

图8-99

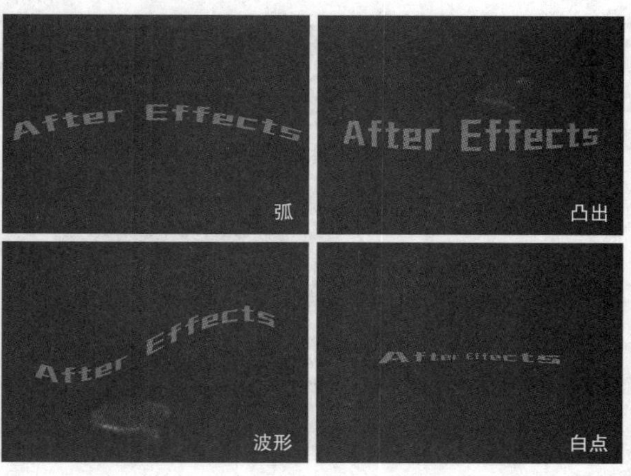

图8-100

变形轴： 用于设置变形的方向，如图8-101所示。

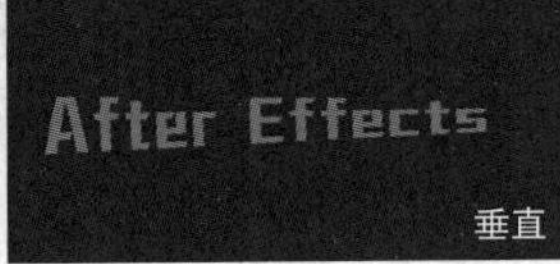

图8-101

> **技巧与提示**
> 在使用某些变形样式时不能调整"变形轴"属性。

弯曲： 用于设置变形的强度。

水平扭曲： 用于设置图层在水平方向上的扭曲效果，如图8-102所示。

垂直扭曲： 用于设置图层在垂直方向上的扭曲效果，如图8-103所示。

图8-102

图8-103

8.1.9 勾画

演示视频：061-勾画

使用"勾画"效果可以形成描边的效果，如图8-104所示。在"效果控件"面板中可以设置描边的颜色、宽度等，如图8-105所示，具体介绍如下。

图8-104

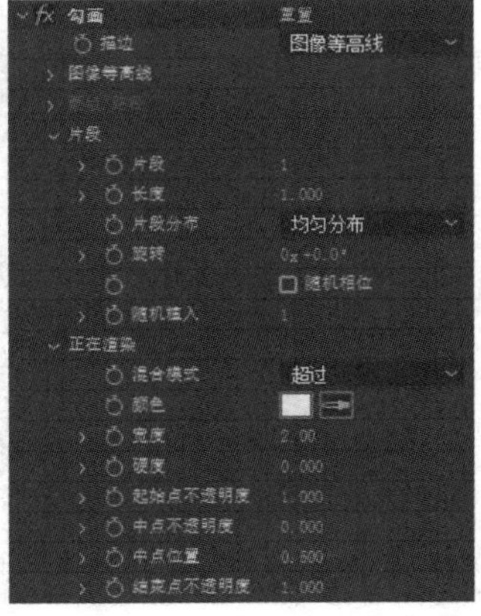

图8-105

描边： 可选择"图像等高线"或"蒙版/路径"模式进行描边。

片段： 用于设置描边线条的分段数量，默认情况下是分段效果，当设置为1时是连续的效果，即描边为实线，如图8-106所示。

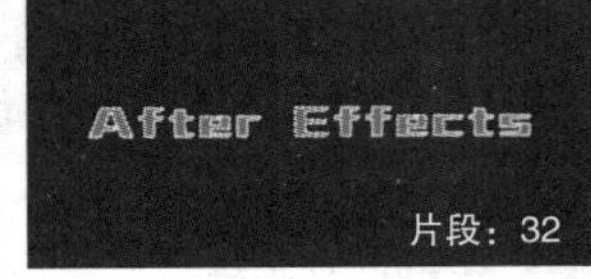

图8-106

长度： 用于设置描边片段的长度，取值范围为0~1；图8-107所示是"长度"的值为0.5时的效果。

图8-107

片段分布： 包括"成簇分布"和"均匀分布"两种模式，效果如图8-108所示。

图8-108

旋转： 用于让描边沿着边缘移动，如图8-109所示。

随机相位： 勾选该复选框后，描边会将随机的位置作为起始位置，如图8-110所示。

图8-109

图8-110

随机植入： 用于随机设置相位效果。

混合模式： 包括"透明""超过""曝光不足""模板"4种模式，效果如图8-111所示。

图8-111

颜色： 用于设置描边的颜色。

宽度： 用于设置描边的宽度。

硬度： 用于设置描边边缘的清晰度，取值范围为0~1。

起始点不透明度： 用于设置描边起始点的不透明度。

结束点不透明度： 用于设置描边结束点的不透明度。

> **技巧与提示**
>
> 当“起始点不透明度”和“结束点不透明度”的值都为1时，描边线段能连接为一个整体。

8.1.10 分形杂色

演示视频：062-分形杂色

“分形杂色”效果用于生成一个黑白相间的图层，如图8-112所示。其使用方式很灵活，在“效果控件”面板中可以设置其相关参数，如图8-113所示，具体介绍如下。

图8-112

图8-113

分形类型： 用于设置黑白花纹的分布类型；在其下拉列表中可以选择不同的分形类型，如图8-114所示。

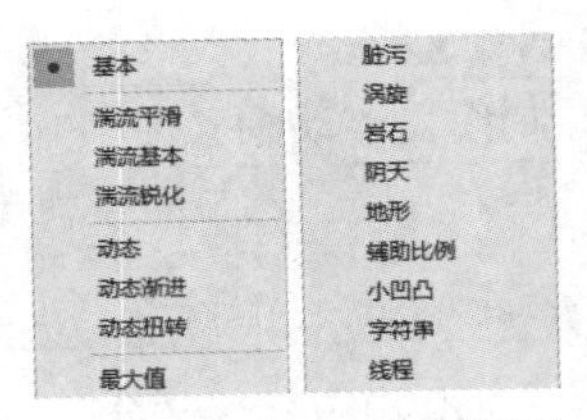

图8-114

杂色类型： 用于设置黑白花纹的显示模式，效果如图8-115所示。

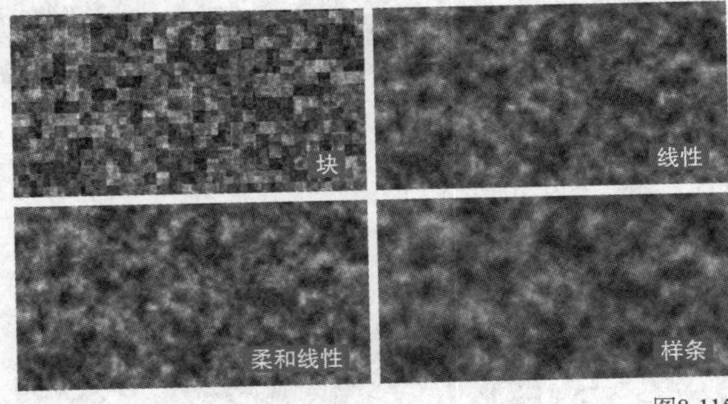

图8-115

反转： 勾选该复选框后，会调换黑白颜色的区域。

对比度： 用于控制黑白区域的对比效果；此数值越大，黑色、白色区域对比越明显，如图8-116所示。

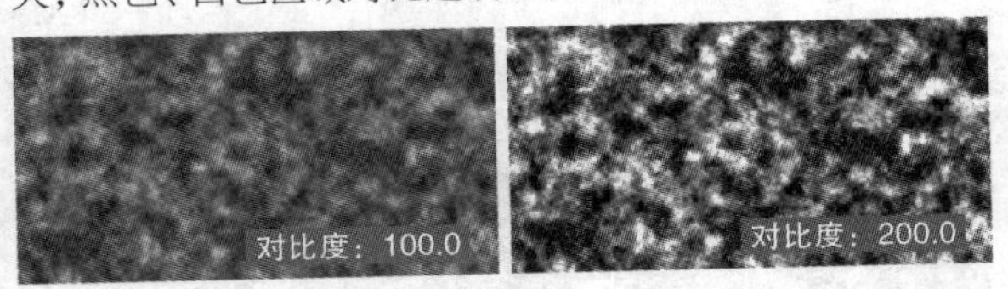

图8-116

亮度： 用于控制画面整体的亮度。

旋转： 用于控制画面的角度。

统一缩放： 默认勾选该复选框，可同时对宽度和高度进行等比例缩放；取消勾选该复选框时，“缩放”属性会包含“缩放宽度”和“缩放高度”两个参数。

偏移（湍流）： 用于设置画面的平移效果，在设置该参数时一般会添加关键帧。

子影响（%）： 用于设置花纹的精细程度；此数值越大，花纹越精细，如图8-117所示。

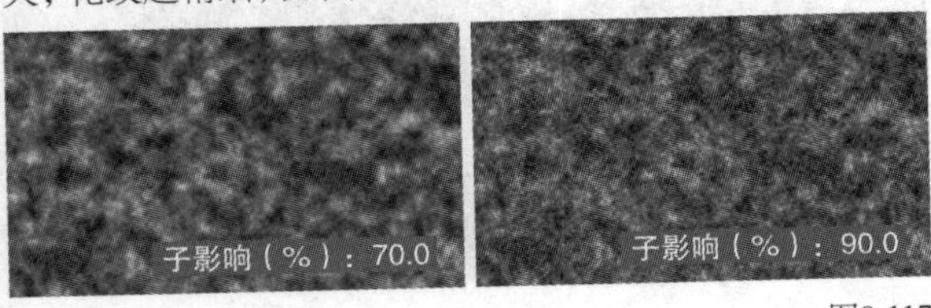

图8-117

演化： 用于设置黑白花纹的变化效果，在设置该参数时一般会添加关键帧。

不透明度： 用于设置黑白花纹的不透明度。

课堂案例

制作文本动画

案例文件 案例文件>CH08>课堂案例：制作文本动画

视频名称 课堂案例：制作文本动画.mp4

学习目标 掌握“分形杂色”效果的使用方法

本案例是运用“分形杂色”效果制作文字在置换时的动画效果，效果如图8-118所示。

图8-118

01 新建一个1920像素×1080像素的合成，使用“横排文字工具”T在画面中输入“BETTER”，具体参数设置及效果如图8-119所示。

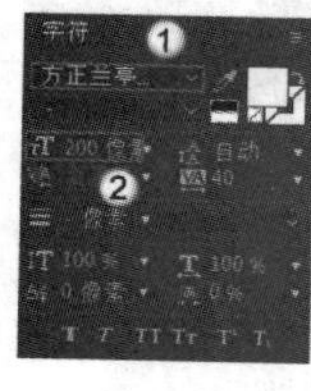

图8-119

02 在“文本”卷展栏中添加“位置”和“不透明度”两个属性，如图8-120所示。

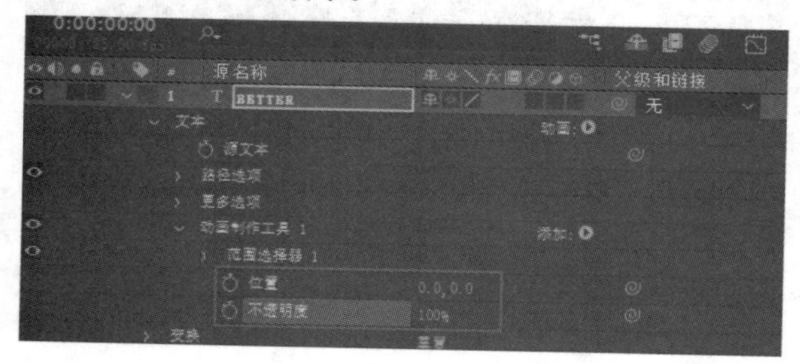

图8-120

03 设置上一步添加的“位置”的值为(-100.0,0.0)、“不透明度”的值为0%，如图8-121所示。此时文字从画面中消失。

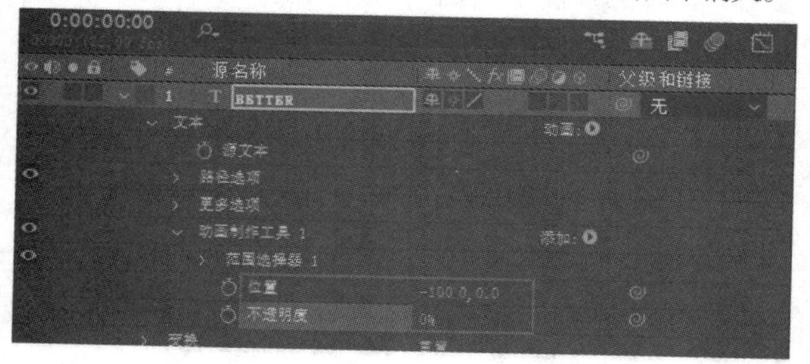

图8-121

04 展开“范围选择器 1”卷展栏，在0:00:01:00的位置设置“偏移”的值为-100.0%，并添加关键帧，然后在0:00:02:00的位置设置“偏移”的值为100%，如图8-122和图8-123所示。

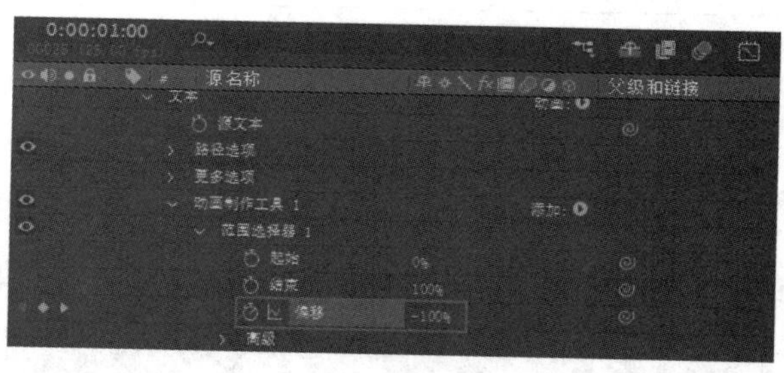

图8-122

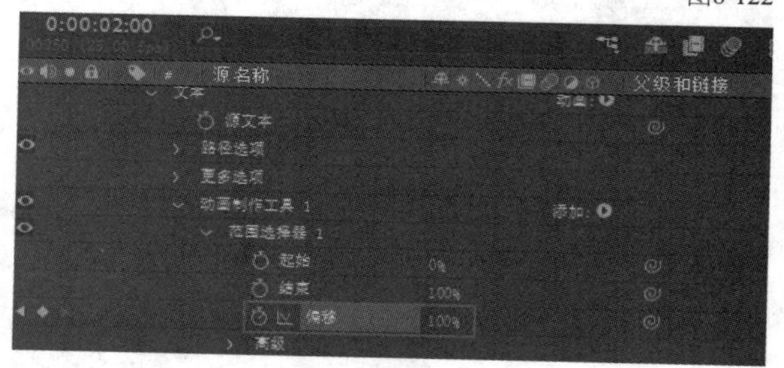

图8-123

05 展开“高级”卷展栏，设置“形状”为“上斜坡”，如图8-124所示。文字动画效果如图8-125所示。

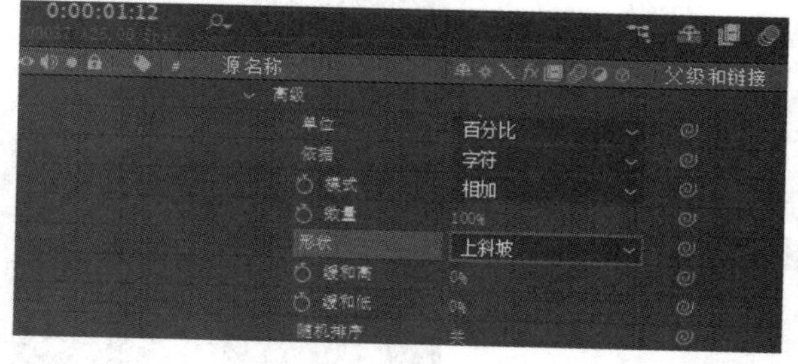

图8-124

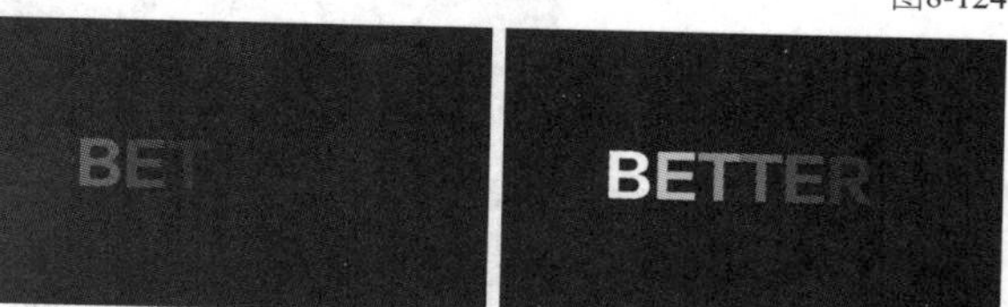

图8-125

06 将文本图层转换为预合成，命名为“BETTER”，如图8-126所示。

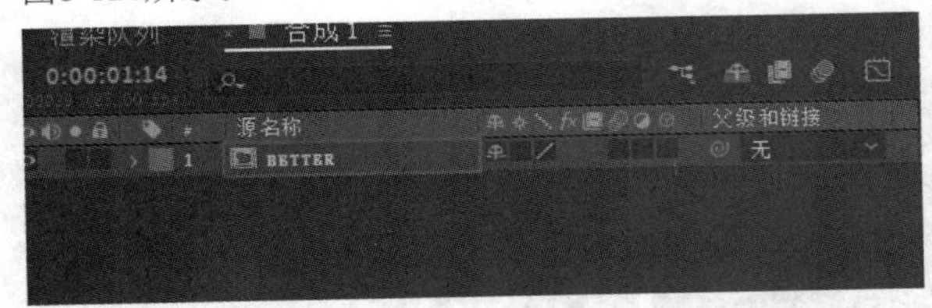

图8-126

07 新建一个纯色图层，然后添加“分形杂色”效果，如图8-127所示。

图8-127

08 在“效果控件”面板中设置“分形类型”为“湍流平滑”、“对比度”的值为600.0、“亮度”的值为-160.0、“缩放宽度”的值为120.0、“缩放高度”的值为30.0，如图8-128所示。

图8-128

09 将添加了“分形杂色”效果的图层转换为预合成，命名为“置换贴图”，并取消显示，如图8-129所示。

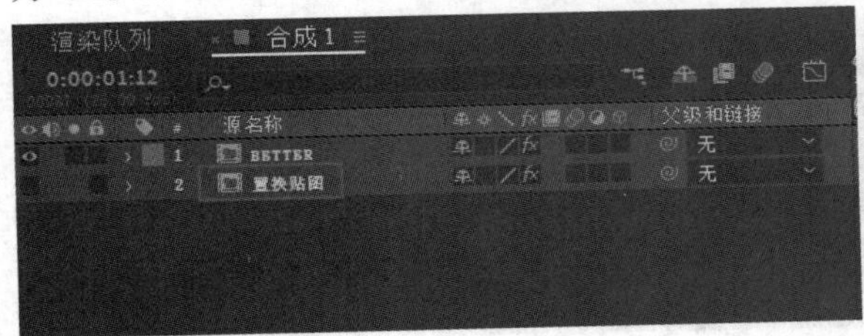

图8-129

10 为“BETTER”合成添加“时间置换”效果，然后设置“时间置换图层”为“2.置换贴图”和“效果和蒙版”、“最大位移时间[秒]”的值为-0.1，如图8-130所示。

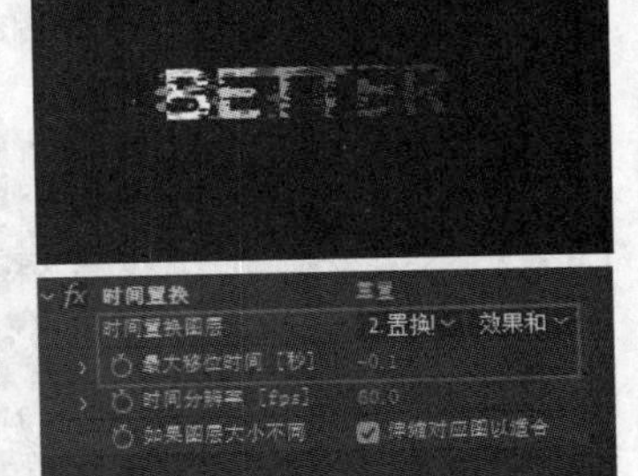

图8-130

11 导入“案例文件>CH08>课堂案例：制作文本动画”文件夹中的“背景.mp4”素材文件，并放在图层最下方作为背景，效果如图8-131所示。

图8-131

12 截取4帧画面，效果如图8-132所示。

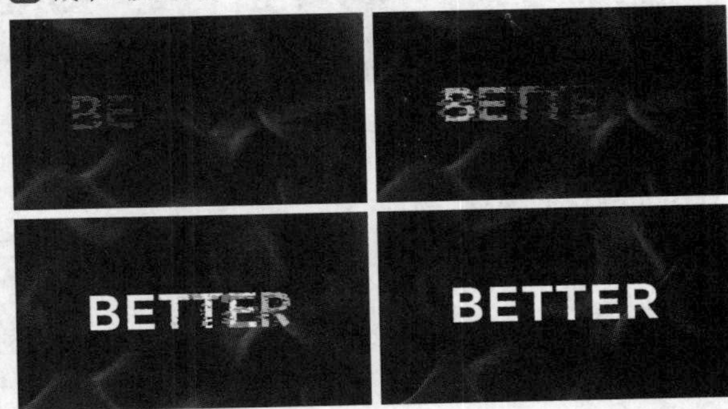

图8-132

8.1.11 动态拼贴

演示视频：063- 动态拼贴

使用“动态拼贴”效果可以对素材图层进行复制，从而形成矩阵式排列的效果，如图8-133所示。在“效果控件”面板中可以设置复制的数量等，如图8-134所示，具体介绍如下。

图8-133

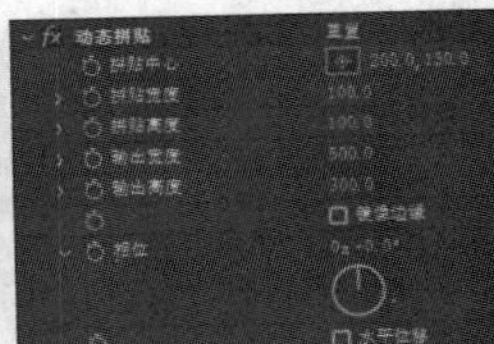

图8-134

拼贴中心：用于设置拼贴素材的位置。

拼贴宽度/拼贴高度：用于设置复制素材的大小，取值范围为0~100；当此数值小于100时，会缩小画面中的素材内容，并增加复制素材的数量，如图8-135所示。

输出宽度/输出高度：用于设置复制素材在横向和纵向上的数量，如图8-136所示。

图8-135

图8-136

镜像边缘：勾选该复选框后，素材之间会产生镜像效果，如图8-137所示。

相位：用于设置角度，改变复制素材的位置，如图8-138所示。

水平位移：勾选该复选框后，调整“相位”的值，会在水平方向产生位移效果，如图8-139所示。

图8-137

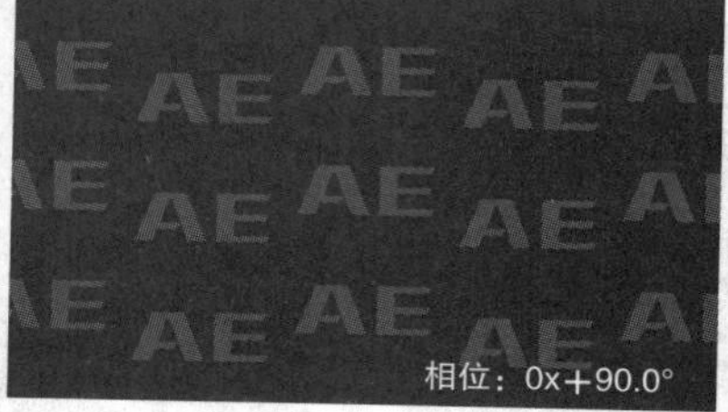

图8-138

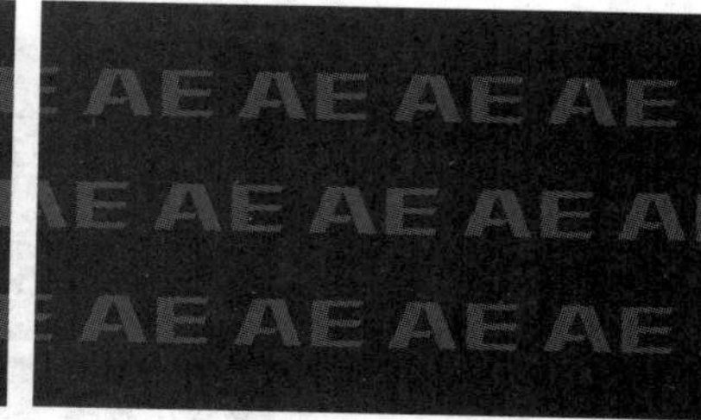

图8-139

课堂案例

制作无缝过渡视频

案例文件	案例文件>CH08>课堂案例：制作无缝过渡视频
视频名称	课堂案例：制作无缝过渡视频.mp4
学习目标	掌握“动态拼贴”效果的使用方法

本案例是运用“动态拼贴”效果制作无缝过渡的视频，效果如图8-140所示。

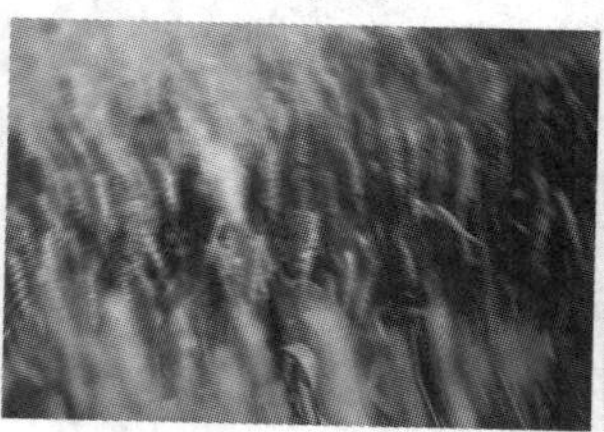

图8-140

01 新建一个1920像素×1080像素的合成，导入“案例文件>CH08>课堂案例：制作无缝过渡视频”文件夹中的素材文件，如图8-141所示。

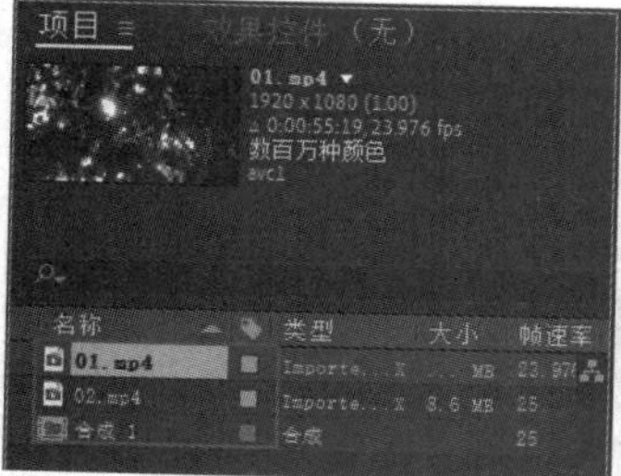

图8-141

02 将两个素材文件添加到合成中，然后在0:00:01:00的位置按快捷键Alt+]裁剪后续的剪辑，接着将两个剪辑首尾相接，如图8-142所示。

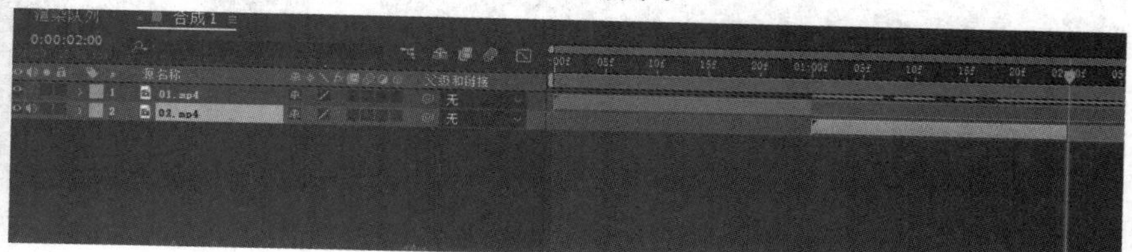

图8-142

03 为两个图层都添加“动态拼贴”效果，设置“输出宽度”和“输出高度”的值为300.0，勾选“镜像边缘”复选框，如图8-143所示。

04 选中“01.mp4”图层，在剪辑的起始位置添加“位置”关键帧，然后在剪辑的末尾位置将图层向右移动一段距离，如图8-144所示。

05 在剪辑的起始位置添加“旋转”关键帧，然后在剪辑的末尾位置设置“旋转”的值为（0x+20.0°），效果如图8-145所示。

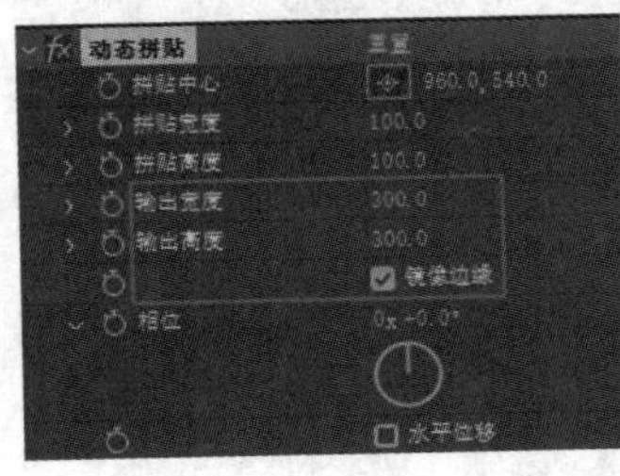

图8-143

图8-144

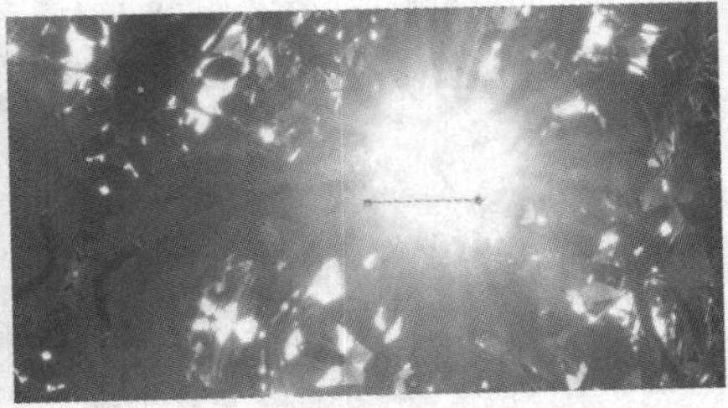

图8-145

06 为“位置”和“旋转”关键帧都添加“缓动”效果，然后调整其速度曲线，如图8-146所示。

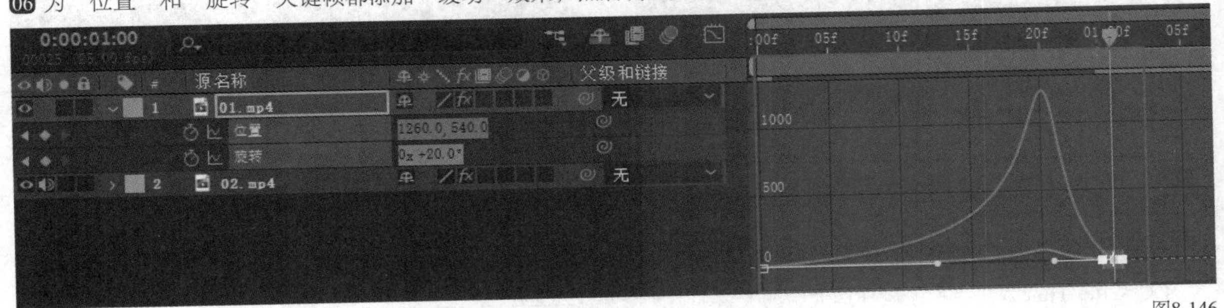

图8-146

07 选中“02.mp4”图层，在剪辑的末尾位置添加“位置”关键帧，然后在剪辑的起始位置将图层向左移动一段距离，如图8-147所示。

08 在剪辑的末尾位置添加“旋转”关键帧，在剪辑的起始位置设置“旋转”的值为（0x−20.0°），效果如图8-148所示。

图8-147

图8-148

09 为“位置”和“旋转”关键帧添加“缓动”效果，然后调整其速度曲线，如图8-149所示。

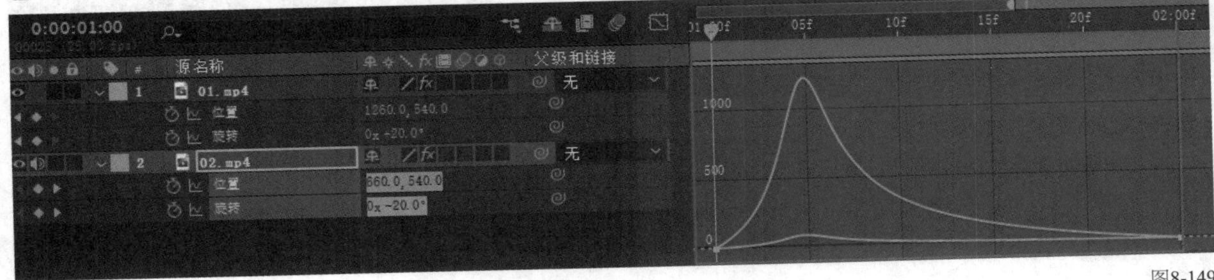

图8-149

⑩ 开启两个图层的“运动模糊”开关，如图8-150所示。

图8-150

⑪ 任意截取4帧画面，效果如图8-151所示。

图8-151

8.1.12 CC Wide Time

演示视频：064- CC Wide Time

CC Wide Time效果可用于制作运动中的素材的重影效果，如图8-152所示。在“效果控件”面板中可以设置重影的位置和数量，如图8-153所示，具体介绍如下。

图8-152

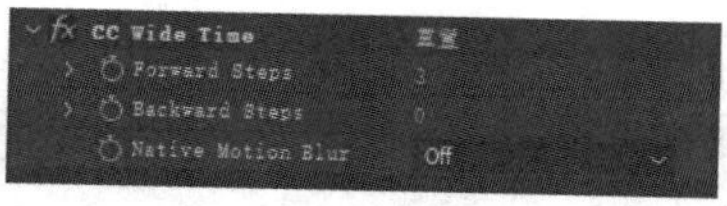

图8-153

Forward Steps： 用于设置在素材运动时，其后方产生的重影的数量，如图8-154所示。

Backward Steps： 用于设置在素材运动时，其前方产生的重影的数量，如图8-155所示。

Native Motion Blur： 用于设置是否产生运动模糊效果。

图8-154

图8-155

8.1.13 CC Cylinder

演示视频：065- CC Cylinder

CC Cylinder效果可用于将一个平面素材转换为圆柱体素材，如图8-156所示。在“效果控件”面板中可以设置其相关参数，如图8-157所示，具体介绍如下。

图8-156

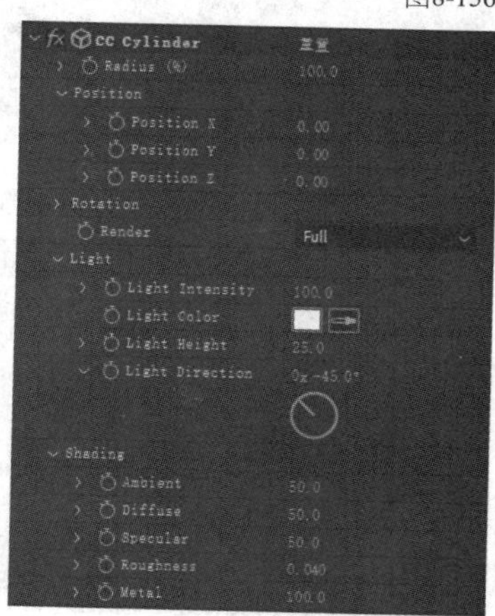

图8-157

Radius(%)：用于设置素材转换为圆柱体时的半径。

Position X/ Position Y/ Position Z：用于设置圆柱体在画面中的*x*轴、*y*轴和*z*轴上移动的距离。

Render：用于设置生成圆柱体的形态，如图8-158所示。

Inside

图8-158

Light Intensity：用于控制圆柱体的光照强度，如图8-159所示。

Light Intensity：100.0　Light Intensity：300.0

图8-159

Light Color：用于设置灯光的颜色。

Light Height：用于控制灯光高度，如图8-160所示。

Light Height：25.0　Light Height：50.0

图8-160

Light Direction：用于设置灯光照射的角度。

Ambient：用于设置环境光的强度，如图8-161所示。

Ambient：50.0

图8-161

Diffuse：用于设置素材固有色的亮度，如图8-162所示。

Diffuse：50.0　Diffuse：80.0

图8-162

Specular：用于设置素材反射光的区域大小。

Roughness：用于设置素材反射光的粗糙度，如图8-163所示。

图8-163

Metal：用于设置素材的金属质感的强度。

8.1.14 CC Star Burst

演示视频：066- CC Star Burst

使用CC Star Burst效果能在整个画面中生成星爆效果，如图8-164所示。在"效果控件"面板中可以设置其相关参数，如图8-165所示，具体介绍如下。

图8-164

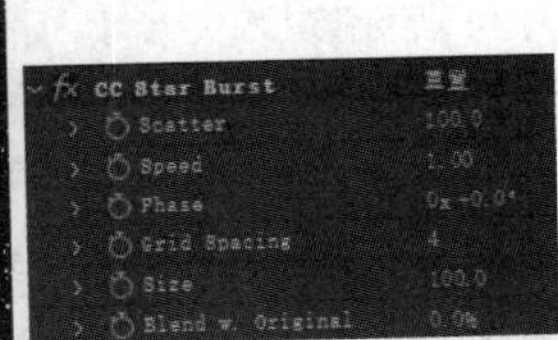

图8-165

Scatter：用于设置画面中星星的分散程度；此数值越大，星星越分散，如图8-166所示。

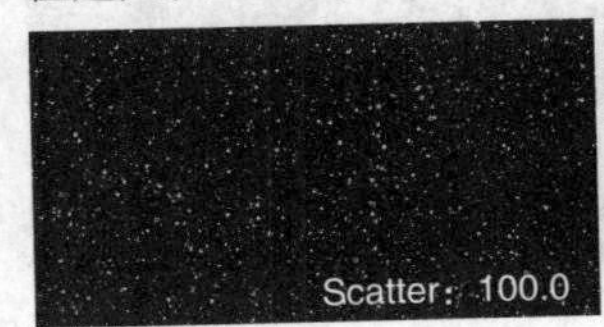

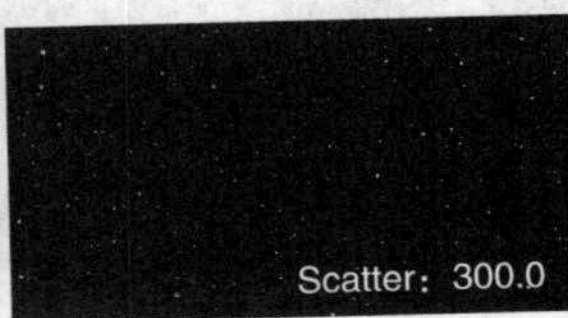

图8-166

Speed：用于设置星星移动的速度。

Phase：通过设置不同的角度，形成不同的运动效果，通常配合关键帧使用。

Grid Spacing：用于设置星星的间距，如图8-167所示。

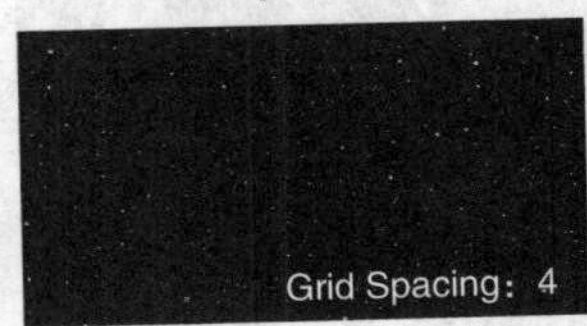

图8-167

Size：用于设置星星的大小；此数值越大，星星越大。

Blend w. Original：用于设置星星与原有图层混合的不透明度。

8.2 常用插件

本节将介绍一些常用的插件，这些插件的功能很强大，不仅便于日常使用，还能实现很好的效果。

本节内容介绍

主要内容	相关说明	重要程度
Saber	用于生成辉光效果	高
Optical Flares	用于生成不同样式的辉光效果	高
Deep Glow	用于生成带辉光的自发光效果	高
Lockdown	用于根据画面进行动态追踪	中

8.2.1 Saber

演示视频：067- Saber

使用Saber插件可以添加一种类似于“发光”的辉光效果，这种效果可以添加到文本和遮罩上，也可以单独作为发光体生成动画，如图8-168所示。在“效果控件”面板中可以设置其相关参数，如图8-169所示，具体介绍如下。

图8-168

图8-169

预设：在其下拉列表中可以选择不同类型的发光效果，如图8-170所示，部分效果如图8-171所示。

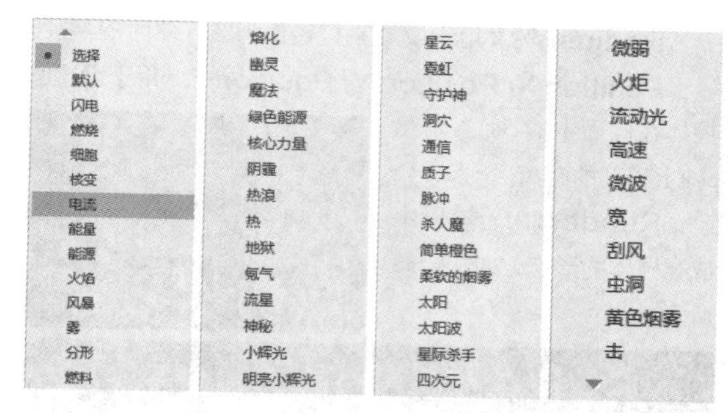

图8-170

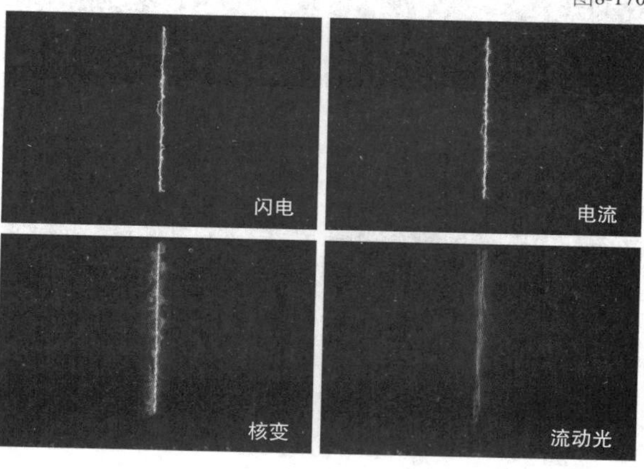

图8-171

启用辉光：默认勾选该复选框，表示产生辉光效果。

辉光颜色：用于设置自发光的颜色。

辉光强度：用于设置辉光的强度；此数值越大，发光体越亮。

辉光扩散：用于控制辉光照射的范围；此数值越小，照射的范围越大，如图8-172所示。

图8-172

辉光偏向：用于控制发光体的辉光扩散的大小，如图8-173所示。

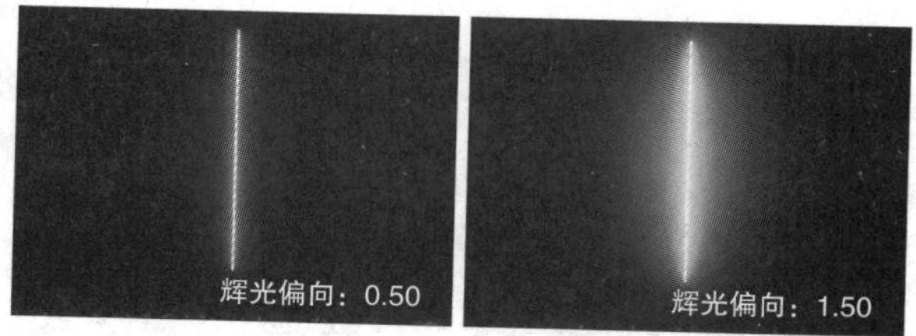

图8-173

主体大小：用于控制发光体本身的粗细，如图8-174所示。

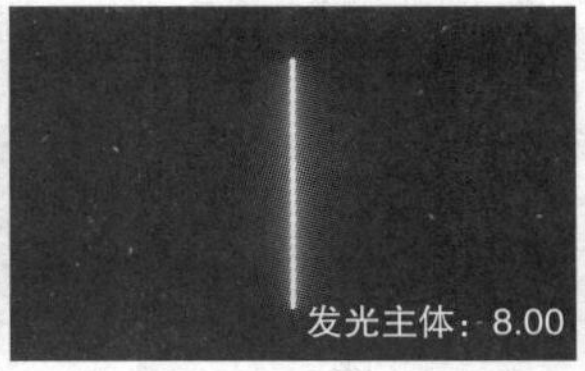

图8-174

开始位置/结束位置： 用于设置发光体的位置。

主体类型： 在其下拉列表中可以选择发光体的类型，除了“默认”外，还可以选择“遮罩图层”或“文字图层”，如图8-175所示。

图8-175

开始大小/结束大小： 用于设置辉光在起始位置或结束位置的强度。

开始偏移/结束偏移： 用于设置辉光在起始位置或结束位置移动的效果，在添加关键帧后可以形成描边发光的效果，如图8-176所示。

图8-176

光晕轮廓强度： 用于控制发光体轮廓的亮度大小，如图8-177所示。

图8-177

闪烁强度： 在设置此数值后，随着时间指示器的移动，发光体会产生闪烁效果。

辉光强度倍增： 用于控制辉光的强度，如图8-178所示。

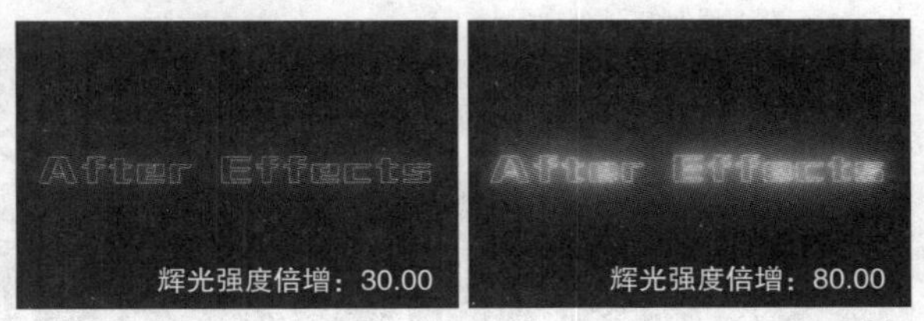

图8-178

辉光大小倍增： 用于控制辉光照射范围的大小，如图8-179所示。

图8-179

知识点：Saber插件的安装方法

Saber插件的安装文件为“Saber.aex”。要安装.aex格式的文件，需要将其复制到After Effects的安装路径中，参考路径为D:\Program Files\Adobe\AE 2022\Adobe\Adobe After Effects 2022\Support Files\Plug-ins，如图8-180所示。需要注意的是，安装的盘符以本机为准。

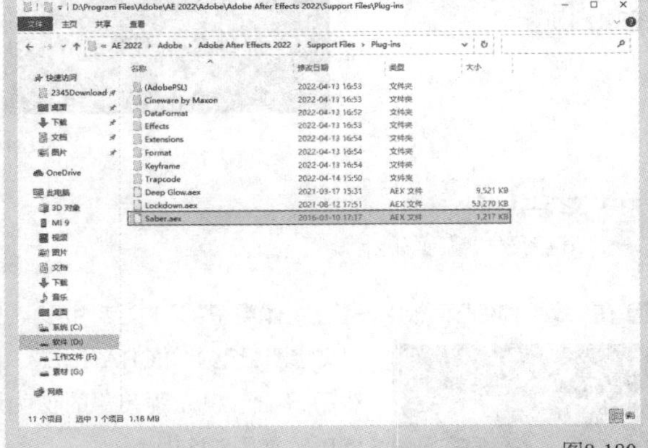

图8-180

在复制粘贴“Saber.aex”文件后，重启After Effects，然后在“效果和预设”面板中搜索“saber”，就能查找到相应效果，如图8-181所示。

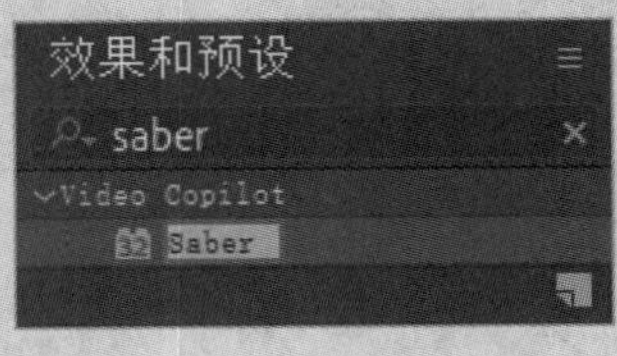

图8-181

课堂案例

制作闪光字视频

案例文件　案例文件>CH08>课堂案例：制作闪光字视频

视频名称　课堂案例：制作闪光字视频.mp4

学习目标　学习Saber效果的用法

本案例是利用Saber效果制作一个简单的闪光字视频，效果如图8-182所示。

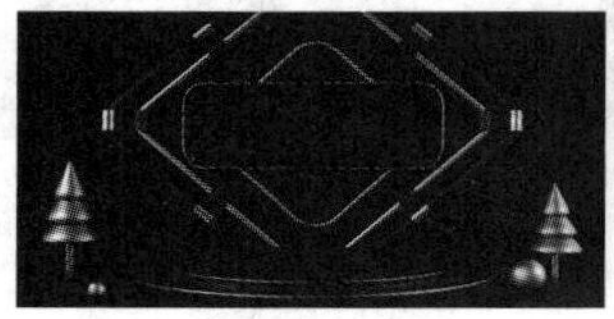

图8-182

01 新建一个1920像素×1080像素的合成，使用“横排文字工具” T 在画面中输入“CHANGE”，相关参数设置及效果如图8-183所示。

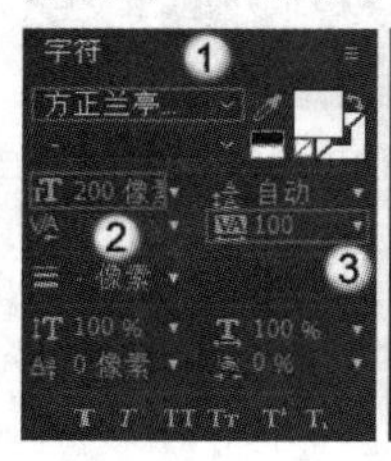

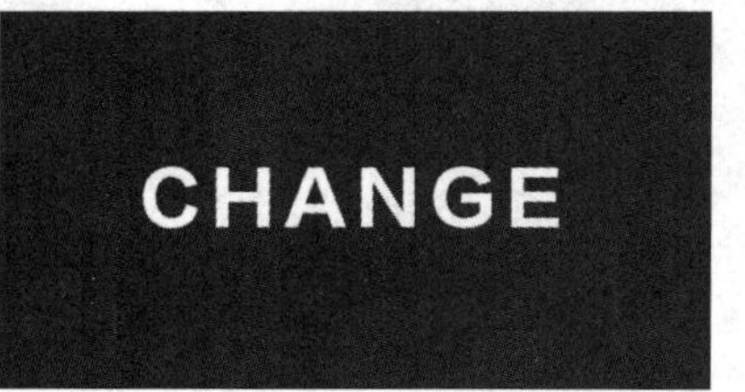

图8-183

02 新建一个纯色图层，然后为其添加Saber效果，如图8-184所示。

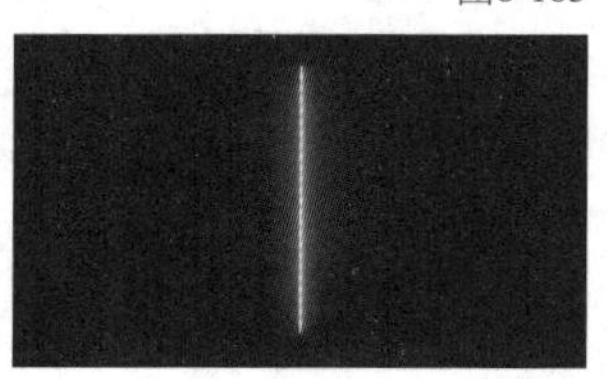

图8-184

技巧与提示

纯色图层的颜色可随意设置。

03 在“效果控件”面板中设置“主体类型”为“文字图层”、“文字图层”为“2.CHANGE”，然后设置“辉光强度”的值为15.0%，如图8-185所示。

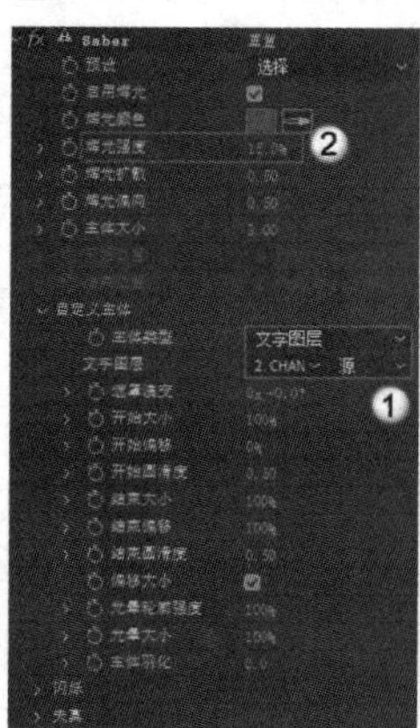
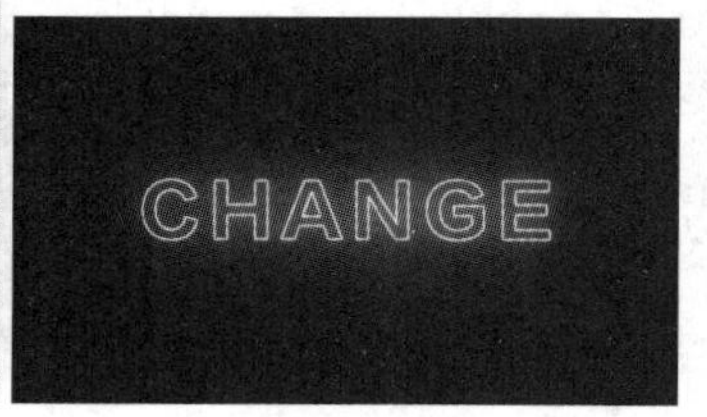

图8-185

04 设置“辉光颜色”为黄色，如图8-186所示。

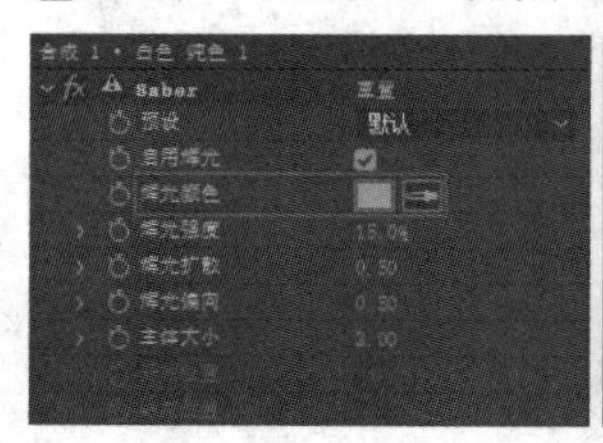

图8-186

05 在剪辑的起始位置设置“开始偏移”的值为100%，并添加关键帧，如图8-187所示。此时画面中的文字消失。

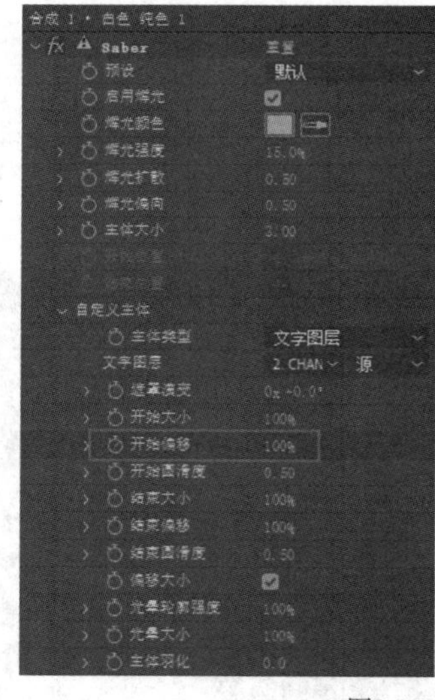

图8-187

06 在0:00:01:00的位置，设置“开始偏移”的值为0%，动画效果如图8-188所示。

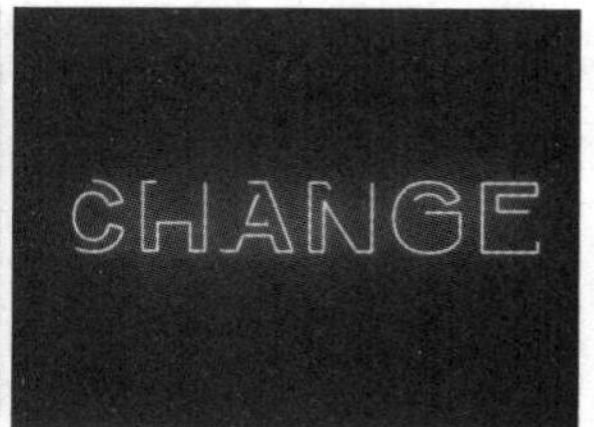

图8-188

07 在剪辑的起始位置，设置“闪烁强度”的值为0%，并添加关键帧，然后添加“遮罩随机”关键帧，如图8-189所示。

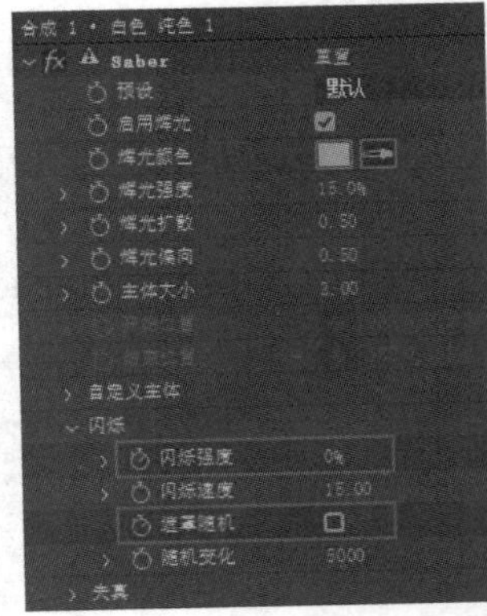

图8-189

08 在0:00:01:00的位置设置“闪烁强度”的值为260%，勾选“遮罩随机”复选框，如图8-190所示。

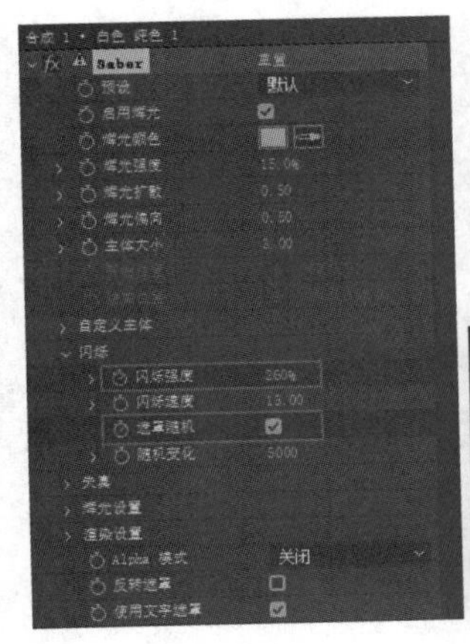

图8-190

09 移动时间指示器预览画面，会发现1秒前的部分也有闪烁效果。将“闪烁强度”的起始关键帧移动到0:00:00:20的位置，如图8-191所示。

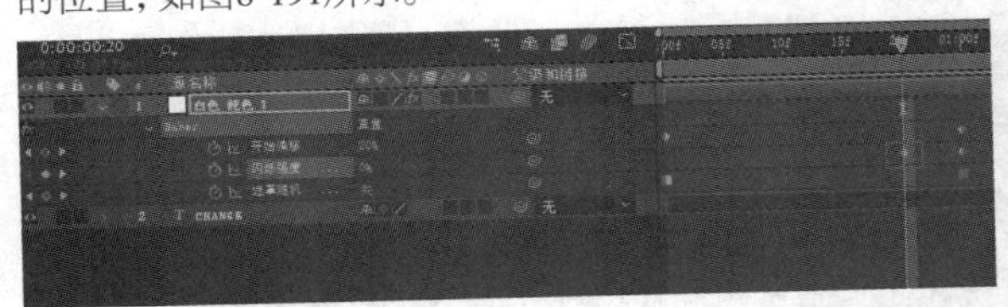

图8-191

10 移动时间指示器到0:00:01:00后的位置，能看到闪烁效果，如图8-192所示。

图8-192

11 导入“案例文件>CH08>课堂案例：制作闪光字视频”文件夹中的“bg.jpg”素材文件并将其放在底层，然后设置纯色图层的混合模式为“屏幕”，效果如图8-193所示。

图8-193

12 缩小纯色图层，使其与背景图片融合，如图8-194所示。

图8-194

技巧与提示

除了可以选择“屏幕”模式，还可以选择“相加”或“变亮”模式。

13 截取4帧画面，效果如图8-195所示。

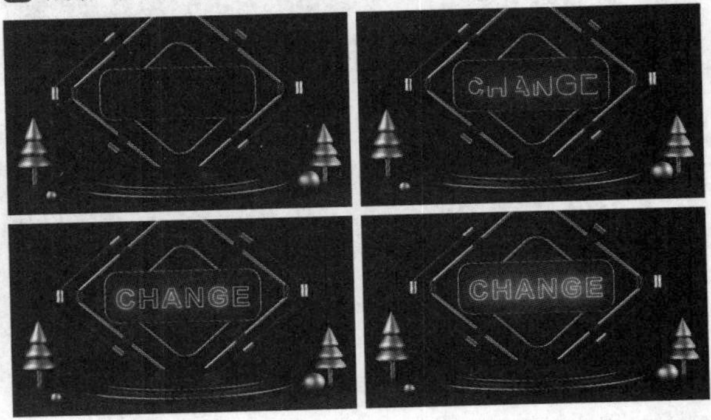

图8-195

8.2.2 Optical Flares

演示视频：068- Optical Flares

Optical Flares是一款功能强大的用于制作镜头光晕效果的插件，主要用于在After Effects里创建逼真的镜头耀斑动画，图8-196所示是该插件的操作界面。在“效果控件”面板中可以设置其相关属性，如图8-197所示，具体介绍如下。

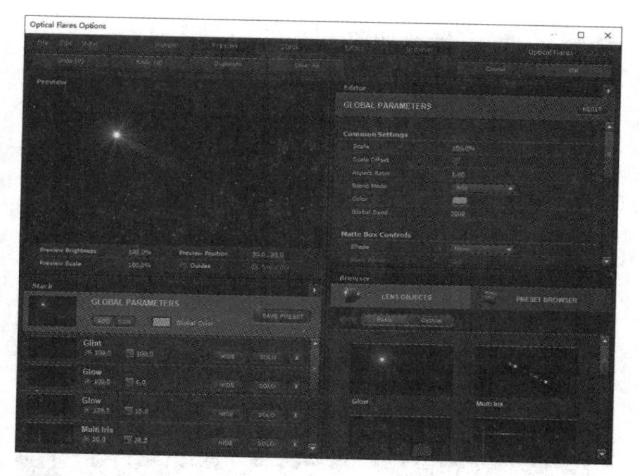

图8-196

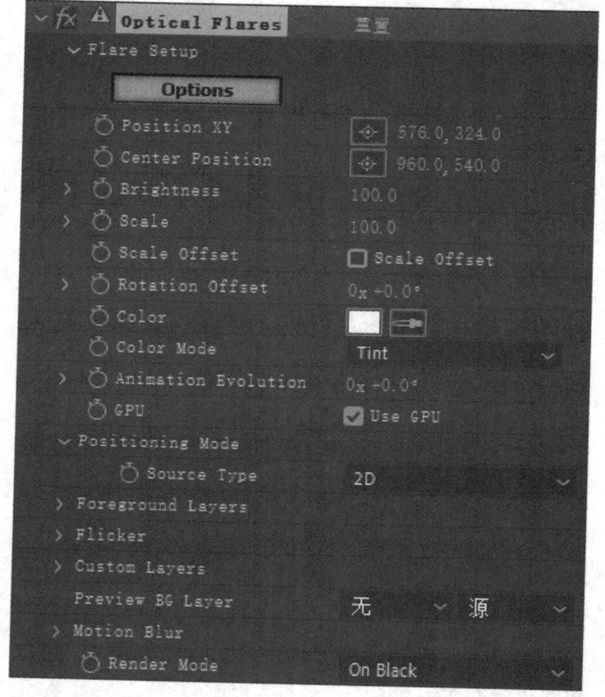

图8-197

Options：单击该按钮，即可弹出图8-196所示的窗口，在其中选择需要的光晕预设。

Position XY：用于设置光晕的位置，添加关键帧后可以形成动画效果。

Center Position：用于控制光晕照射的方向，如图8-198所示。

图8-198

Brightness：用于控制光晕的亮度。

Scale：用于缩放光晕区域。

Rotation Offset：用于设置光晕的角度。

Color：用于设置光晕的颜色。

知识点：Optical Flares插件的安装方法

下载的Optical Flares插件会以一个文件夹的形式呈现，该文件夹中包含很多文件和文件夹，如图8-199所示。

名称	修改日期	类型	大小
Optical Flares Presets	2022-04-14 17:37	文件夹	
Optical Flares Textures	2022-04-14 17:37	文件夹	
OpticalFlares.aex	2021-01-14 14:38	AEX 文件	1,602 KB
OpticalFlaresLicense.lic	2009-12-11 20:23	LIC 文件	46 KB
OpticalFlaresPref.dat	2022-05-25 16:43	DAT 文件	1 KB

图8-199

将该文件夹复制到After Effects的安装路径中，参考路径为D:\Program Files\Adobe\AE 2022\Adobe\Adobe After Effects 2022\Support Files\，如图8-200所示。也可以将该文件夹复制到"Plug-ins"文件夹中。

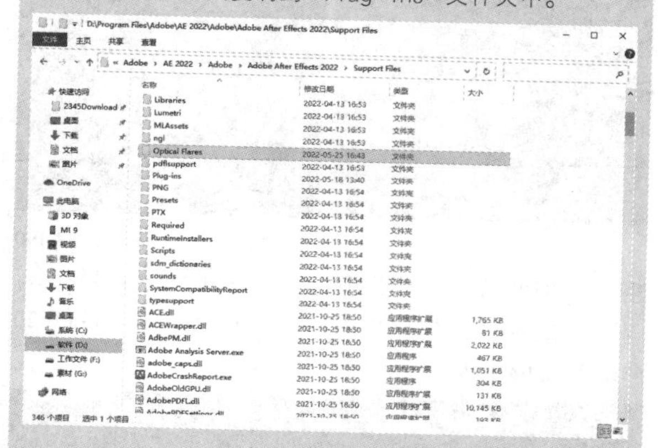

图8-200

在复制粘贴该文件夹后，重启After Effects，在"效果和预设"面板中可以找到相应效果，如图8-201所示。

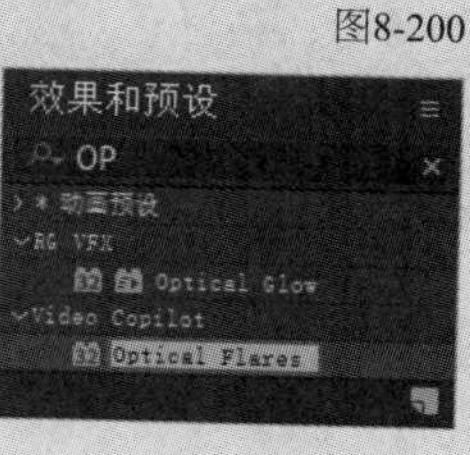

图8-201

8.2.3 Deep Glow

演示视频：069- Deep Glow

Deep Glow和Saber一样，也是一款用于添加辉光效果的插件，与Saber不同的是，Deep Glow更加简单，效果如图8-202所示。在"效果控件"面板中可以控制其发光参数，如图8-203所示，具体介绍如下。

图8-202

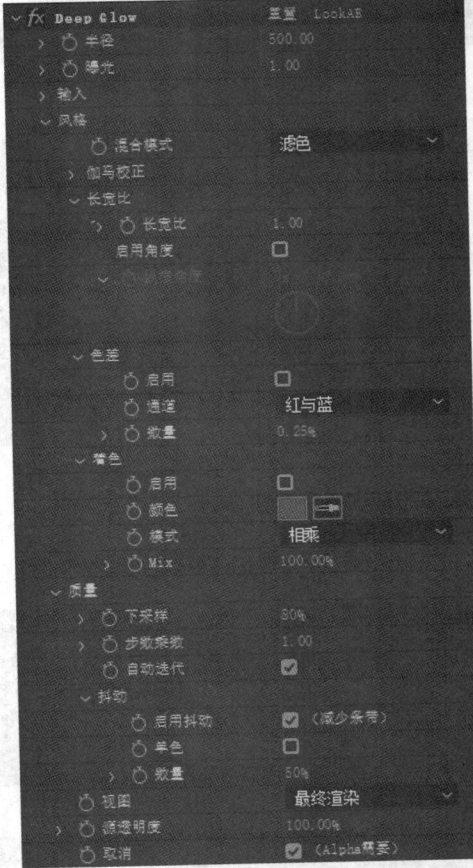

图8-203

半径： 用于设置辉光的照射范围。

曝光： 用于设置辉光的亮度。

长宽比： 默认值为1，代表辉光按照素材的比例向外散射；当此值大于1时，辉光呈现横向拉伸的效果；当此值小于1时，辉光呈现纵向拉伸的效果，如图8-204所示。

图8-204

启用角度： 勾选该复选框后激活“纵横角度”属性，通过设置“纵横角度”的数值，控制辉光的方向，如图8-205所示。

图8-205

色差： 勾选其“启用”后，辉光的色差会按照“通道”中的设置显示。

通道： 用于设置色差通道，效果如图8-206所示。

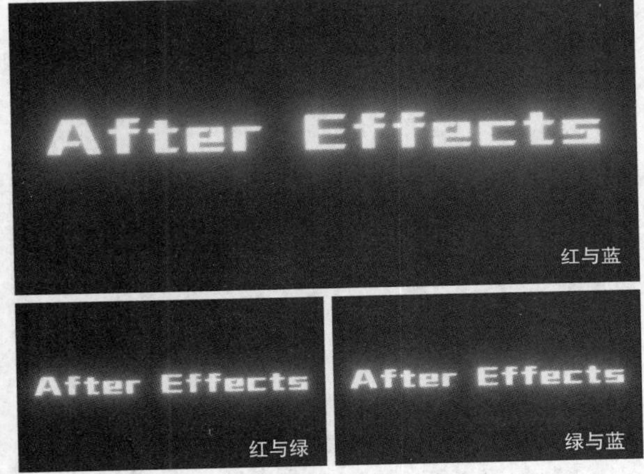

图8-206

数量： 用于设置颜色通道与素材分离的程度，如图8-207所示。

图8-207

着色： 勾选其“启用”复选框后，辉光会按照“颜色”中的设置显示。

颜色： 用于设置辉光的颜色。

模式： 用于设置辉光与素材之间的混合模式。

Mix： 用于设置辉光颜色与素材颜色之间的混合量。

课堂案例

制作发光的边框

案例文件	案例文件>CH08>课堂案例：制作发光的边框
视频名称	课堂案例：制作发光的边框.mp4
学习目标	掌握Deep Glow效果的使用方法

本案例为绘制的边框添加Deep Glow效果，使其产生辉光，效果如图8-208所示。

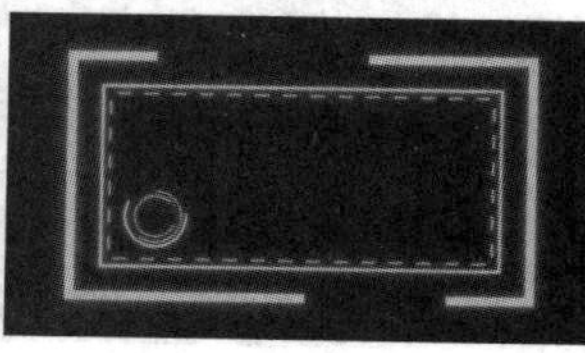
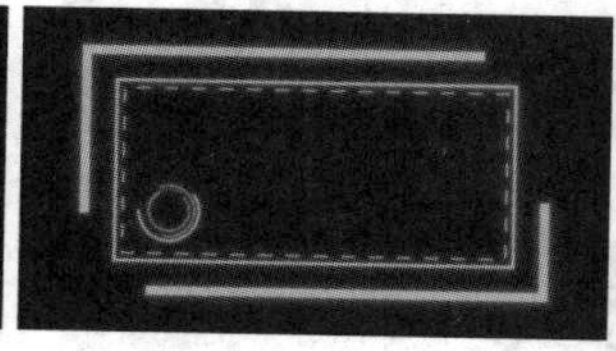
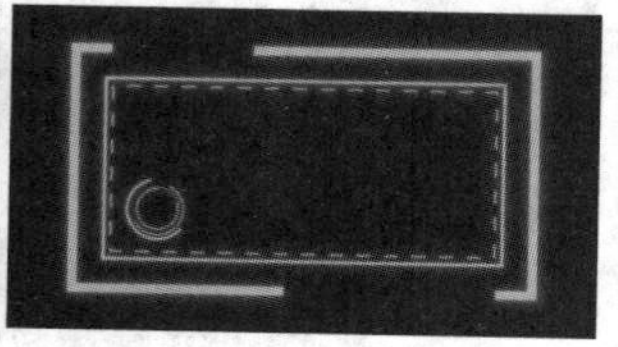

图8-208

01 新建一个1920像素×1080像素的合成，然后使用“矩形工具”■绘制一个描边宽度为10像素的蓝色矩形，如图8-209所示。

02 将上一步中绘制的矩形复制一份并缩小，然后将其放在大矩形的内部，设置“描边宽度”为5像素，并添加“虚线”效果，设置“虚线”的值为45.0，效果如图8-210所示。

图8-209

图8-210

03 将“形状图层 1”复制一份，将其放大后调整至适当位置，设置“描边宽度”为30像素，效果如图8-211所示。

图8-211

04 为上一步复制的矩形添加“修剪路径”属性，设置其“开始”的值为55.0%、“结束”的值为90.0%，如图8-212所示。效果如图8-213所示。

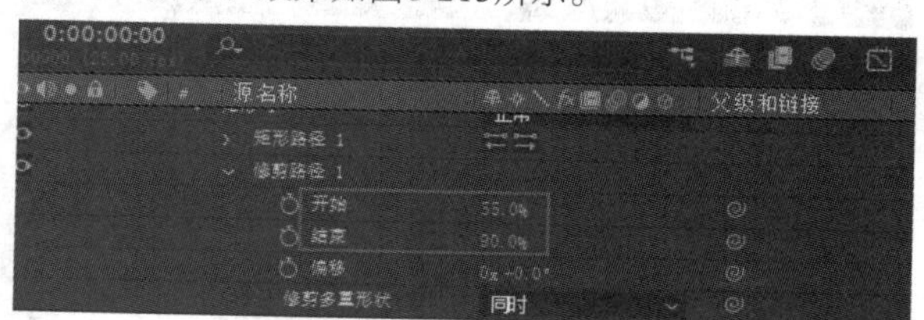

图8-212

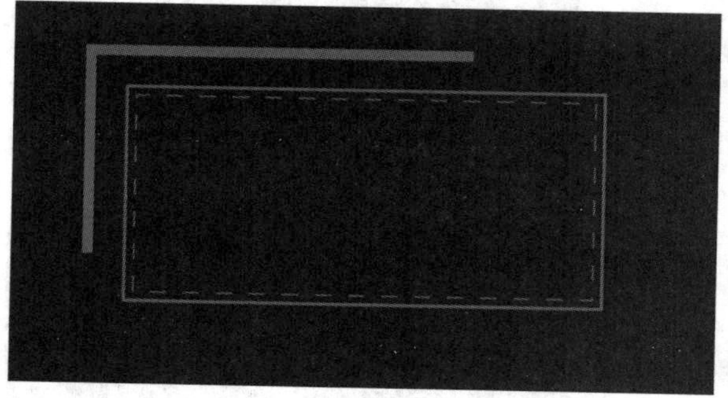

图8-213

05 复制“形状图层 1”得到一个矩形图层，修改“修剪路径 1”卷展栏中的“开始”的值为0.0%、“结束”的值为40.0%，如图8-214所示。效果如图8-215所示。

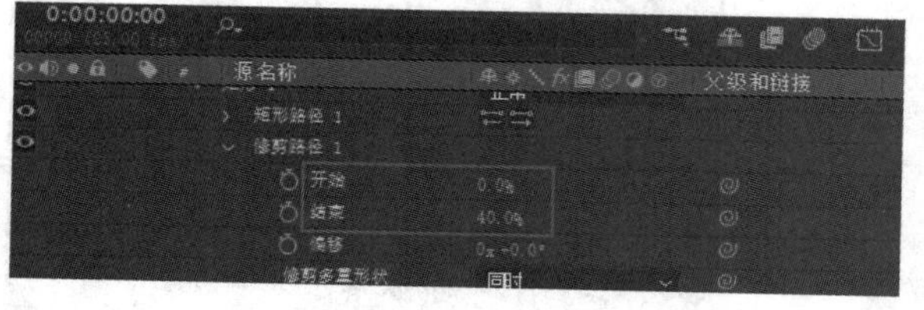

图8-214

图8-215

06 在两个外侧矩形的“修剪路径 1”卷展栏中，设置“偏移”的表达式为time*100，如图8-216所示。这样能形成循环移动的效果，如图8-217所示。

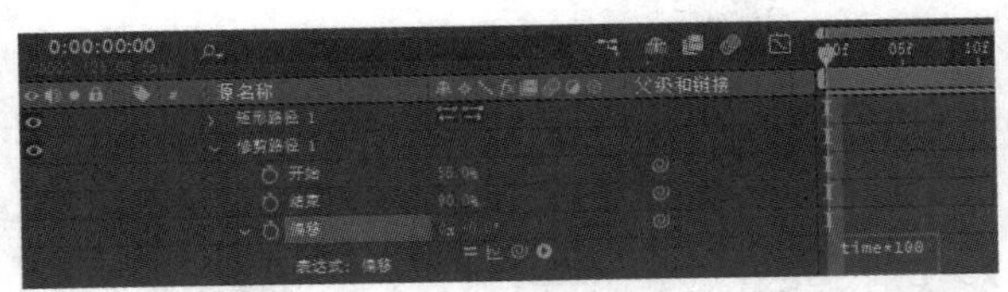

图8-216

图8-217

07 选中虚线矩形的图层，在“虚线”卷展栏中设置“偏移”的表达式为time*200，如图8-218所示。效果如图8-219所示。

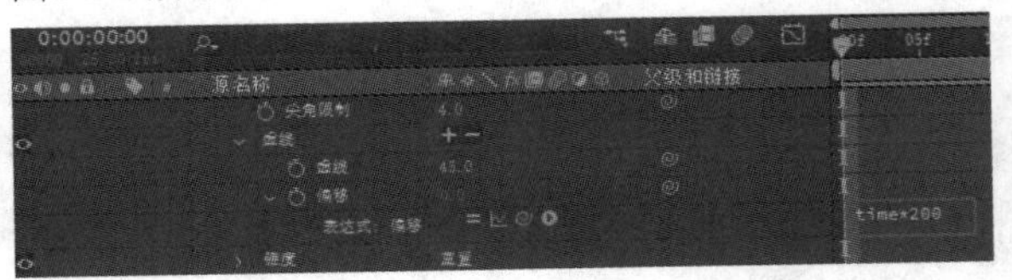

图8-218

图8-219

08 新建一个600像素×600像素的合成，命名为“圆环”，然后使用“椭圆工具”绘制一个描边宽度为20像素的圆形，如图8-220所示。

图8-220

09 为绘制的圆形添加“修剪路径”属性，设置“开始”的值为40.0%，然后设置“偏移”的表达式为wiggle(2,100)，如图8-221所示。效果如图8-222所示。

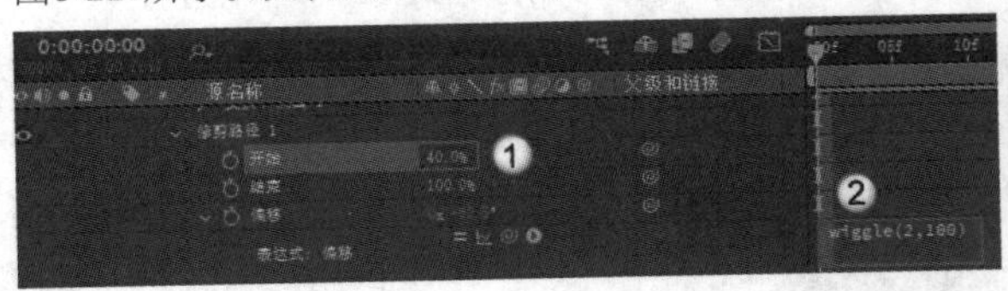

图8-221

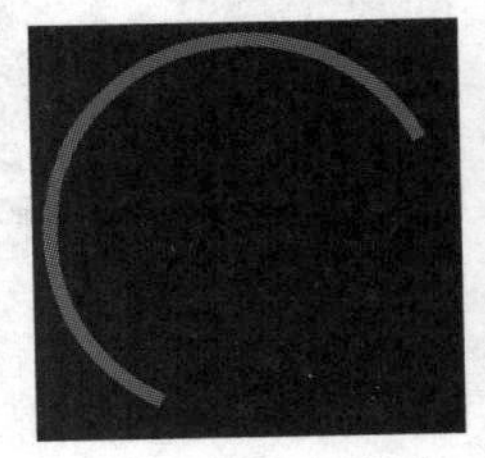

图8-222

10 将上一步绘制的圆形复制一份，缩小后放在大圆形的内部，并修改其“描边宽度”为10像素，效果如图8-223所示。

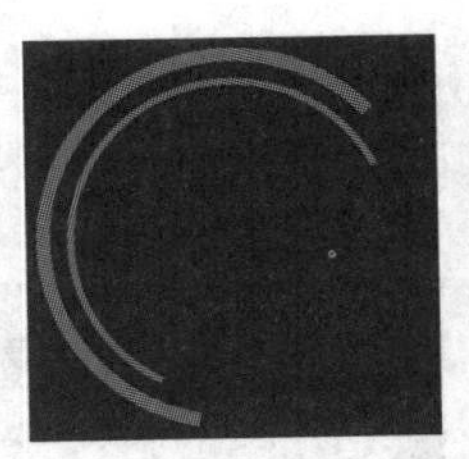

图8-223

11 修改复制的圆形的“修剪路径1”卷展栏中的“开始”的值为0.0%、“结束”的值为60.0%，效果如图8-224所示。

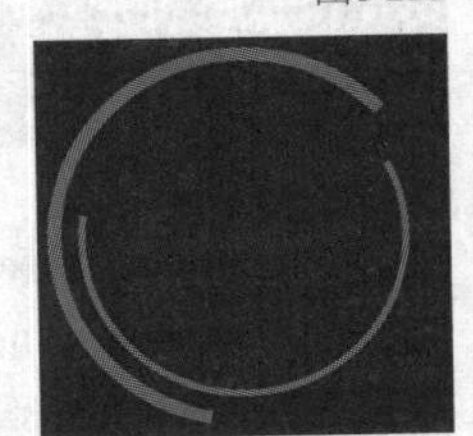

图8-224

12 将圆形再复制两份，将复制的圆形缩小后，适当调整“开始”和“结束”的数值，效果如图8-225所示。

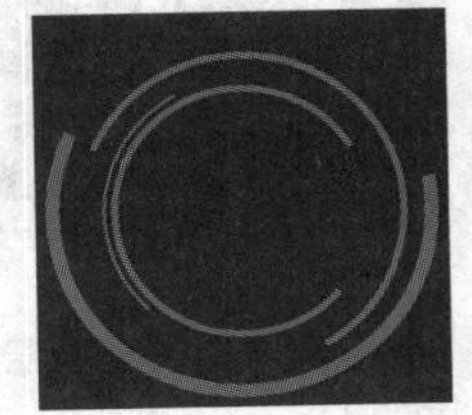

图8-225

技巧与提示

为了使画面更加丰富，可以修改每个图层“偏移”的表达式。按两次E键能调出图层“偏移”的表达式。

13 将“圆环”合成添加到“合成 1”中，将“圆环”合成缩小后放在画面的左下角，如图8-226所示。

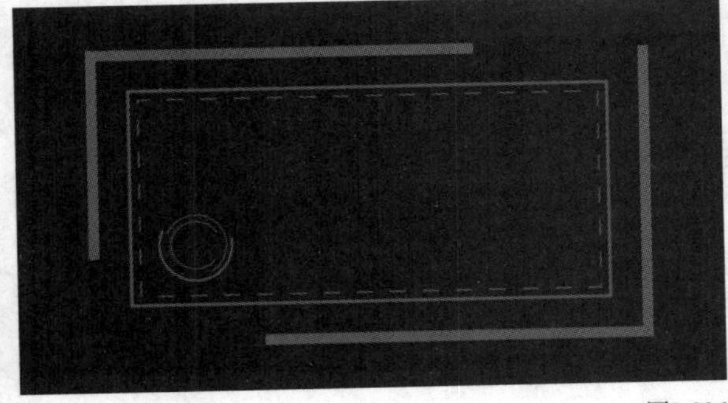

图8-226

14 新建一个空对象图层，然后将所有的图层和合成都作为其子级图层，如图8-227所示。

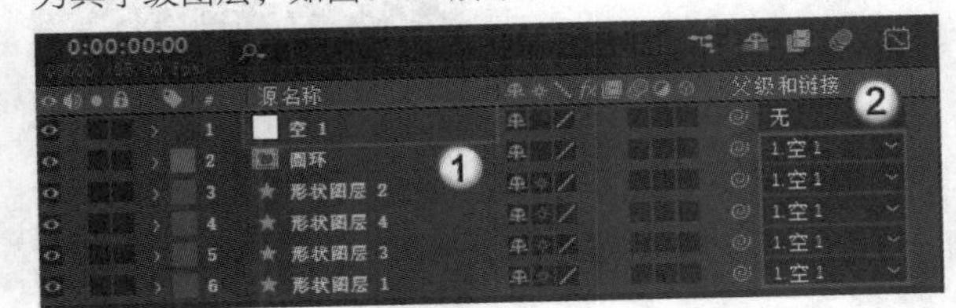

图8-227

⑮ 选中“空 1”图层，在剪辑的起始位置设置“缩放”的值为(0.0,0.0%)、“不透明度”的值为0.0%，并添加关键帧，如图8-228所示。

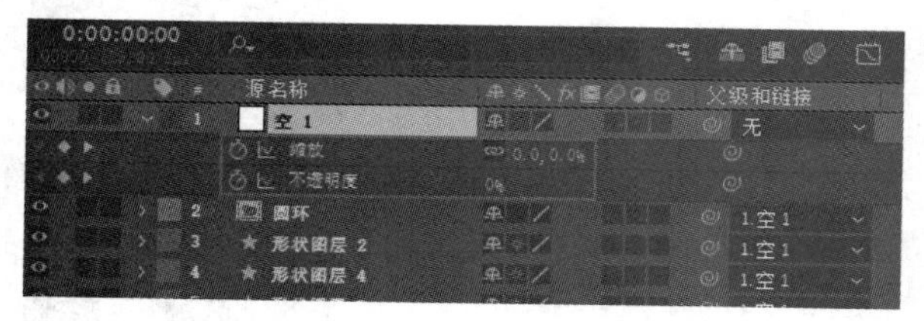

图8-228

⑯ 在0:00:01:00的位置，设置“缩放”的值为(100.0,100.0%)“不透明度”的值为100%，如图8-229所示。

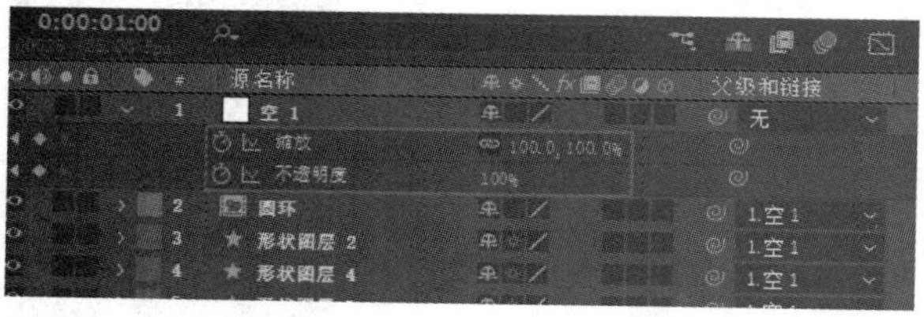

图8-229

⑰ 新建一个调整图层并放在最上层，然后在“效果和预设”面板中找到Deep Glow效果，将其添加到调整图层上，设置其“半径”的值为150.0、“曝光”的值为0.60，并在0:00:01:00的位置添加关键帧，如图8-230所示。效果如图8-231所示。

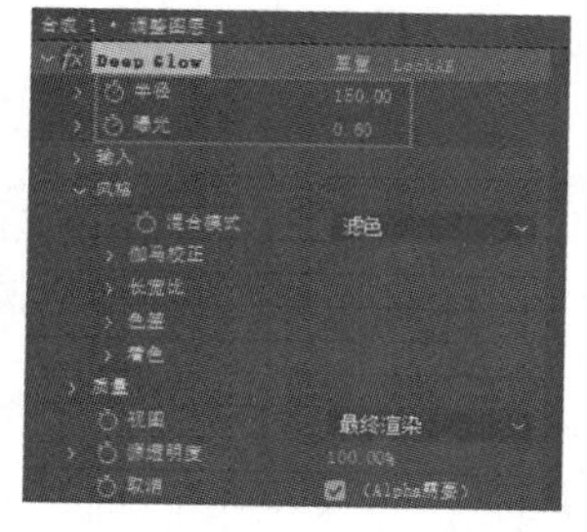

图8-230

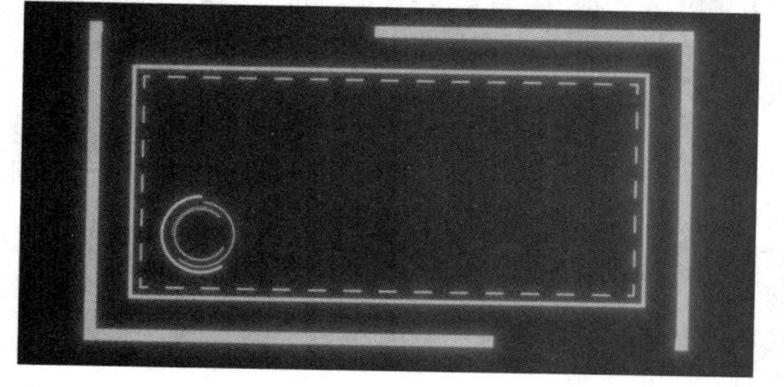

图8-231

⑱ 在剪辑的起始位置，设置“半径”和“曝光”的值都为0.00，如图8-232所示。

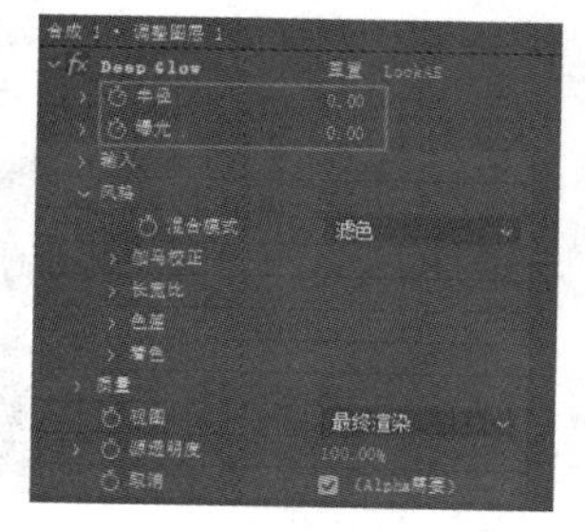

图8-232

⑲ 截取4帧画面，效果如图8-233所示。

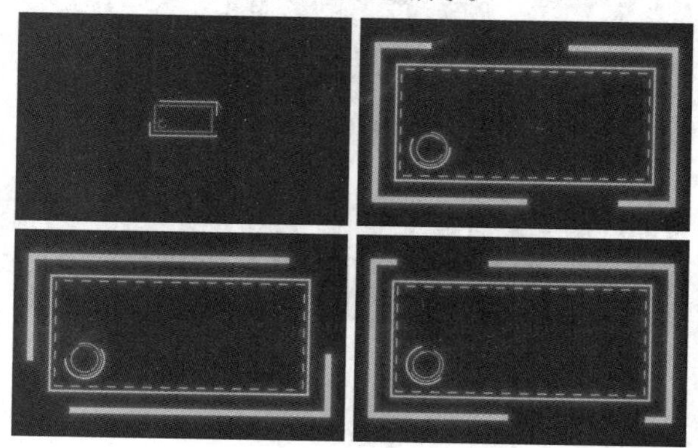

图8-233

8.2.4 Lockdown

演示视频：070- Lockdown

使用Lockdown插件可以跟踪运动物体扭曲不平的表面，对物体进行美化修饰和清理操作，或者跟踪合成特效制作，如图8-234所示。在“效果控件”面板中可以设置其相关参数，如图8-235所示，具体介绍如下。

图8-234

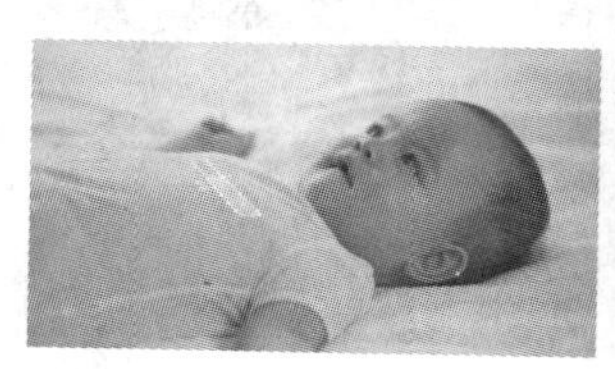

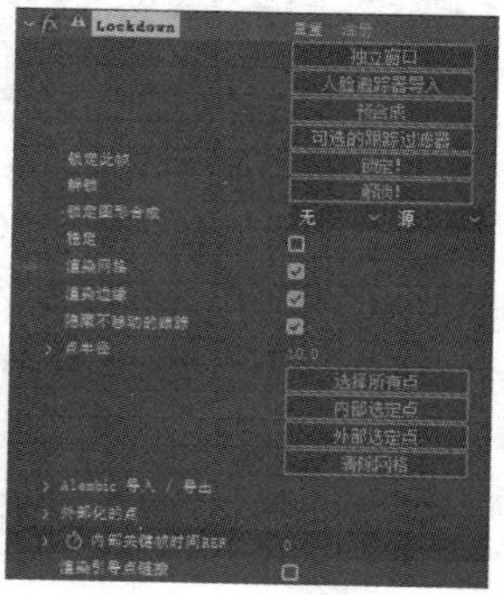

图8-235

独立窗口： 单击该按钮，可以在打开的窗口中选择需要跟踪的区域，如图8-236所示；按住Ctrl键，然后在画面中拖曳，就能选择要跟踪的区域，生成一个网格。

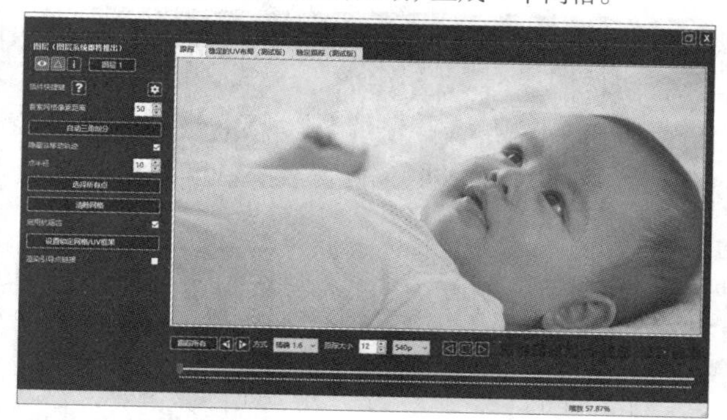

图8-236

锁定： 单击该按钮，会将选择的区域锁定，生成一个新的合成。

8.3 本章小结

滤镜效果是After Effects中的重要功能，本章介绍的内置效果请读者务必掌握，这些效果都是常用的。可用于添加效果的插件非常多，本章列举了4个常见的插件，读者只需熟悉即可。

8.4 课后习题

本节安排了两个课后习题供读者练习。要完成这两个习题，需要对本章的知识进行综合运用。如果在练习时遇到困难，则可以观看相应教学视频。

8.4.1 课后习题：制作动态标注框

案例文件 案例文件>CH08>课后习题：制作动态标注框

视频名称 课后习题：制作动态标注框.mp4

学习目标 练习“线性擦除”和“径向擦除”效果的使用方法

本习题是制作一个动态的标注框，主要会用到“线性擦除”和“径向擦除”两个效果，同时还需要配合Deep Glow插件和“修剪路径”属性，效果如图8-237所示。

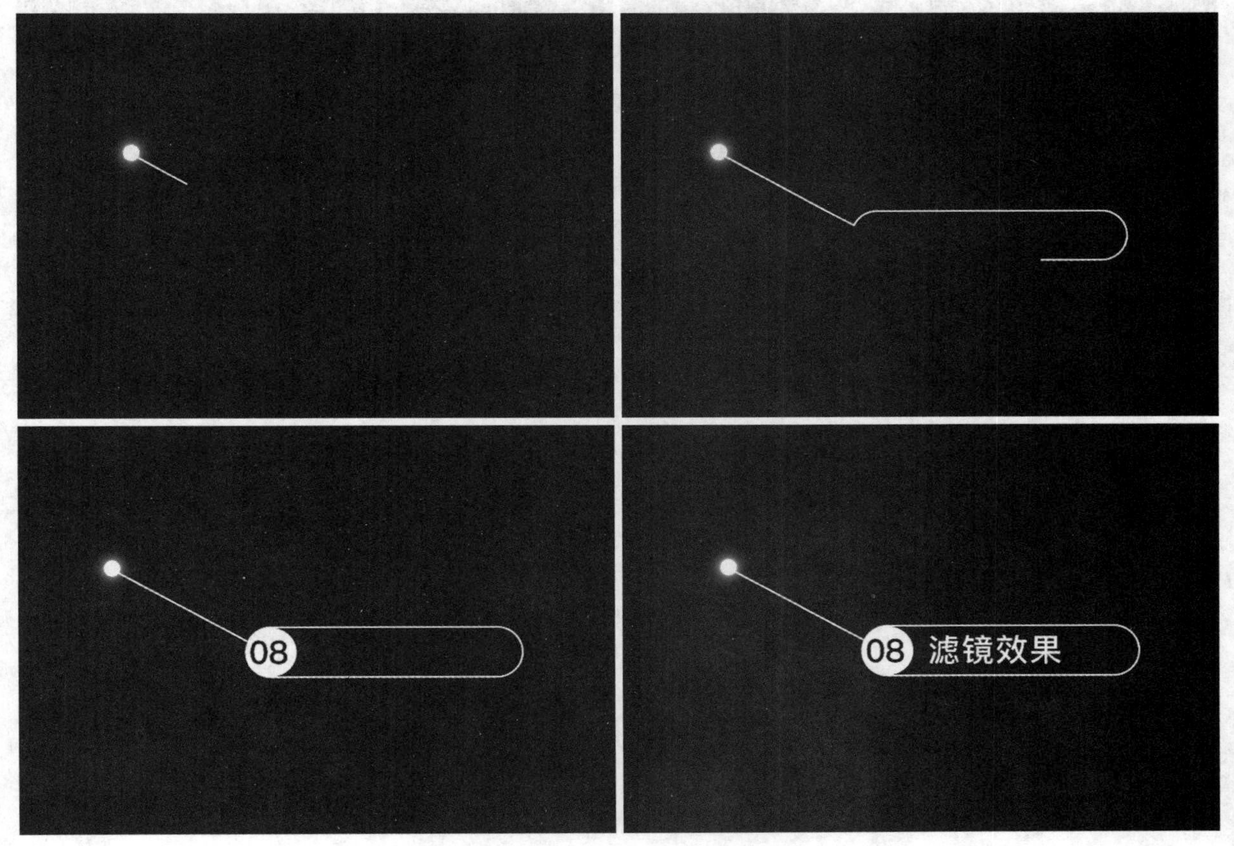

图8-237

8.4.2 课后习题：制作文字动态倒影

案例文件 案例文件>CH08>课后习题：制作文字动态倒影

视频名称 课后习题：制作文字动态倒影.mp4

学习目标 练习"分形杂色"效果及Deep Glow和Optical Flares插件的使用方法

本习题利用"分形杂色"制作文字的动态倒影，使用Deep Glow和Optical Flares两个插件为画面添加光效，效果如图8-238所示。

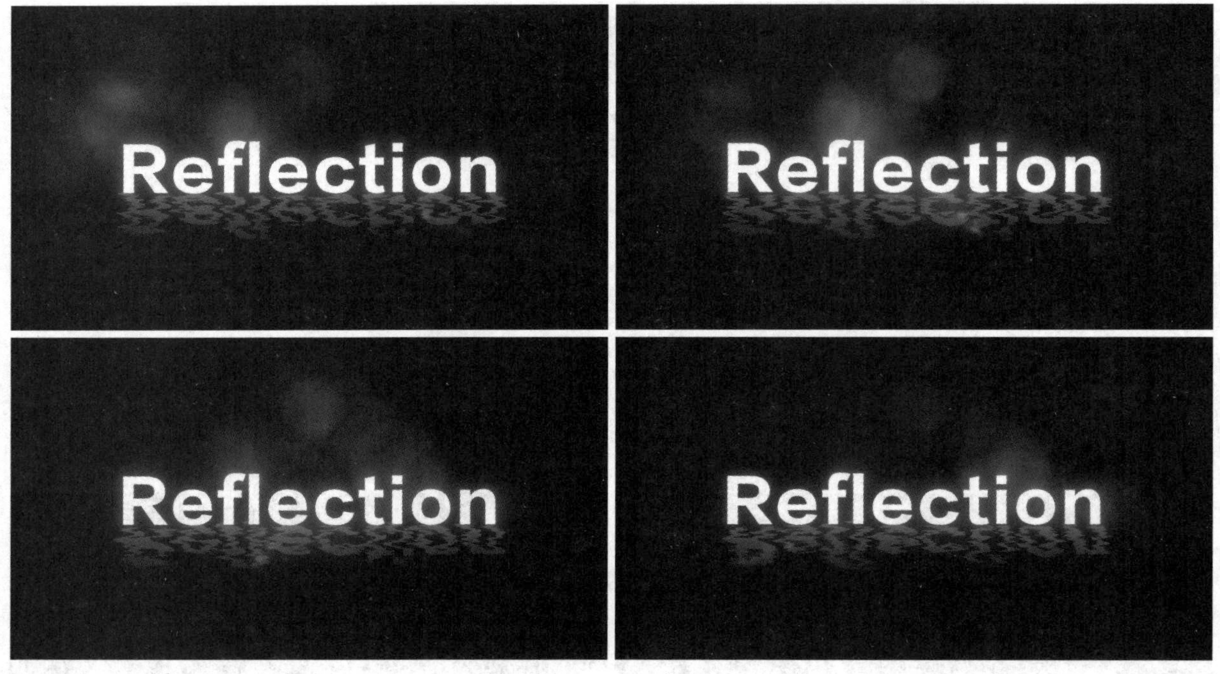

图8-238

After Effects

第9章

粒子特效

粒子特效是After Effects中的重要内容。粒子特效可以用来模拟复杂的视觉效果，如常见的光效、碰撞效果等。

课堂学习目标

- 掌握 Particular 粒子的用法
- 掌握 Form 粒子的用法

9.1 Particular粒子

演示视频：071- Particular 粒子

在After Effects中安装Trapcode Suite插件后，可以在“效果和预设”面板中搜索到粒子效果。Trapcode Suite插件包含多种效果，本节将讲解常用的Particular粒子。

本节内容介绍

主要内容	相关说明	重要程度
Emitter	用于设置发射器的相关属性	高
Particle	用于设置粒子本身的属性	高
Shading	用于设置粒子阴影的相关属性	高
Physics	用于设置粒子的大气、碰撞和流体属性	高
Aux System	用于设置粒子碰撞等效果	中
Global Fluid Controls	用于设置流体的相关属性	中
World Transform	用于设置粒子发射器的位移、旋转属性	中

知识点：粒子插件的安装方法

在After Effects中可以安装多种模拟粒子效果的插件，本书使用的是应用较多的红巨人系列Trapcode Suite（15.1.8）插件包。

Trapcode Suite插件很好安装，只需要双击安装包中的“Trapcode Suite 15.1.8 Installer.exe”文件，如图9-1所示，然后按照一般安装程序的方法安装即可。

名称	修改日期	类型	大小
packages	2022-01-26 12:36	文件夹	
Scripts	2022-01-26 12:35	文件夹	
.DS_Store	2020-03-03 16:07	DS_STORE 文件	7 KB
Red_Giant_Software_License.rtf	2020-01-30 15:55	RTF 格式	83 KB
Trapcode Suite 15.1.8 Installer.exe	2020-01-30 15:55	应用程序	2,860 KB

图9-1

安装完成后，在“效果和预设”面板中就可以找到这个插件包，里面包含多种插件，如图9-2所示。

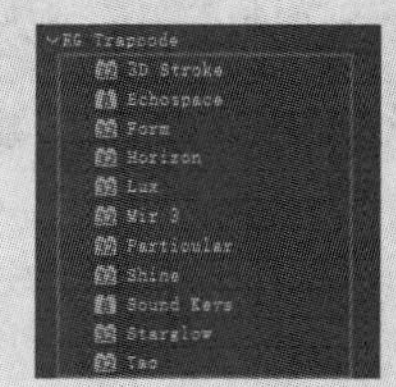

图9-2

将Particular效果添加到一个纯色图层上，然后移动时间指示器就能在画面中看到粒子效果，如图9-3所示。这代表Trapcode Suite插件包已经正确安装，可以正常使用。

图9-3

如果加载Particular效果后画面中出现一个红色的叉符号，则代表插件没有被激活，需要单击图9-4所示的Licensing按钮，在弹出的Maxon App窗口中输入插件的序列号进行激活，如图9-5和图9-6所示。如果计算机中没有安装Maxon App，则需要先安装该软件。

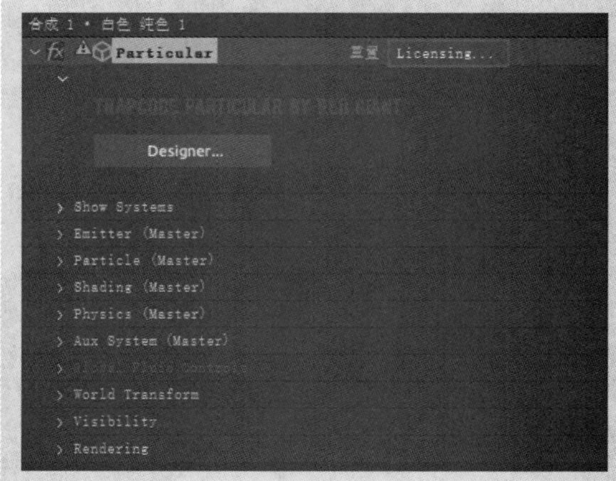

图9-4

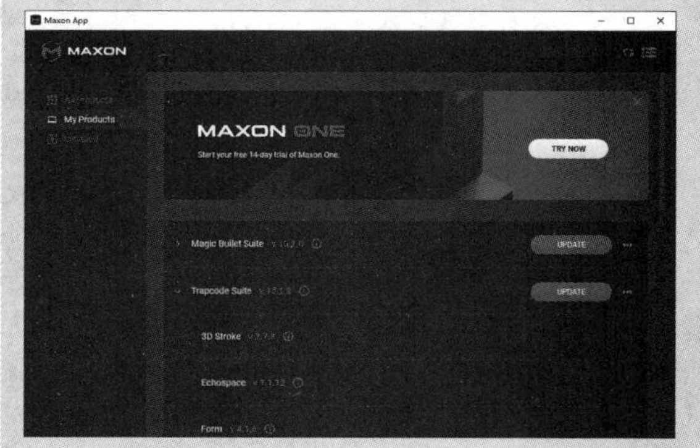

图9-5

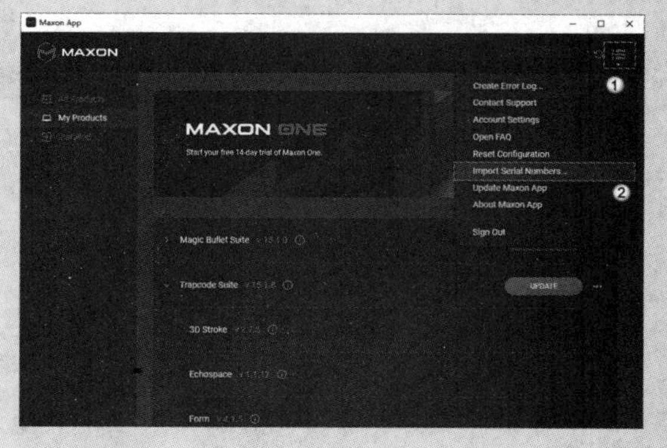

图9-6

需要注意的是，Trapcode Suite插件包为英文版，读者如果觉得英文版学习起来不方便，可以更换为汉化版。在选择Trapcode Suite插件包的版本时，最好选择15.0系列，因为更高版本的插件包与15.0系列的插件包在参数界面上有较大的区别，不方便查找相应的参数。

9.1.1 Emitter

在为纯色图层添加Particular效果后，就可以在“效果控件”面板中设置相应的属性了。Particular效果的Emitter（发射器）卷展栏中的参数用于控制发射器的大小、粒子的数量和速度等，如图9-7所示，具体介绍如下。

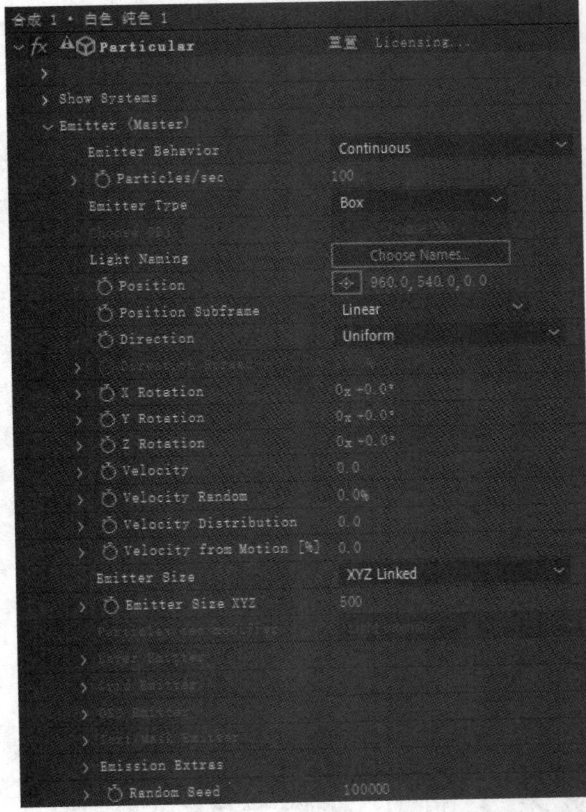

图9-7

Emitter Behavior（发射器行为）：用于设置发射器发射粒子的行为，默认为Continuous（持续），还可以选择Explode（爆炸）或From Emitter Speed（继承发射器速度）行为。

Particles/sec（粒子/秒）：用于设置每秒产生的粒子数量；其数值越大，画面中生成的粒子数量越多。

Emitter Type（发射器类型）：用于设置发射器的类型，使用不同类型可生成不一样的粒子初始效果，发射器的类型如图9-8所示，部分效果如图9-9所示。

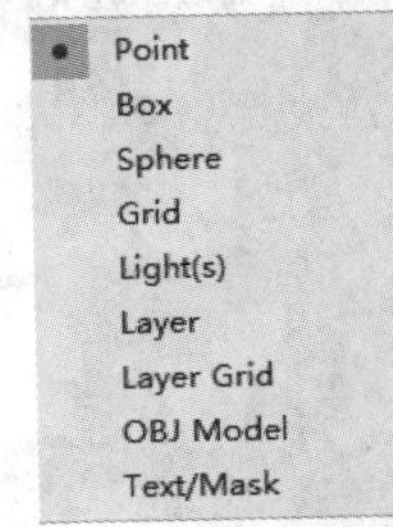

图9-8

Point

Box

Sphere

Grid

图9-9

技巧与提示

在使用Light(s)类型时，需要关联灯光图层。在使用Layer类型时，需要关联其他素材图层，以素材图层为发射器。在使用OBJ Model类型时，需要关联OBJ格式的三维模型图层。在使用Text/Mask类型时，需要关联文本图层或蒙版。

Light Naming（灯光命名）: 用于当发射器类型为Light(s)时，单击Choose Names按钮，可以选择场景中需要关联的灯光图层的名称。

Position（位置）: 用于设置发射器所在位置的坐标。

Direction（方向）: 用于设置粒子发射的方向，其下拉列表中的选项如图9-10所示。

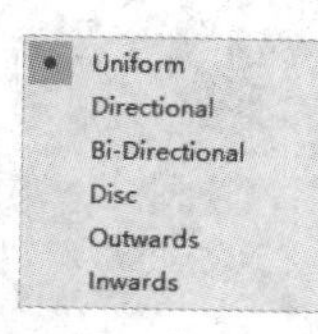

图9-10

X Rotation/Y Rotation/Z Rotation: 用于设置发射器在*x*轴、*y*轴和*z*轴上的旋转角度。

Velocity（速度）: 用于设置粒子的发射速度。

Velocity Random（速度随机）: 用于设置粒子的速度随机。

9.1.2 Particle

在Particle卷展栏中可以设置粒子本身的颜色、寿命和大小等，如图9-11所示，具体介绍如下。

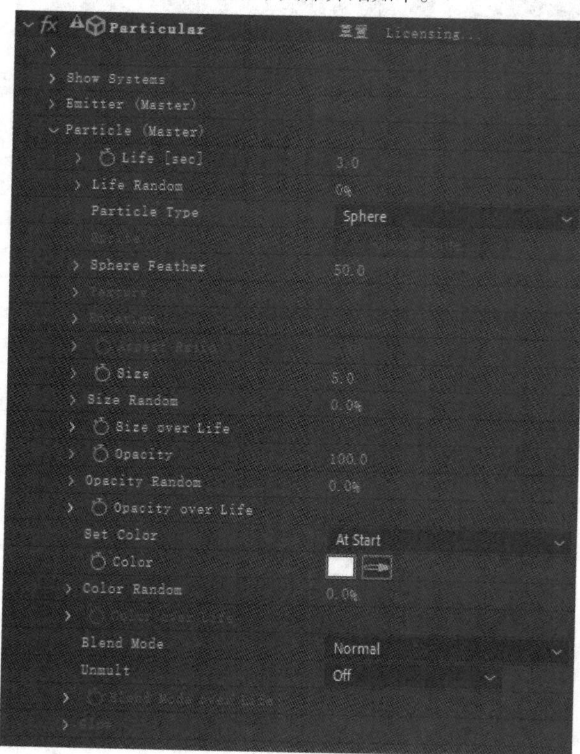

图9-11

Life[sec]（寿命）: 用于设置粒子的寿命，单位为秒。

Life Random（寿命随机）: 用于设置粒子的寿命随机。

Particle Type（粒子类型）: 用于设置粒子的形态，其下拉列表中的选项如图9-12所示，部分形态的效果如图9-13

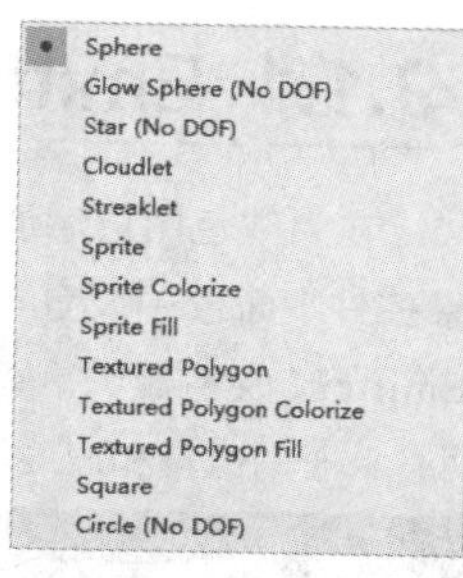

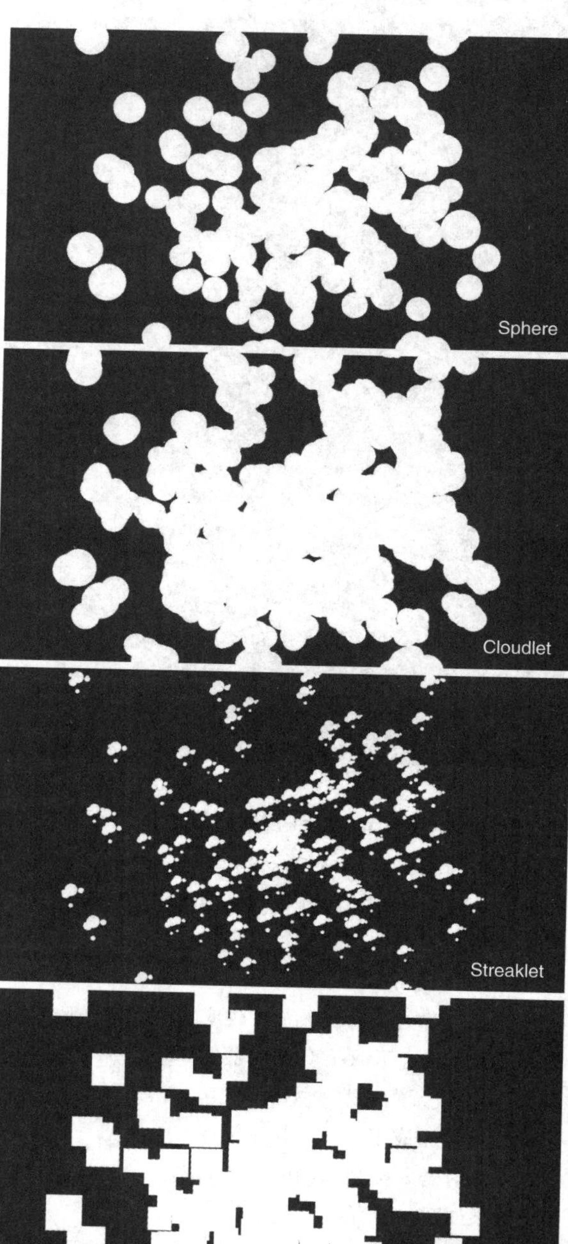

> **技巧与提示**
>
> Sprite类型的粒子可以在Texture卷展栏中连接图层，作为发射粒子的形状。

所示。

图9-12

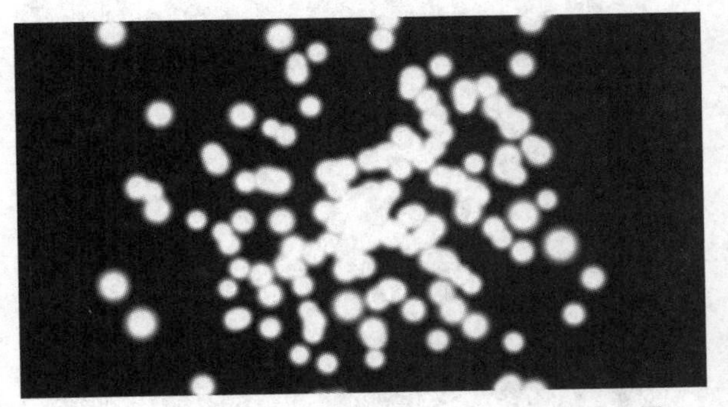

图9-13

> **技巧与提示**
>
> 需要注意的是，该属性的名称在使用不同粒子类型时会有所区别。例如，当粒子类型为Cloudlet时，该属性的名称为Cloudlet Feather。

Sphere Feather（球形粒子羽化）：用于设置球形粒子边缘的羽化程度，如图9-14所示。

图9-14

Size（尺寸）：用于设置粒子的大小。

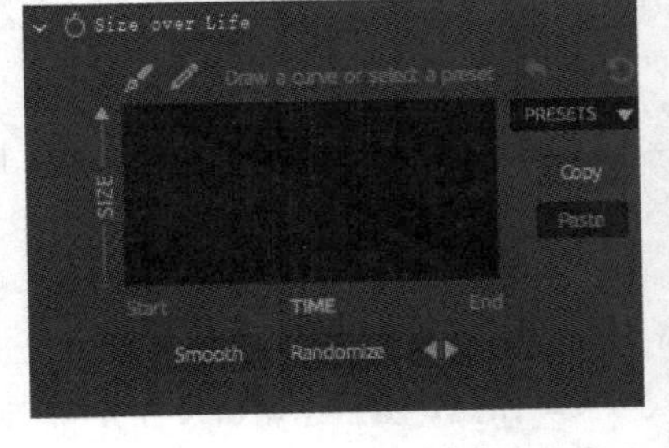

Size Random（尺寸随机）：用于设置粒子的尺寸随机。

Size over Life（寿命期内的尺寸）：展开此卷展栏，可以设置曲线，以控制粒子的尺寸变化，如图9-15所示。

图9-15

Opacity（不透明度）：用于设置粒子的不透明度。

Opacity Random（不透明度随机）：用于设置粒子的不透明度随机。

Opacity over Life（寿命期内的不透明度）：展开此卷展栏可以设置曲线，以控制粒子不透明度的变化，用法与Size over Life相同。

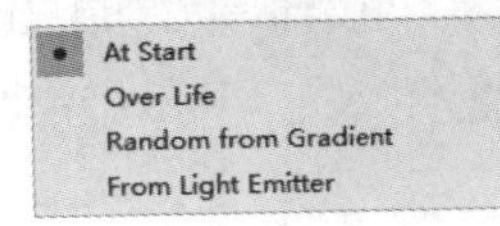

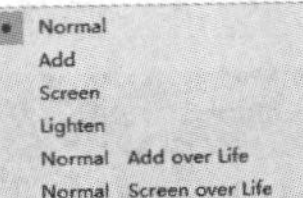

Set Color（设置颜色）：在其下拉列表中可以选择不同的颜色设置模式，如图9-16所示。

图9-16

9.1.3 Shading

Color（颜色）：用于设置粒子的颜色。

Blend Mode（混合模式）：用于设置粒子与其下方图层的混合模式，其下拉列表中的选项如图9-17所示。

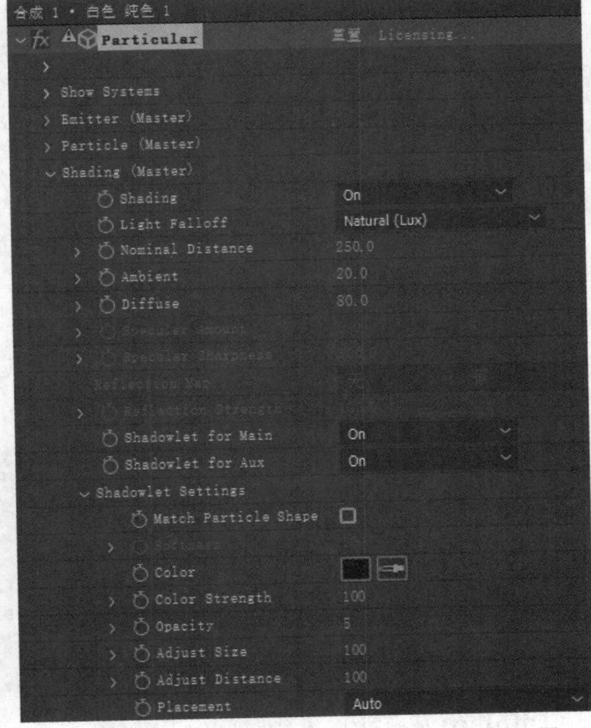

图9-17

在Shading卷展栏中，可以设置粒子的阴影效果。粒子的阴影包含两种：一种是受灯光照射产生的阴影；另一种是粒子间产生的阴影，其相关参数如图9-18所示。

图9-18

Shading（阴影）：默认为Off，当设置为On时，表示粒子会受到灯光的照射产生阴影；如果场景中没有灯

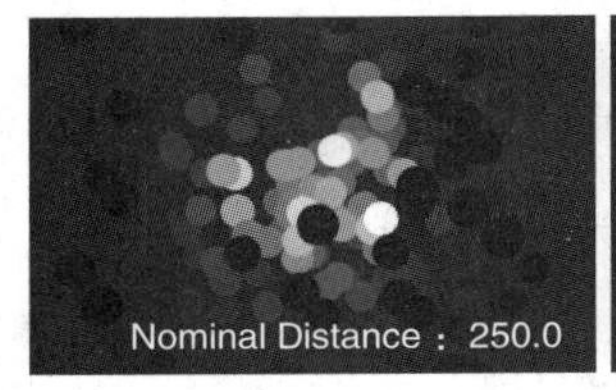

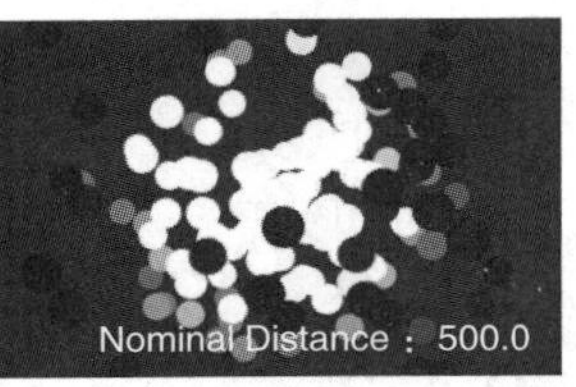

光，则粒子会显示为黑色，如图9-19所示。

图9-19

Nominal Distance（距离）：用于设置灯光的距

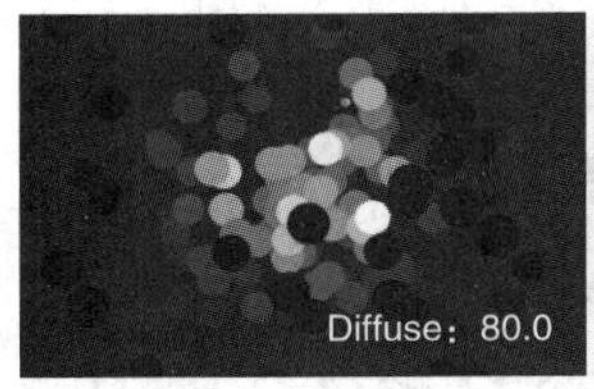

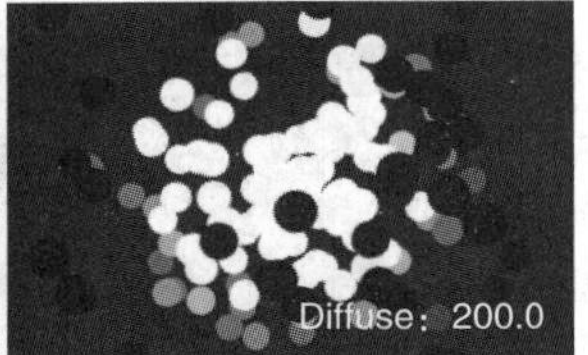

离，从而控制灯光的照射范围，如图9-20所示。

图9-20

Ambient（环境色）：用于设置粒子受环境色的影响强

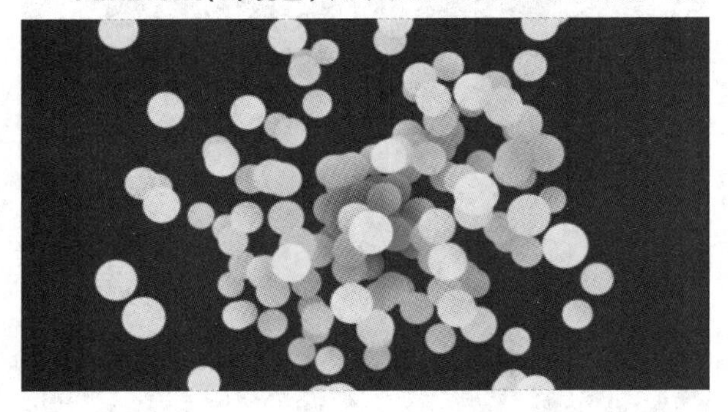

度。

Diffuse（固有色）：用于设置粒子固有色的强度；此数值越大，固有色越明显，如图9-21所示。

图9-21

Shadowlet for Main（主阴影）：当设置为On时，粒子会在没有灯光的情况下产生阴影效果，如图9-22所示，同时会激活Shadowlet Settings卷展栏。

图9-22

9.1.4 Physics

Shadowlet for Aux（辅助阴影）：通常与Shadowlet for Main同时开启。

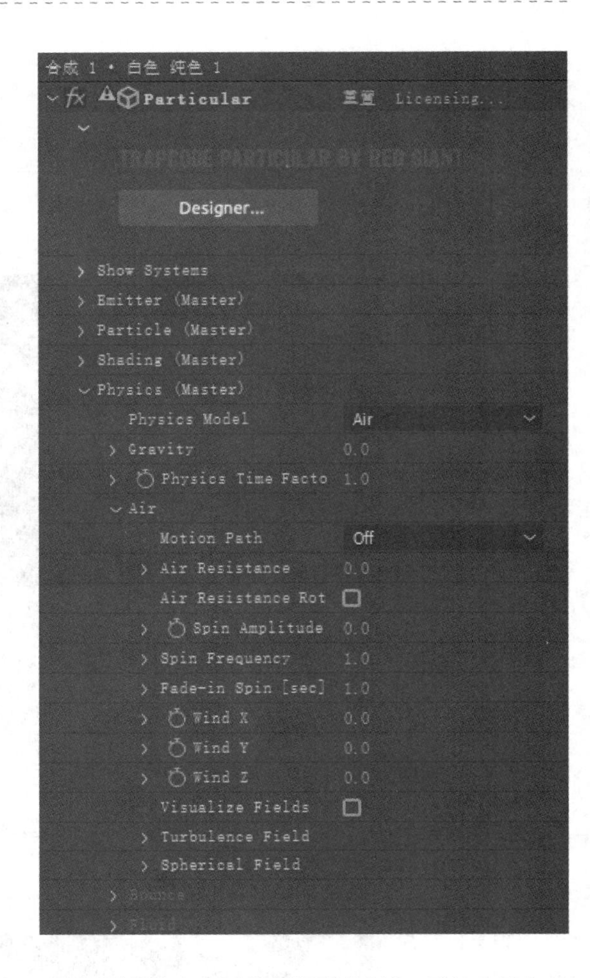

Color（颜色）：用于设置阴影的颜色，默认为黑色。

Color Strength（颜色强度）：用于设置阴影颜色的浓度，取值范围为0~100；该数值越大，阴影的颜色越浓。

Opacity（不透明度）：用于设置阴影的不透明度。

Adjust Size（调整尺寸）：用于调整阴影区域的范

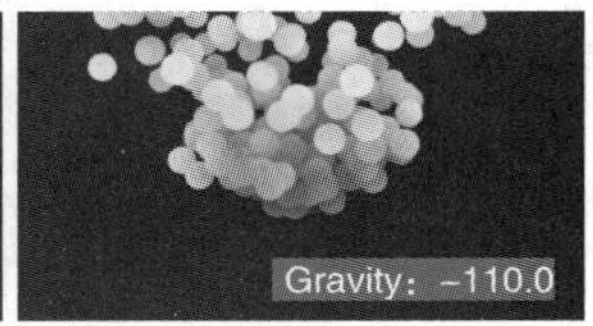

围。

Adjust Distance（调整距离）：用于调整阴影的距离。

设置Physics卷展栏中的参数可以生成大气、碰撞和流体等动力学效果，如图9-23所示，具体介绍如下。

图9-23

Physics Model（动力学类型）：在其下拉列表中

可以选择不同的动力学类型，默认为Air（大气），还可以选择Bounce（碰撞）或Fluid（流体）。

Gravity（重力）：用于设置粒子受到环境重力的大小；若此值为正值，则表示重力向下，若此值为负值，则表示重力向上，如图9-24所示。

图9-24

Physics Time Facto（物理时间）：用于设置粒子受到动力学影响的程度；若此值大于1，则会更早受到动力学影响，若此值小于1，则会更晚受到动力学影响，默认值为1。

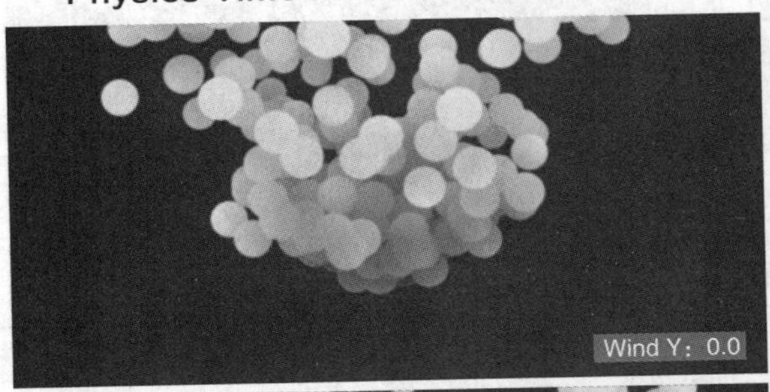

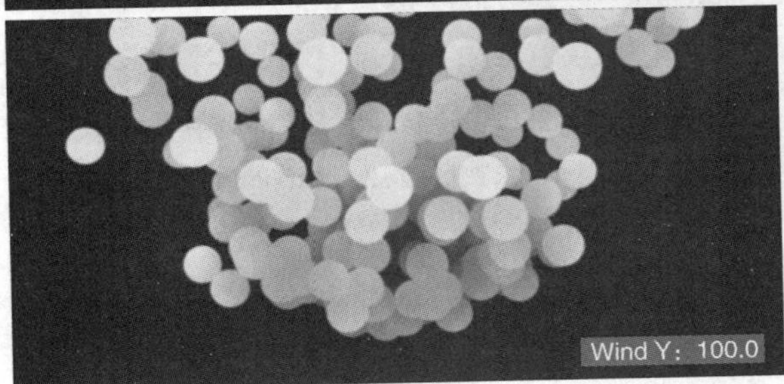

Motion Path（运动路径）：用于设置是否在画面中显示粒子运动的轨迹；需要注意的是，必须保证发射器与灯光处于绑定状态，该参数才可能起作用。

Air Resistance（空气阻力）：用于设置粒子运动时受到的阻力，使粒子的运动幅度逐渐减小。

9.1.5 Aux System

Spin Frequency（自旋转频率）：用于设置粒子自身旋转的频率。

Wind X/Wind Y/Wind Z：分别用于设置粒子受到来自x轴、y轴和z轴这3个方向的风力大小，部分效果如图9-25所示。

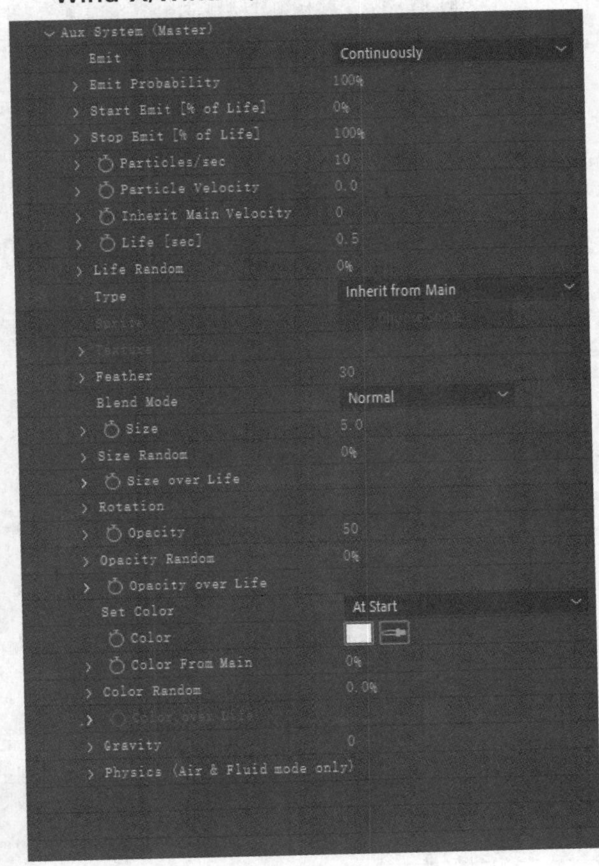

图9-25

Turbulence Field（湍流场）：在该卷展栏中可以设置粒子的随机变化效果，如图9-26所示，相关参数介绍如下。

> **技巧与提示**
> 该卷展栏中的其他参数与Particle卷展栏中的类似，这里不再赘述。

9.1.6 Global Fluid Controls

图9-26

Affect Size（影响尺寸）：用于设置粒子尺寸的随机

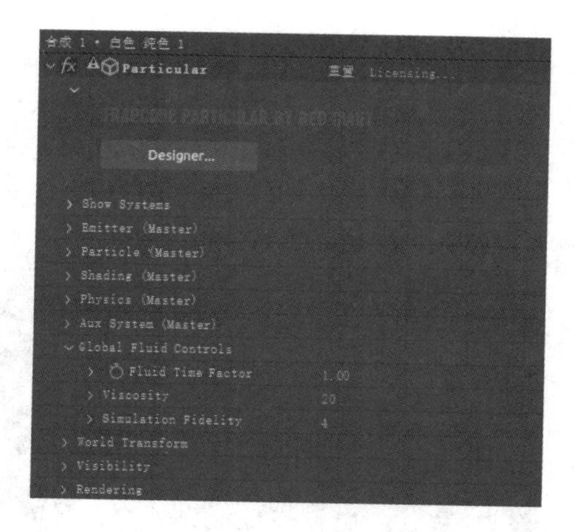

变化。

Affect Position（影响位置）：用于设置粒子位置的随机变化。

Complexity（复杂性）：用于设置粒子变化的复杂性。

Evolution Speed（演变速度）：用于设置粒子变化的速度。

9.1.7 World Transform

Aux System（辅助系统）卷展栏用于在Physics卷展栏中的设置的基础上对粒子的动力学效果进行进一步设置，如图9-27所示，部分参数介绍如下。

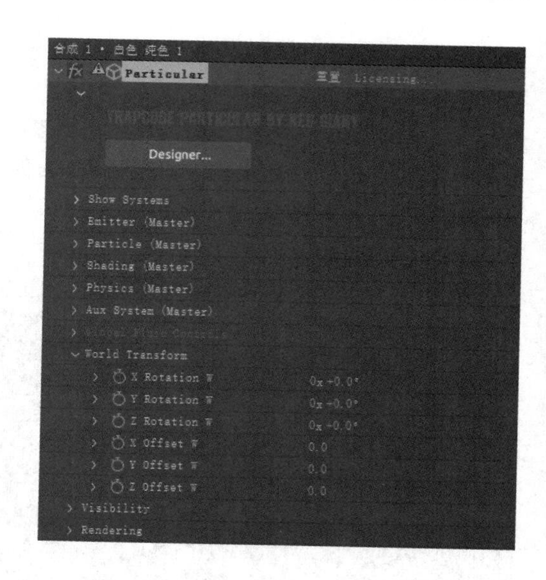

图9-27

Emit（发射）：用于设置辅助系统的粒子发射类型；其中Continuously表示持续性发射，At Bounce Event表示碰撞时发射。

技巧与提示

该卷展栏中的其余参数是对应*y*轴和*z*轴上的相应操作，与*x*轴的类似，这里不再赘述。

课堂案例

制作科幻粒子流

案例文件	案例文件>CH09>课堂案例：制作科幻粒子流
视频名称	课堂案例：制作科幻粒子流.mp4
学习目标	掌握Particular粒子的使用方法

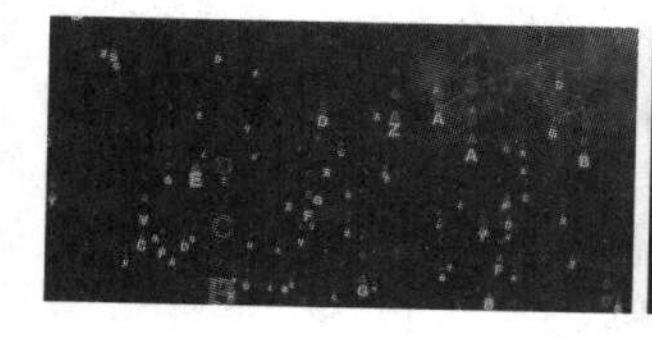
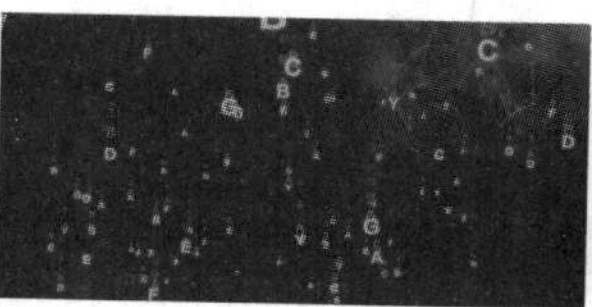
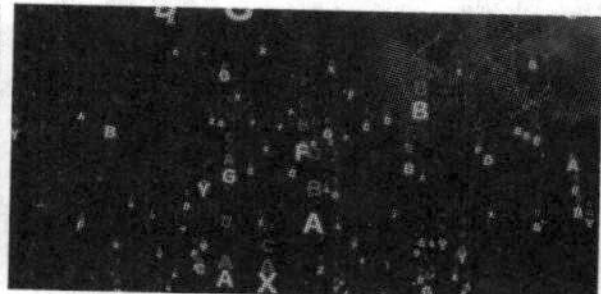
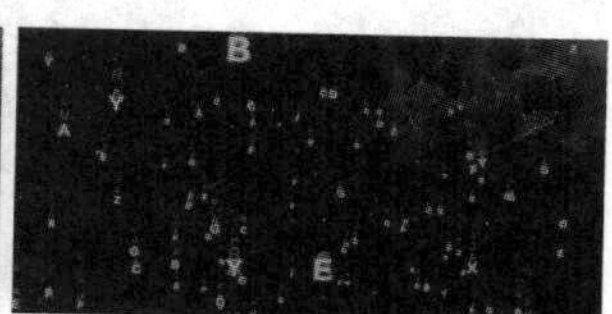

Emit Probability（发射概率）：用于设置持续发射粒子的概率。

当Physics卷展栏中的类型设置为Fluid时，就会激活Global Fluid Controls卷展栏，如图9-28所示，具体介

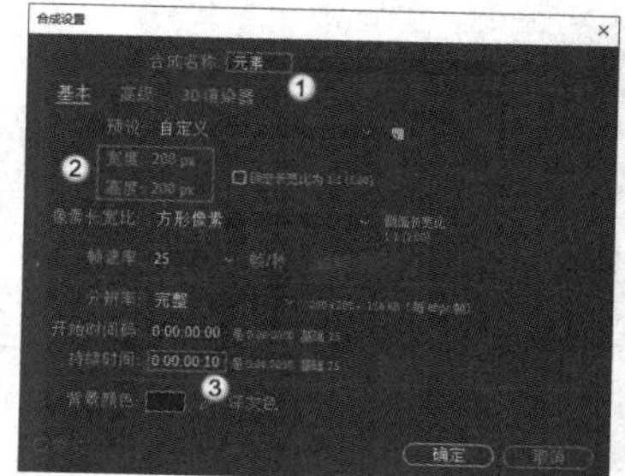

绍如下。

图9-28

Fluid Time Factor（流体时间系数）： 该数值越大，流体的变化效果越明显。

Viscosity（黏度）： 用于设置流体的黏度。

> **技巧与提示**
>
> 也可以将每个文本图层缩短为1帧，然后复制9个文本图层，并修改每个文本图层的内容。

Simulation Fidelity（仿真度）： 用于设置流体的逼真程度。

World Transform（世界变换）卷展栏中的参数可用于控制粒子整体的旋转角度或位移，如图9-29所示，具体介绍如下。

图9-29

X Rotation W（X轴旋转）： 用于设置整体粒子在x轴的旋转角度。

X Offset W（X轴位移）： 用于设置整体粒子在x轴的位移大小。

粒子流在科幻类视频中经常出现，本案例是使用Particular粒子模拟粒子流效果，效果如图9-30所示。

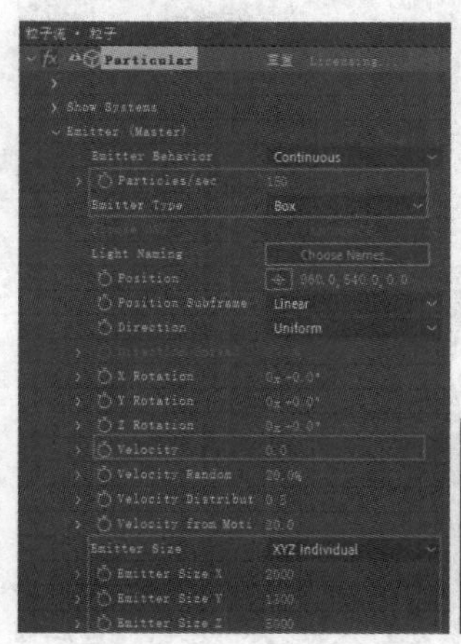

图9-30

01 新建一个200像素×200像素、"持续时间"为0:00:00:10的合成，命名为"元素"，如图9-31所示。

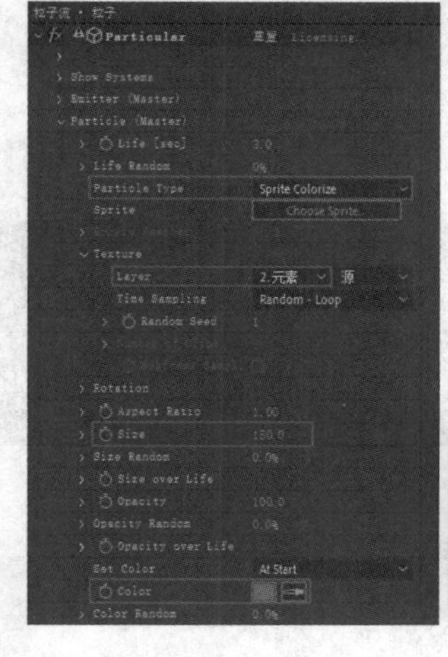

图9-31

02 新建一个文本图层，在画面中输入"A"，如图9-32所示。

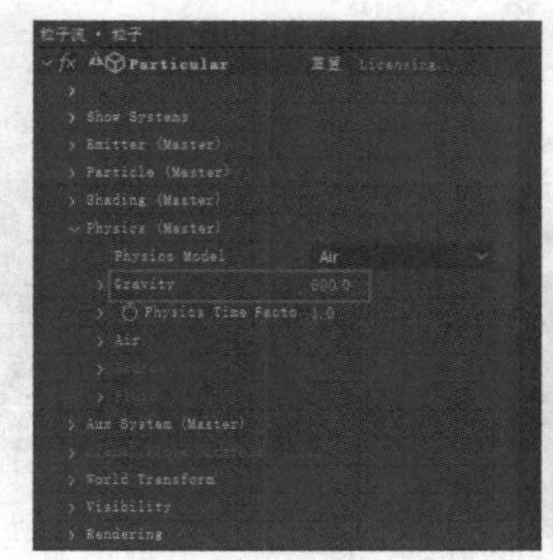

图9-32

03 为"源文本"属性添加关键帧，然后移动时间指示器到下一帧的位置，修改文字内容为"B"，如图9-33所示。

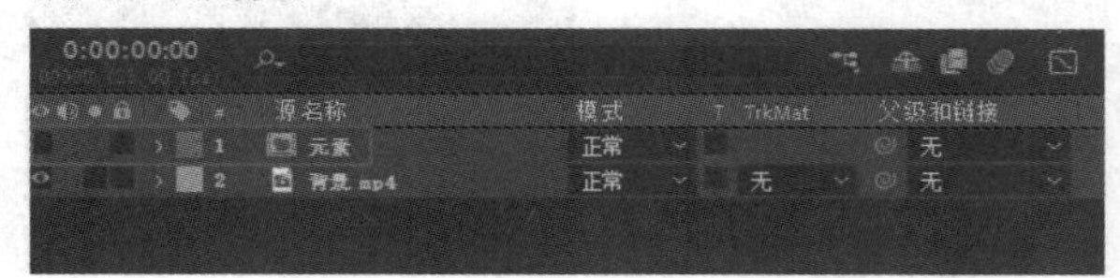

图9-33

04 按照步骤03的方法在后续每一帧上修改文字内容，效

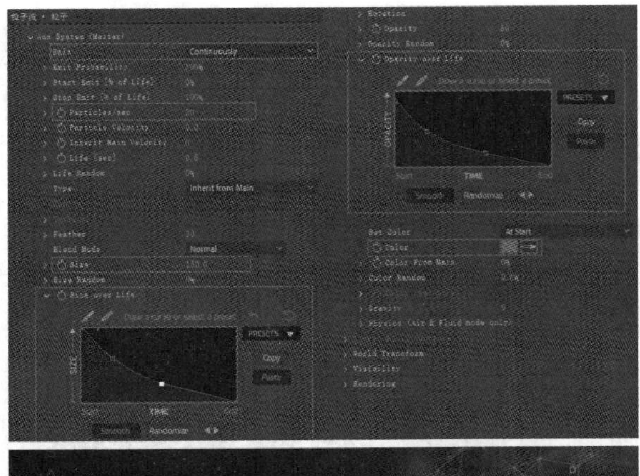

果如图9-34所示。

图9-34

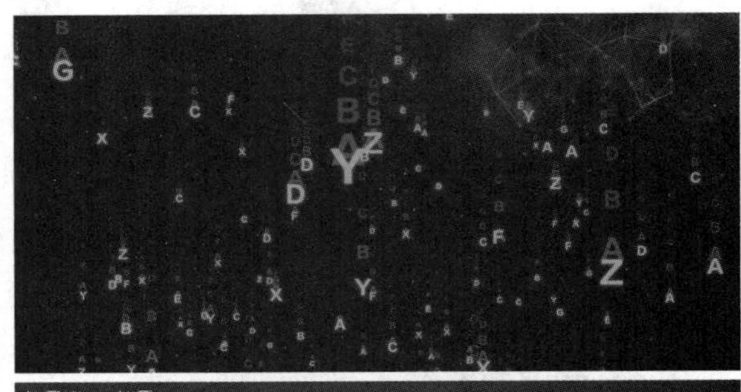

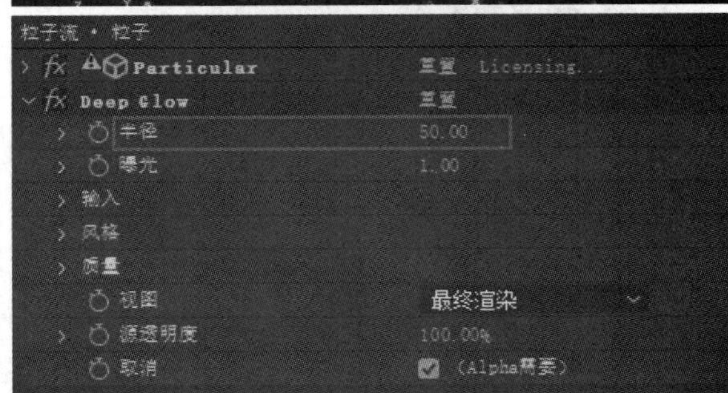

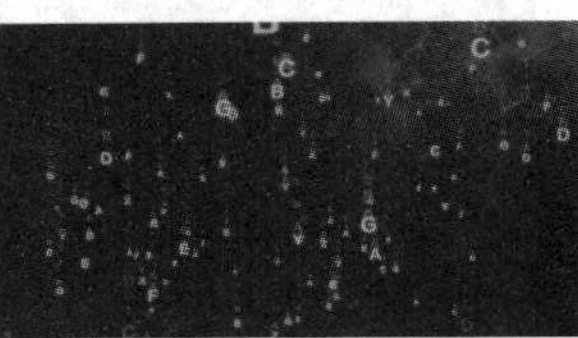

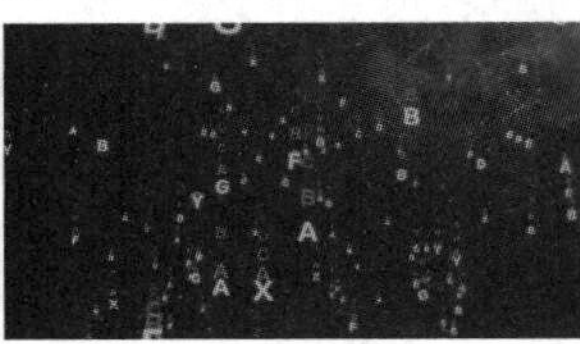

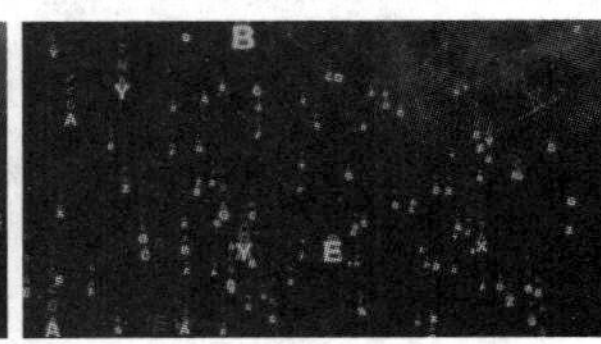

课堂案例

制作粒子散落效果

案例文件	案例文件>CH09>课堂案例：制作粒子散落效果
视频名称	课堂案例：制作粒子散落效果.mp4
学习目标	掌握Particular粒子的使用方法

05 新建一个1920像素×1080像素、时长为5秒的合成，命名为“粒子流”，然后导入“案例文件>CH09>课堂案例：制作科幻粒子流”文件夹中的“背景.mp4”素材文件，效果如图9-35所示。

图9-35

06 将“元素”合成添加到“时间轴”面板中，并取消显示，如图9-36所示。

图9-36

07 新建一个纯色图层，重命名为“粒子”，然后添加Particular效果，在Emitter卷展栏中设置Particles/sec的值为150、Emitter Type为Box、Velocity的值为0.0、Emitter Size为XYZ Individual、Emitter Size X的值为2000、Emitter Size Y的值为1300、Emitter Size Z的值为5000，如图9-37所示。

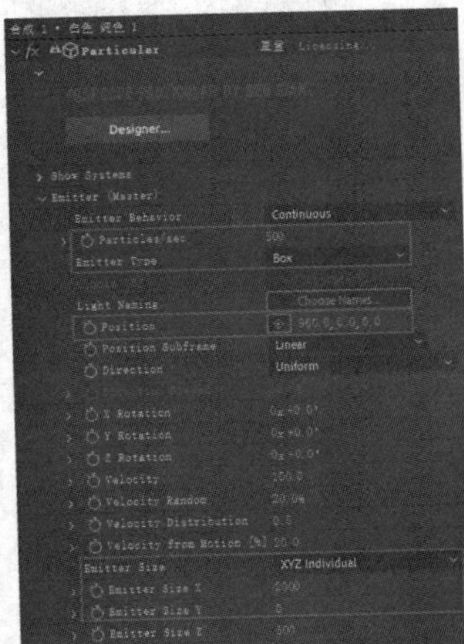

图9-37

08 在Particle卷展栏中设置Particle Type为Sprite Colorize、Layer为“2.元素”、Size的值为150.0、Color为蓝色，如图9-38所示。

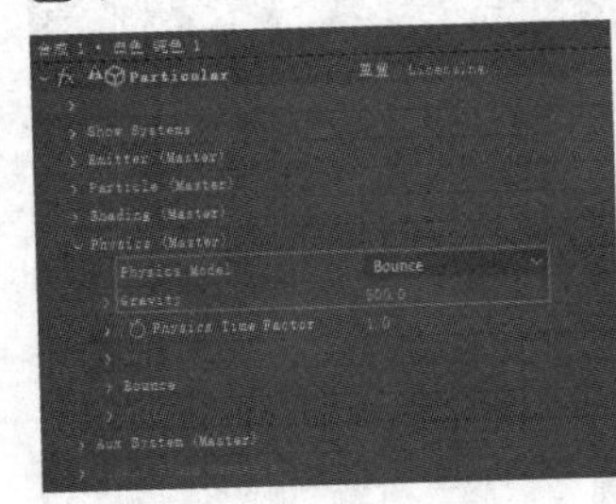

图9-38

09 在Physics卷展栏中设置Gravity的值为600.0，让粒子产生向下运动的效果，如

> **技巧与提示**
> 纯色图层的颜色可随意设置。

图9-39所示。

图9-39

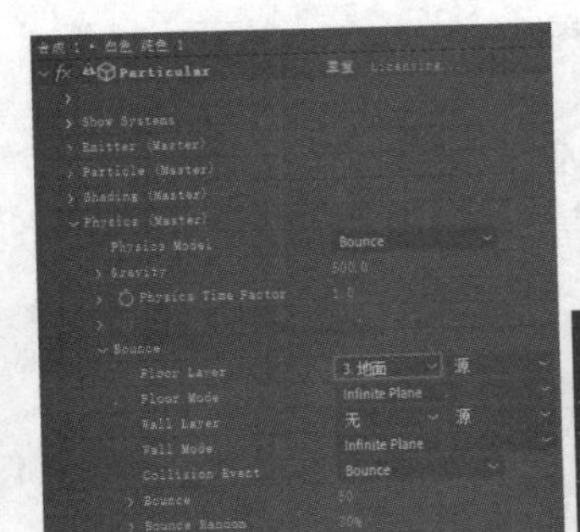

10 在Aux System卷展栏中设置Emit为Continuously、Particles/sec的值为20、Size的值为150.0，并设置Size over Life和Opacity over Life的曲线，然后设置Color为蓝色，如图

9-40所示。

图9-40

11 在“粒子”图层上添加Deep Glow效果，设置“半

> **技巧与提示**
>
> “Floor [地面]”图层的默认状态是锁定状态，需要先解除其锁定状态再和其他图层一起转换为预合成，否则反弹效果会出现问题。

径”的值为50.0，效果如图9-41所示。

图9-41

12 截取4帧画面，效果如图9-42所示。

图9-42

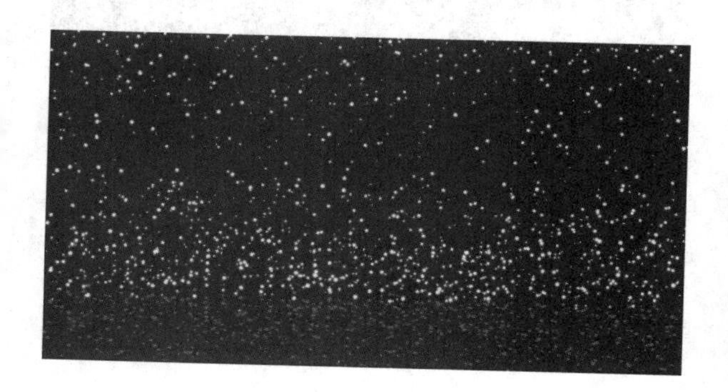

本案例是利用粒子的碰撞属性制作一个简单的粒子散落效果，效果如图9-43所示。

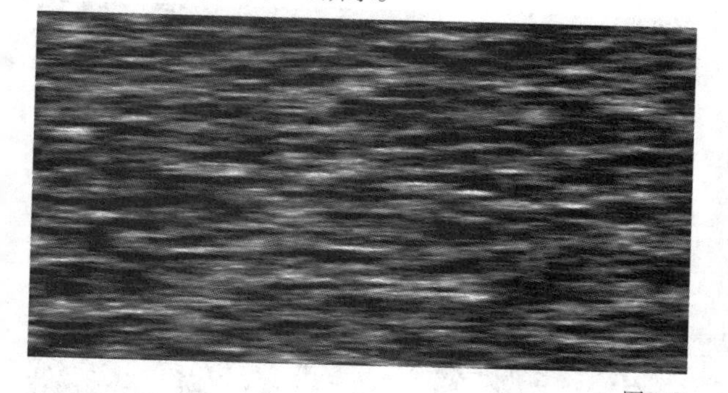

图9-43

01 新建一个1920像素×1080像素的合成，然后新建一个纯色图层，并为其添加Particular效果，如图9-44所示。

图9-44

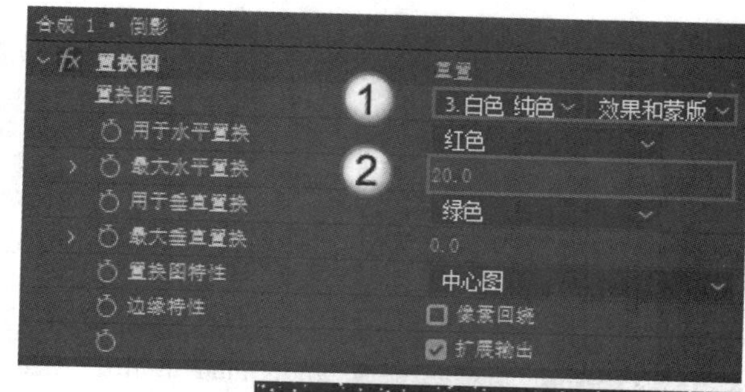

> **技巧与提示**
>
> 制作倒影的步骤在前面的案例中已经详细讲解，这里不再赘述。

02 在Emitter卷展栏中设置Particles/sec的值为500、Emitter Type为Box、Position

的值为（960.0,6.0,0.0）、Emitter Size为XYZ Individual、

课堂练习

制作星星动画

案例文件 案例文件>CH09>课堂练习：制作星星动画

视频名称 课堂练习：制作星星动画.mp4

学习目标 掌握Particular粒子的使用方法

Emitter Size X的值为2000、Emitter Size Y的值为0，如图9-45所示。

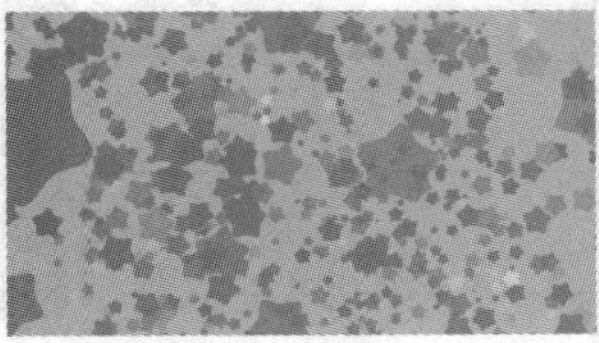
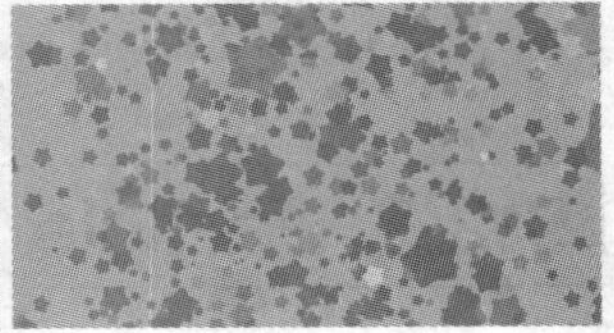

图9-45

9.2 Form粒子

演示视频：072- Form 粒子

03 在Particle卷展栏中设置Size Random的值为60.0%、Color为橙色，如图9-46所示。

本节内容介绍

主要内容	相关说明	重要程度
Base Form	用于设置粒子的样式	高
Particle	用于设置粒子本身的属性	高
Shading	用于设置粒子的阴影效果	高
Layer Maps	用于通过图层设置粒子的属性	中
Disperse and Twist	用于设置粒子的分散和扭曲效果	高
Fluid	用于设置粒子的流体效果	中
Fractal Field	用于设置粒子的分形场	高

9.2.1 Base Form

图9-46

04 在Physics卷展栏中设置Physics Model为Bounce、

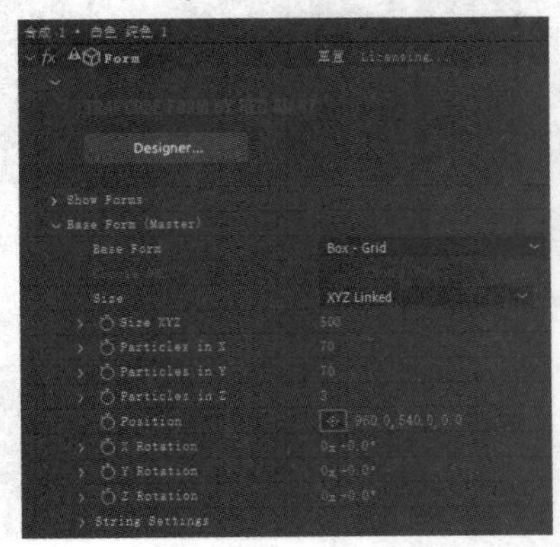

Gravity的值为500.0，如图9-47所示。

图9-47

Box - Grid
Box - Strings
Sphere - Layered
OBJ Model
Text/Mask

05 新建一个纯色图层，命名为“地面”，然后打开其

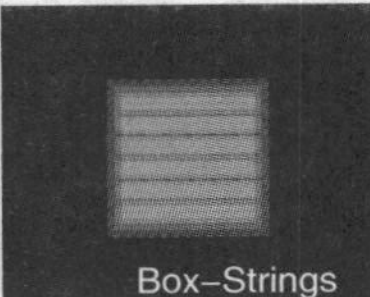

技巧与提示

在使用OBJ Model时，需要链接OBJ格式的三维模型图层，在使用Text/Mask时，需要链接文本图层或蒙版。

“3D图层”开关，设置“X轴旋转”的值为（0x+90.0°），并调整图层的位置和大小，使其作为场景的地面，效果如图9-48所示。

图9-48

06 选中“粒子”图层，在Physics卷展栏中，设置Bounce

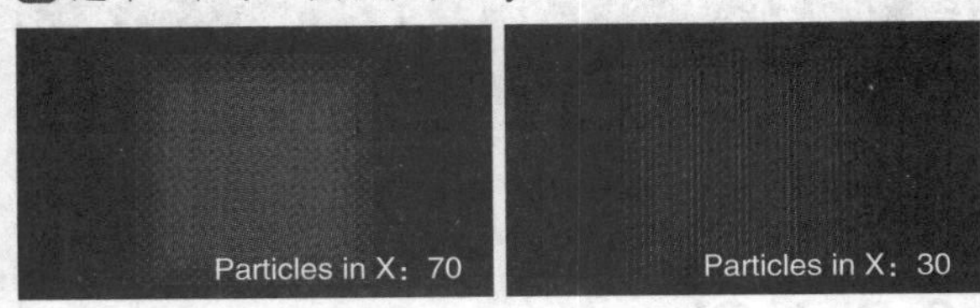

技巧与提示

Particles in Y和Particles in Z分别用于设置y轴和z轴上的粒子数量。

卷展栏中的Floor Layer为“3.地面”，隐藏“地面”图层后，就能看见落到地面聚集在一起的粒子，如图9-49所示。

> **技巧与提示**
>
> Y Rotation和Z Rotation两个参数分别用于设置在相应的轴向上的旋转角度。

9.2.2 Particle

图9-49

07 为“粒子”图层添加“发光”效果，使粒子更加明显，如图9-50所示。

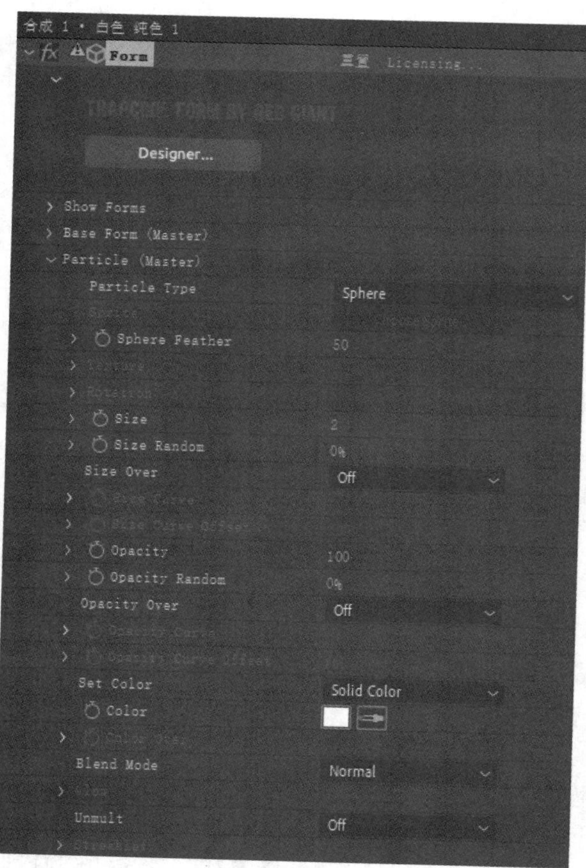

图9-50

9.2.3 Shading

08 调整“地面”图层的高度，使粒子反弹效果更加明显，如图9-51所示。

图9-51

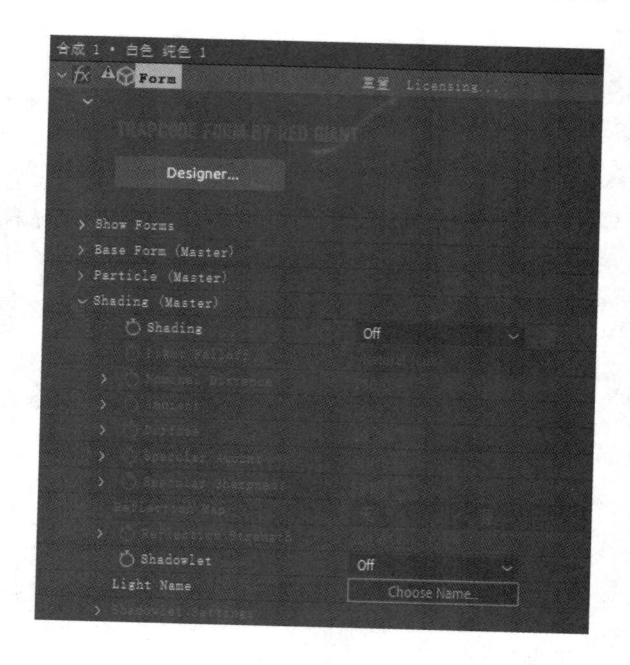

9.2.4 Layer Maps

09 将所有图层选中并转换为预合成，如图9-52所示。

图9-52

10 将“预合成 1”复制一份，修改复制的合成的名称为

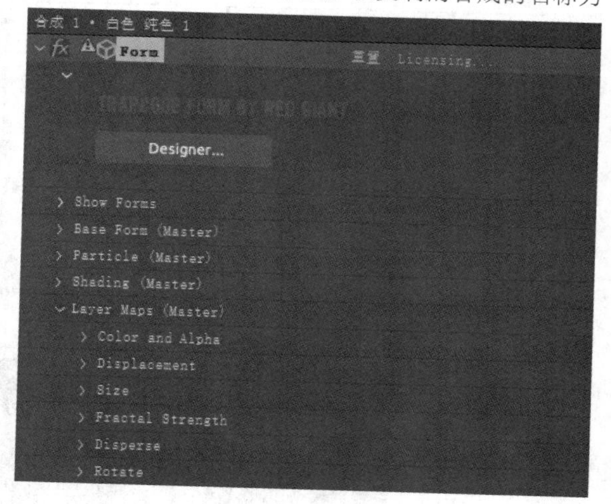

“倒影”，设置其“不透明度”的值为40%，如图9-53所示。将“倒影”合成纵向翻转并移动到“预合成 1”的下方，如图9-54所示。

图9-53

图9-54

⑪ 新建一个纯色图层，并为其添加“分形杂色”效果，调整置换图需要的黑白图效果，如图9-55所示。

图9-55

⑫ 将上一步创建的纯色图层隐藏，然后为“倒影”合成添加“置换图”效果，并与添加了“分形杂色”效果的图层链接，如图9-56所示。

图9-56

⑬ 由于画面中的粒子较大，因此需要调整粒子的Particles/sec的值为3000、Size的值为1.5，效果如图9-57所示。

9.2.5 Disperse and Twist

图9-57

⑭ 截取4帧画面，效果如图9-58所示。

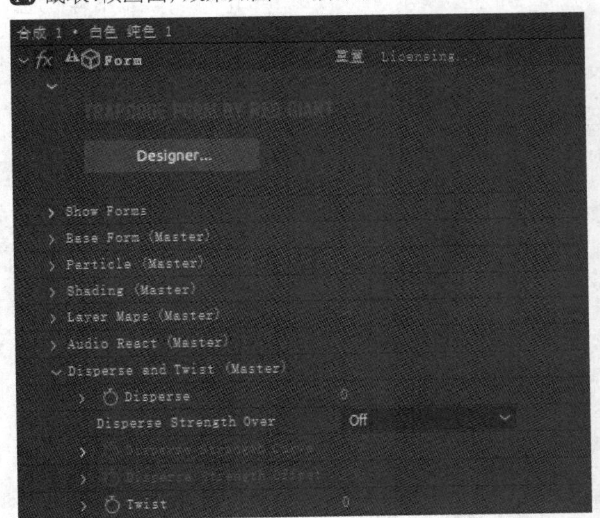

图9-58

本练习需要将默认的粒子替换为动态的星星，从而生成粒子动画，效果如图9

图9-59

Form粒子与Particular粒子类似，区别在于Form粒子是以阵列形式呈现的。

在Base Form（基本形式）卷展栏可以设置阵列粒子的样式，如图9-60所示，具体介绍如下。

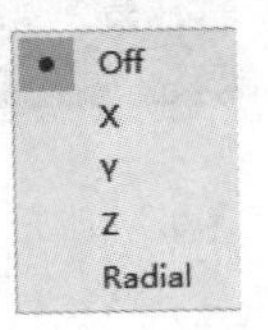

图9-60

Base Form（基本形式）： 在其下拉列表中可以选择粒子的排列形式，如图

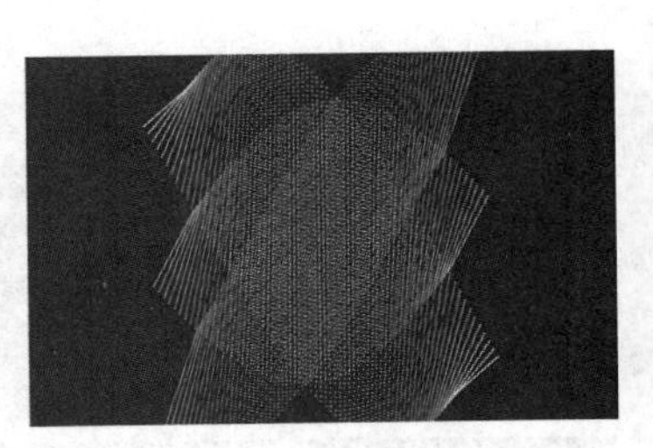

9.2.6 Fluid

9-61所示，部分效果如图9-62所示。

图9-61

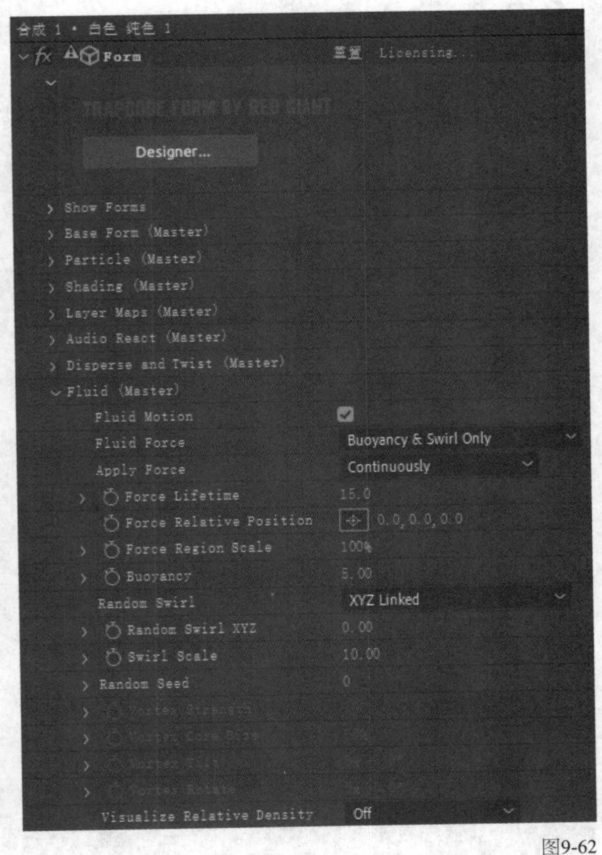

图9-62

Size（尺寸）： 用于设置粒子阵列的尺寸；其中，XYZ Linked表示3个轴向是关联的，只能统一设置，XYZ

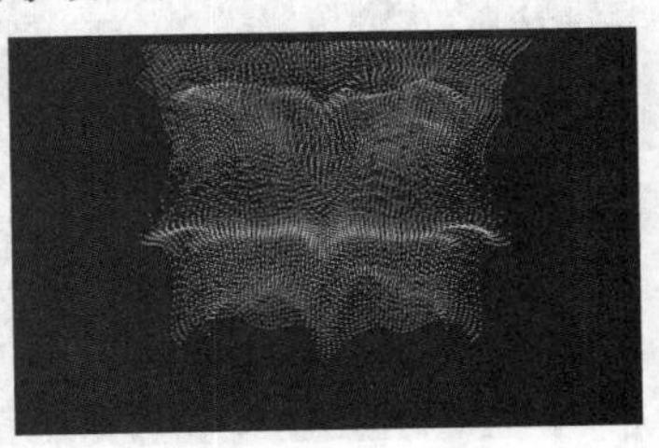

Individual表示3个轴向是独立的，可以分别调整。

Particles in X： 用于设置x轴上的粒子数量，如图9-63所示。

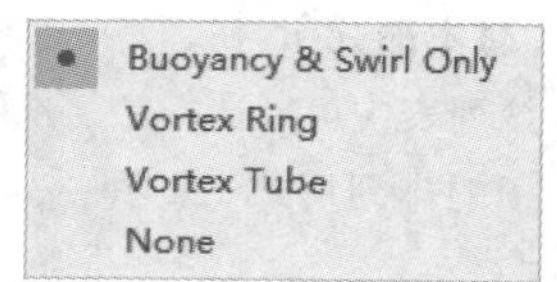

图9-63

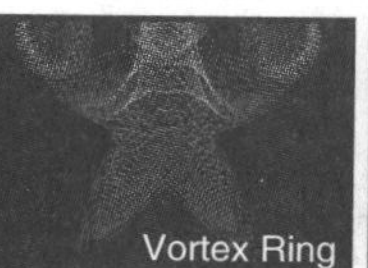

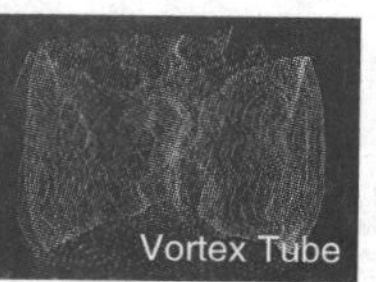

9.2.7 Fractal Field

Position（位置）： 用于设置粒子阵列在画面中的位置。

X Rotation（X旋转）： 用于设置粒子阵列在x轴上的旋转角度。

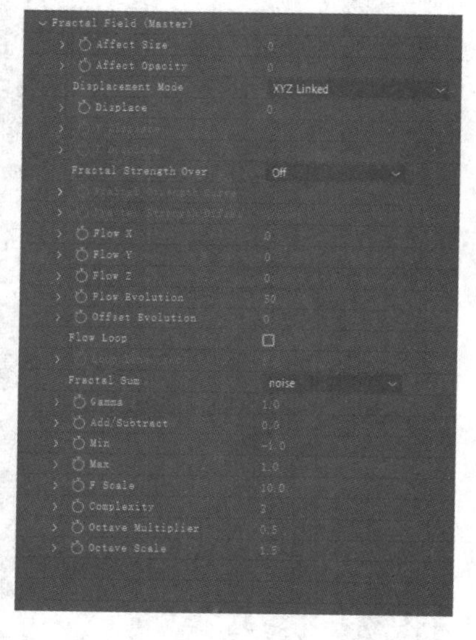

Particle卷展栏的参数与Particular粒子中的Particle卷展栏的参数基本一致，如图9-64所示。这里不再赘述，读者请参阅9.1.2小节中的内容。

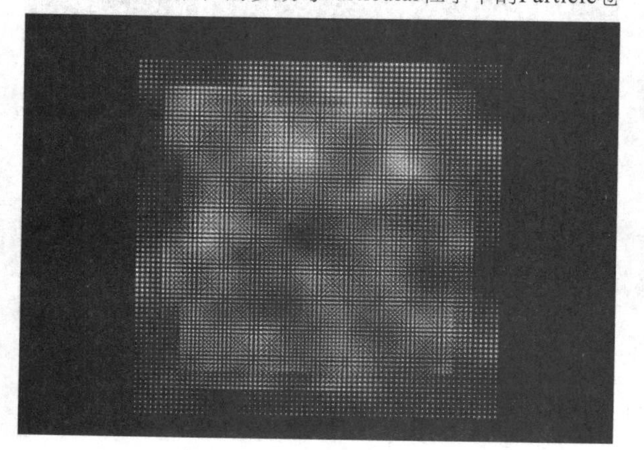

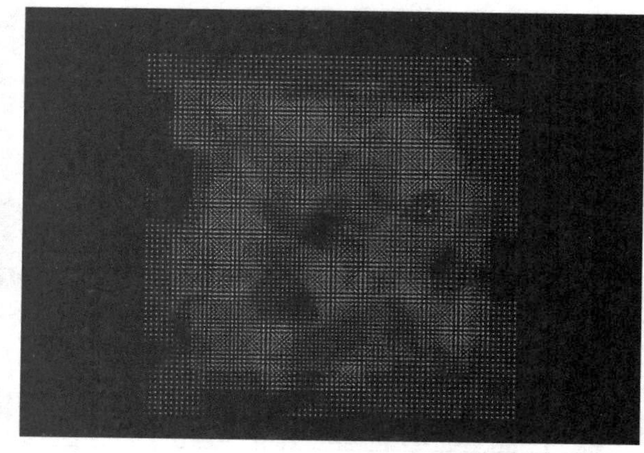

图9-64

Shading卷展栏的参数与Particular粒子中的Shading卷展栏的参数基本一致，如图9-65所示。这里不再赘述，请读者参阅9.1.3小节中的内容。

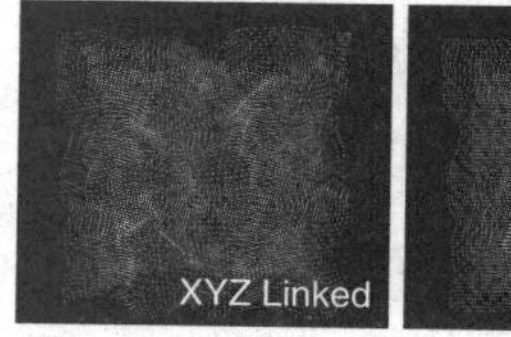

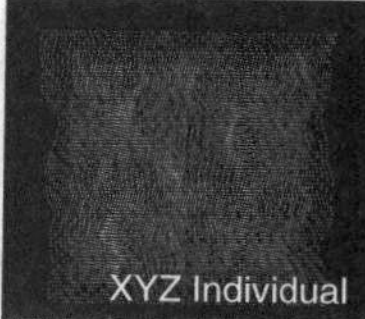

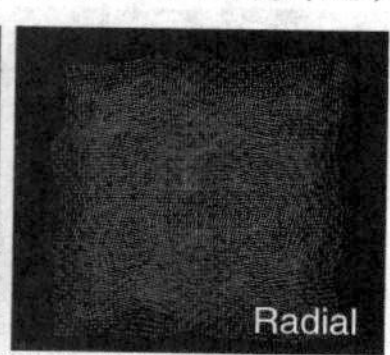

图9-65

课堂案例

制作波纹粒子效果

案例文件	案例文件>CH09>课堂案例：制作波纹粒子效果
视频名称	课堂案例：制作波纹粒子效果.mp4
学习目标	学习Form粒子的使用方法

Layer Maps（贴图图层）卷展栏可用于在通道中加载不同的图层，通过图层的内容控制粒子阵列的形态，如图9-66所示，具体介绍如下。

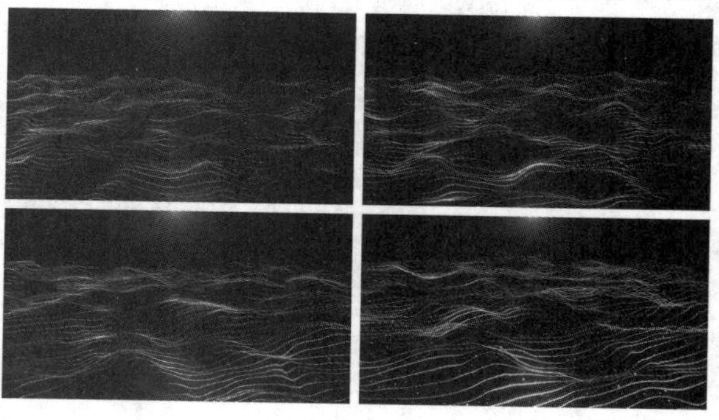

图9-66

Color and Alpha（颜色和Alpha）：在该卷展栏中可以加载图层，从而控制粒子的颜色和透明度，如图9-67所示。

图9-67

Displacement（置换）：在该卷展栏中可以加载

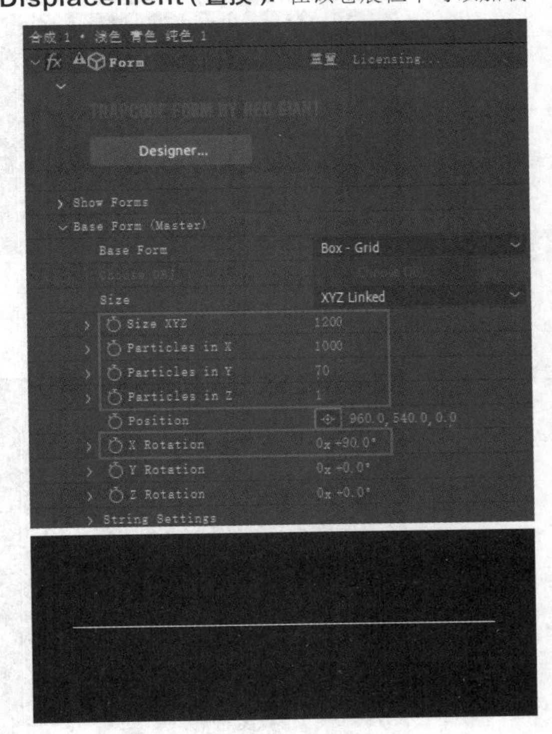

图层，从而控制粒子的置换效果。

Size（尺寸）：在该卷展栏中可以加载图层，从而控

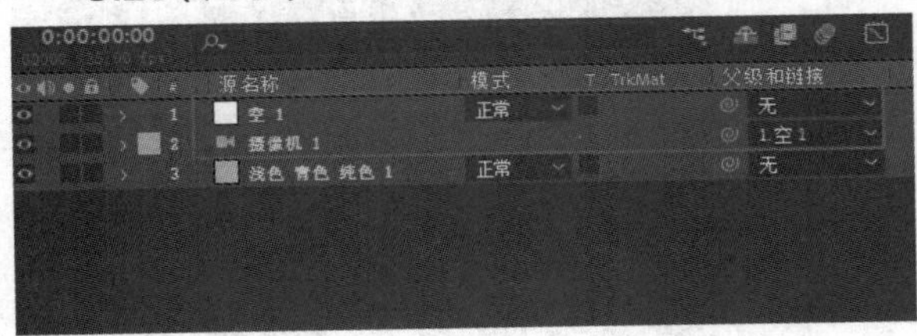

制粒子的大小。

Fractal Strength（分形强度）：在该卷展栏中可以加载图层，从而控制分形场的强度。

> **技巧与提示**
> 这个角度只是为了方便观察粒子效果，不是最终的角度。

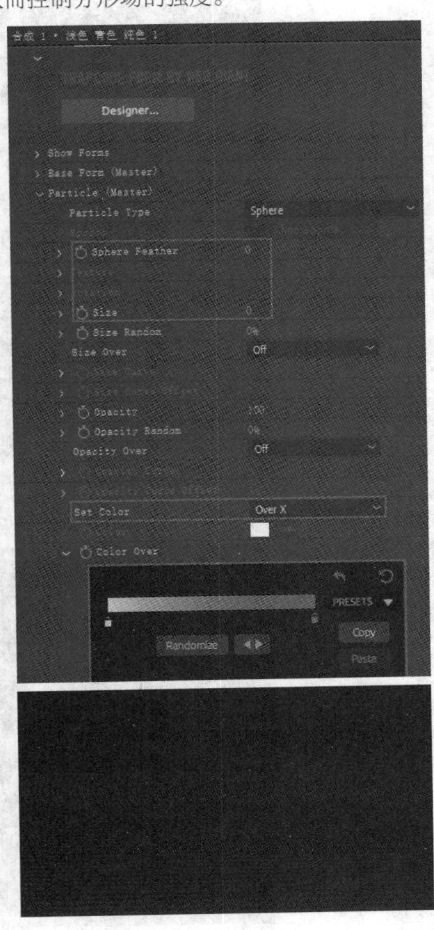

> **技巧与提示**
> **Disperse（分散）：**在该卷展栏中可以加载图层，从而控制粒子的分散效果。
> **Rotate（旋转）：**在该卷展栏中可以加载图层，从而控制粒子的旋转效果。

Disperse and Twist（分散和扭曲）卷展栏可用于设置粒子阵列的置换和扭曲效果，如图9-68所示，具体介绍如下。

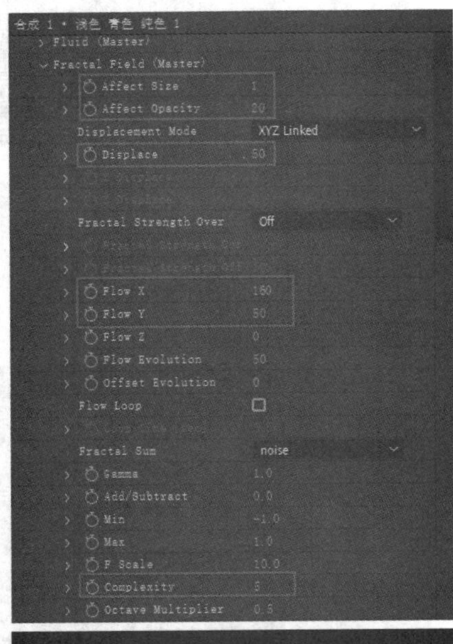

图9-68

Disperse（分散）： 用于设置粒子阵列分散的强度，如图9-69所示。

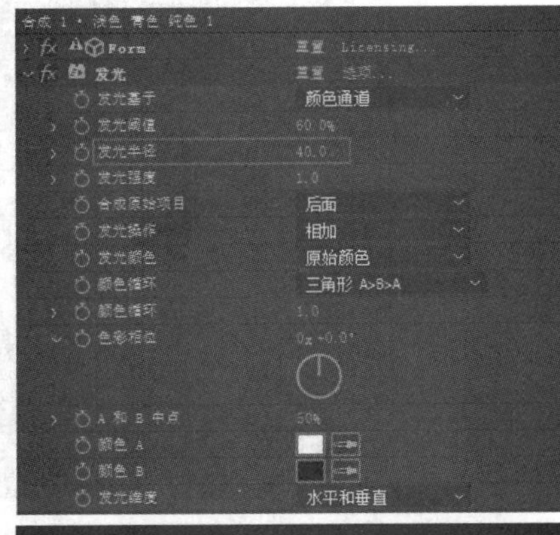

图9-69

Disperse Strength Over（分散强度方向）： 用于设置粒子阵列分散强度的方向，默认为Off，表示沿着

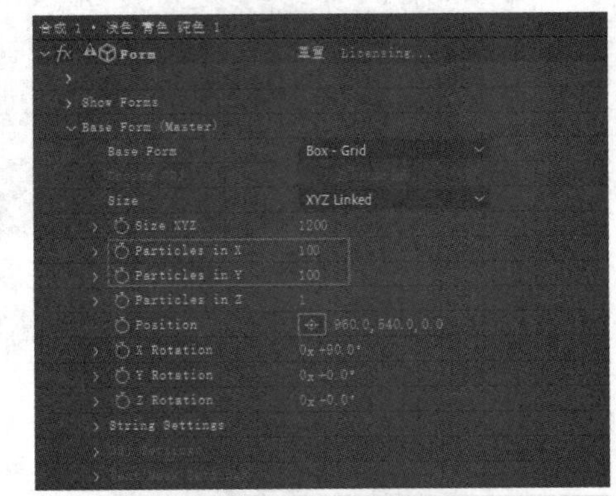

任意方向进行分散，还可以在其下拉列表中选择其他方向，如图9-70所示。

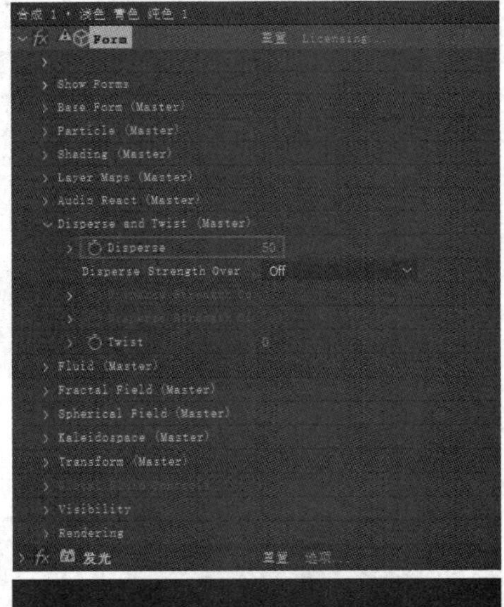

图9-70

Twist（扭曲）：用于设置粒子阵列的扭曲程度，如图9-71所示。

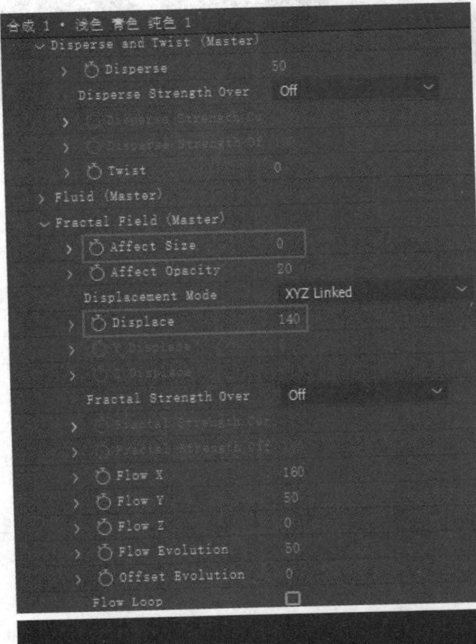

图9-71

Fluid卷展栏可用于设置粒子阵列的流体效果，如图9-72所示，具体介绍如下。

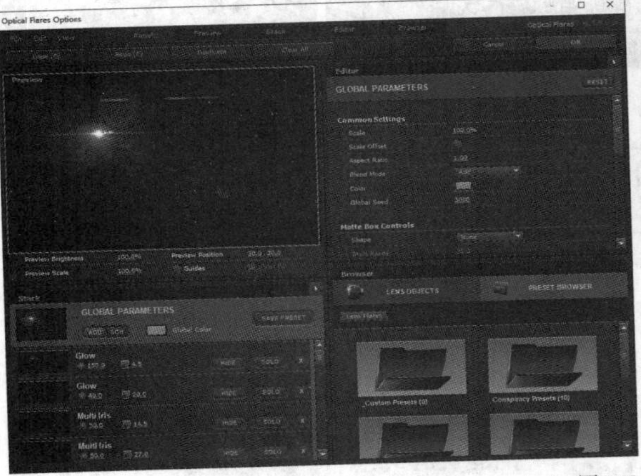

图9-72

> **技巧与提示**
> 该灯光仅供参考，也可以选择其他预设灯光。

Fluid Motion（流体运动）：勾选此复选框后，粒子阵列呈现流体运动的效果，如图9-73所示，同时激活其下方的

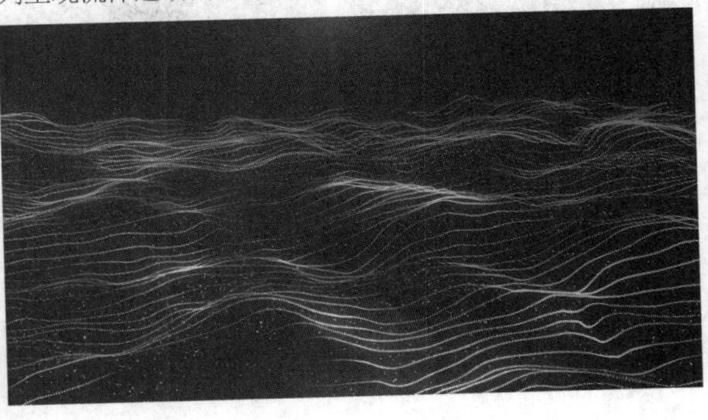

参数。

图9-73

Fluid Force（流体力）：在其下拉列表中可以选择不同的流体力类型，如图9-74所示；每种类型的效果不同，

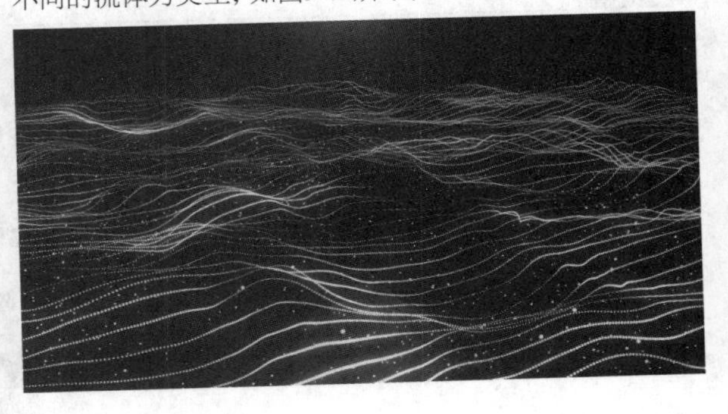

部分如图9-75所示。

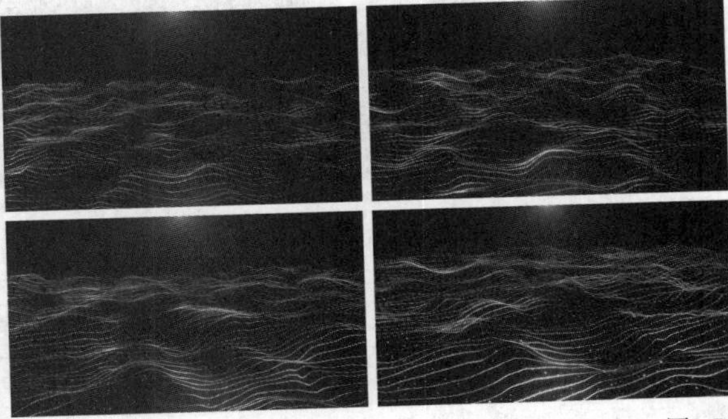

图9-74

课堂练习

制作旋转的粒子

案例文件　案例文件>CH09>课堂练习：制作旋转的粒子

视频名称　课堂练习：制作旋转的粒子.mp4

学习目标　掌握Form粒子的使用方法

图9-75

Fractal Field（分形场）卷展栏中的参数可用于让粒子

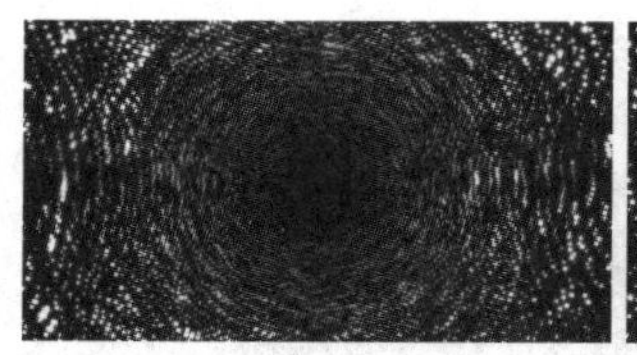
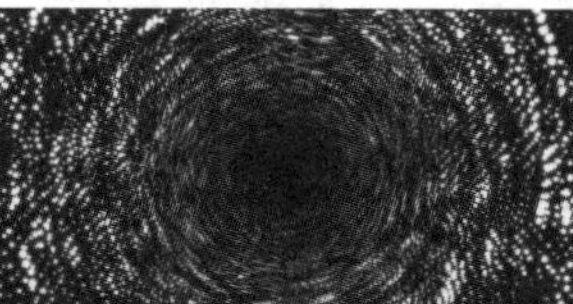
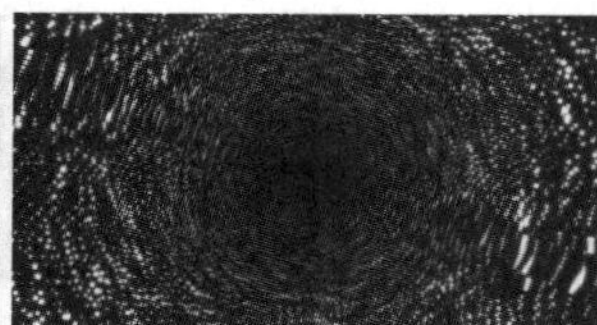
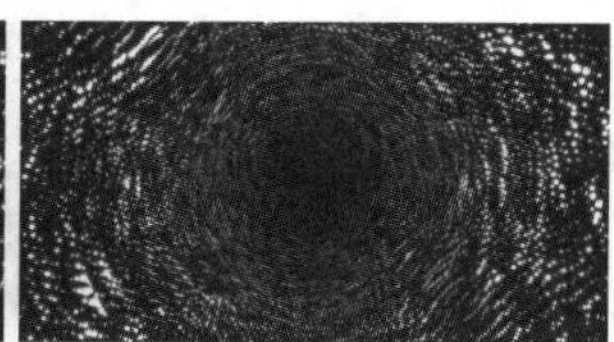

9.3 本章小结

阵列的大小和不透明度等产生随机的变化，如图9-76所示，具体介绍如下。

图9-76

Affect Size（影响大小）：用于让粒子产生随机的放大和缩小效果，如图9-77所示。

9.4 课后习题

图9-77

Affect Opacity（影响不透明度）：用于让粒子产生随机的不透明度变化，如图9-78所示。

9.4.1 课后习题：制作文字粒子飞散动画

案例文件　案例文件>CH09>课后习题：制作文字粒子飞散动画

视频名称　课后习题：制作文字粒子飞散动画.mp4

学习目标　练习Particular粒子的使用方法

图9-78

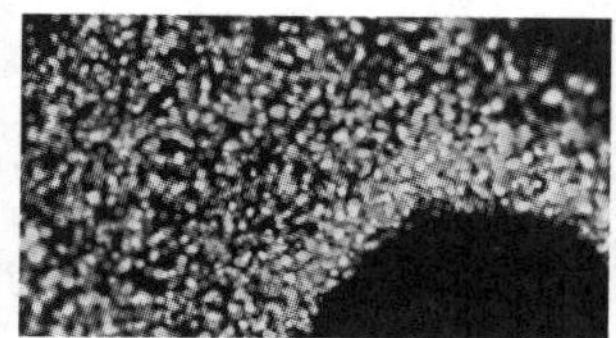

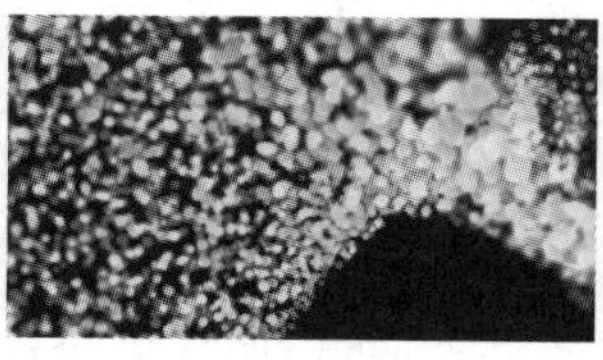

9.4.2 课后习题：制作旋转粒子阵列

案例文件　案例文件>CH09>课后习题：制作旋转粒子阵列

视频名称　课后习题：制作旋转粒子阵列.mp4

学习目标　练习Form粒子的使用方法

Displacement Mode（位移模式）：用于设置粒子位移时3个轴向的关系，如图9-79所示。

图9-79

After Effects

抠图

如果只需要提取视频中的部分素材，需要用到After Effects的抠图功能。要在After Effects中抠图，可以使用工具栏中的工具，也可以使用效果或插件。

课堂学习目标

- 掌握系统自带的用于抠图的工具和效果
- 熟悉抠图插件的用法

10.1 抠图工具与效果

After Effects自带用于抠图的工具和效果，通过智能选取抠图区域或颜色区域，都能实现抠图。

本节内容介绍

主要内容	相关说明	重要程度
Roto笔刷工具	用于智能选择抠图区域	高
线性颜色键	用于按照吸取的颜色选择抠图区域	高
颜色差值键	用于按照吸取的颜色选择抠图区域	中

10.1.1 Roto笔刷工具

演示视频：073- Roto 笔刷工具

"Roto笔刷工具"可用于在画面中智能选取区域，然后将其抠出，如图10-1所示。该工具常用来抠出画面中的人像、动物等。需要注意的是，该工具只能在"图层"面板中使用，在"合成"面板中无法使用。

图10-1

双击需要抠图的图层，切换到该图层的"图层"面板，如图10-2所示。使用"Roto笔刷工具"在需要抠图的位置涂抹，就能智能选择相关的内容，如图10-3所示。

图10-2

图10-3

技巧与提示

紫色线框内部的区域就是抠图区域。如果紫色线框中包含多余的内容，按住Alt键涂抹多余的部分，就能将其移除。如果想添加更多的区域，只需要使用"Roto笔刷工具"涂抹即可。按住Ctrl键并按住鼠标左键拖曳，可以放大或缩小笔刷。

使用"图层"面板下方的工具，可以对抠图区域进行一些操作，具体介绍如下。

"切换Alpha"按钮： 单击该按钮，可以观察图层的Alpha通道，如图10-4所示。

图10-4

"切换Alpha边界"按钮： 单击该按钮，可以隐藏抠图区域以外的区域，方便观察抠图效果，如图10-5所示。

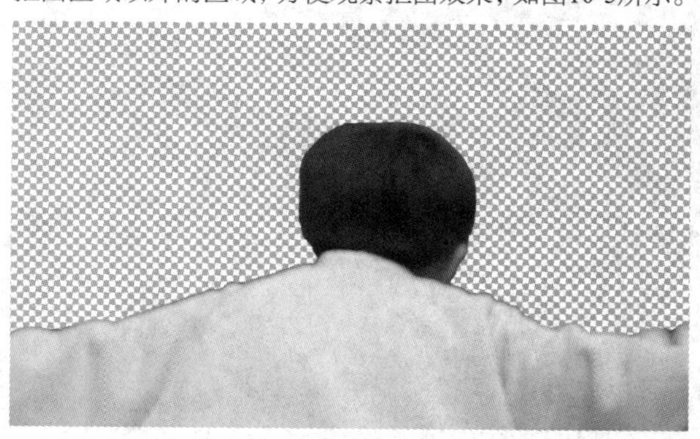

图10-5

“切换Alpha叠加”按钮：单击该按钮，抠图区域以外的区域显示为红色，如图10-6所示。

图10-6

“Alpha边界/叠加颜色”色块：单击该色块，可以设置Alpha边界颜色，默认为紫色。

“将入点设置为当前时间”按钮：单击该按钮，可以将时间指示器所处的位置设置为素材的入点。

“将出点设置为当前时间”按钮：单击该按钮，可以将时间指示器所处的位置设置为素材的出点。

> **技巧与提示**
>
> 如果素材时间太长，就会增加不必要的抠图区域的计算，通过设置素材的入点和出点，可以减少计算时间，提高工作效率。

“冻结”按钮：用于缓存并锁定抠图区域。

课堂案例

制作变色宠物视频

案例文件　案例文件>CH10>课堂案例：制作变色宠物视频

视频名称　课堂案例：制作变色宠物视频.mp4

学习目标　学习“Roto笔刷工具”的使用方法

本案例使用“Roto笔刷工具”将视频中的宠物单独抠出，并对其进行变色，效果如图10-7所示。

图10-7

01 新建一个1920像素×1080像素的合成，然后导入“案例文件>CH10>课堂案例：制作变色宠物视频”文件夹中的素材文件，效果如图10-8所示。

02 双击“时间轴”面板中的“01.mp4”图层，切换到“图层”面板，如图10-9所示。

03 由于“01.mp4”素材较长，因此设置“出点”为0:00:05:00的位置，如图10-10所示。

图10-8

图10-9

图10-10

04 在工具栏中选择“Roto笔刷工具”，然后在宠物的身上涂抹以生成抠图区域，如图10-11所示。

图10-11

> **技巧与提示**
>
> 在涂抹时，最好将画面的分辨率切换为“完整”模式，这样能更加精确地选择抠图区域。

05 按Space键预览抠图区域，观察它是否有问题。若遇到有问题的帧，则使用“Roto笔刷工具”进行调整，如图10-12所示。

06 确认画面中的抠图区域没有问题后，单击“冻结”按钮 冻结 将其冻结，如图10-13所示。

图10-12

图10-13

07 返回“合成”面板，此时画面中只显示抠出的宠物部分，如图10-14所示。

08 从“项目”面板中将“01.mp4”素材文件拖曳到“时间轴”面板中，放在最下层，如图10-15所示。效果如图10-16所示。

图10-14

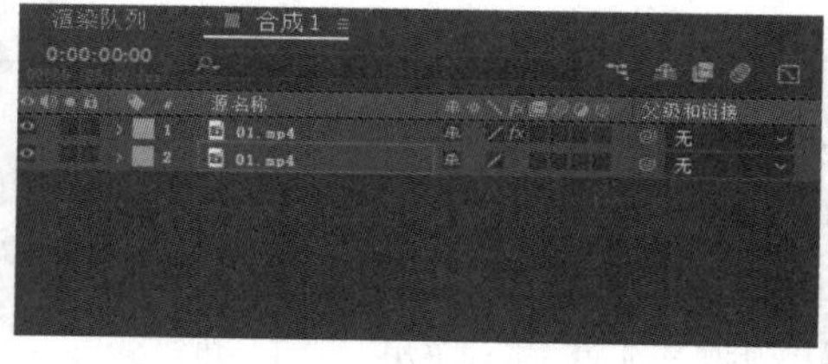

图10-15

图10-16

09 在“效果和预设”面板中找到“色相/饱和度”效果，然后将其添加到抠出的宠物图层上，设置其“主饱和度”的值为－70，如图10-17所示。

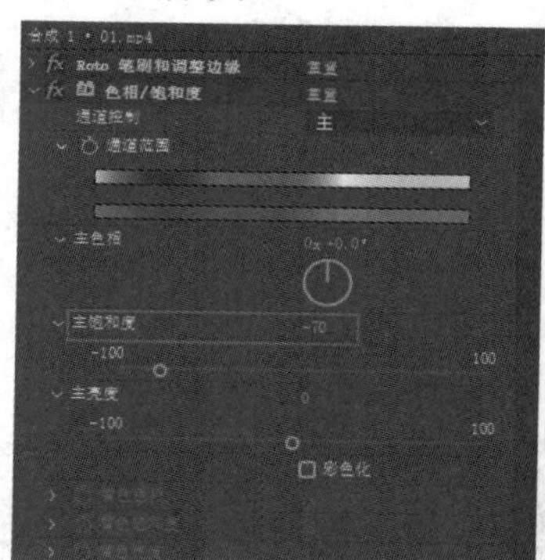

图10-17

10 在“效果和预设”面板中找到“色相/饱和度”效果，然后将其添加到抠出的宠物图层上，设置“主饱和度”为－70，如图10-18所示。

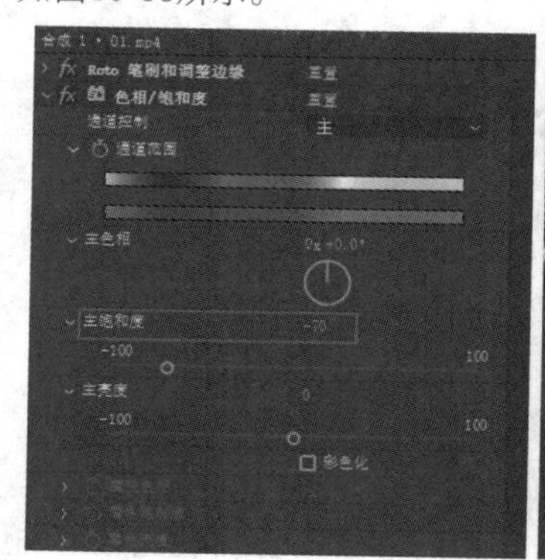

图10-18

⑪ 为抠出的宠物图层添加Deep Glow效果，设置其“曝光”的值为0.10，如图10-19所示。这样能使宠物看起来毛茸茸的。

⑫ 新建一个纯色图层，然后添加Optical Flares效果，将该图层的混合模式设置为“相加”，效果如图10-20所示。

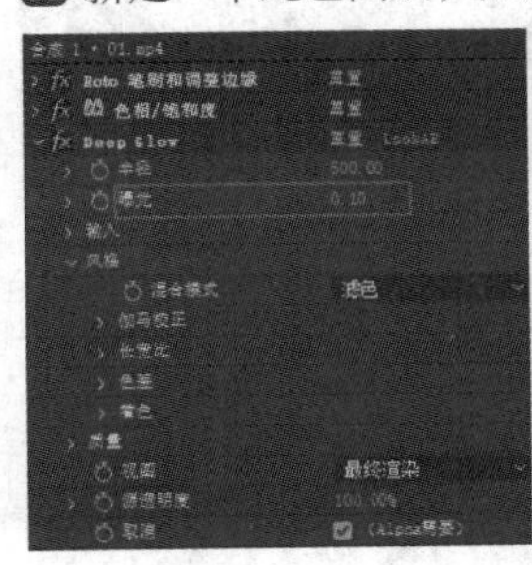

图10-19

图10-20

技巧与提示

Optical Flares效果的光晕预设可按照自己的喜好设置，这里不做强制规定。

⑬ 截取4帧画面，效果如图10-21所示。

图10-21

10.1.2 线性颜色键

演示视频：074-线性颜色键

“线性颜色键”效果常用来在带有绿幕、蓝幕或黑底的视频素材中抠出，在“效果控件”面板中可以设置相关的参数，如图10-22所示，具体介绍如下。

视图：在其下拉列表中可以选择不同的显示模式，方便观察抠图效果，如图10-23所示。

主色：单击右侧的按钮，可以快速吸取画面中需要抠出区域的颜色。

匹配颜色：在其下拉列表中选择吸取颜色时的识别方式，如图10-24所示。

图10-22　图10-23　图10-24

匹配容差：用于设置吸取颜色的容差；增大该数值，抠图区域会包含更多的相似颜色区域。

匹配柔和度：用于设置吸取颜色区域边缘的柔和度。

主要操作：用于设置抠图区域是显示为黑色，还是保留本来的颜色。

课堂案例

制作新闻演播室

案例文件　案例文件>CH10>课堂案例：制作新闻演播室

视频名称　课堂案例：制作新闻演播室.mp4

学习目标　学习“线性颜色键”效果的使用方法

本案例使用“线性颜色键”效果快速抠掉绿色背景，将人像与背景视频合成，效果如图10-25所示。

图10-25

01 新建一个1920像素×1080像素的合成，然后导入“案例文件>CH10>课堂案例：制作新闻演播室”文件夹中的素材文件，如图10-26所示。

02 将“01.mp4”素材添加到“时间轴”面板中，效果如图10-27所示。

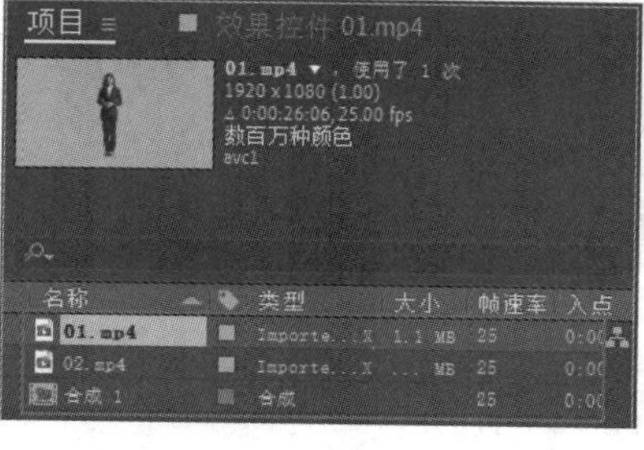

图10-26

图10-27

03 在“效果和预设”面板中找到“线性颜色键”效果并将其添加到“01.mp4”素材上，然后设置“主色”为绿幕的绿色，如图10-28所示。

04 从图10-28中可以观察到，人像的周围残留一些绿色部分。设置“匹配容差”的值为10.0%，尽可能消除残留的绿色区域，如图10-29所示。

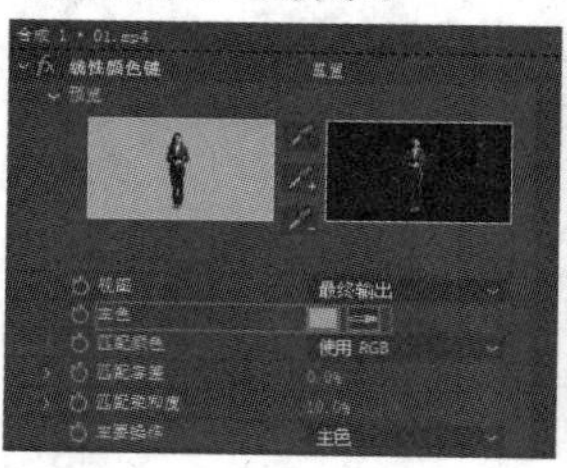

图10-28

图10-29

技巧与提示

在调整“匹配容差”的数值时，需要观察素材中有用的部分是否也被抠掉，随时打开透明网格进行检查。

05 将“02.mp4”素材添加到“时间轴”面板中，并放在最下层，效果如图10-30所示。

06 将抠出的人像适当缩小并摆放在画面中合适的位置，效果如图10-31所示。

图10-30

图10-31

07 将人像图层复制一份，然后为其添加“填充”效果，设置“颜色”为蓝色，效果如图10-32所示。

08 调整复制图层的“模式”为“柔光”，并设置“不透明度”的值为50%，效果如图10-33所示。这样可以统一人像与背景的色调。

图10-32

图10-33

09 截取4帧画面，效果如图10-34所示。

图10-34

10.1.3 颜色差值键

演示视频：075- 颜色差值键

“颜色差值键”效果与“线性颜色键”效果的用法相似，都是通过吸取颜色来抠出相应颜色所在的区域，其相关参数如图10-35所示，具体介绍如下。

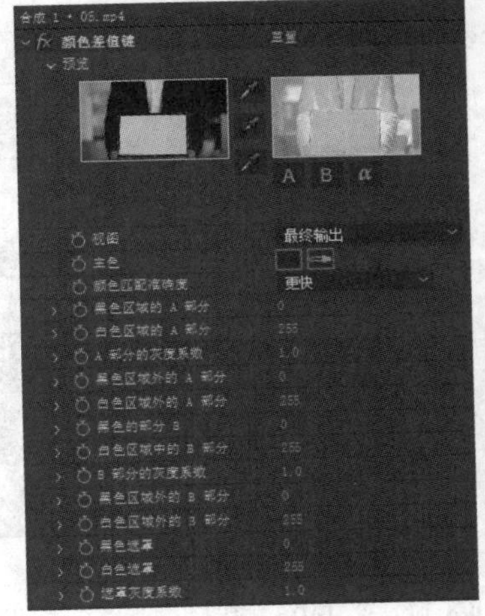

图10-35

视图：在其下拉列表中选择不同类型的视图，可以显示不同的效果，方便观察抠图的细节，如图10-36所示。

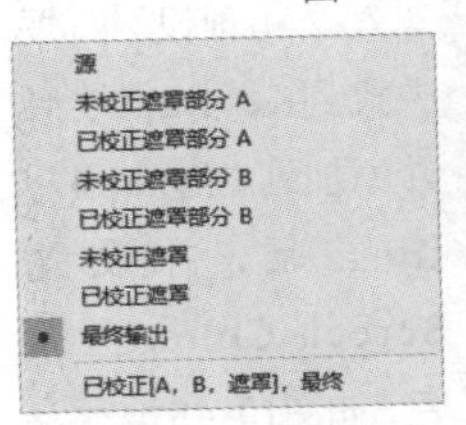

图10-36

主色：用于设置需要抠出区域的颜色。

颜色匹配准确度：在其下拉列表中可以选择颜色匹配的模式，如图10-37所示。

图10-37

黑色区域的A部分：用于设置遮罩A部分的黑色区域的范围，如图10-38所示；当将“视图”调整为“已校正遮罩部分A”时，效果更加明显。

图10-38

白色区域的A部分：用于设置遮罩A部分的白色区域的范围，如图10-39所示。

图10-39

黑色区域外的A部分：用于设置除遮罩A部分以外的黑色部分的亮度，如图10-40所示；当将“视图”调整为“未校正遮罩”时，效果更加明显。

图10-40

白色区域外的A部分：用于设置除遮罩A部分以外的白色部分的亮度，如图10-41所示。

图10-41

技巧与提示

“黑色区域的B部分”等参数与“黑色区域的A部分”等参数的用法相似，这里不再赘述。

黑色遮罩/白色遮罩：用于在“已校正遮罩”视图下调整黑色和白色区域的亮度及区域，如图10-42所示。

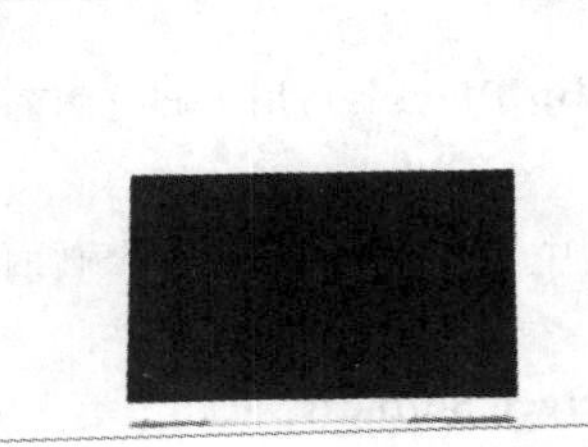

图10-42

10.2 抠图插件Keylight

演示视频：076-Keylight

Keylight是一款专业的抠图插件，其用法较简单，且抠图效果不错，在“效果控件”面板中可以调整相关参数，如图10-43所示，具体介绍如下。

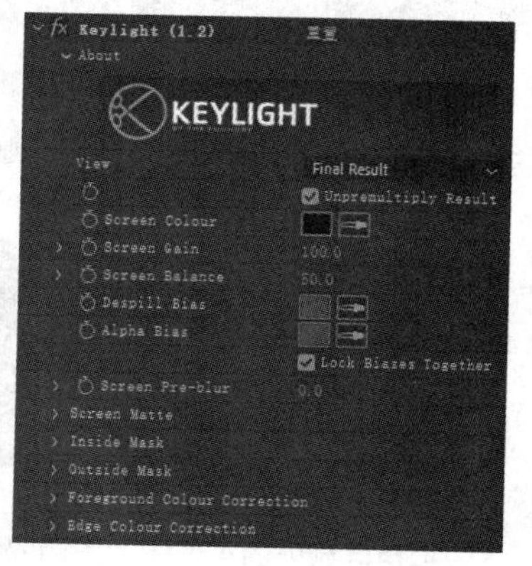

图10-43

View：在其下拉列表中可以选择不同的显示模式，默认为Final Result，如图10-44所示。

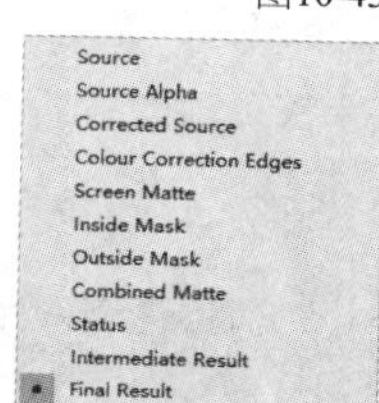

图10-44

Screen Colour：用于设置要在画面中吸取的颜色，将与该颜色相近的部分抠除。

Screen Matte：当View调整为Screen Matte时，画面会变成黑白模式，黑色部分为抠图区域，白色部分为保留区域，在该卷展栏中可以调整相关参数，如图10-45所示，具体介绍如下。

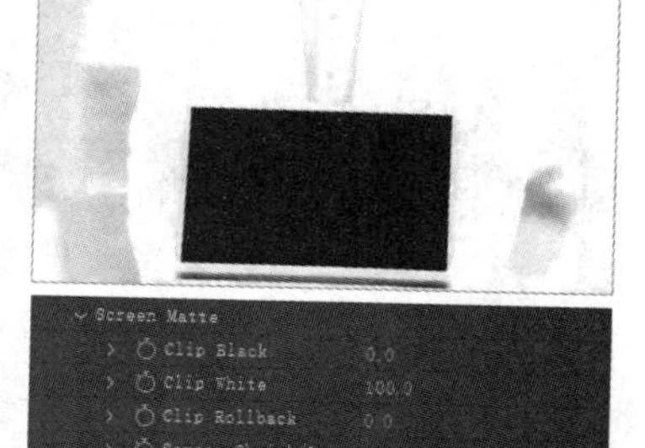

图10-45

Clip Black：可用于调整画面中黑色区域的大小和亮度。

Clip White：可用于调整画面中白色区域的大小和亮度。

Screen Softness：可用于柔化黑白区域的边缘。

课堂案例

制作海面视频

案例文件　案例文件>CH10>课堂案例：制作海面视频

视频名称　课堂案例：制作海面视频.mp4

学习目标　学习Keylight插件的使用方法

本案例需要将两个独立的绿幕素材合成一个海面视频，效果如图10-46所示。

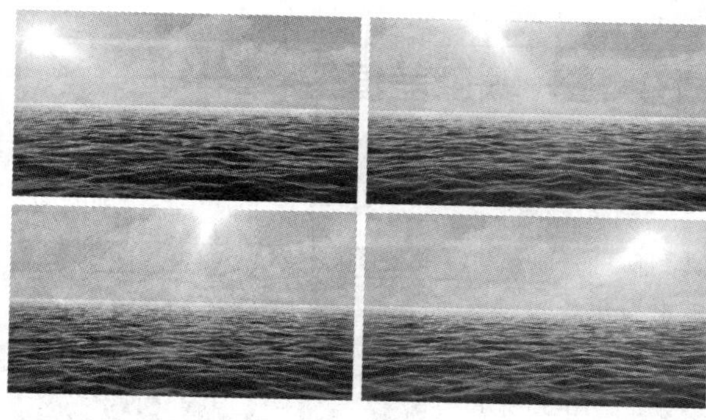

图10-46

01 新建一个1920像素×1080像素的合成，导入“案例文件>CH10>课堂案例：制作动态海面视频”文件夹中的素材文件，如图10-47所示。

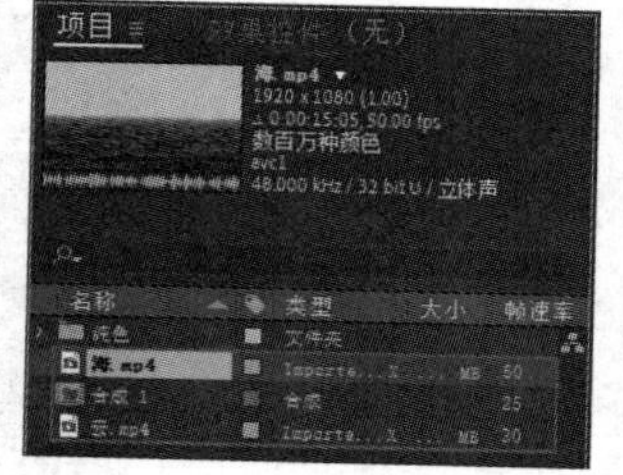

图10-47

02 将“海.mp4”素材拖曳到“时间轴”面板中，然后在“效果和预设”面板中找到Keylight效果并添加到“海.mp4”图层上，并设置Screen Colour为绿色，如图10-48所示。

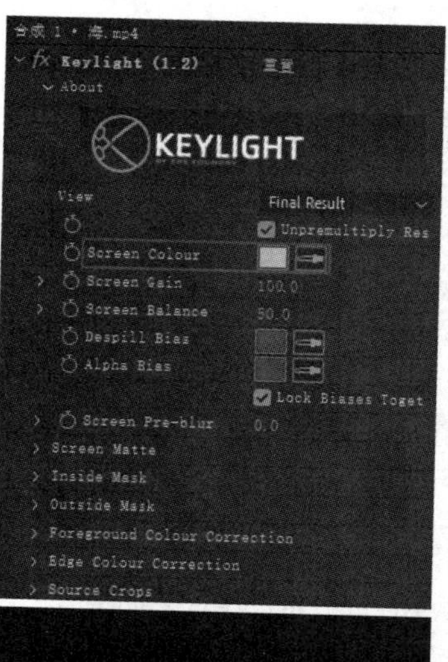

图10-48

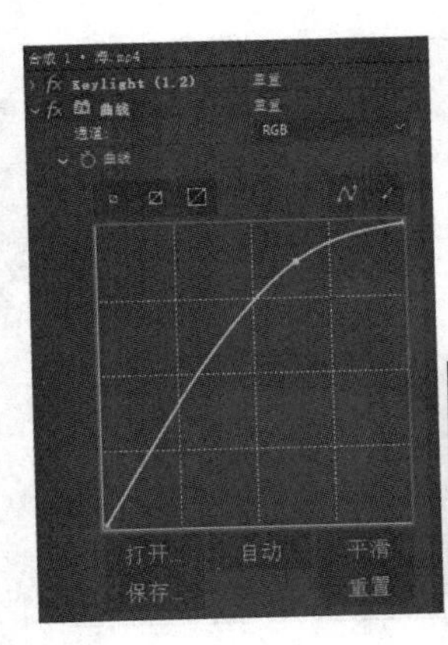

03 找到“曲线”效果并将其添加到“海.mp4”图层上，以增加海面的亮度，如图10-49所示。

图10-49

04 新建一个纯色图层，放在最下层，并为其添加“梯度渐变”效果，相关参数设置及效果如图10-50所示。

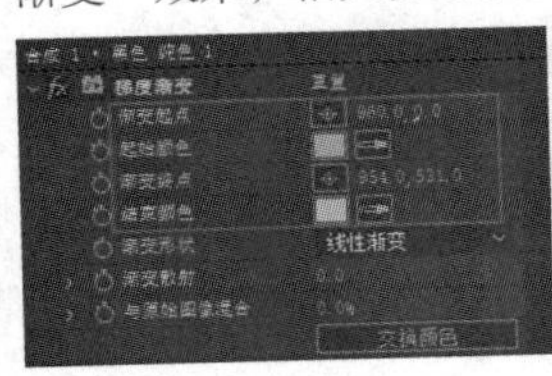

图10-50

05 将“云.mp4”素材添加到“时间轴”面板中，并为其添加Keylight效果，以去除绿色背景，效果如图10-51所示。

图10-51

06 将“云.mp4”图层的“模式”设置为“柔光”，效果如图10-52所示。

图10-52

07 新建一个纯色图层，然后为其添加Optical Flares效果，并选择一个合适的光晕，效果如图10-53所示。

图10-53

> **技巧与提示**
> 光晕可自定义，这里的设置仅供参考。

08 设置添加了光晕的图层的“模式”为“屏幕”，然后调整光晕的位置和大小，效果如图10-54所示。

图10-54

09 在光晕的位置添加关键帧后，截取4帧画面，效果如图10-55所示。

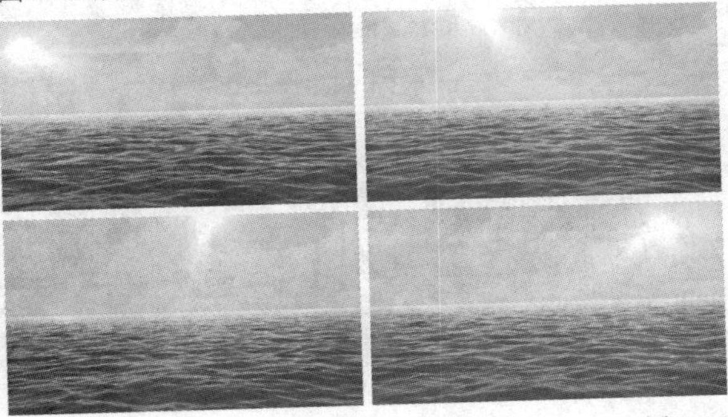

图10-55

课堂练习

制作全息界面

案例文件	案例文件>CH10>课堂练习：制作全息界面
视频名称	课堂练习：制作全息界面.mp4
学习目标	练习Keylight插件的使用方法

本练习通过Keylight插件抠掉绿幕，将人像与背景视频合成，效果如图10-56所示。

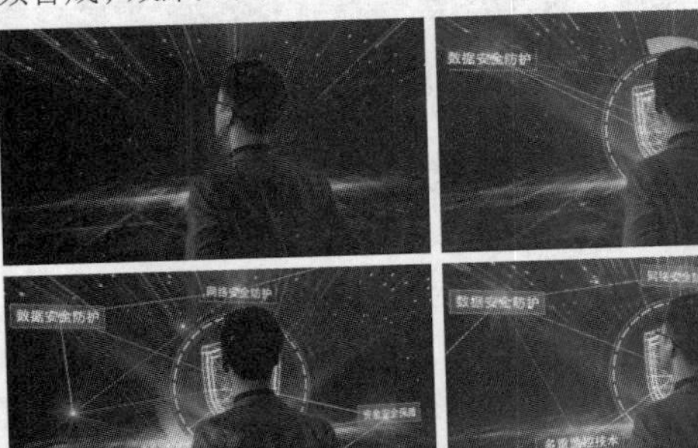

图10-56

10.3 本章小结

本章主要讲解了After Effects中用于抠图的工具和效果及插件。无论使用软件自带的抠图工具或效果，还是插件，都能较好地将素材抠出。在工作中，需要根据实际需求选择合适的工具或效果。只要多加练习，就能掌握在After Effects中抠图的技术。

10.4 课后习题

本节安排了两个课后习题供读者练习。要完成这两个习题，需要对本章的知识进行综合运用。如果在练习时遇到困难，则可以观看相应教学视频。

10.4.1 课后习题：制作计算机屏幕画面合成动画

案例文件	案例文件>CH10>课后习题：制作计算机屏幕画面合成动画
视频名称	课后习题：制作计算机屏幕画面合成动画.mp4
学习目标	练习Keylight插件的使用方法

本习题需要为带绿幕的计算机屏幕添加一段代码动画，效果如图10-57所示。

图10-57

10.4.2 课后习题：制作单色人像视频

案例文件	案例文件>CH10>课后习题：制作单色人像视频
视频名称	课后习题：制作单色人像视频.mp4
学习目标	练习"Roto笔刷工具"的使用方法

本习题需要将人像部分单独抠出，保留颜色，并将其余部分调整为单色，效果如图10-58所示。

图10-58

Ae After Effects

调色

调色可以改变素材的颜色、亮度和饱和度等，使素材产生不一样的效果。调色还可以校正素材的颜色，使其很好地融合到合成的画面中。

课堂学习目标

- 熟悉调色的基础知识
- 掌握常用的调色效果

11.1 调色的基础知识

在学习调色之前，需要先熟悉一些调色的基础知识。

本节内容介绍

主要内容	相关说明	重要程度
颜色通道	素材的颜色通道	高
色相/饱和度/亮度	调色的基本要素	高
位深度	图像中颜色的数量	中

11.1.1 颜色通道

视频类文件通常在电视、投影仪和计算机上播放，因此使用RGB模式显示文件内容。R、G、B分别代表红色、绿色和蓝色3个颜色通道，将这3个颜色混合，就能生成画面中的所有颜色。图11-1所示是RGB模式的图片和其3个颜色通道的效果。在使用一些调色效果时，可以通过通道更改画面的颜色。

图11-1

技巧与提示

在“合成”面板下方单击“显示通道及色彩管理设置”按钮，可以切换不同的颜色通道，如图11-2所示。

图11-2

11.1.2 色相/饱和度/亮度

色相、饱和度和亮度是调色的基础参数，在调色过程中经常使用，下面将对其进行详细讲解。

色相：表示画面中的颜色，更改色相可以整体改变画面的颜色，如图11-3所示。

图11-3

饱和度：表示画面中颜色的浓度；饱和度越高，画面中的颜色越鲜艳，饱和度越低，画面中的颜色越淡，如图11-4所示。当饱和度为0时，画面会变为只有黑色、白色、灰色的效果。

图11-4

亮度：表示画面中的亮度；亮度越高，画面越亮，越接近白色，亮度越低，画面越暗，越接近黑色，如图11-5所示。

图11-5

11.1.3 位深度

在记录数字图像的颜色时，计算机实际上是用每一个像素需要的位深度来表示的。“位”（bit）是计算机存储器里的最小单元，用来记录每一个像素颜色的值。图像的颜色越丰富，“位”就越多。每一个像素在计算机中对应的位数就是“位深度”。

After Effects中最小的位深度是8位，还可以选择16位或32位。位深度越大，颜色深度越大，可用的颜色就越多。

技巧与提示

若使用8位色，每一个像素能显示的颜色数为2的8次方，即256种颜色。

若使用16位色，每一个像素能显示的颜色数为2的16次方，即65536种颜色。

若使用32位色，每一个像素能显示的颜色数为24位，即2的24次方，约1680万种颜色。在此基础上增加一个表示图像透明度信息的Alpha通道。

11.2 调色效果

关键帧动画是动画制作的重中之重，必须掌握它的制作方法。动画制作工具和曲线编辑器是制作关键帧动画需要使用的工具。

本节内容介绍

主要内容	相关说明	重要程度
曲线	用于调整画面的明暗色阶	高
色相/饱和度	用于调整画面的色相、饱和度和亮度	高
颜色平衡	用于调整画面的色调	中
更改颜色	用于更改画面中的一种颜色	中
填充	用于填充颜色	高
Lumetri颜色	综合且功能强大的调色效果	高

11.2.1 曲线

演示视频：077- 曲线

“曲线”效果不仅可用于调整画面整体的亮度和明暗色阶，还可用于调整红色、绿色和蓝色3个通道的亮度，相关参数如图11-6所示，具体介绍如下。

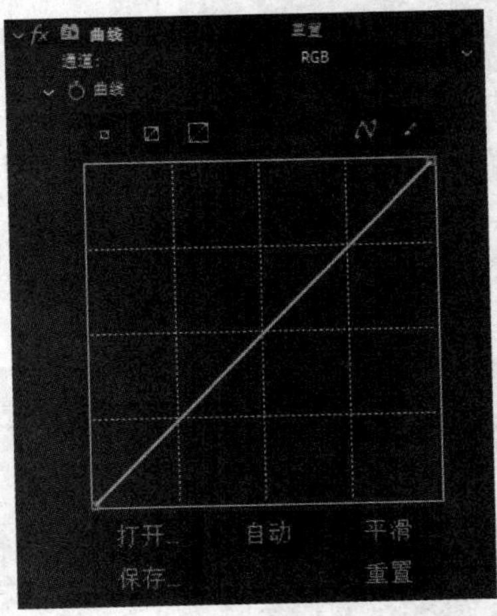

图11-6

通道：在其下拉列表中可以选择调色的通道，默认为RGB，如图11-7所示。

图11-7

> **技巧与提示**
> 选择不同的通道，曲线的颜色也会发生相应变化。

打开：单击此按钮，可以在打开的对话框中选择自定义的曲线文件。

保存：单击此按钮，可以将调整好的曲线保存，方便其他文件调用。

自动：单击此按钮，可自动调整画面中的亮度和色阶。

平滑：单击此按钮，可以将调整后的曲线进行平滑处理。

重置：单击此按钮，可让调整后的曲线恢复初始状态。

11.2.2 色相/饱和度

演示视频：078- 色相 / 饱和度

“色相/饱和”效果可用于更改画面整体的色相、饱和度和亮度，相关参数如图11-8所示，具体介绍如下。

通道控制：在其下拉列表中可以选择画面中需要调整的通道，如图11-9所示。

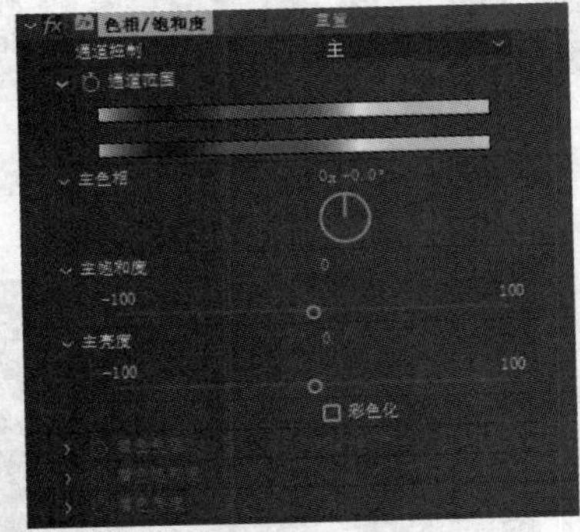

图11-8

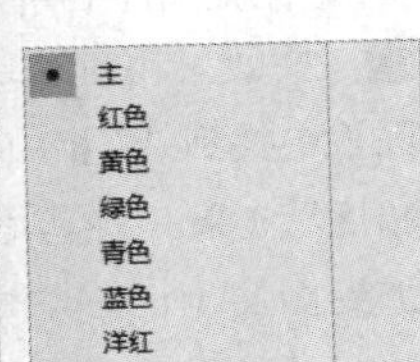

图11-9

主色相：通过调整角度改变画面的色相，如图11-10所示。

图11-10

主饱和度：用于提高或降低画面的饱和度，如图11-11所示。

图11-11

主亮度：用于提高或降低画面的亮度，如图11-12所示。

图11-12

色彩化：勾选此复选框后，会为画面增加一种统一的颜色，同时激活其下方的3个参数，如图11-13所示。

图11-13

着色色相：用于调整增加的颜色的色相。

着色饱和度：用于调整增加的颜色的饱和度。

着色亮度：用于调整增加的颜色的亮度。

课堂案例

制作变色爱心视频

案例文件	案例文件>CH11>课堂案例：制作变色爱心视频
视频名称	课堂案例：制作变色爱心视频.mp4
学习目标	学习调色效果的用法

本案例需要为“色相/饱和度”效果添加关键帧，让素材的颜色随着时间而改变，效果如图11-14所示。

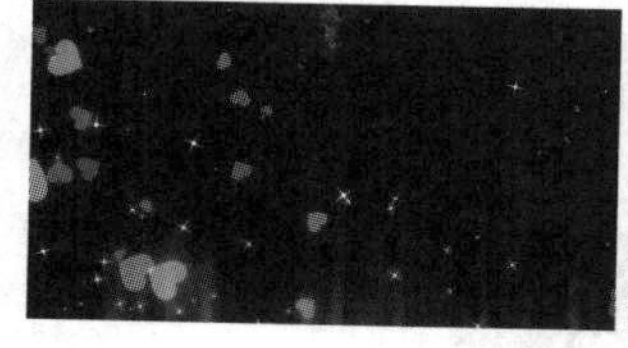

图11-14

01 新建一个1920像素×1080像素的合成，然后导入“案例文件>CH11>课堂案例：制作变色爱心视频”文件夹中的素材文件，效果如图11-15所示。

02 在“效果和预设”面板中找到“色相/饱和度”效果并将其添加到图层上，在剪辑的起始位置添加“通道范围”关键帧，如图11-16所示。

图11-15

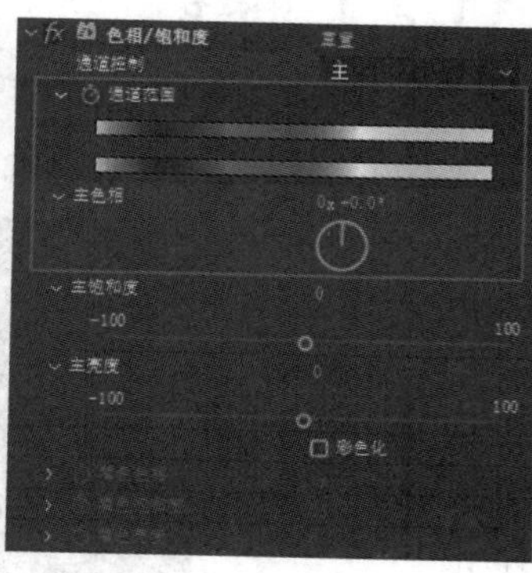

图11-16

03 在0:00:01:00的位置，设置“主色相”的值为（0x+90.0°），此时画面的颜色变为橙色，如图11-17所示。

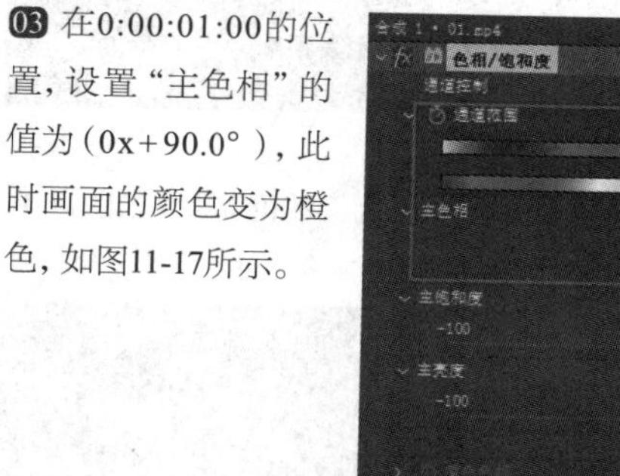
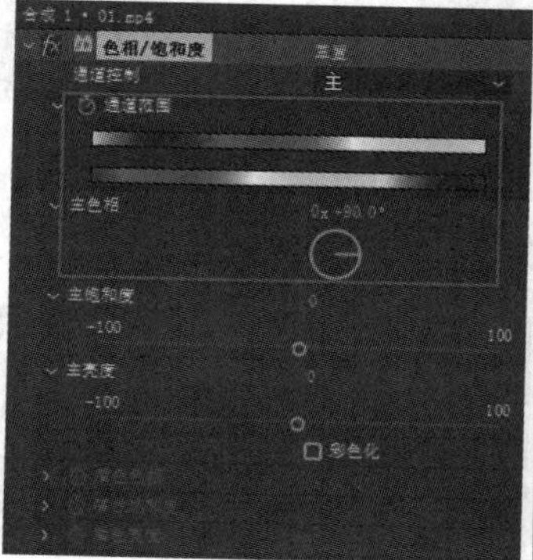

图11-17

04 在0:00:02:00的位置，设置“主色相”的值为（0x+180.0°），此时画面的颜色变为绿色，如图11-18所示。

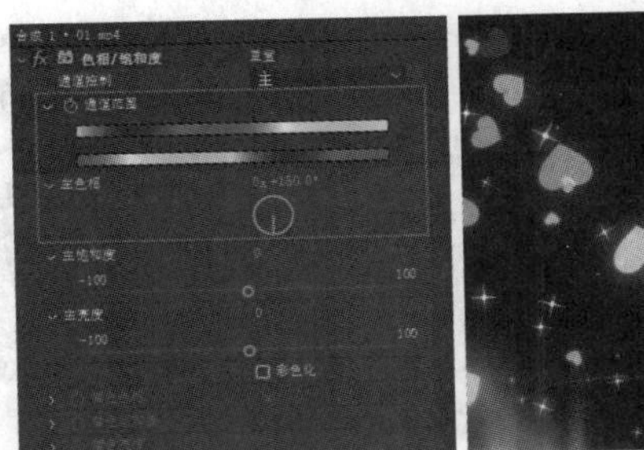

图11-18

05 在0:00:03:00的位置，设置“主色相”的值为（0x+270.0°），此时画面的颜色变为蓝色，如图11-19所示。

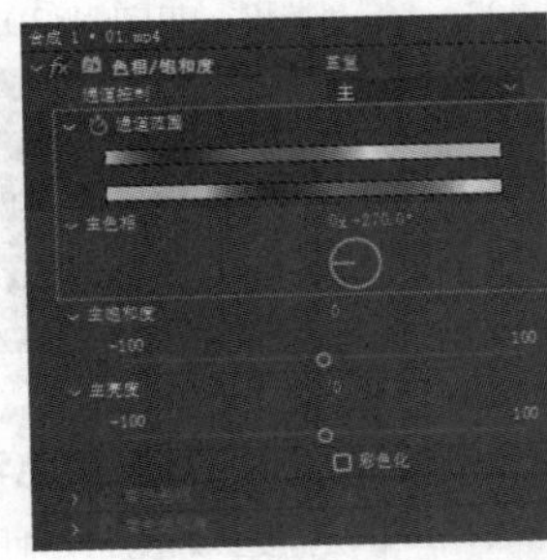

图11-19

06 在0:00:03:00的位置，设置“主色相”的值为（1x+0.0°），此时画面的颜色又变为初始的紫色，如图11-20所示。

> **技巧与提示**
> 当设置“主色相”的值为（0x+360.0°）时，会自动显示为（1x+0.0°）。

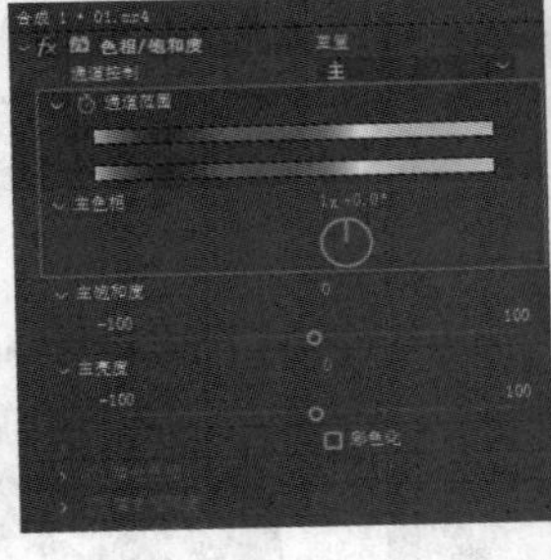

图11-20

07 任意截取4帧画面，效果如图11-21所示。

图11-21

11.2.3 颜色平衡

演示视频：079- 颜色平衡

“颜色平衡”效果可以分别用于调整阴影、中间调和高光区域的红色、绿色、蓝色3种颜色的浓度，使画面产生色调变化，相关参数如图11-22所示，具体介绍如下。

图11-22

阴影红色平衡：用于提高或降低阴影区域的红色浓度，如图11-23所示。

图11-23

阴影绿色平衡：用于提高或降低阴影区域的绿色浓度，如图11-24所示。

图11-24

阴影蓝色平衡：用于提高或降低阴影区域的蓝色浓度，如图11-25所示。

图11-25

中间调红色平衡：用于提高或降低中间调区域的红色浓度，如图11-26所示。

图11-26

中间调绿色平衡：用于提高或降低中间调区域的绿色浓度，如图11-27所示。

图11-27

中间调蓝色平衡：用于提高或降低中间调区域的蓝色浓度，如图11-28所示。

图11-28

高光红色平衡：用于提高或降低高光区域的红色浓度，如图11-29所示。

图11-29

高光绿色平衡：用于提高或降低高光区域的绿色浓度，如图11-30所示。

图11-30

高光蓝色平衡：用于提高或降低高光区域的蓝色浓度，如图11-31所示。

图11-31

保持发光度：勾选该复选框后，画面会保持原有的亮度，同时更改通道颜色的浓度，如图11-32所示。

图11-32

11.2.4 更改颜色

演示视频：080- 更改颜色

“更改颜色”效果可用于将画面中的一种颜色替换为另一种颜色，相关参数如图11-33所示，具体介绍如下。

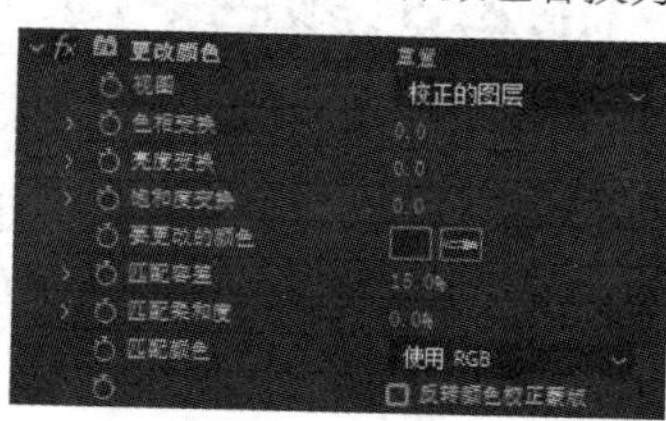

图11-33

视图：在其下拉列表中可以选择不同的视图模式，如图11-34所示。

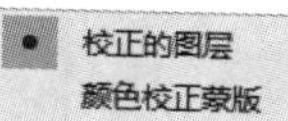

图11-34

色相变换：用于设置更改颜色的色相变化。

亮度变换：用于设置更改颜色的亮度变化

饱和度变换：用于设置更改颜色的饱和度变化。

要更改的颜色：用于设置需要更改的颜色。

匹配容差：用于设置更改颜色的容差；此数值越大，包含的相似颜色越多。

匹配柔和度：用于设置更改颜色的边缘的柔和度。

匹配颜色：在其下拉列表中可选择不同的匹配颜色的模式，如图11-35所示。

图11-35

11.2.5 填充

演示视频：081-填充

"填充"效果可用于为素材统一添加一种颜色，相关参数如图11-36所示，具体介绍如下。

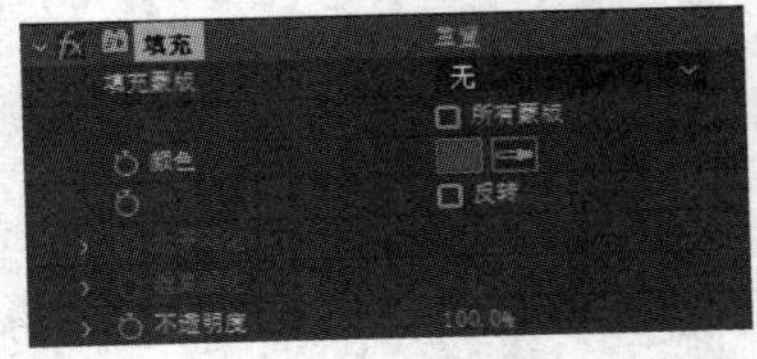

图11-36

填充蒙版：如果图层中添加了蒙版，则可以通过其下拉列表拾取该蒙版。

颜色：用于设置填充的颜色。

反转：勾选该复选框后，会在蒙版以外的区域填充颜色。

水平羽化/垂直羽化：用于设置蒙版区域的羽化效果。

不透明度：用于设置填充颜色的不透明度。

11.2.6 Lumetri颜色

演示视频：082-Lumetri颜色

"Lumetri 颜色"是一种强大的综合性调色效果，内置多种参数，如图11-37所示，具体介绍如下。

图11-37

1.基本校正

在"基本校正"卷展栏中可以简单调整画面的色调、亮度和饱和度，如图11-38所示，具体介绍如下。

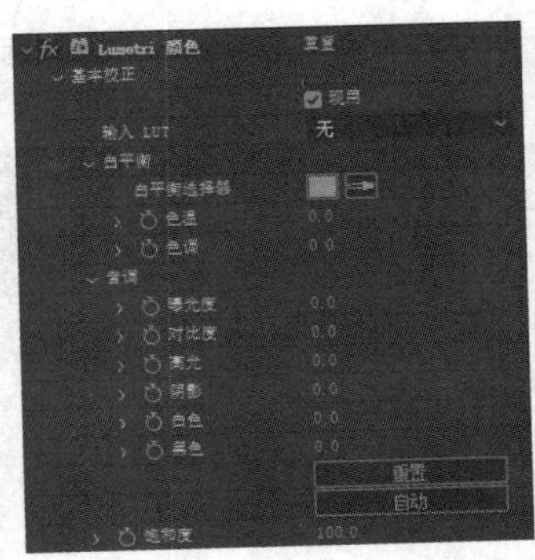

图11-38

输入LUT：在其下拉列表中可以选择软件自带的LUT预设，也可以加载外部的LUT文件，如图11-39所示；加载LUT文件后，可以快速生成调色效果，如图11-40所示。

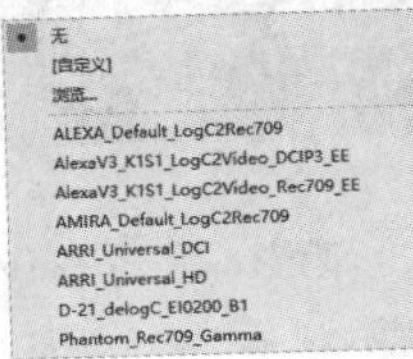

图11-39

图11-40

色温：当此数值小于0时，画面偏蓝色；当此数值大于0时，画面偏黄色，如图11-41所示。

图11-41

色调：当此数值小于0时，画面偏绿色；当此数值大于0时，画面偏洋红，如图11-42所示。

图11-42

曝光度：用于增大或减小画面的曝光度，如图11-43所示。

图11-43

对比度： 用于增大或减小画面的明暗对比度，如图11-44所示。

图11-44

高光： 用于提高或降低画面中的高光亮度，如图11-45所示。

图11-45

阴影： 用于提高或降低画面中的阴影亮度，如图11-46所示。

图11-46

白色： 用于提高或降低画面中高光区域的亮度，如图11-47所示。

图11-47

黑色： 用于提高或降低画面中阴影区域的亮度，如图11-48所示。

图11-48

知识点：高光/阴影与白色/黑色的区别

有些读者可能会有疑问，使用“高光”和“白色”参数调整画面后，效果似乎差别不大，使用“阴影”和“黑色”参数也是如此。那么在调整画面亮度时应该怎么区分这些参数？

通过眼睛观察画面效果似乎差别不大，但通过“Lumetri范围”面板就能直观地看出差别。将软件的工作区类型切换为“颜色”，界面中会出现“Lumetri 范围”面板，如图11-49所示。

图11-49

当设置“高光”和“白色”的值都为-100.0时，“Lumetri范围”面板中的颜色分布明显不同，如图11-50所示。“白色”会让处于亮部的颜色整体变暗，缺少颜色层次，而“高光”会让部分颜色变暗，画面层次依然存在。

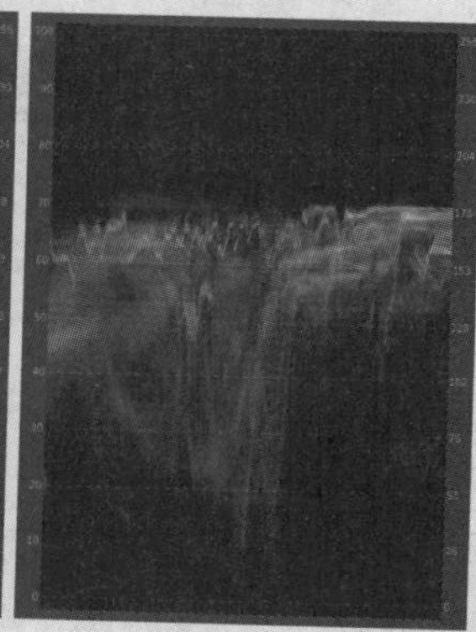

图11-50

当设置“阴影”和“黑色”的值都为100.0时，“Lumetri范围”面板中的颜色分布如图11-51所示。因此，在调节画面亮度时，需要参考“Lumetri 范围”面板中的颜色分布图。

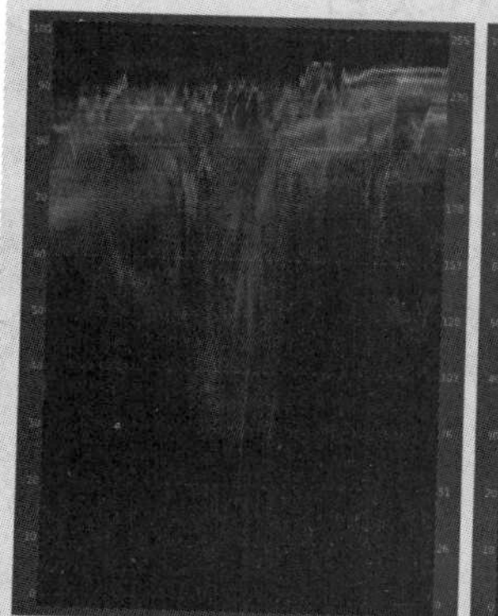
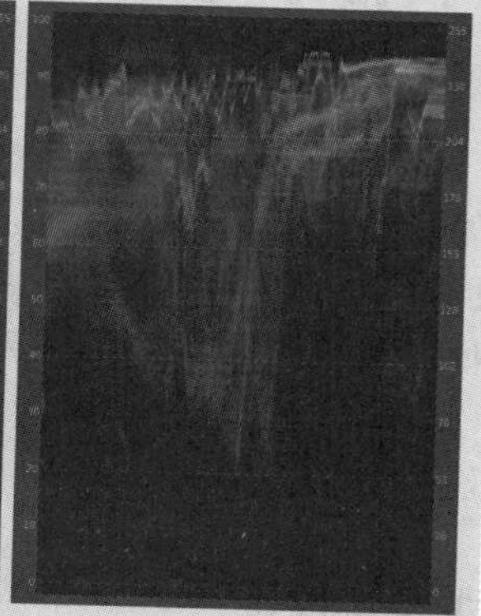

图11-51

饱和度： 用于提高或降低画面颜色的饱和度。

2.创意

在“创意”卷展栏中可以为画面添加颜色滤镜，调整锐化程度和色调等，如图11-52所示，具体介绍如下。

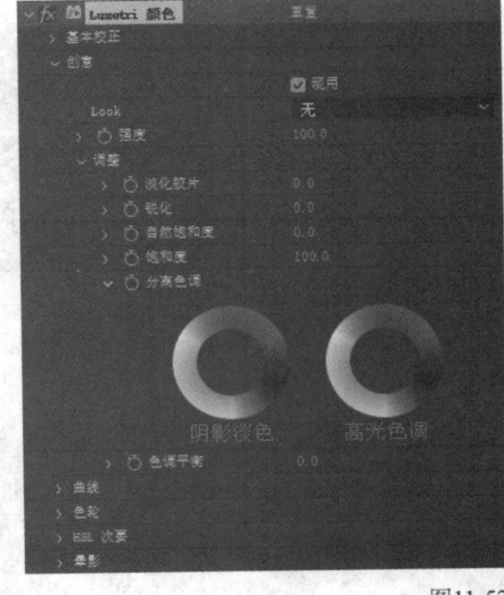

图11-52

Look：在其下拉列表中可以选择不同的颜色滤镜，也可以加载外部滤镜，如图11-53所示，部分效果如图11-54所示。

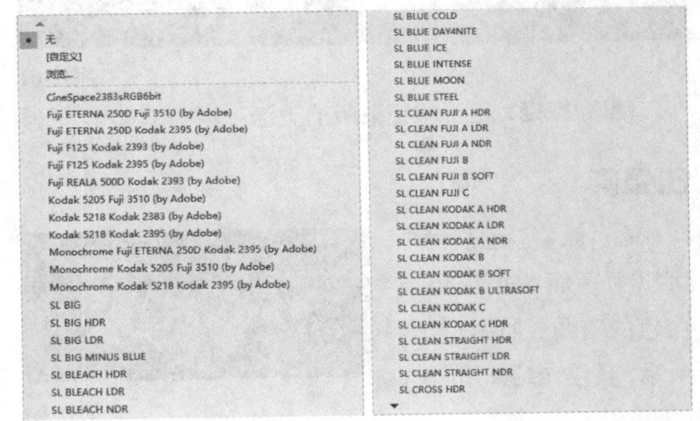

图11-53

图11-54

强度：用于控制滤镜的强度。

淡化胶片：增大该数值，会让画面产生胶片质感，如图11-55所示。

图11-55

锐化：用于控制画面的锐化效果。

自然饱和度：用于增加或减少画面的饱和度。与“饱和度”参数相比，“自然饱和度”参数会让画面中的颜色过渡更加柔和。

分离色调：在两个色轮上单独设置阴影和高光的色调。

> **技巧与提示**
>
> 双击色轮上的标记，就能还原为原有色调。

色调平衡：用于调整阴影和高光的色调比例。

3.曲线

在“曲线”卷展栏中可以通过不同的曲线来调整画面的亮度、色阶、色相和饱和度等，如图11-56所示，具体介绍如下。

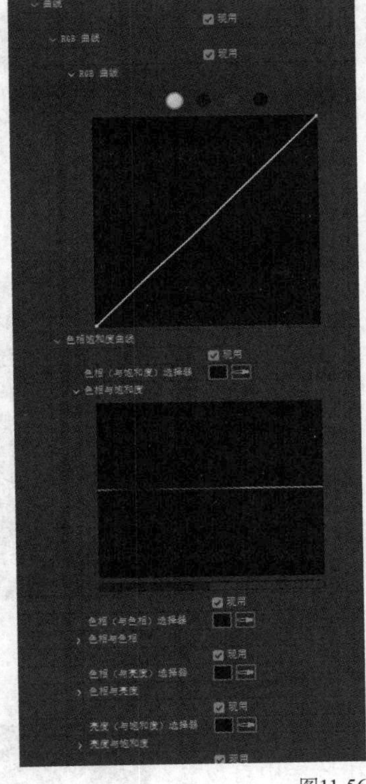

图11-56

RGB曲线：与“曲线”效果的用法一样，可以通过调整曲线来提高或降低画面的亮度，也可以调整3个颜色通道。

色相与饱和度：通过曲线调整颜色的饱和度，如图11-57所示。

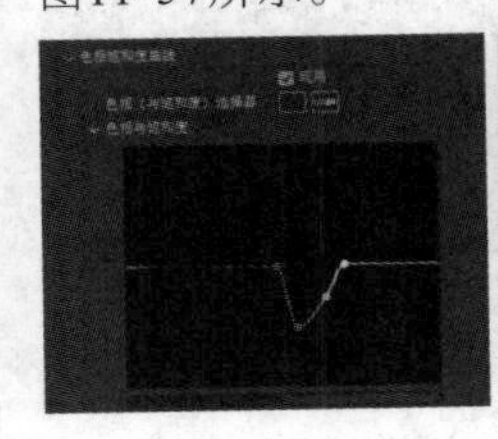

图11-57

色相与色相：通过曲线更改色相，如图11-58所示。

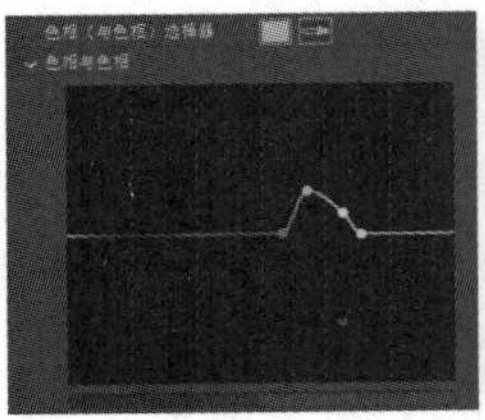

图11-58

色相与亮度：通过曲线调整颜色的亮度，如图11-59所示。

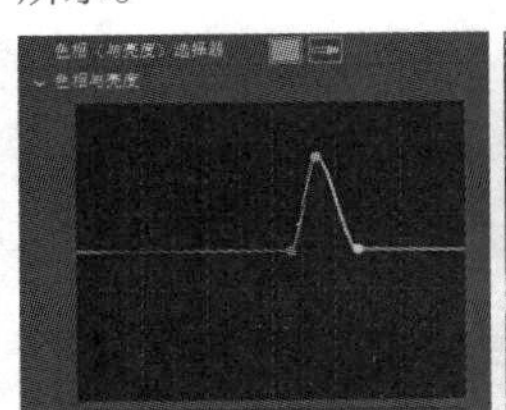

图11-59

4.色轮

在“色轮”卷展栏中可以分别调整画面的阴影区域、中间调区域和高光区域的色调，如图11-60所示。

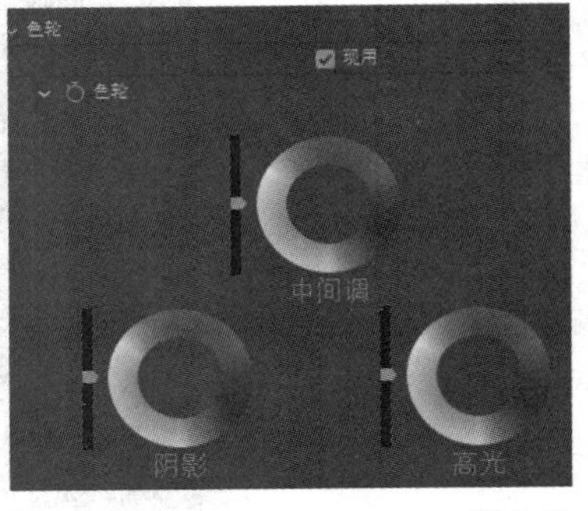

图11-60

5.HSL次要

在“HSL次要”卷展栏中可以选择多种颜色，更改其色调、锐化和饱和度，如图11-61所示，具体介绍如下。

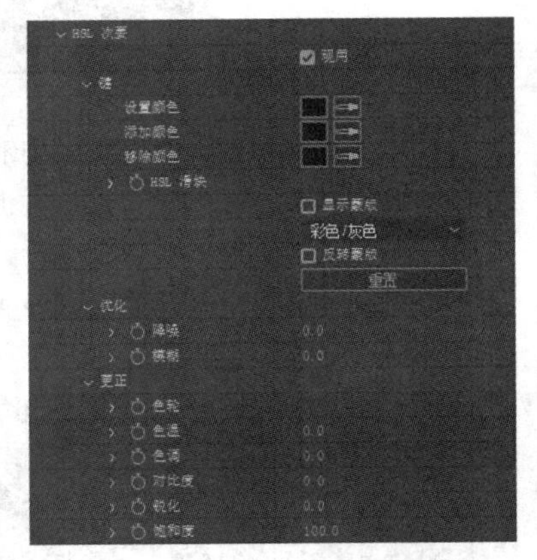

图11-61

设置颜色：用于吸取画面中需要更改的颜色。

添加颜色：用于吸取画面中需要更改的另一种颜色。

HSL滑块：展开该卷展栏，可以通过其中的滑块调整吸取颜色的范围，如图11-62所示。

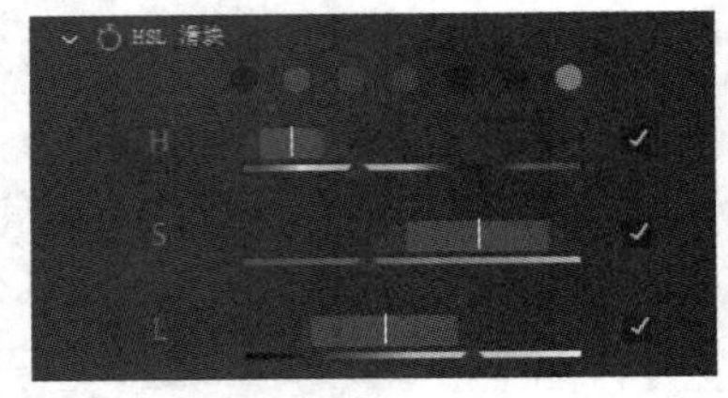

图11-62

显示蒙版：勾选该复选框，画面中吸取的颜色以外的部分会呈现灰色蒙版，如图11-63所示。

图11-63

降噪/模糊：用于调整蒙版的边缘。

6.晕影

在“晕影”卷展栏中可以为画面添加黑色或白色的暗角，如图11-64所示，具体介绍如下。

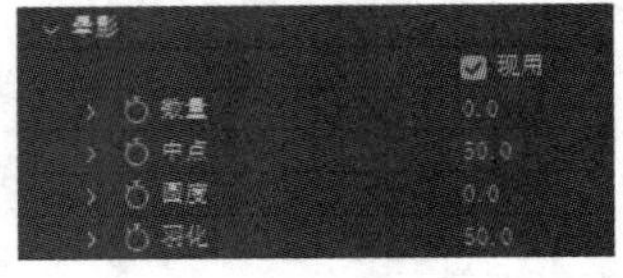

图11-64

数量：当该数值大于0时，添加白色暗角；当该数值小于0时，添加黑色暗角，如图11-65所示。

图11-65

中点：用于调整暗角的范围，如图11-66所示。

图11-66

圆度：用于调整暗角是椭圆形还是圆形。

羽化：用于设置暗角边缘的羽化效果。

课堂案例

制作冷色调的视频

案例文件 案例文件>CH11>课堂案例：制作冷色调的视频

视频名称 课堂案例：制作冷色调的视频.mp4

学习目标 学习调色效果的用法

本案例使用“Lumetri 颜色”效果为素材调色，将其原有的偏暖色调调整为冷色调，对比效果如图11-67所示。

图11-67

01 新建一个1920像素×1080像素的合成，然后导入“案例文件>CH11>课堂案例：制作冷色调的视频”文件夹中的素材文件，效果如图11-68所示。

02 在“效果和预设”面板中找到“Lumetri 颜色”效果并将其添加到图层上，在“基本校正”卷展栏中设置“色温”的值为-25.0、“色调”的值为-10.0、“高光”的值为5.0、“阴影”的值为-16.0、“黑色”的值为-25.0，如图11-69所示。

图11-68

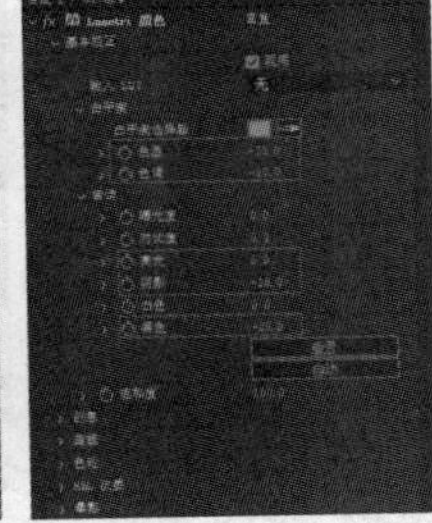

图11-69

03 在“创意”卷展栏中设置Look为SL IRON HDR、“强度”的值为70.0，如图11-70所示。

04 在“曲线”卷展栏中设置通道为蓝色，然后调整蓝色曲线，使高光区域的蓝色减少，阴影区域的蓝色增加，如图11-71所示。

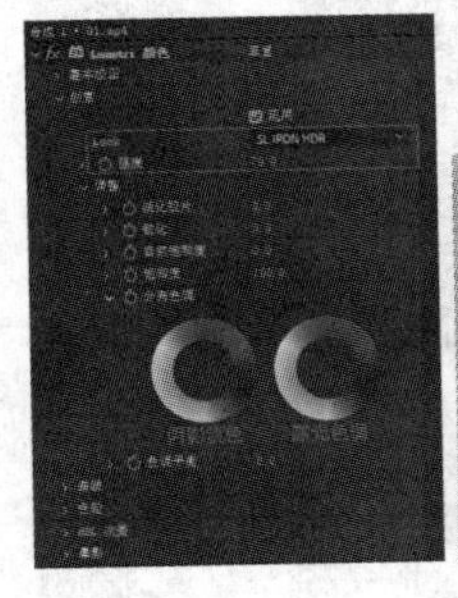

图11-70

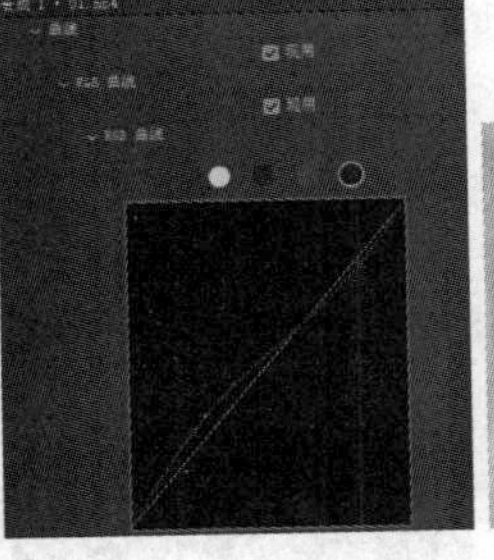

图11-71

05 任意截取4帧画面，效果如图11-72所示。

图11-72

课堂案例

制作电影色调的视频

案例文件　案例文件>CH11>课堂案例：制作电影色调的视频

视频名称　课堂案例：制作电影色调的视频.mp4

学习目标　学习调色效果的用法

本案例使用"Lumetri 颜色"效果将一段视频素材的色调调整为电影色调，对比效果如图11-73所示。

图11-73

01 新建一个1920像素×1080像素的合成，然后导入"案例文件>CH11>课堂案例：制作电影色调视频"文件夹中的素材文件，效果如图11-74所示。

02 为素材图层添加"Lumetri 颜色"效果，在"基本校正"卷展栏中设置"高光"的值为15.0、"阴影"的值为－100.0、"黑色"的值为－30.0，如图11-75所示。

图11-74

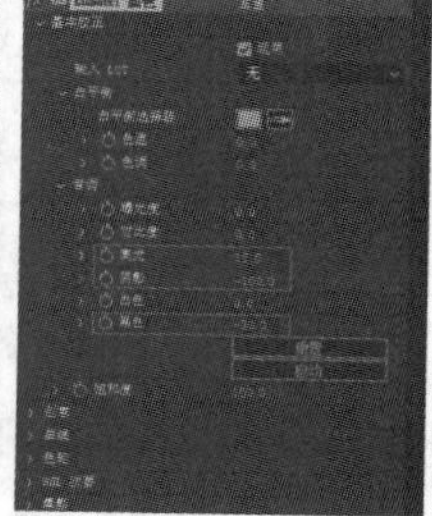

图11-75

03 在"创意"卷展栏中设置"淡化胶片"的值为20.0、"自然饱和度"的值为－20.0，如图11-76所示。

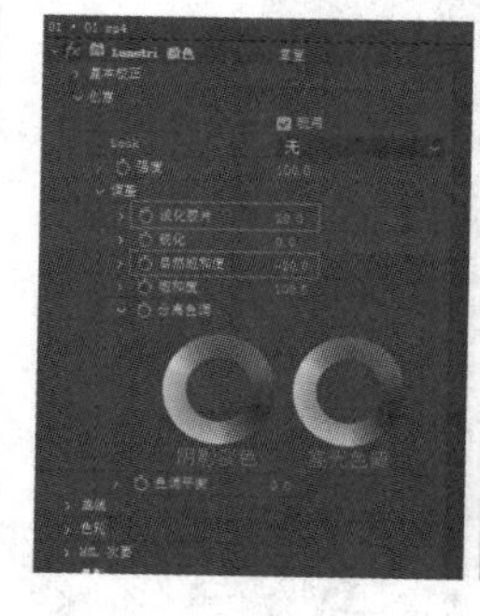

图11-76

04 在"曲线"卷展栏中调整"RGB曲线"，使画面具有电影胶片质感，如图11-77所示。

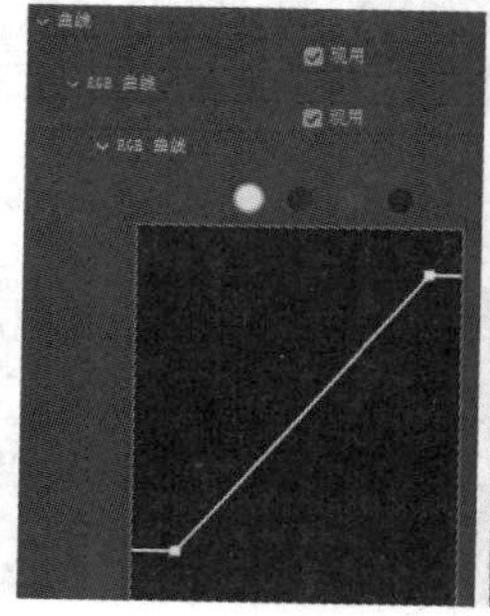

图11-77

05 在“色轮”卷展栏中设置“阴影”为蓝色、“中间调”为青色、“高光”为黄色，如图11-78所示。

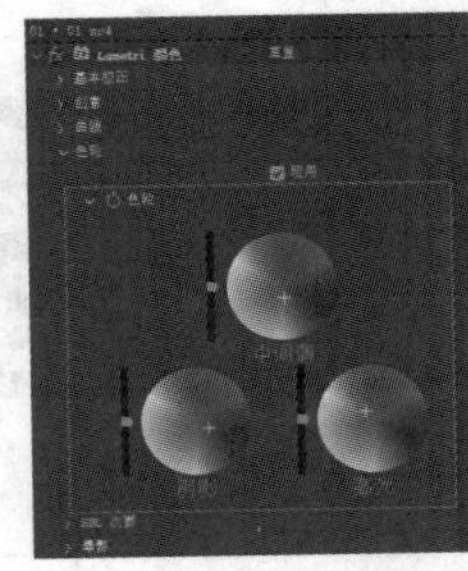

图11-78

06 在“晕影”卷展栏中设置“数量”的值为-2.0，以添加晕影效果，如图11-79所示。

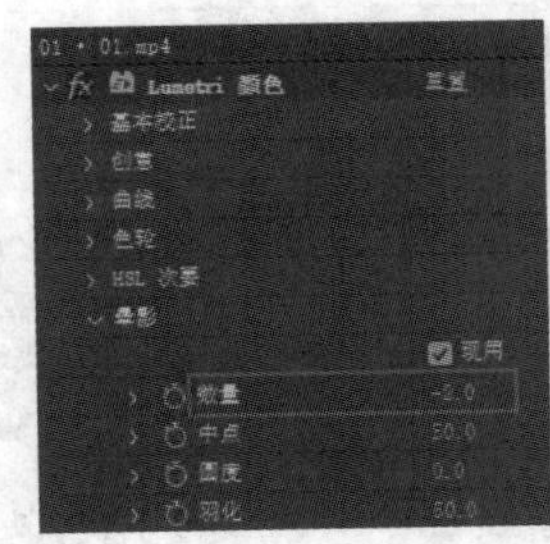

图11-79

07 为素材文件添加“色相/饱和度”效果，设置“通道控制”为“红色”、“红色色相”的值为（0x+11.0°），如图11-80所示。

08 设置“通道控制”为“黄色”、“黄色色相”的值为（0x-19.0°），如图11-81所示。

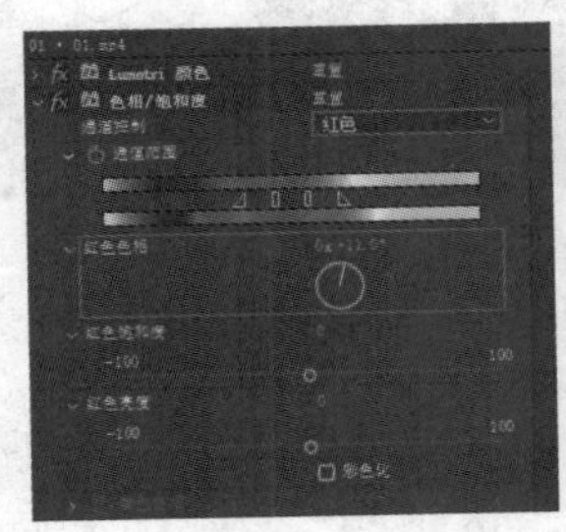

图11-80

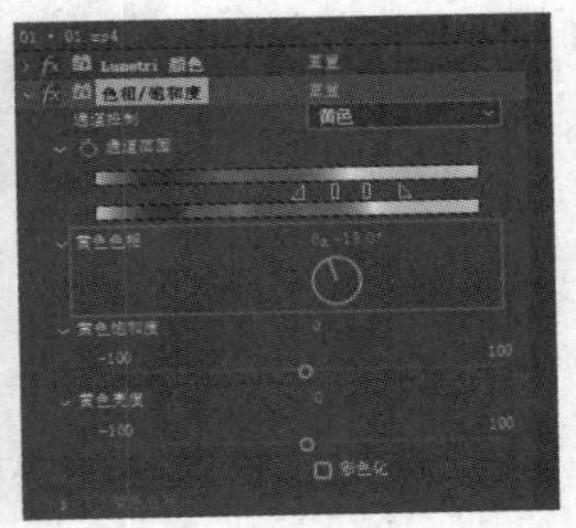

图11-81

09 设置“通道控制”为“洋红”、“洋红色相”的值为（0x+80.0°），如图11-82所示。效果如图11-83所示。

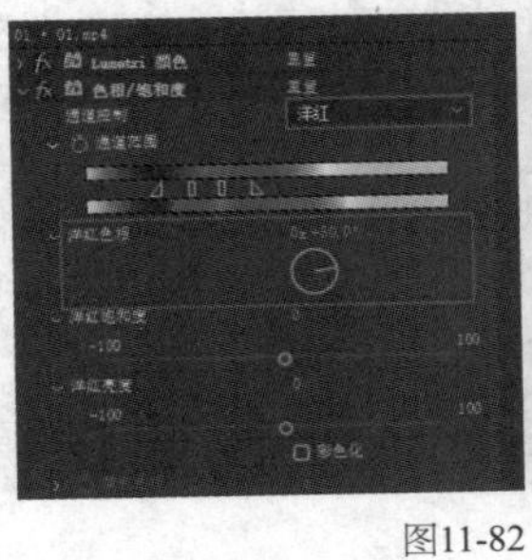

图11-82

图11-83

10 新建一个黑色的纯色图层，缩短其宽度并放在画面底部，如图11-84所示。

11 将步骤10创建的黑色图层复制一份，并移动到画面顶端，如图11-85所示。

图11-84

图11-85

⑫ 任意截取4帧画面，效果如图11-86所示。

图11-86

课堂案例

制作赛博朋克风格的视频

案例文件　案例文件>CH11>课堂案例：制作赛博朋克风格的视频

视频名称　课堂案例：制作赛博朋克风格的视频.mp4

学习目标　学习调色效果的用法

本案例使用“Lumetri颜色”效果将素材视频的色调调整为赛博朋克风格的色调，对比效果如图11-87所示。

图11-87

01 新建一个1920像素×1080像素的合成，然后导入“案例文件>CH11>课堂案例：制作赛博朋克风格的视频”文件夹中的素材文件，效果如图11-88所示。

02 为素材图层添加“Lumetri 颜色”效果，在“基本校正”卷展栏中设置“色温”的值为-60.0、“色调”的值为25.0、“曝光度”的值为-0.5、“对比度”的值为-50.0、“阴影”的值为-1.0、“黑色”的值为-11.0，如图11-89所示。

图11-88

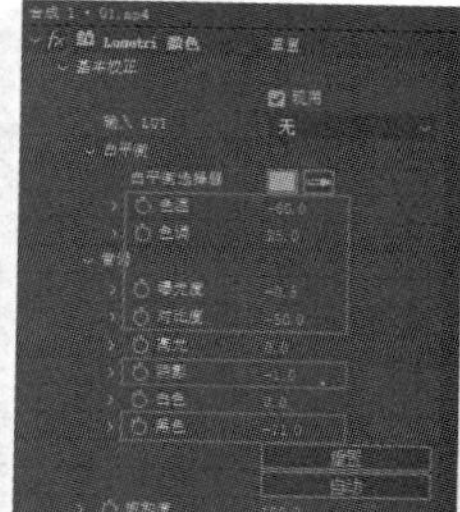

图11-89

03 在“创意”卷展栏中设置“自然饱和度”的值为30.0、“阴影淡色”为洋红、“高光色调”为青色，如图11-90所示。

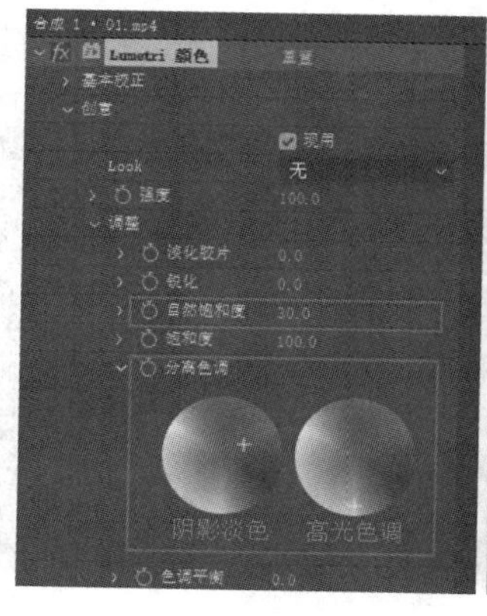

图11-90

04 在“曲线”卷展栏中调整“RGB曲线”，使画面的对比度降低，如图11-91所示。

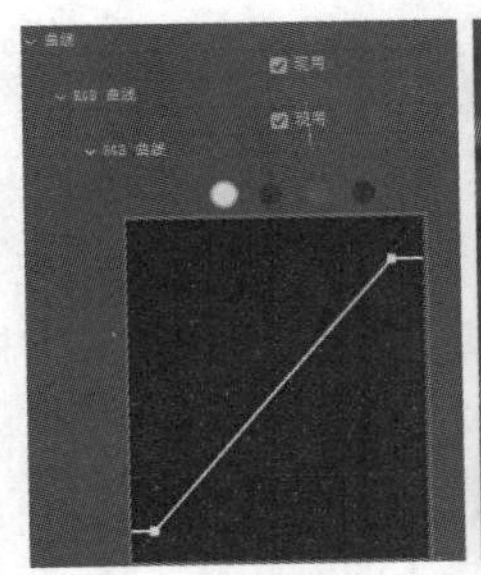

图11-91

05 在“曲线”卷展栏中调整“色相与饱和度”，提高青色和洋红的饱和度，如图11-92所示。

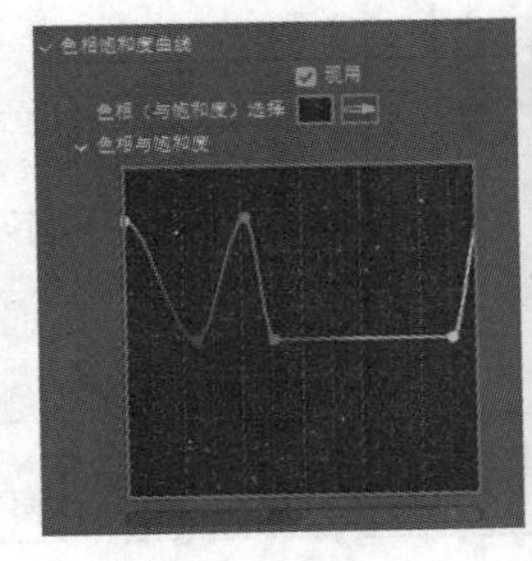

图11-92

06 由于画面中的青色不是很明显，因此为素材图层添加“色相/饱和度”效果，设置“通道控制”为“青色”、“青色色相”的值为（0x－20.0°）、“青色饱和度”的值为25，如图11-93所示。

07 设置“通道控制”为“蓝色”、“蓝色色相”的值为（0x－30.0°）、“蓝色饱和度”的值为20、“蓝色亮度”的值为－4，如图11-94所示。

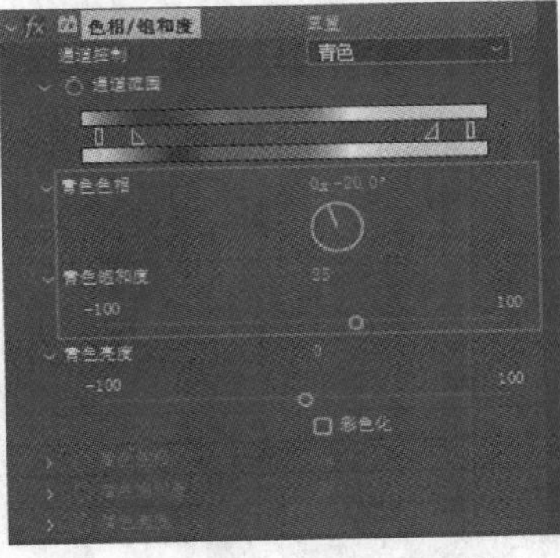

图11-93

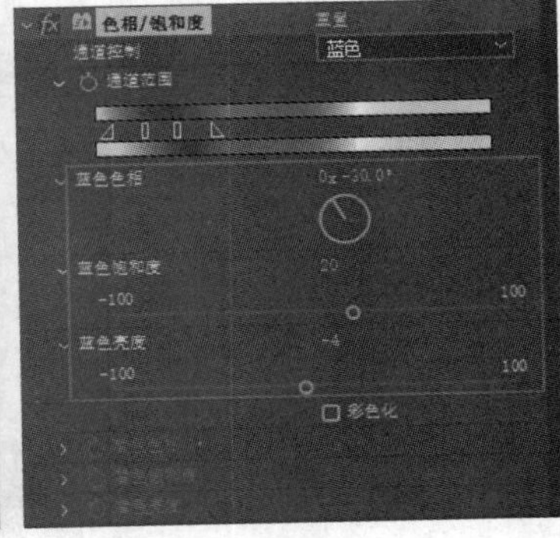

图11-94

08 设置“通道控制”为“洋红”、“洋红饱和度”的值为30、“洋红亮度”的值为－10，如图11-95所示。效果如图11-96所示。

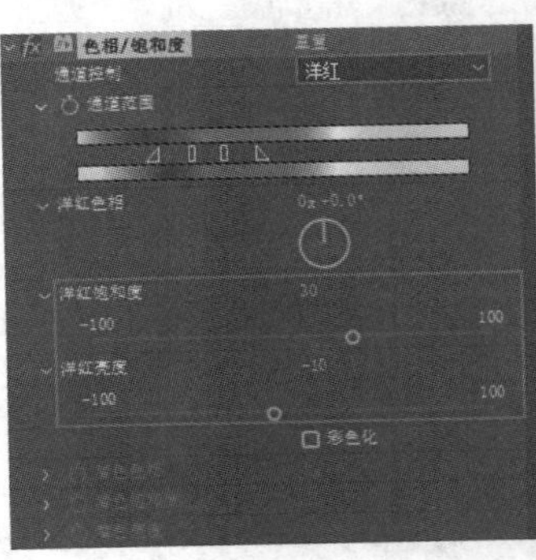

图11-95

图11-96

09 任意截取4帧画面，效果如图11-97所示。

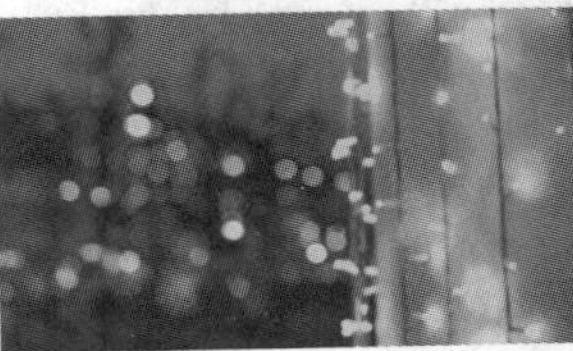
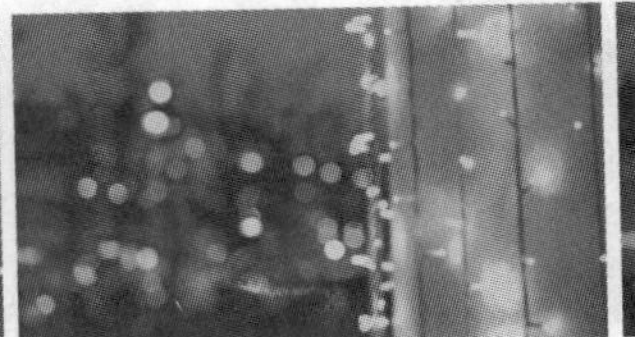
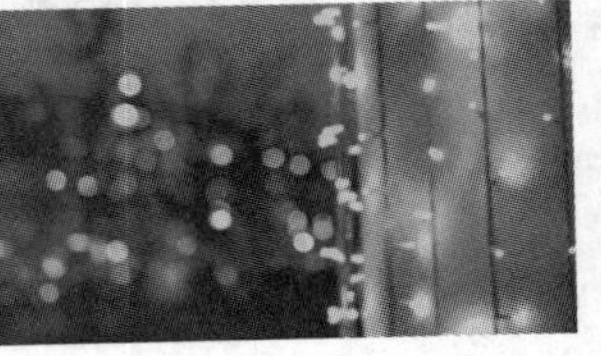

图11-97

11.3 本章小结

After Effects中的调色效果较多，除了内置的调色效果外，还可以安装一些调色插件。无论是内置的调色效果还是插件中的调色效果，其原理都是一样的。读者只要在日常的学习和工作中，灵活使用这些调色工具，找到适合自己的方法，就能实现理想的效果。

11.4 课后习题

本节安排了两个课后习题供读者练习。要完成这两个习题，需要对本章的知识进行综合运用。如果读者在练习时遇到困难，则可以观看相应教学视频。

11.4.1 课后习题：制作小清新色调的视频

案例文件	案例文件>CH11>课后习题：制作小清新色调的视频
视频名称	课后习题：制作小清新色调的视频.mp4
学习目标	练习调色效果的用法

本习题需要使用“Lumetri颜色”效果将素材调整为小清新风格的色调，对比效果如图11-98所示。

图11-98

11.4.2 课后习题：制作暖色调的视频

案例文件	案例文件>CH11>课后习题：制作暖色调的视频
视频名称	课后习题：制作暖色调的视频.mp4
学习目标	练习调色效果的用法

本习题需要将素材视频色调调整为暖色调并添加光晕效果，对比效果如图11-99所示。

图11-99

After Effects

综合实例

本章将通过3个综合实例，讲解After Effects在实际工作中的主要应用，包括MG动画、合成视频和栏目包装。

课堂学习目标

- 掌握 MG 动画的制作方法
- 掌握合成视频的制作方法
- 掌握栏目包装的制作方法

12.1 综合实例：制作MG片头动画

案例文件　案例文件>CH12>综合实例：制作MG片头动画

视频名称　综合实例：制作MG片头动画.mp4

学习目标　学习MG动画的制作方法

MG片头动画的制作难度不是很高，本案例需要手动绘制一些元素，再将其拼合在总合成中，从而形成一个完整的动画，效果如图12-1所示。

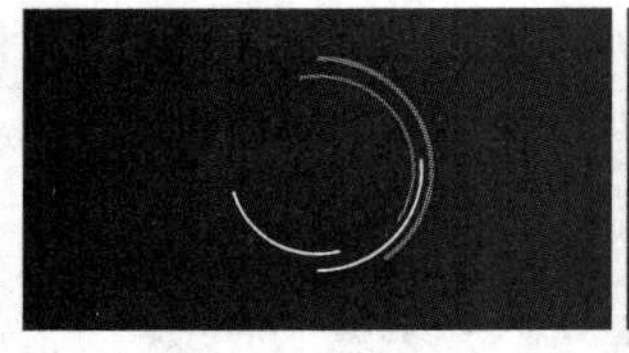

图12-1

12.1.1 背景合成

01 新建一个1920像素×1080像素的合成，命名为“背景”。然后新建一个深灰色的纯色图层，命名为“背景”，效果如图12-2所示。

02 在“效果和预设”面板中找到“网格”效果，将其添加到“背景”图层上，效果如图12-3所示。

图12-2

图12-3

03 在“效果控件”面板中设置“大小依据”为“宽度和高度滑块”、“宽度”的值为142.9、“高度”的值为139.2、“边界”的值为1.0，如图12-4所示。

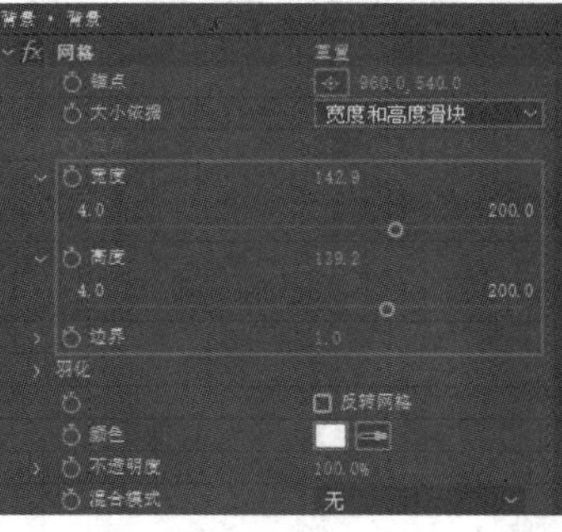

图12-4

04 由于白色线框过于明显，因此设置“不透明度”的值为20.0%，如图12-5所示。

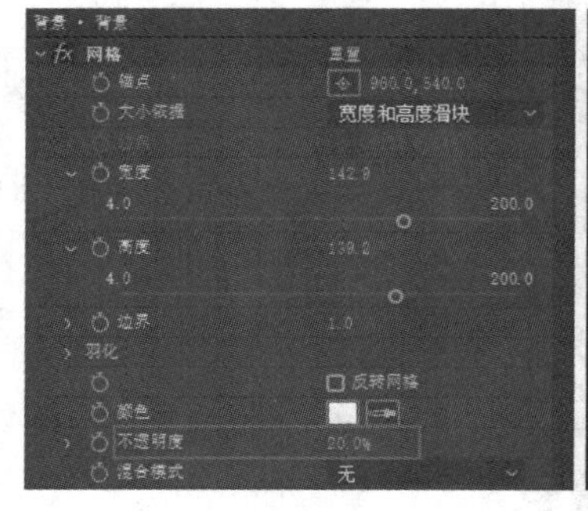

图12-5

12.1.2 元素1合成

01 使用“椭圆工具”在画面中绘制一个圆环，设置其“描边宽度”为15像素，效果如图12-6所示。

02 为上一步绘制的圆环添加“修剪路径”属性，然后在剪辑的起始位置设置“开始”和“结束”的值都为100.0%、“偏移”的值为（0x+0.0°），并添加3个相应的关键帧，如图12-7所示。

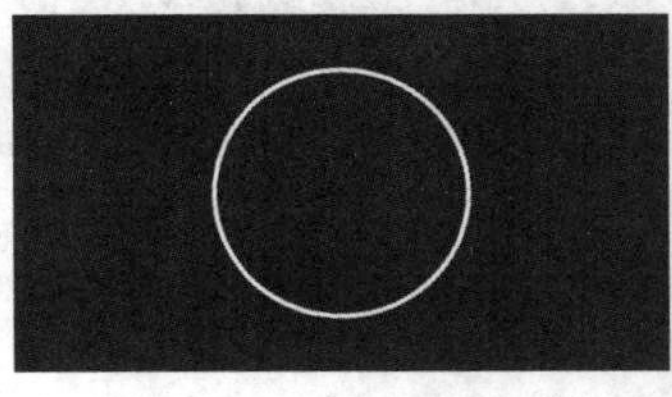

图12-6

图12-7

03 在0:00:01:00的位置设置“开始”的值为0.0%，然后在0:00:02:00的位置设置“结束”的值为0.0%、“偏移”的值为（0x−180.0°），如图12-8和图12-9所示。

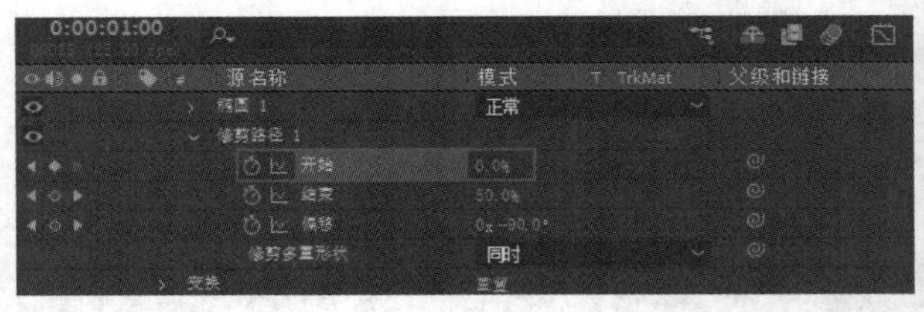

图12-8

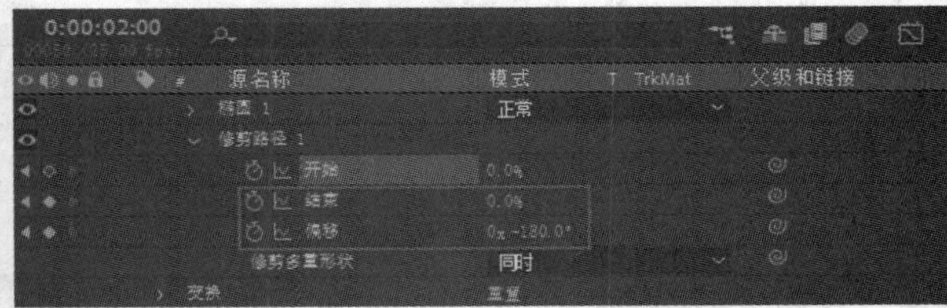

图12-9

04 移动时间指示器，就能看到圆环的动画效果，如图12-10所示。

05 将圆环图层复制一份，缩小复制的圆环，并修改其“描边宽度”为10像素，效果如图12-11所示。

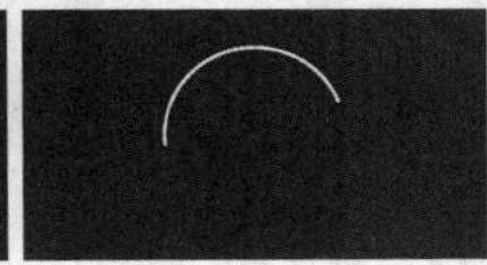
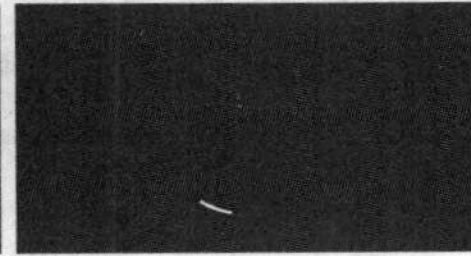

图12-10

图12-11

06 选中复制的圆环图层，按U键调出其所有的关键帧，然后调整关键帧的位置，如图12-12所示。

图12-12

> **技巧与提示**
> 此处关键帧的位置仅供参考，读者可灵活设置。

07 选中“偏移”属性的结束关键帧，修改“偏移”的值为（0x−90.0°），如图12-13所示。效果如图12-14所示。

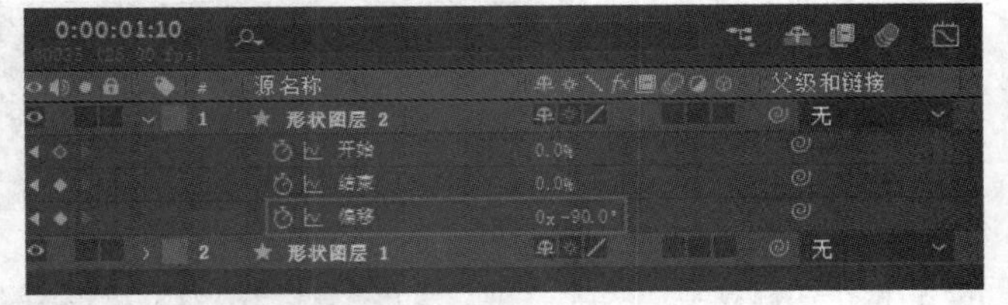

图12-13

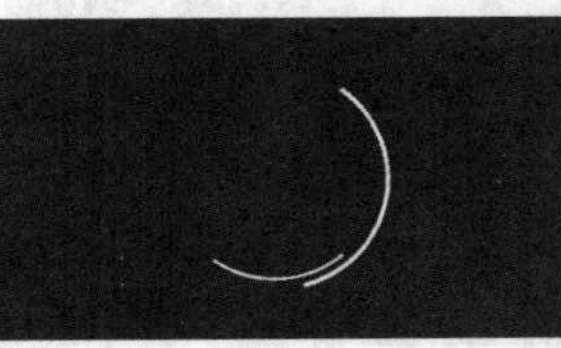
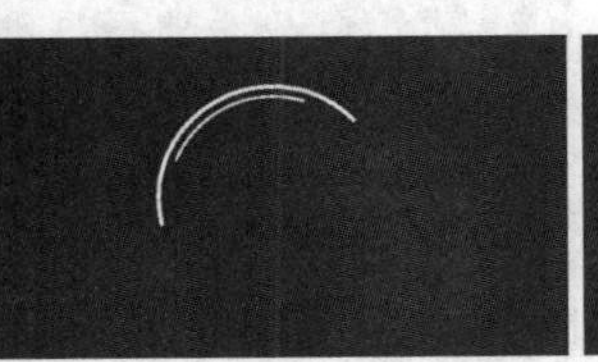
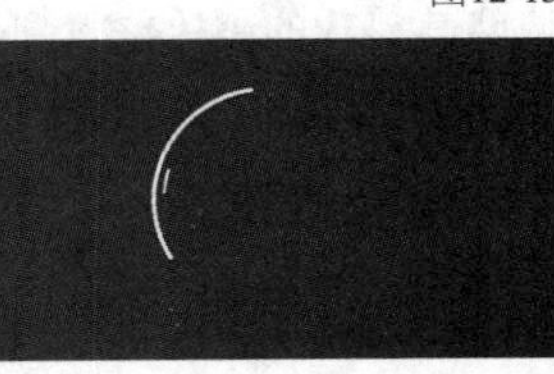

图12-14

08 按照步骤05~步骤07的方法，制作3个圆环，并修改其关键帧的位置和“偏移”的结束关键帧的数值，动画效果如图12-15所示。

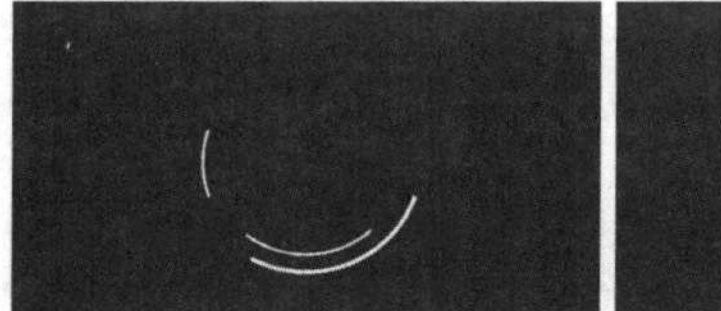

图12-15

技巧与提示

这一步的处理相对灵活，读者可按照自己的想法进行调整。

12.1.3 元素2合成

01 新建一个1920像素×1080像素的合成，命名为“元素2”，然后使用“椭圆工具”绘制一个白色的圆形，效果如图12-16所示。

02 在剪辑的起始位置设置“缩放”的值为（0.0,0.0%），并添加关键帧，然后在0:00:00:15的位置设置“缩放”的值为（100.0,100.0%），效果如图12-17所示。

图12-16

图12-17

03 将圆形图层复制一份，然后将“缩放”的起始关键帧移动到0:00:00:10的位置、结束关键帧移动到0:00:00:20的位置并修改“缩放”的值为（80.0,80.0%），如图12-18所示。

图12-18

04 将复制的图层作为原有图层的“Alpha反转遮罩”，如图12-19所示。效果如图12-20所示。

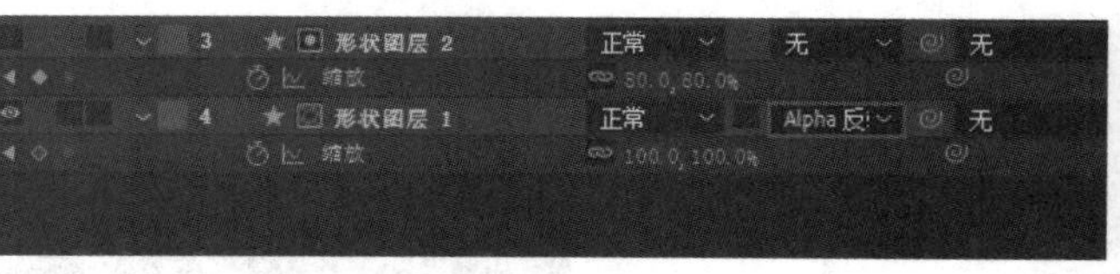

图12-19

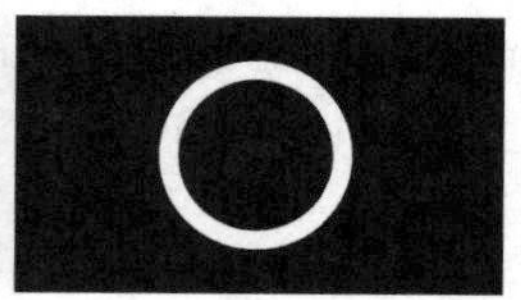

图12-20

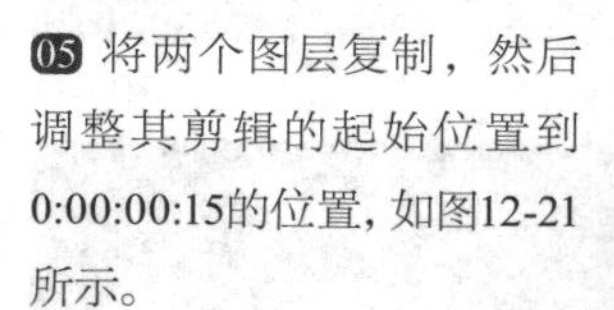

05 将两个图层复制，然后调整其剪辑的起始位置到0:00:00:15的位置，如图12-21所示。

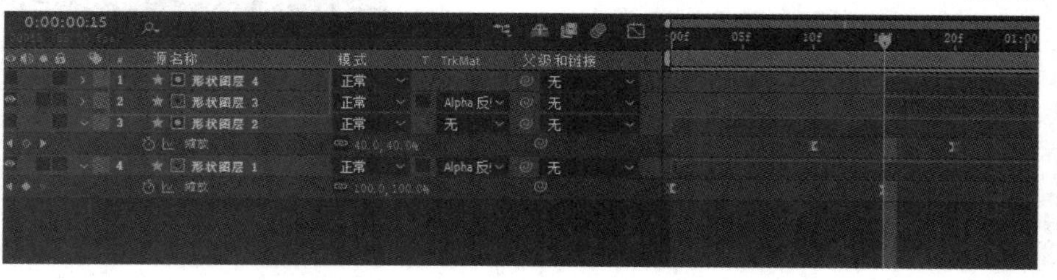

图12-21

06 移动复制图层的关键帧，并将两个原有图层在0:00:01:05后的剪辑进行剪切，如图12-22所示。动画效果如图12-23所示。

图12-22

图12-23

07 在0:00:01:15的位置，设置“形状图层 3”的“缩放”的值为(130.0,130.0%)、“形状图层 4”的“缩放”的值为(132.0,132.0%)，如图12-24所示。此时画面中的圆形全部消失。

> **技巧与提示**
>
> 如果“形状图层 4”的“缩放”数值与“形状图层3”相同，则画面中会残留部分圆形，因此需要将该数值设置得大一些。

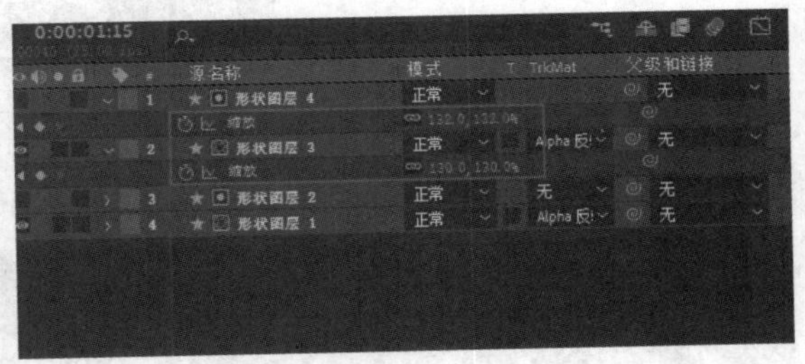

图12-24

12.1.4 Logo合成

01 新建一个1920像素×1080像素的合成，命名为“Logo”，然后使用“横排文字工具” T 在画面中输入“航骋文化”，相关参数设置及效果如图12-25所示。

02 使用“横排文字工具” T 在“航骋文化”下方输入“数字艺术类图书”，相关参数设置及效果如图12-26所示。

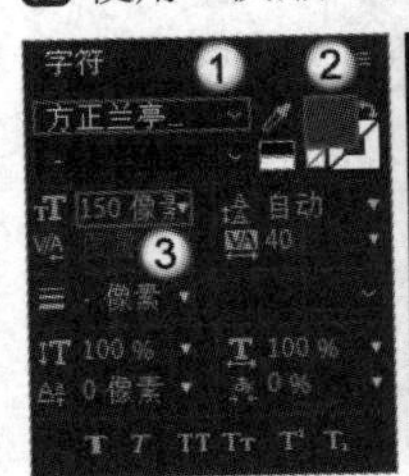

图12-25

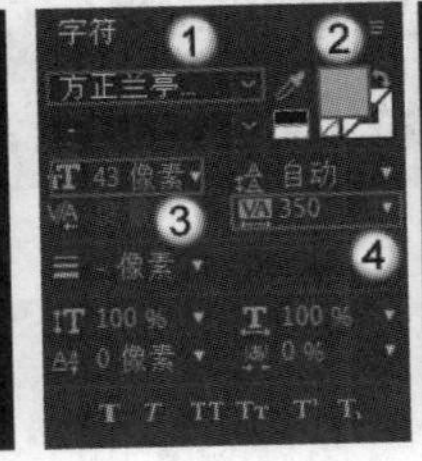

图12-26

03 为“航骋文化”图层添加“线性擦除”效果，在剪辑的起始位置设置“过渡完成”的值为50%，并添加关键帧，如图12-27所示。

> **技巧与提示**
>
> 为了方便制作，暂时隐藏“航骋文化”下方的白色小字。

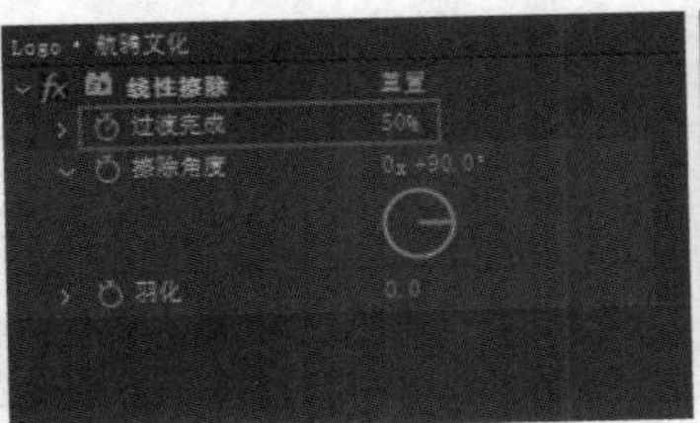

图12-27

04 在0:00:01:00的位置设置“过渡完成”的值为0%，如图12-28所示。

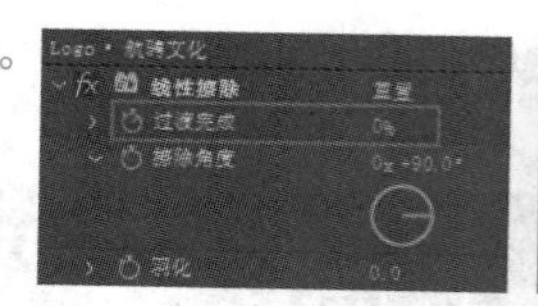

图12-28

05 将“线性擦除”效果复制一份，然后修改其“擦除角度”的值为（0x−90.0°），如图12-29所示。动画效果如图12-30所示。

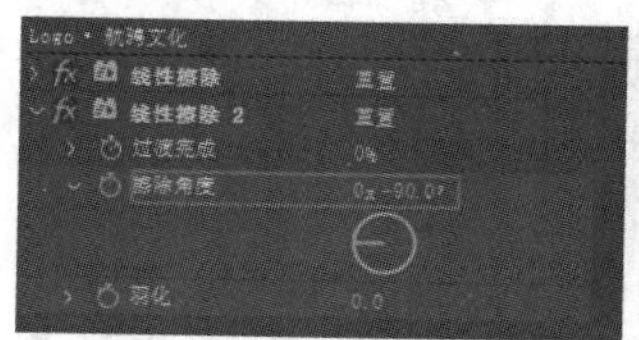

图12-29

图12-30

06 在“图表编辑器”面板中调整两个“过渡完成”关键帧的速度曲线，如图12-31所示。

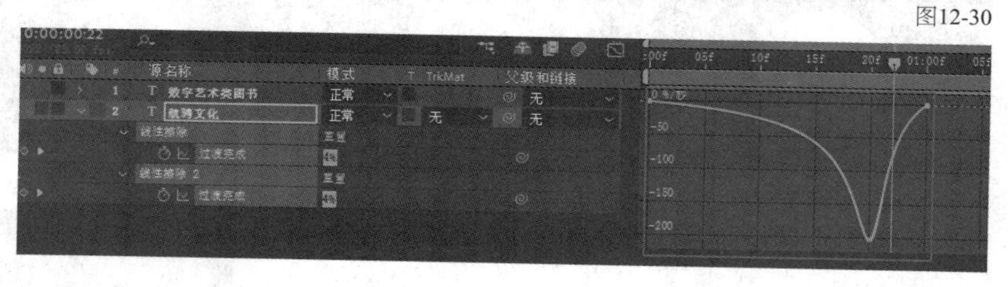

图12-31

07 显示并选中“数字艺术类图书”图层，然后在0:00:00:15的位置添加“位置”和“不透明度”关键帧，如图12-32所示。

08 在剪辑的起始位置，将文字向下移动一小段距离，并设置“不透明度”的值为0%，如图12-33所示。

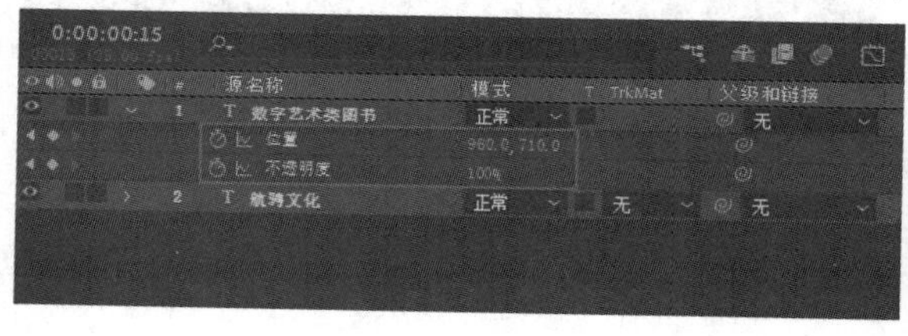

图12-32

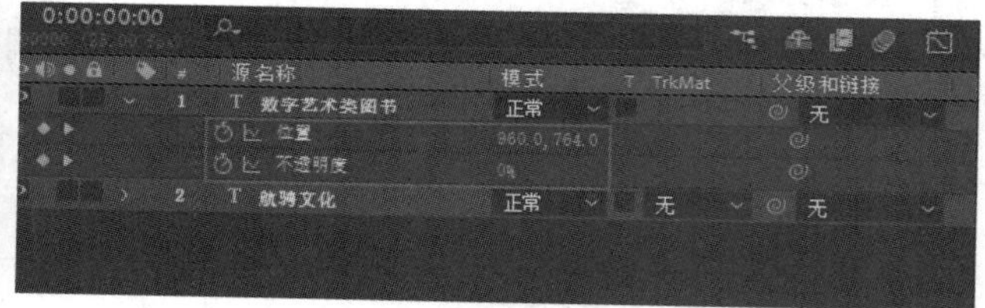

图12-33

09 切换到“图表编辑器”面板，调整“位置”和“不透明度”关键帧的速度曲线，如图12-34所示。

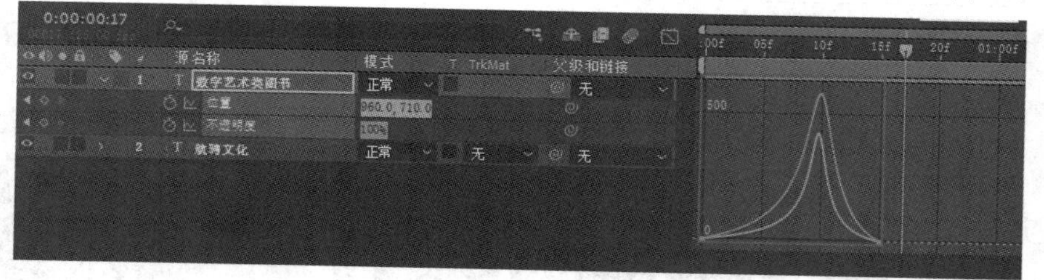

图12-34

12.1.5 总合成

01 新建一个1920像素×1080像素的合成，命名为“总合成”，然后将其他4个合成添加到“总合成”中，如图12-35所示。

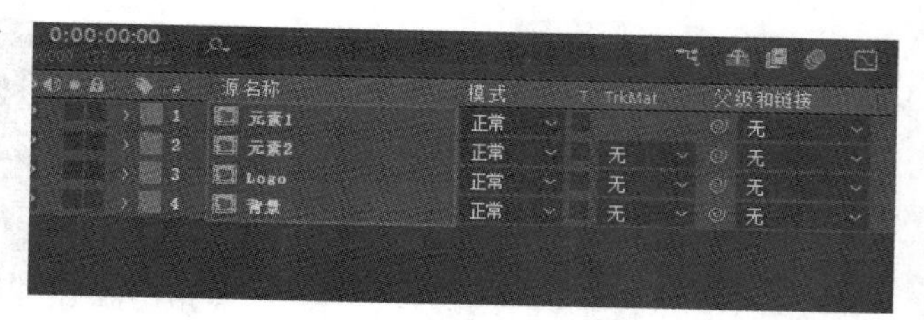

图12-35

02 调整上方3个元素图层的剪辑的起始位置，如图12-36所示。

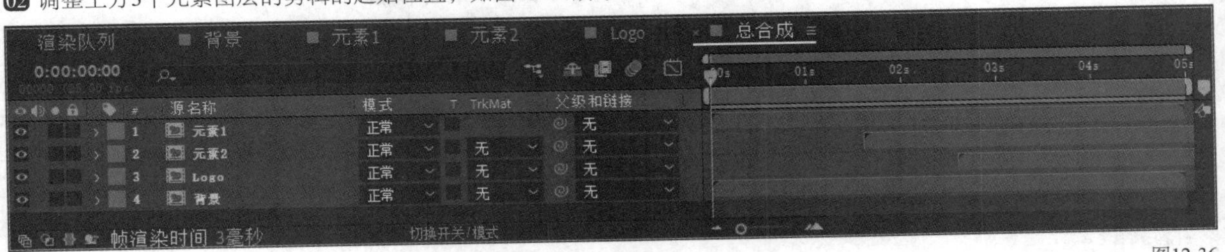

图12-36

> **技巧与提示**
> 此处剪辑的起始位置仅供参考，读者可在此基础上进行调整。

03 为“元素1”合成中的图层添加“填充”效果，设置“颜色”为绿色，如图12-37所示。

04 为“元素2”合成中的“形状图层 1”添加“填充”效果，设置“颜色”为绿色，如图12-38所示。

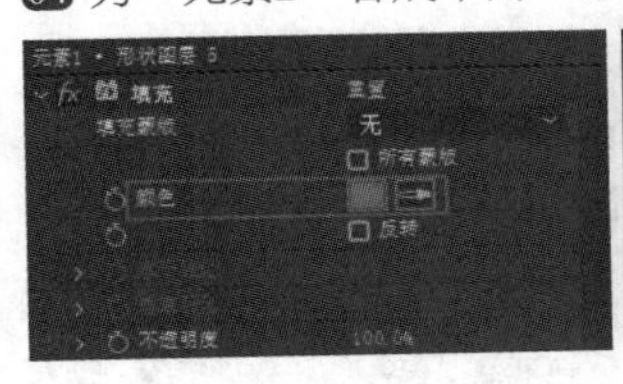

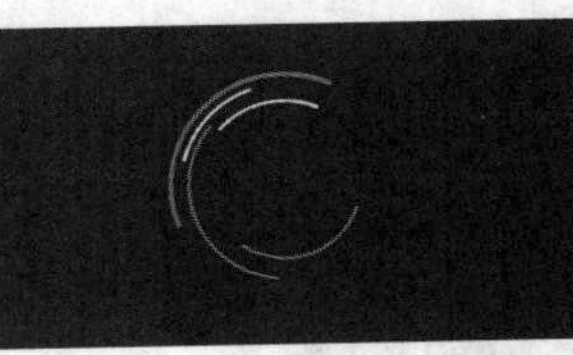

图12-37

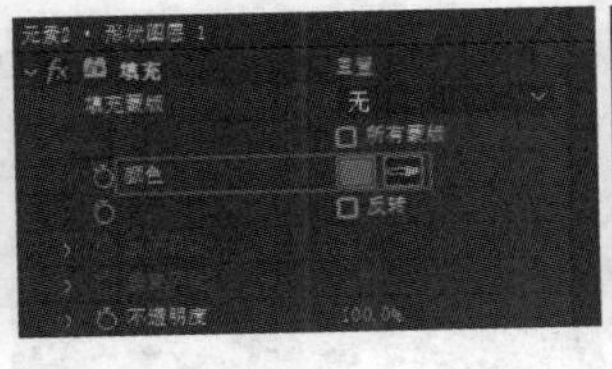

图12-38

05 在“总合成”面板中，将工作区结尾移动到0:00:04:00的位置，如图12-39所示。

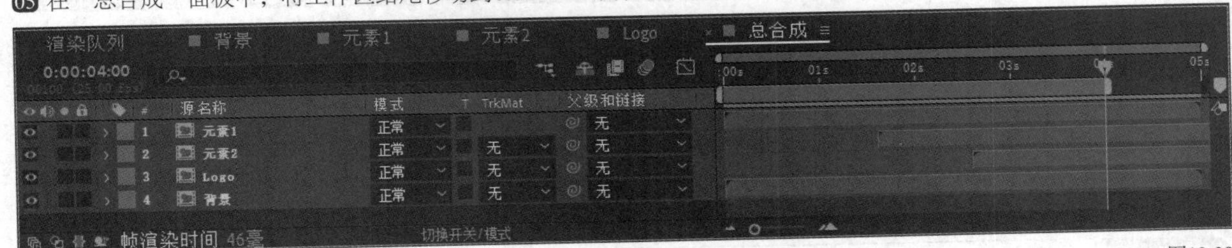

图12-39

06 按快捷键Ctrl+M切换到“渲染队列”面板，如图12-40所示。

07 单击“高品质”，在弹出的对话框中设置输出文件的“格式”为QuickTime，如图12-41所示。

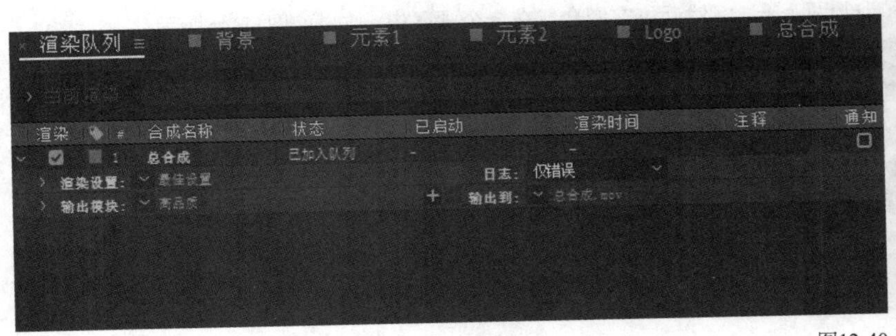

图12-40

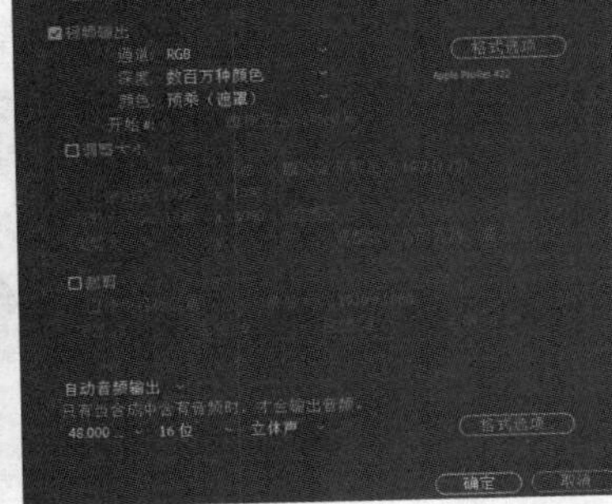

图12-41

> **技巧与提示**
> 如果要输出MP4格式的视频文件，需要先安装Adobe Media Encoder 2022，然后在该软件中选择H.264格式。

08 单击“输出到”后的链接，在弹出的对话框中设置输出文件的路径和名称，如图12-42所示。

09 单击“渲染”按钮渲染文件，当渲染完成后软件会自动响起提示音，然后在刚才设置的输出路径中可以找到相应文件，如图12-43所示。动画效果如图12-44所示。

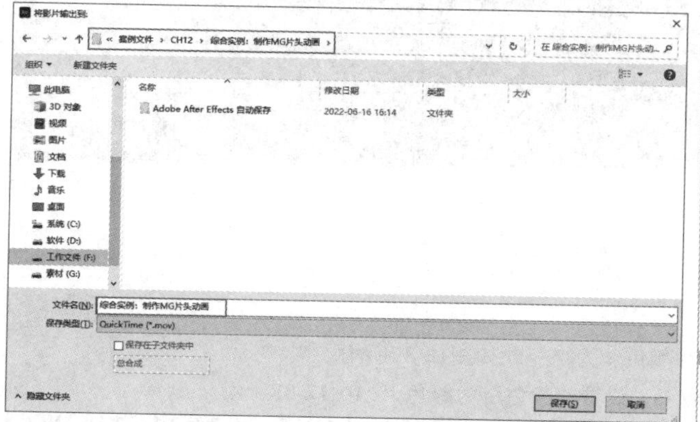

图12-42

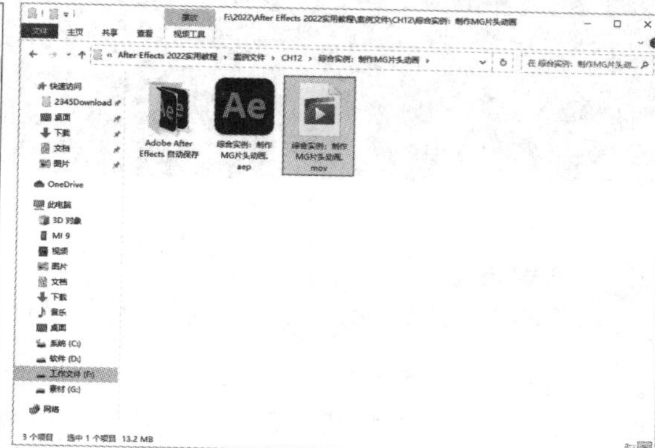

图12-43

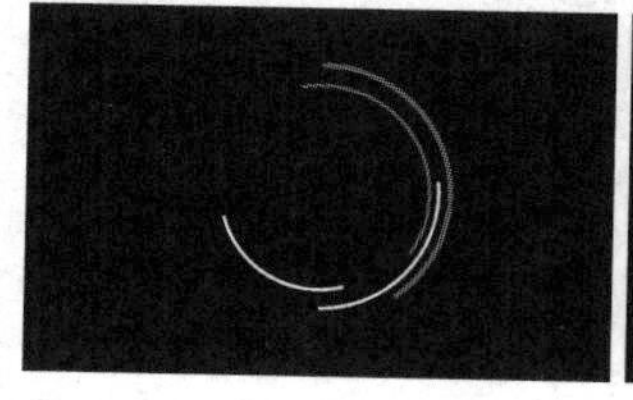

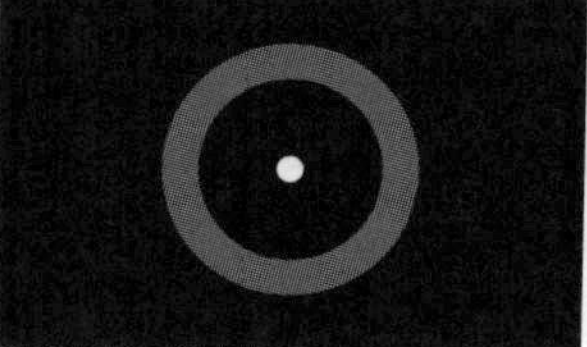

图12-44

技巧与提示

输出视频文件的方法比较简单，后面的案例中将会省略对这些步骤的介绍。

12.2 综合实例：合成聊天视频

案例文件 案例文件>CH12>课堂案例：合成聊天视频

视频名称 课堂案例：合成聊天视频.mp4

学习目标 学习合成视频的制作方法

本案例需要分别制作聊天的文字和视频两个合成，然后将它们合成在一个画面中，效果如图12-45所示。

图12-45

12.2.1 文字合成

01 新建一个1080像素×400像素的合成，命名为“文字1”，然后使用“圆角矩形工具”在画面中绘制一个圆角矩形，效果如图12-46所示。

02 保持圆角矩形图层处于选中的状态，使用“多边形工具”绘制一个三角形，这样就制作好了对话框，如图12-47所示。

图12-46

图12-47

技巧与提示

读者若觉得绘制对话框较困难，则可以使用在网络上下载的对话框素材图片。

03 新一个文本图层，然后在对话框中输入文字“在干嘛呢？”，相关参数设置及效果如图12-48所示。

04 根据文字的长度调整对话框的长度，如图12-49所示。

05 在“项目”面板中复制并粘贴“文字1”合成，得到“文字2”合成，如图12-50所示。

图12-48

06 将“文字2”合成中的对话框旋转180°，然后和文字一起移动到画面右侧，如图12-51所示。

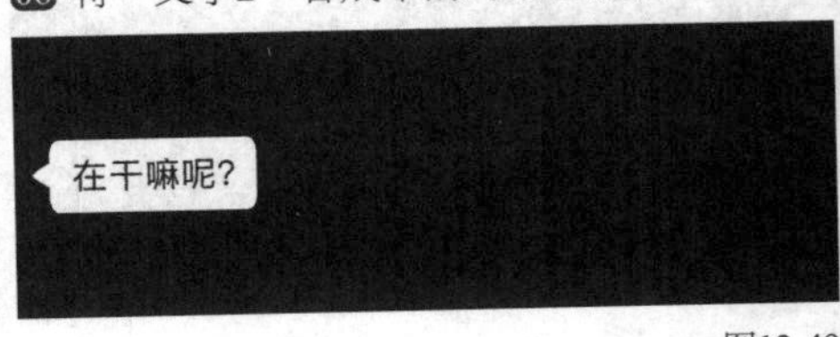

图12-49

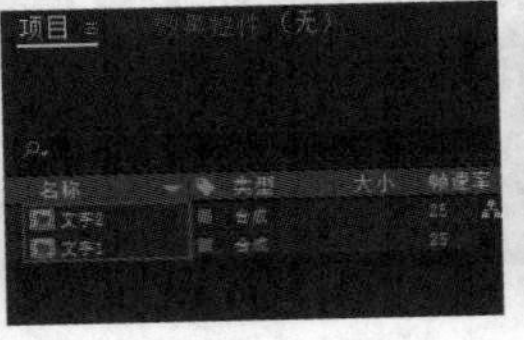

图12-50

图12-51

07 为对话框图层添加“填充”效果，设置“颜色”为绿色，效果如图12-52所示。

08 修改对话框中的文字内容为“在逛街”，并缩短对话框，如图12-53所示。

图12-52

图12-53

09 按照步骤01~步骤08的方法制作其他聊天内容，需要为每一句话都单独创建一个合成，效果如图12-54所示。

图12-54

12.2.2 视频合成

01 新建一个1920像素×1080像素的合成，命名为“视频”，然后导入“案例文件>CH12>课堂案例：合成聊天视频”文件夹中的“视频.mp4”素材文件，效果如图12-55所示。

图12-55

02 选中“视频.mp4”图层并按S键调出“缩放”属性，设置“缩放”的值为（20.0,20.0%），然后将视频素材移动到画面左下角，如图12-56所示。

03 使用“矩形工具”■按照视频的大小绘制一个灰色的矩形，并设置其“不透明度”的值为50%，效果如图12-57所示。

04 导入“案例文件>CH12>课堂案例：合成聊天视频”文件夹中的“按钮.png”，将其放在视频上，并设置其“不透明度”的值为80%，效果如图12-58所示。

图12-56

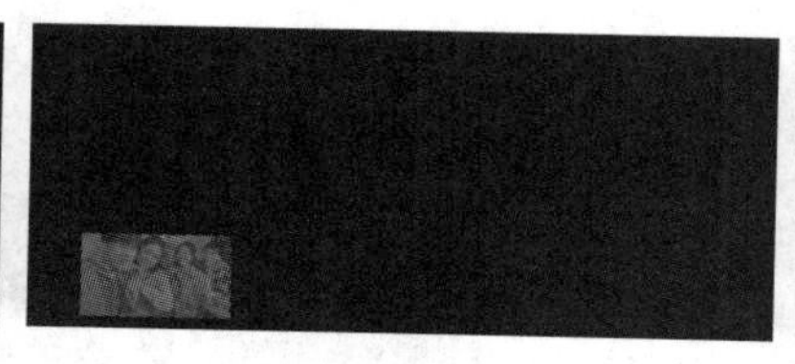

图12-57

图12-58

05 选中“按钮.png”图层，在剪辑的起始位置和0:00:00:05的位置添加“不透明度”关键帧，保持按钮图标的不透明度不变，然后在0:00:00:02的位置设置“不透明度”的值为40%，如图12-59所示。效果如图12-60所示。

图12-59

图12-60

06 将时间指示器移动到剪辑的起始位置，然后选中“视频.mp4”图层，单击鼠标右键，在弹出的快捷菜单中执行“时间>冻结帧”命令，如图12-61所示，让视频的画面静止在当前帧。

07 在“项目”面板中再添加一个“视频.mp4”素材并放在“视频”合成的最下层，设置“缩放”的值为（20.0,20.0%），然后移动它到画面左下角的位置，并在0:00:00:05的位置添加“缩放”和“位置”关键帧，如图12-62所示。

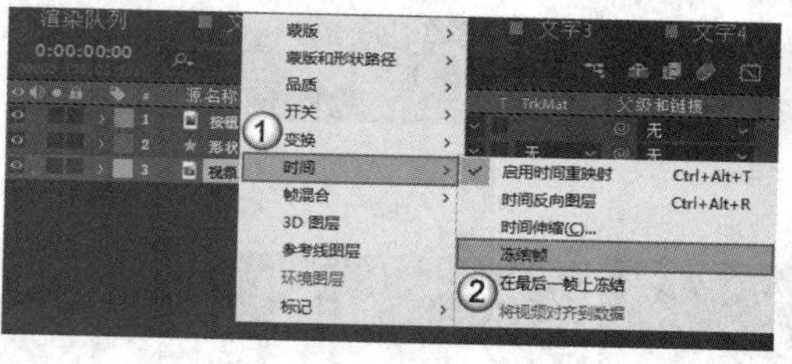

图12-61

图12-62

08 移动时间指示器到0:00:00:10的位置，设置“缩放”的值为（50.0,50.0%），然后移动视频画面到右上角的位置，如图12-63所示。

技巧与提示

可以适当调整动画的速度曲线。

图12-63

12.2.3 背景合成

01 新建一个1920像素×1080像素的合成，命名为“背景”，并设置“持续时间”为0:00:10:00，如图12-64所示。

02 导入“案例文件>CH12>课堂案例：合成聊天视频”文件夹中的“背景.mp4”素材文件，效果如图12-65所示。

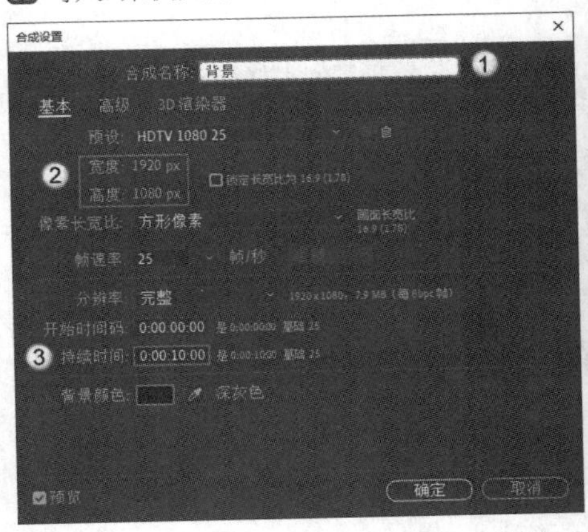

图12-64

图12-65

03 为“背景.mp4”图层添加“高斯模糊”效果，在剪辑的起始位置添加“模糊度”关键帧，然后在0:00:01:00的位置设置“模糊度”的值为10.0，如图12-66所示。

图12-66

04 在0:00:01:00的位置添加“文字1”合成，将其放在画面的左下方，如图12-67所示。

05 移动时间指示器到0:00:01:10的位置，为“文字1”合成添加“位置”关键帧，然后在0:00:01:12的位置将此合成向上移动一小段距离，如图12-68所示。效果如图12-69所示。

图12-67

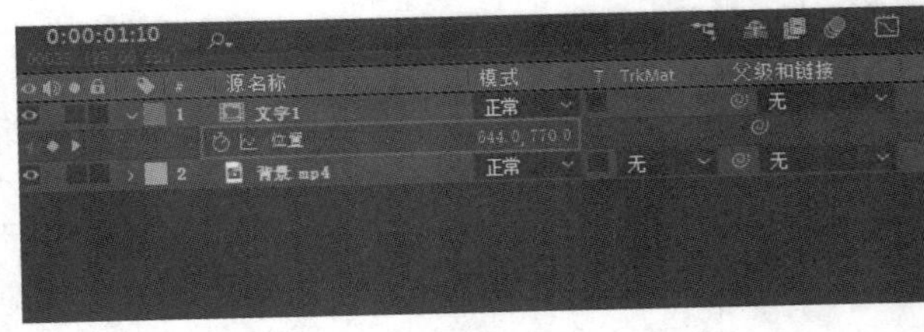

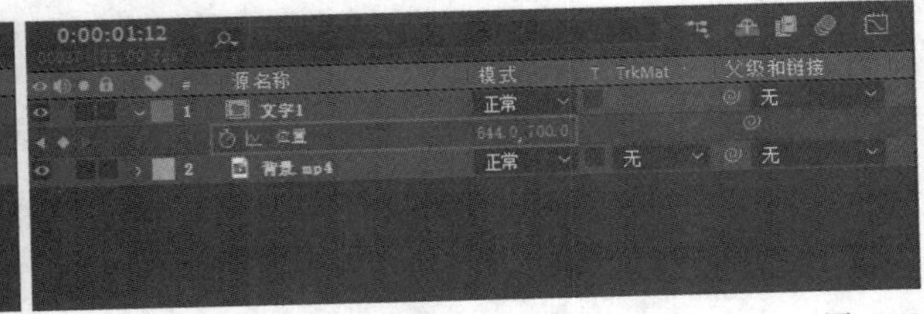

图12-68

图12-69

06 在0:00:01:12的位置添加“文字2”合成，放在图12-70所示的位置。

07 将“文字1”合成设置为“文字2”合成的父级合成，如图12-71所示。

08 在0:00:02:00的位置为“文字1”合成添加“位置”关键帧，然后在0:00:02:02的位置将其向上移动一小段距离，如图12-72所示。

图12-70

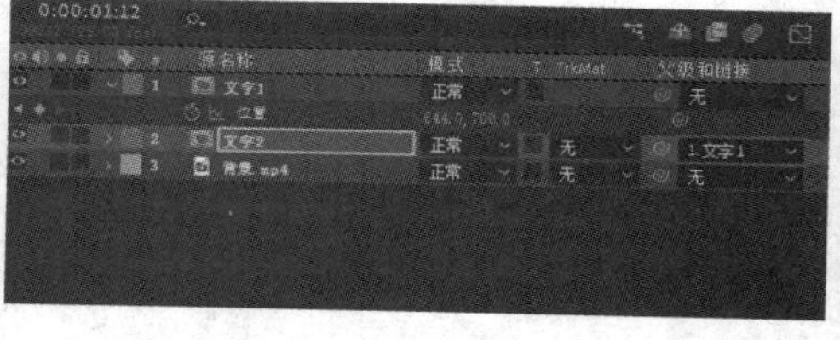

图12-71

图12-72

技巧与提示

在“文字2”合成作为“文字1”合成的子级合成后，移动“文字1”合成，“文字2”合成会跟着移动。

09 保持时间指示器的位置不变，添加“文字3”合成，其位置如图12-73所示。

10 设置“文字2”合成为“文字3”合成的父级合成，如图12-74所示。

11 在0:00:02:12的位置为“文字1”合成添加“位置”关键帧，然后在0:00:02:14的位置将“文字1”合成向上移动一小段距离，如图12-75所示。

图12-73

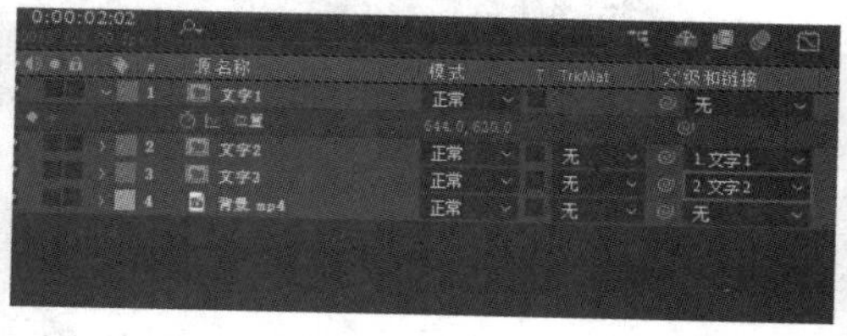

图12-74

图12-75

12 在0:00:02:20的位置添加“文字4”合成，并放在“文字3”合成的下方，如图12-76所示。

13 将“文字3”合成设置为“文字4”合成的父级合成，如图12-77所示。

14 在0:00:03:00的位置为“文字1”合成添加“位置”关键帧，在0:00:03:02的位置将此合成向上移动一小段距离，如图12-78所示。

图12-76

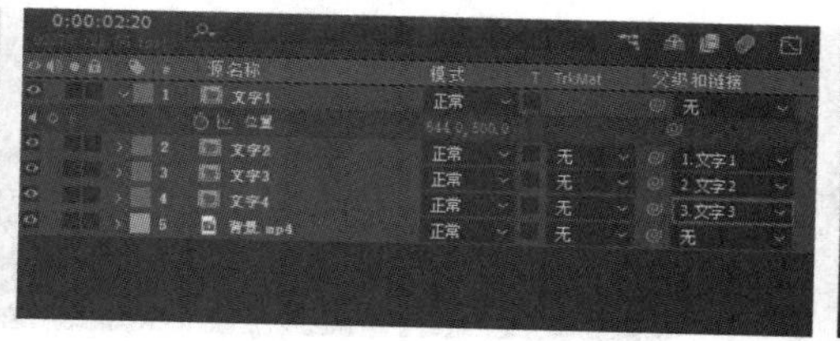

图12-77

图12-78

15 移动时间指示器到0:00:03:10的位置，然后添加“文字5”合成，其位置如图12-79所示。

16 将“文字4”合成设置为“文字5”合成的父级合成，如图12-80所示。

17 移动时间指示器到0:00:03:20的位置，为“文字1”合成添加“位置”关键帧，在0:00:03:22的位置将此合成向上移动一段距离，如图12-81所示。

图12-79

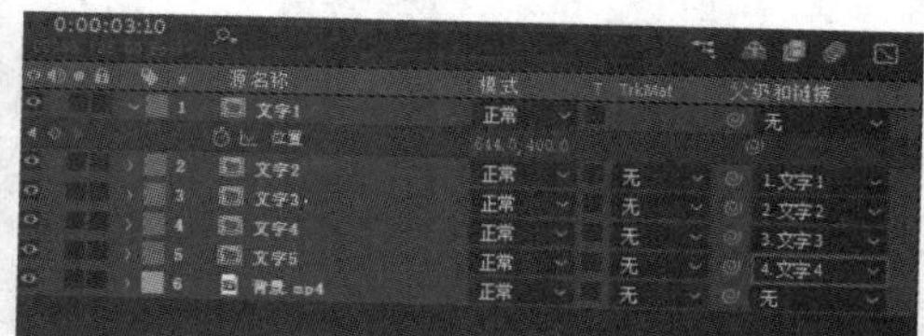

图12-80

图12-81

图12-82

⑱ 移动时间指示器到0:00:03:22的位置，然后添加“视频”合成，效果如图12-82所示。

> **技巧与提示**
>
> 添加“视频”合成后，需要根据“背景”合成的画面效果灵活调整“视频”合成的位置。

⑲ 移动时间指示器，可以看到弹出的视频素材会遮挡左边的聊天文字，如图12-83所示。

⑳ 返回“视频”合成，设置“视频.mp4”图层的“缩放”的值为（40.0,40.0%），并调整图层的位置，如图12-84所示。

图12-83

图12-84

㉑ 为“视频.mp4”图层添加“投影”效果，设置“阴影颜色”为白色、“方向”的值为（0x+220.0°）、“距离”的值为70.0、“柔和度”的值为147.0，如图12-85所示。它在“背景”合成中的效果如图12-86所示。

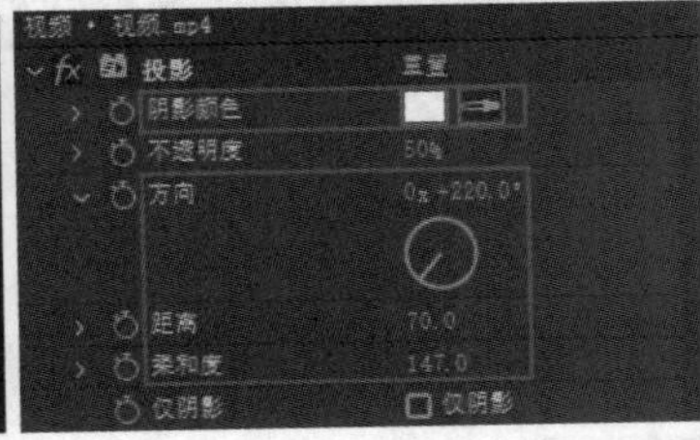

图12-85

图12-86

㉒ 使用“矩形工具”在所有文字合成的下方绘制一个白色的矩形，并设置其“不透明度”的值为20%，如图12-87所示。

㉓ 在0:00:01:00的位置添加“不透明度”关键帧，然后在00:00:00:22的位置设置“不透明度”的值为0%，如图12-88所示。

图12-87

图12-88

24 将工作区结尾移动到0:00:06:00的位置，然后按快捷键Ctrl+M切换到“渲染队列”面板输出视频，效果如图12-89所示。

图12-89

12.3 综合实例：制作栏目片尾

案例文件 案例文件>CH12>课堂案例：制作栏目片尾

视频名称 课堂案例：制作栏目片尾.mp4

学习目标 学习栏目片尾的制作方法

栏目片尾在栏目包装中比较常见。本案例运用一个演播室素材制作栏目片尾，需要合成主持人和背景视频，效果如图12-90所示。

图12-90

12.3.1 职员表合成

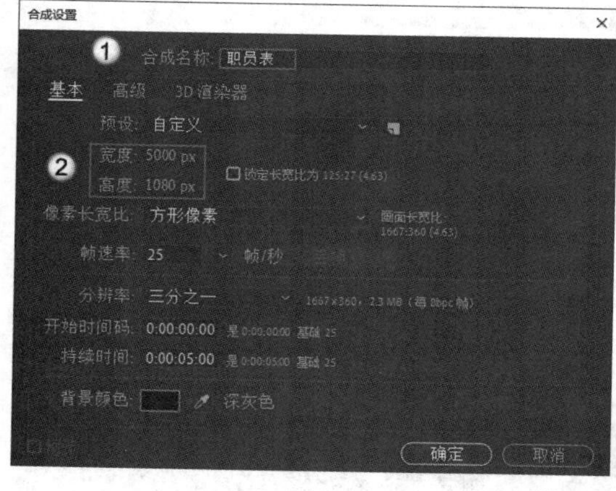

图12-91

01 新建一个5000像素×1080像素的合成，命名为“职员表”，如图12-91所示。

02 使用“直排文字工具”在画面中输入片尾文字中的职位，如图12-92所示。

> **技巧与提示**
>
> 文字内容可自定义，图12-92中的内容仅供参考。

图12-92

03 将文本图层复制一份，修改其文字内容为职员名字，如图12-93所示。

图12-93

04 新建一个文本图层，在画面中输入“航骋文化”，然后将文字放在画面右侧，如图12-94所示。

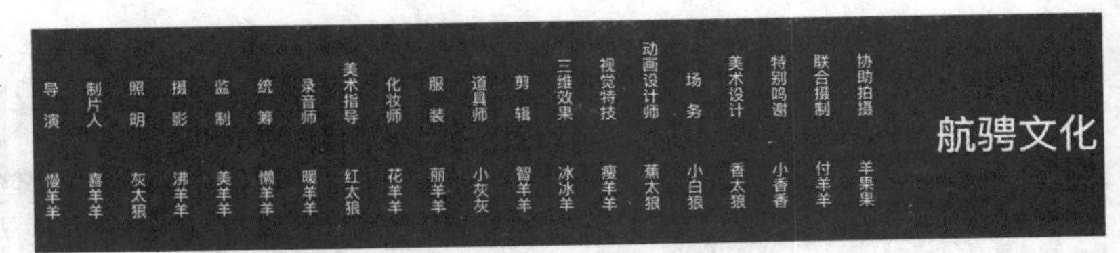

图12-94

12.3.2 动态背景合成

01 新建一个1920像素×1080像素的合成，命名为“动态背景”，然后导入“案例文件>CH12>课堂案例：制作栏目片尾”文件夹中的“动态背景.mp4”素材文件，效果如图12-95所示。

02 使用“横排文字工具”T在画面中输入“好书推荐”，相关参数设置及效果如图12-96所示。

图12-95

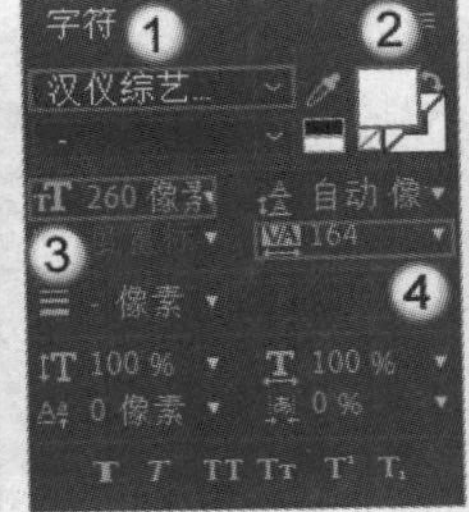

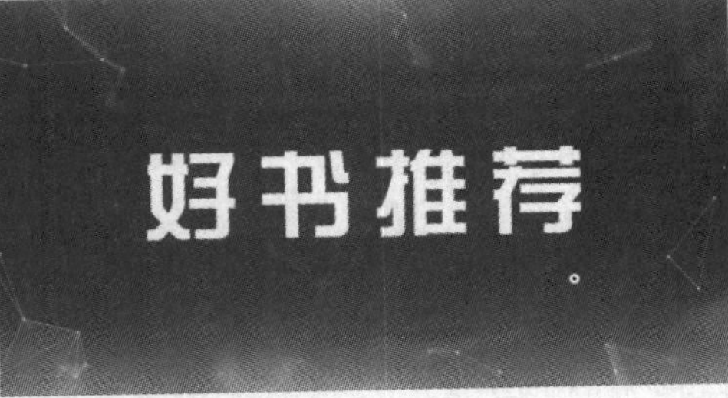

图12-96

03 为输入的文字添加“斜面Alpha”效果，设置“边缘厚度”的值为9.00，如图12-97所示。

04 导入“案例文件>CH12>课堂案例：制作栏目片尾”文件夹中的“金色粒子.mov”素材文件，放在文字图层的下方，效果如图12-98所示。

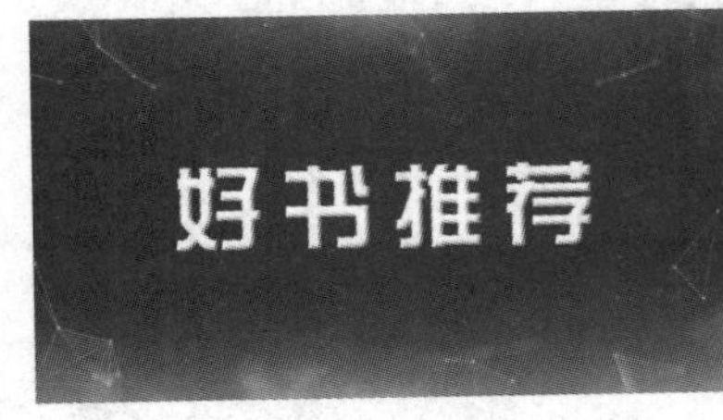

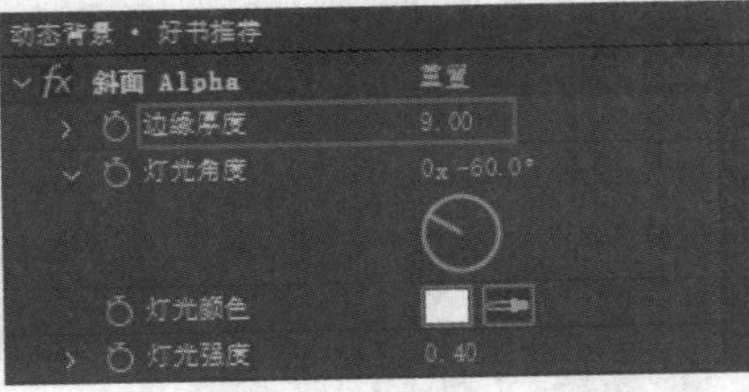

图12-97

图12-98

05 将文字图层作为“金色粒子.mov”图层的“亮度遮罩”，如图12-99所示。效果如图12-100所示。

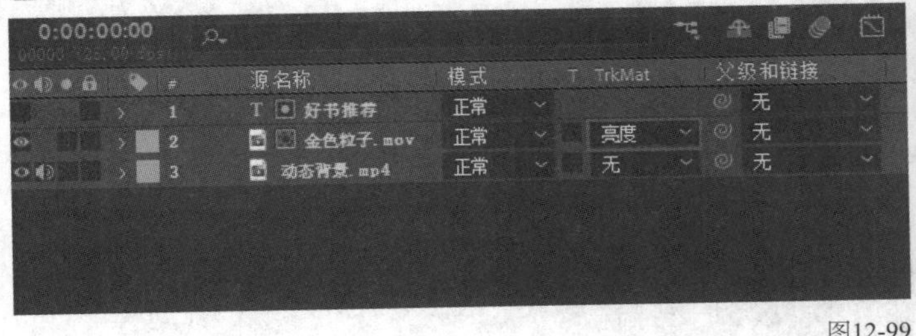

图12-99

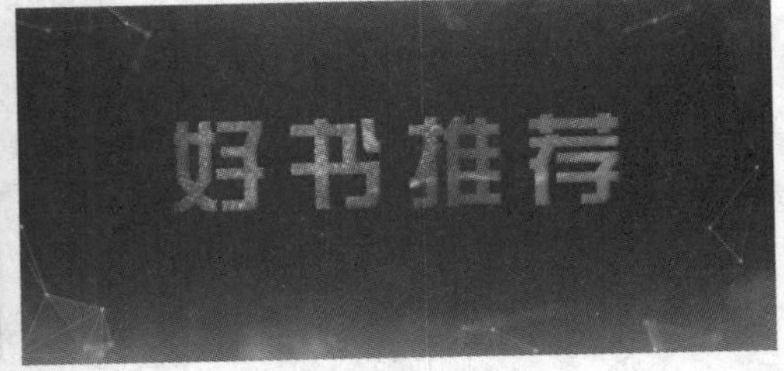

图12-100

技巧与提示

如果此处设置为“Alpha遮罩”，就不能很好地表现文字的斜面效果。

06 选中“金色粒子.mov”图层，然后为其添加“色相/饱和度”效果，设置“主色相”的值为（0x+5.0°）、“主饱和度”的值为30、“主亮度”的值为10，如图12-101所示。

07 为“金色粒子.mov”图层添加“曲线”效果，以增强粒子的对比度，如图12-102所示。

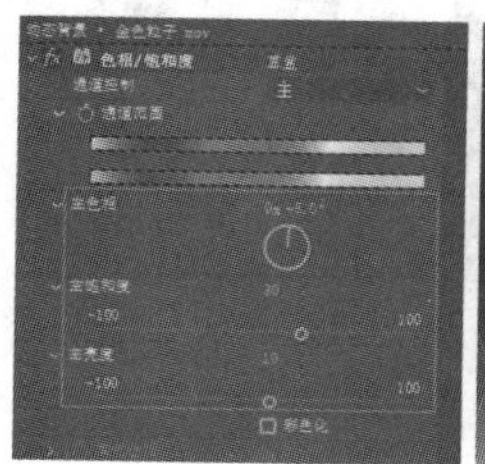
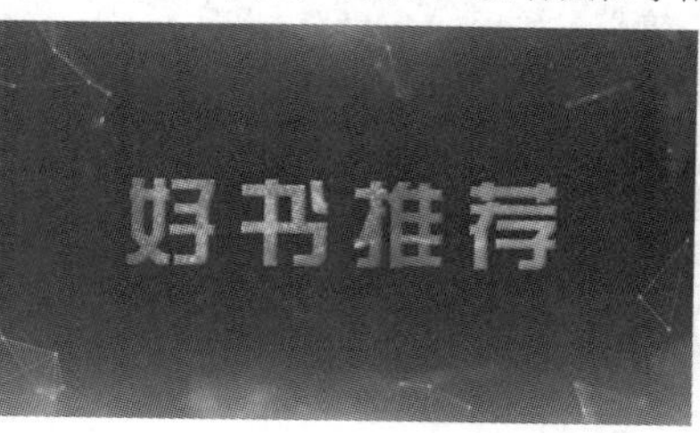

图12-101

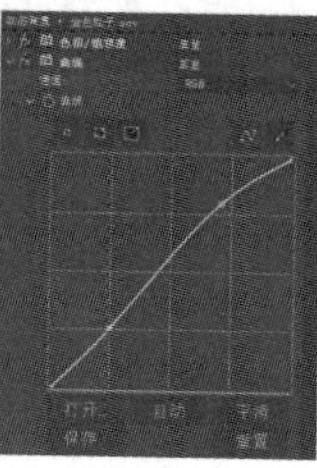
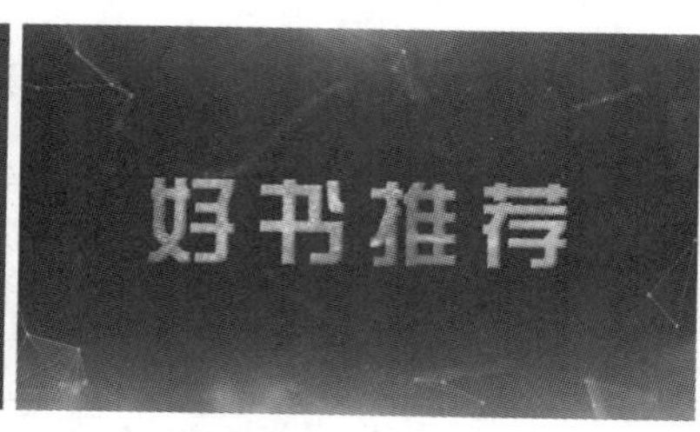

图12-102

12.3.3 总合成

01 新建一个1920像素×1080像素、“持续时间”为0:00:10:00的合成，命名为“总合成”，如图12-103所示。

02 在“总合成”中导入“案例文件>CH12>课堂案例：制作栏目片尾”文件夹中的“背景.mp4”素材文件，如图12-104所示。

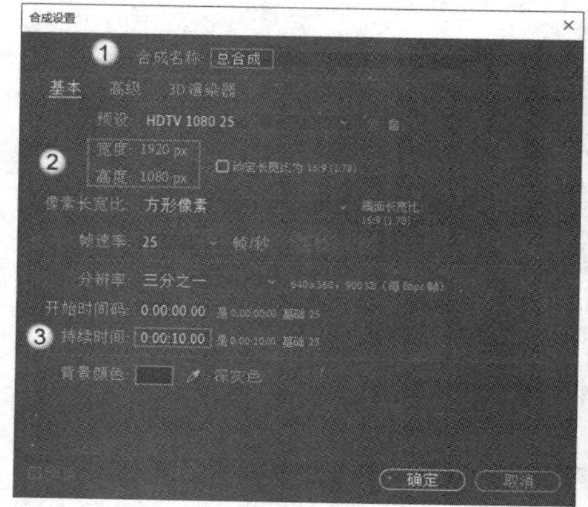

图12-103

图12-104

03 由于“背景.mp4”文件的时长比“总合成”的时长略短，因此选中“背景.mp4”图层，单击鼠标右键，在弹出的快捷菜单中执行“时间>时间伸缩”命令，如图12-105所示。在弹出的“时间伸缩”对话框中设置“新持续时间”为0:00:10:00，如图12-106所示。

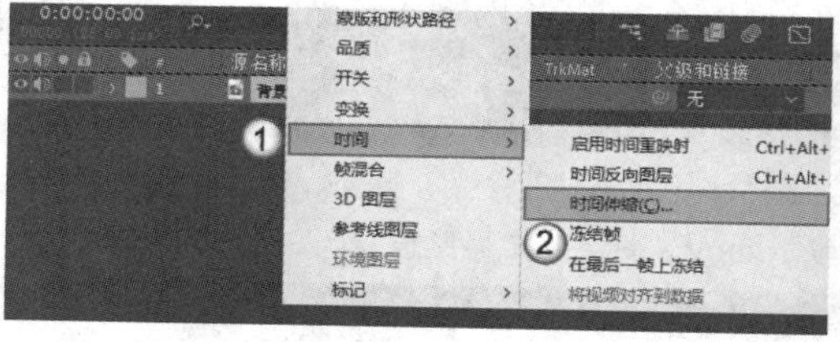

图12-105

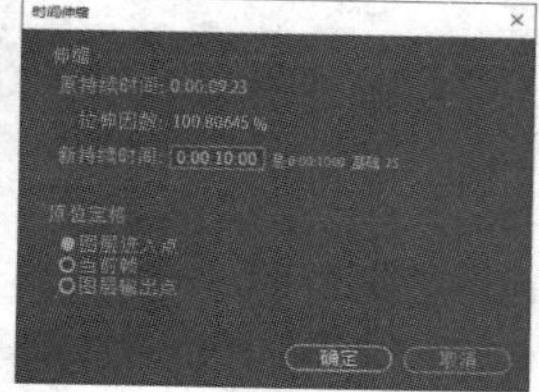

图12-106

04 添加“案例文件>CH12>课堂案例：制作栏目片尾”文件夹中的“主持人.mp4”素材文件到“总合成”中，如图12-107所示。

05 在“效果和预设”面板中找到并添加Keylight效果，然后吸取背景的颜色将背景抠掉，如图12-108所示。

图12-107

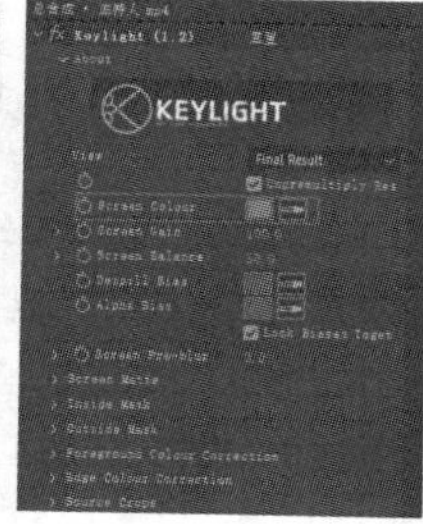

图12-108

06 将“主持人.mp4”图层缩小，使其符合整体画面的比例，如图12-109所示。

07 将“主持人.mp4”图层复制一份，然后将其旋转180°并减小“不透明度”的数值，作为主持人的倒影，如图12-110所示。

图12-109

图12-110

08 使用“钢笔工具”在画面左侧的屏幕区域绘制一个白色的矩形，如图12-111所示。

09 导入“案例文件>CH12>课堂案例：制作栏目片尾”文件夹中的“素材.mp4”文件到“合成”面板中，将其放在上一步绘制的矩形图层的下方，如图12-112所示 。

图12-111

图12-112

10 设置“素材.mp4”图层的“Alpha遮罩”为“形状图层 1”，如图12-113所示。效果如图12-114所示。

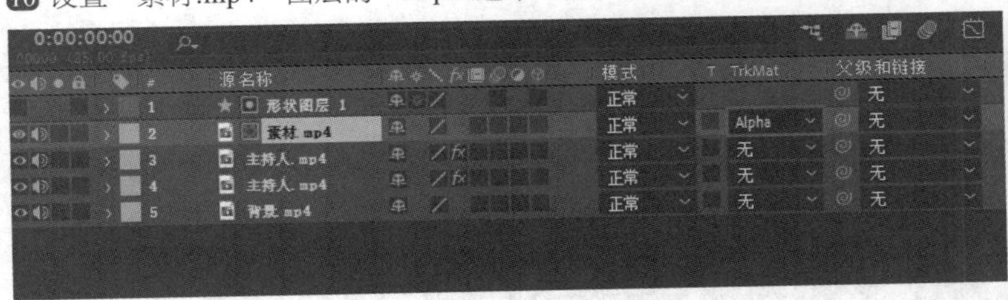

图12-113

图12-114

11 选中“素材.mp4”图层，将其缩小到与画面中屏幕相似的尺寸，如图12-115所示。

12 开启“素材.mp4”图层的“3D图层”开关，然后调整图层的角度，如图12-116所示。

图12-115

图12-116

13 为“素材.mp4”图层添加Deep Glow效果，设置“半径”的值为50.00、“曝光”的值为0.30，如图12-117所示。

14 使用“钢笔工具”在主持人的身后绘制一个白色的形状，如图12-118所示。

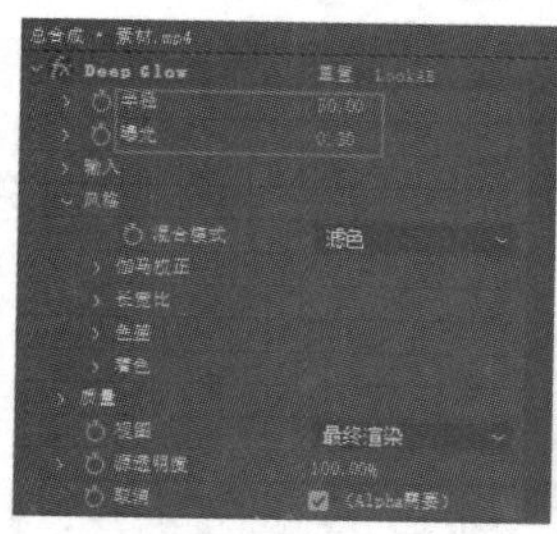

图12-117

图12-118

15 将“动态背景”合成添加到上一步绘制的形状图层的下方，并设置上一步绘制的形状图层为其“Alpha遮罩”，如图12-119所示。效果如图12-120所示。

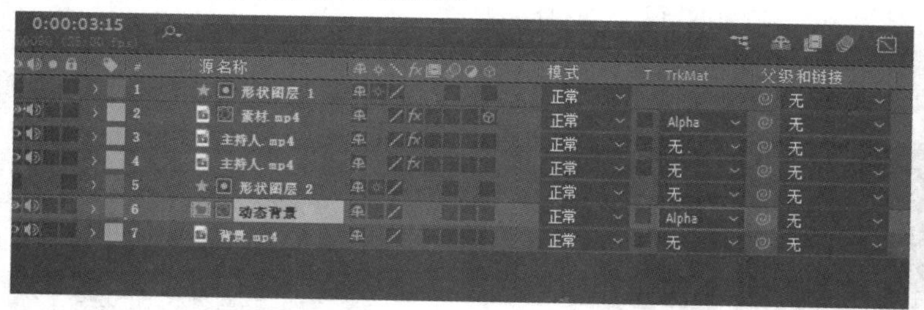

图12-119

图12-120

16 将“形状图层 2”和“动态背景”合成选中，然后转换为预合成，如图12-121所示。

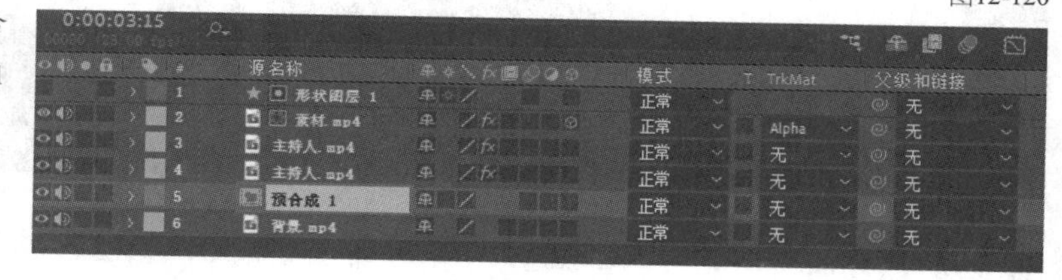

图12-121

17 双击“预合成 1”，然后复制“动态背景”合成和“形状图层 2”图层，将其剪辑的起始位置调整至图12-122所示的位置。

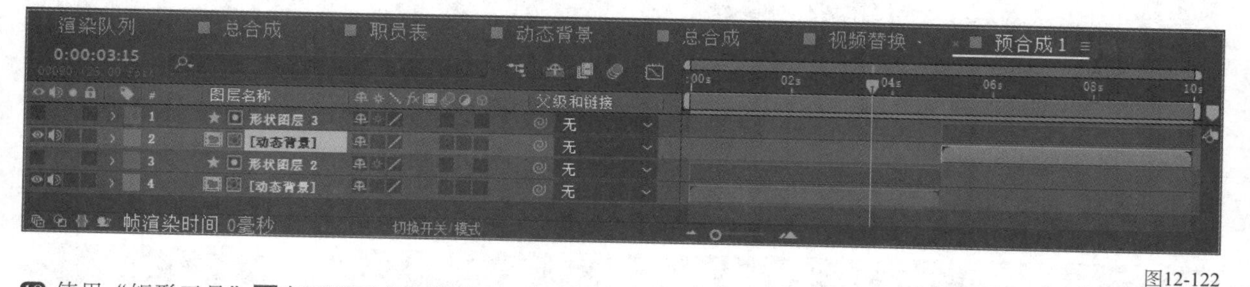

图12-122

18 使用“矩形工具”在画面下方绘制一个黑色矩形，并设置“不透明度”的值为50%，效果如图12-123所示。

图12-123

19 将“职员表”合成添加到上一步绘制的矩形上方并缩小，如图12-124所示。

20 选中“预合成 1”，设置其图层的混合模式为“变亮”，并将文字适当缩小，效果如图12-125所示。此时画面没有明显的突兀感。

图12-124

图12-125

21 选中“职员表”合成，在0:00:02:00的位置将其向右移出画面，并添加“位置”关键帧，如图12-126所示。

22 移动时间指示器到0:00:09:15的位置，移动“职员表”合成到画面左侧，如图12-127所示。

图12-126

图12-127

23 为“形状图层 2”添加“线性擦除”效果，在剪辑的起始位置设置“过渡完成”的值为100%，并添加关键帧，如图12-128所示。

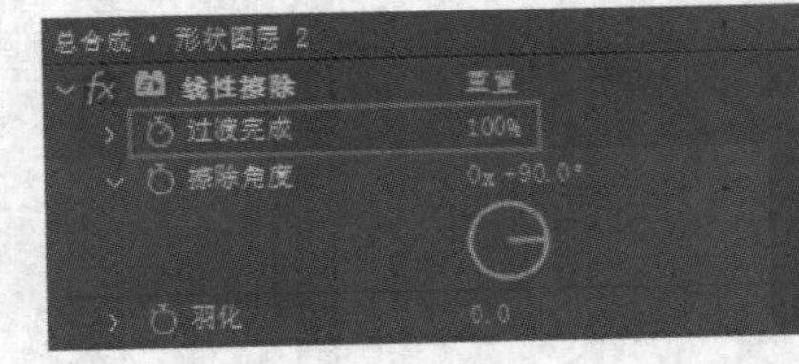

图12-128

24 在0:00:01:20的位置设置“过渡完成”的值为0%，如图12-129所示。动画效果如图12-130所示。

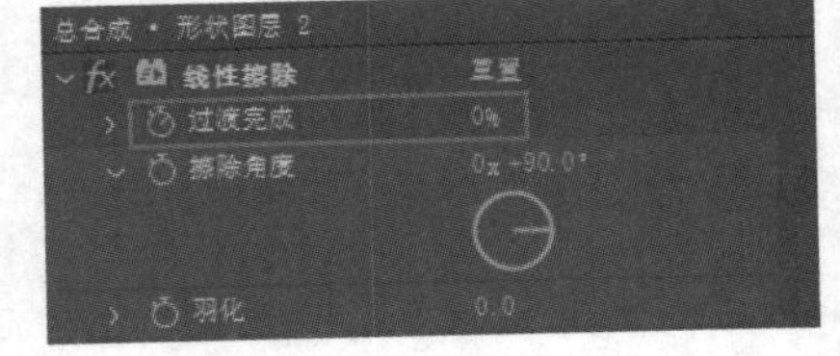

图12-129

图12-130

㉕ 观察画面会发现主持人的亮度和色调与整体画面不太和谐。选中上层的“主持人.mp4”图层，为其添加“曲线”效果，然后调整RGB通道和“蓝色”通道的曲线，如图12-131所示。

图12-131

㉖ 按快捷键Ctrl+M切换到“渲染队列”面板，将“总合成”输出为视频文件，效果如图12-132所示。

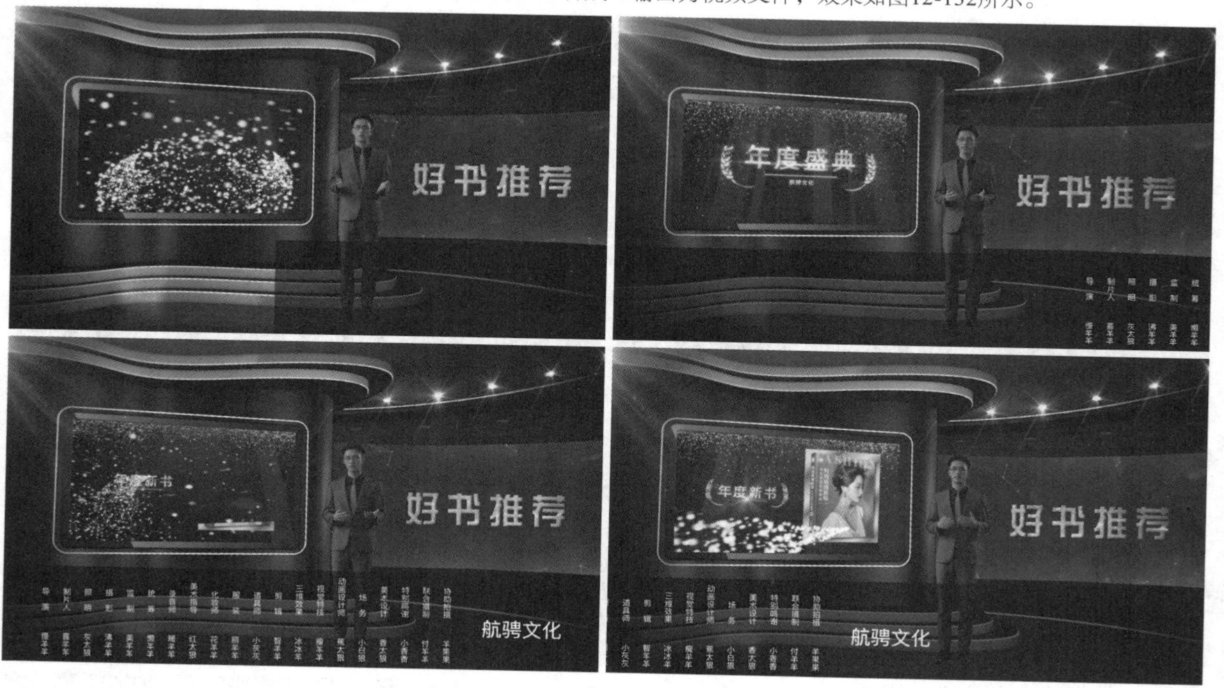

图12-132

附录A 常用快捷键一览表

1.软件面板等快捷键

操作	快捷键
打开“项目”面板	Ctrl+0
打开项目流程视图	F11
打开“渲染队列”面板	Ctrl+Alt+0
打开工具栏	Ctrl+1
打开“信息”面板	Ctrl+2
打开“预览”面板	Ctrl+3
打开“音频”面板	Ctrl+4
显示/隐藏所有面板	Tab
新建合成	Ctrl+N
关闭激活的面板	Ctrl+W

2.工具快捷键

操作	快捷键
选择“选取工具”	V
选择“手形工具”	H
选择“缩放工具”	Z
选择“绕光标旋转工具”	Shift+1
选择“在光标下移动工具”	Shift+2
选择“向光标方向拖拉摄像机镜头工具”	Shift+3
选择“旋转工具”	W
选择“向后平移（锚点）工具”	Y
选择“矩形工具”	Q
选择“钢笔工具”	G
选择“横排文字工具”	Ctrl+T
选择“画笔工具”	Ctrl+B
选择“仿制图章工具”	Ctrl+B
选择“橡皮擦工具”	Ctrl+B
选择“Roto笔刷工具”	Alt+W
选择“人偶位置控点工具”	Ctrl+P

3.“项目”面板快捷键

操作	快捷键
创建新项目	Ctrl+Alt+N
打开项目	Ctrl+O
关闭项目	Ctrl+Shift+W
打开上次打开的项目	Ctrl+Shift+Alt+P
关闭“项目”面板	Ctrl+W

（续表）

操作	快捷键
保存	Ctrl+S
增量保存	Ctrl+Shift+Alt+S
另存为	Ctrl+Shift+S
导入文件	Ctrl+I
导入多个文件	Ctrl+Alt+I
替换素材文件	Ctrl+H
重新加载素材	Ctrl+Alt+L
打开“项目设置”对话框	Ctrl+Shift+Alt+K
退出软件	Ctrl+Q

4.“合成”面板快捷键

操作	快捷键
合适大小	Alt+/
显示/隐藏标题安全区域和动作安全区域	'
显示/隐藏网格	Ctrl+'
显示/隐藏对称网格	Alt+'
显示通道（RGBA）	Alt+1 Alt+2 Alt+3 Alt+4
带颜色显示通道（RGBA）	Alt+Shift+1 Alt+Shift+2 Alt+Shift+3 Alt+Shift+4
移动时间指示器到素材入点	I
移动时间指示器到素材出点	O
显示/隐藏参考线	Ctrl+;
显示/隐藏标尺	Ctrl+R
设置图像分辨率为“完整”	Ctrl+J
设置图像分辨率为“二分之一”	Ctrl+Shift+J
设置图像分辨率为“四分之一”	Ctrl+Shift+Alt+J
设置图像分辨率为“自定义”	Ctrl+Alt+J

5.合成/素材编辑快捷键

操作	快捷键
复制并粘贴	Ctrl+D
复制	Ctrl+C
粘贴	Ctrl+V
撤销	Ctrl+Z
重做	Ctrl+Shift+Z
选择全部	Ctrl+A
素材、合成重命名	Enter

6. “时间轴”面板快捷键

操作	快捷键
移动时间指示器到工作区开始	Home
移动时间指示器到工作区结尾	Shift+End
移动时间指示器到前一可见关键帧	J
移动时间指示器到后一可见关键帧	K
向前移动一帧	PageDown
向后移动一帧	PageUp
向前移动十帧	Shift+ PageDown
向后移动十帧	Shift+ PageUp
开始/停止播放	Space
进行RAM预览	0（小键盘）
间隔一帧进行RAM预览	Shift+0（小键盘）
保存RAM预览	Ctrl+0（小键盘）

7.图层操作快捷键

操作	快捷键
移动到顶层	Ctrl+Shift+]
向上移动一层	Shift+]
移动到底层	Ctrl+Shift+[
向下移动一层	Shift+[
选择下一图层	Ctrl+↓
选择上一图层	Ctrl+↑
通过图层编号选择图层	0~9（小键盘）
取消选择所有图层	Ctrl+Shift+A

（续表）

操作	快捷键
锁定所选图层	Ctrl+L
释放所有锁定的图层	Ctrl+Shift+L
拆分所选图层	Ctrl+Shift+D
显示/隐藏图层	Ctrl+Shift+Alt+V
隐藏其他图层	Ctrl+Shift+V
在素材面板中显示选择的图层	Enter（小键盘）
显示所选图层的“效果控件”面板	F3
拉伸图层以适合“合成”面板	Ctrl+Alt+F
反向播放图层	Ctrl+Alt+R
设置入点	[
设置出点	]
设置剪切层入点	Alt+[
设置剪切层出点	Alt+]
创建新的纯色图层	Ctrl+Y
显示纯色图层设置	Ctrl+Shift+Y
新建预合成	Ctrl+Shift+C
新建文本图层	Ctrl+Shift+Alt+T
新建灯光图层	Ctrl+Shift+Alt+L
新建摄像机图层	Ctrl+Shift+Alt+C
新建空对象图层	Ctrl+Shift+Alt+Y
新建调整图层	Ctrl+Alt +Y
调出“位置”属性	P
调出“旋转”属性	R
调出“缩放”属性	S
调出“不透明度”属性	T
显示所有关键帧	U
显示表达式	EE

附录B After Effects的操作技巧

技巧1：快速居中素材

将导入的素材移动到画面中心有两种快捷的方法。

第1种：按快捷键Ctrl+Home。

第2种：在“对齐”面板中单击“水平对齐”按钮和“垂直对齐”按钮，如图B-1所示。

图B-1

技巧2：使素材快速适配画面

导入的素材未必完全符合创建的合成的大小，这时需要对素材进行缩放。这里介绍3个使素材快速适配画面的方法。

第1种： 按快捷键Ctrl+Shift+Alt+H，按照“适合复合宽度”的方式进行缩放，如图B-2所示。

第2种： 按快捷键Ctrl+Shift+Alt+G，按照“适合复合高度”的方式进行缩放，如图B-3所示。

第3种： 按快捷键Ctrl+Alt+F，按照“适合复合”的方式进行缩放，如图B-4所示。

图B-2

图B-3

图B-4

技巧3：追踪蒙版

如果需要为一段影片进行部分模糊处理，就可以利用追踪蒙版的方法快速完成。下面介绍具体方法。

第1步： 在需要进行模糊处理的位置添加蒙版，如图B-5所示。

第2步： 在“蒙版 1”上单击鼠标右键，在弹出的快捷菜单中执行“追踪蒙版”命令，如图B-6所示。

图B-5

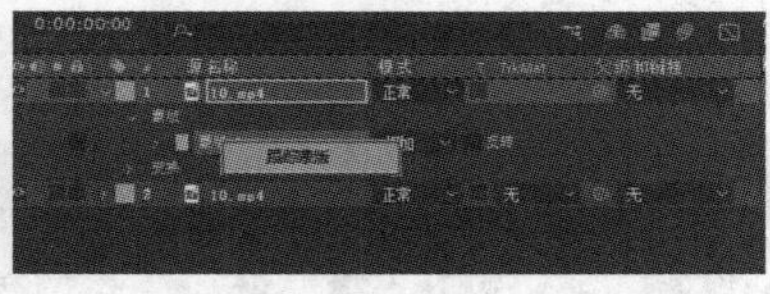

图B-6

第3步： 在“跟踪器”面板中单击“向前跟踪所有蒙版”按钮▶开始解析，解析完成后时间轴上会显示关键帧，如图B-7所示。

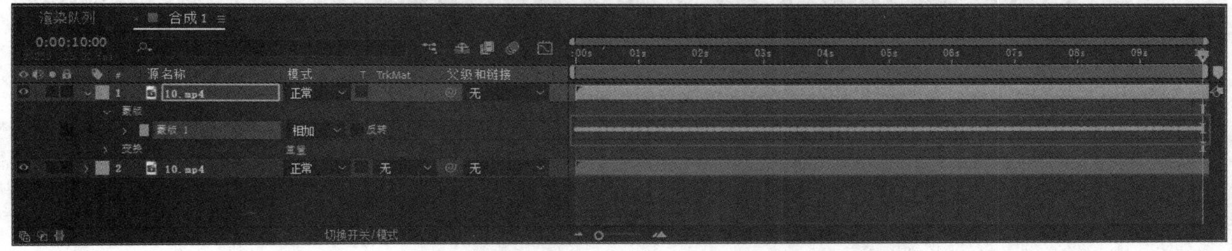

图B-7

第4步： 给蒙版所在的图层添加“快速方框模糊”效果，如图B-8所示。

图B-8

技巧4：在“时间轴”面板中显示效果参数

若要在“时间轴”面板中查看效果参数，则需要一层层地展开卷展栏，比较麻烦。下面介绍一个快速在“时间轴”面板中查看效果参数的方法。

在“效果控件”面板中选中需要显示的参数，单击鼠标右键，在弹出的快捷菜单中执行“在时间轴中显示”命令，如图B-9所示。此时“时间轴”面板中会显示相应效果的参数，如图B-10所示。

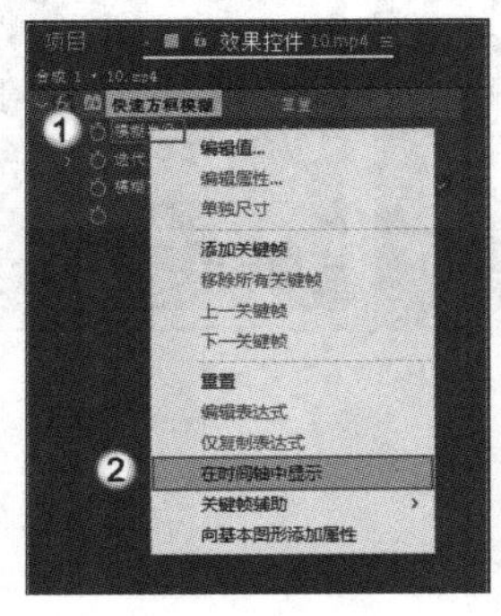

图B-9

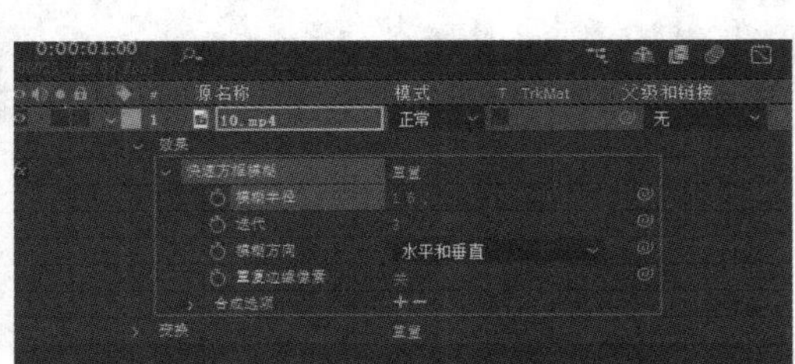

图B-10

技巧5：将工作区设置为选定图层的长度

当导入的素材的时长比设置的合成的时长短时，可以将工作区的结尾设置为素材的结尾。按快捷键Ctrl+Alt+B，可以让合成的工作区结尾自动移动到素材图层的结尾，如图B-11所示。

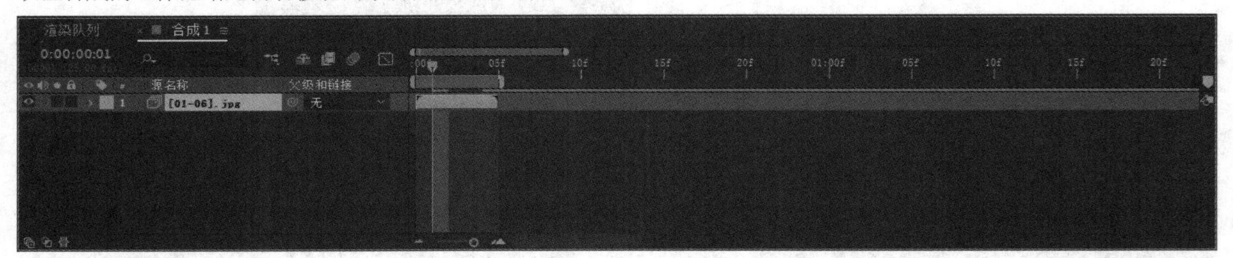

图B-11